JN267965

わかり易い土木講座 ⑥ 土木学会編集

新訂第三版
土質工学

箭内寛治
浅川美利

彰国社刊

刊行のことば

　土木学会には各専門分野ごとに多くの委員会があり，それぞれ活発な調査・研究を続け学会活動の大きな原動力となっているが，なかでも高校土木教育研究委員会や大学土木教育委員会などの研究・業績は，学会・業界の全般にわたりつねに高く評価されてきた。

　今回，当学会が編集の責任をもって発表した「わかり易い土木講座」は，この高校土木教育研究委員会と出版企画委員会との緊密な協力のもとに企画されたものである。福田武雄博士を委員長に編集委員会が組織され，執筆陣には各専門ごとに最適な方々を網羅することができ，本講座の目的とする高度な学理をやさしく書くという困難な作業が見事に結実されたことは，まことに慶賀にたえない次第です。

　学問も技術も日々進展している今日，初学者はもちろん，国土建設の第一線に立つ中堅土木技術者各位に，この講座が真の指針として広く活用されることを念じてやまない次第です。

昭和43年8月

社団法人　土　木　学　会

〔章別担当著者〕
1. 3. 4. 5.
6. 7. 8 章…………箭内　寛治
2. 9. 10章…………浅川　美利

序　文

　この本を執筆するようにという話があった時，たまたま，そばにいたある先輩に，これは"わかりにくい土質工学"になりそうだなと，釘をさされたものである。

　土質工学のわかり易い解説書としては，すでに
　　最上武雄・渡辺　隆：平易なる土質工学：土質工学会
　　Sowers & Sowers; Introductory Soil Mechanics and
　　　　Foundations; Macmillan

などが良く知られている。したがって"わかり易い"本にすることについては，多少議論もし，気も使った。各頁に必ず説明図を入れよう。簡単な例題を随所に入れよう。式の誘導にも，微積分はほとんど使わないようにしよう。など計画したが，必ずしも，その通り実行できなかった。そして結局は，上記二書を参考にして，講義用の原稿を，多少書変えるに止まった。

　本書を手にされた方は，この本をごく短い期間に，集中的に一通り読んでもらいたい。そして，さらに関係の深い専門書に進むとか，"土と基礎"などの学会誌に接して，最近の新しい理論技術について勉強していただきたい。本書は，そのような踏台にしてほしいと思っている。

　最初の企画では，能城正治氏（現・泉尾工業高校教頭）を含めた3人が，この本の担当者であったが，同氏は執筆期に新しい任務につかれ，その責任と多忙な仕事のため辞退された。しかし，本書は少なからず同氏の影響を受けている。ここに記しておきたい。

　1968年7月

　　　　　　　　　　　　　　　　　　　　　　　箭　内　寛　治
　　　　　　　　　　　　　　　　　　　　　　　浅　川　美　利

新訂第二版にあたって

　平成2年3月に土質試験の方法が大幅に変り，新しい試験法が数多く制定された。さらに土の性質を確かめる基本的な試験法も少なからず改められた。教科書として利用されている面もあるので，この機会をとらえて改訂することとした。

　前回の改版後，共著者の浅川教授が急逝されたが，その後，義弟の巻内勝彦氏（日本大学助教授）が本書の全般的な点検をして下さった。また彰国社の田代勝彦氏には，この新訂第二版についても多大の御尽力をいただいた。あわせて厚く感謝の意を表する次第である。

　平成3年2月

著　者

新訂第三版にあたって

　平成4年に新しい計量法が公布されしばらくは猶予期間が認められていたが，1999年10月以降は，われわれがなじんできた重力単位や，大部分のCGS単位は法定計量単位から外されることになった。その間，JISや地盤工学会基準の改定などもあり，今回，それらも含めた修正を行った。修正に当って少なからぬ御助言をいただいた彰国社の中山重捷氏には厚く感謝の意を表する次第である。

　平成13年8月

著　者

目次

1 地質と土質工学 ……………11
  1.1 ちゅう積層・洪積層
      および第三紀層 ………12
  1.2 岩石の硬軟 …………………14
  1.3 関東ローム，シラスおよび
      真砂土 …………………17
  1.4 地下水の探査 ………………19
    1.4.1 弾性波地下探査法 ……19
    1.4.2 電気地下探査法 ………20
  〔演習問題〕……………………22

2 土の基本的性質および
   物理的性質 ………………24
  2.1 土の相構成 …………………24
  2.2 土の構造 ……………………25
    2.2.1 単粒構造 ………………25
    2.2.2 はちの巣構造 …………26
    2.2.3 綿毛構造 ………………26
  2.3 土の基本的性質 ……………27
    2.3.1 土粒子の密度と比重 …27
    2.3.2 土の間隙率と間隙比 …28
    2.3.3 土の含水量 ……………30
    2.3.4 飽和度 …………………31
    2.3.5 土の密度と単位体積重
         量 …………………………32
    2.3.6 土の物理定数および相状
         態定数相互の関係 ………36
  2.4 土の粒度 ……………………40
    2.4.1 粒度区分 ………………41
    2.4.2 土の粒度の測定 ………42
    2.4.3 ふるい分け試験結果の
         整理 ………………………43

    2.4.4 沈降分析法 ……………44
    2.4.5 粒度の表示 ……………50
    2.4.6 よく用いられる粒径 ……50
  2.5 土のコンシステンシー ………51
    2.5.1 コンシステンシーの
         状態と限界 ………………51
    2.5.2 コンシステンシー試験か
         ら得られる諸指数とその
         利用 ………………………52
  2.6 土の締固め …………………56
    2.6.1 含水比—密度の関係 ……56
    2.6.2 相対密度 ………………58
  2.7 土の分類 ……………………59
    2.7.1 土の工学的分類法 ……60
    2.7.2 分類の条件と基準値 …61
    2.7.3 分類表 …………………61
    2.7.4 塑性図 …………………62
    2.7.5 日本統一分類法 ………63

3 土の透水と毛管現象 ………66
  3.1 ダルシーの法則と透水係数 …66
  3.2 透水係数の測定 ……………69
    3.2.1 定水位透水試験 ………69
    3.2.2 変水位透水試験 ………70
    3.2.3 圧密透水試験 …………70
    3.2.4 揚水試験 ………………71
  3.3 浸透水圧とボイリング ………73
    3.3.1 浸透水圧 ………………73
    3.3.2 ボイリング ……………74
  3.4 流線網とその応用 …………77
    3.4.1 流線網の求め方 ………78
    3.4.2 流線網の試的図解法 ……78

3.4.3 断面の変わる場合の浸透
　　　　水量と浸透水圧 ……81
3.5 成層土の浸透性と浸透
　　　水圧 ……………………83
　3.5.1 成層面に平行な方向の平
　　　　均透水係数 ……………83
　3.5.2 成層面に垂直な方向の平
　　　　均透水係数 ……………83
　3.5.3 方向性ある均一地盤の流
　　　　線網図解法と浸透水量 …85
　3.5.4 層化した地盤の境界面に
　　　　おける流線網の図解法 …85
3.6 堤体の浸潤線と浸透水量 ……87
　3.6.1 浸潤線の作図法 …………88
　3.6.2 堤体の浸透水量 …………90
3.7 毛管現象と土の凍上 …………92
　3.7.1 土の毛管作用 ……………92
　3.7.2 毛管水の動き ……………93
　3.7.3 土の凍害とその対策 ……93
　3.7.4 サクション ………………95
〔演習問題〕……………………………96

4 圧　密 ………………………………99
4.1 土の圧縮と一次元圧密 ………99
4.2 圧密の機構と間隙水圧 ………101
　4.2.1 間隙水圧と有効応力 ……102
　4.2.2 間隙水圧の測定 …………104
　4.2.3 圧密の機構 ………………104
　4.2.4 圧密圧力と間隙比の
　　　　関係 ……………………107
4.3 圧密沈下量と圧密時間の
　　計算 ……………………………108
　4.3.1 圧密沈下量の算定 ………108
　4.3.2 圧密時間の計算 …………111
4.4 実際の基礎地盤の圧密計算 …114
　4.4.1 多層地盤の圧密沈下量

　　　　の算定 …………………114
　4.4.2 多層地盤の圧密時間の
　　　　算定 ……………………116
　4.4.3 施工荷重の漸増による
　　　　圧密度の補正 …………117
4.5 自然地盤における圧密の
　　諸現象 …………………………118
　4.5.1 二次圧密 …………………118
　4.5.2 過圧密土および乱され
　　　　た土の圧密 ……………120
4.6 圧密試験 ………………………121
　4.6.1 各荷重段階での圧密定
　　　　数 ………………………122
　4.6.2 間隙比―圧密圧力曲線…125
〔演習問題〕……………………………128

5 土の強さ ……………………………130
5.1 土中の応力とモールの円 ……130
　5.1.1 組合せ応力 ………………130
　5.1.2 モールの応力円 …………132
　5.1.3 ポール ……………………134
5.2 土の強度と変形 ………………135
　5.2.1 弾性係数とポアソン比 …136
　5.2.2 土の破壊と破壊規準 ……137
　5.2.3 粘着力と内部摩擦角 ……139
5.3 せん断試験 ……………………140
　5.3.1 一面せん断試験 …………141
　5.3.2 一軸圧縮試験 ……………143
　5.3.3 三軸圧縮試験 ……………145
　5.3.4 ベーンせん断試験 ………149
5.4 砂質土のせん断特性 …………150
　5.4.1 乾いた砂質土のせん断
　　　　特性 ……………………150
　5.4.2 湿った砂質土のせん断
　　　　特性 ……………………153
5.5 粘性土のせん断特性 …………155

            5.5.1 飽和粘性土のせん断特性……………………155
            5.5.2 飽和粘性土の強度の特殊な性質…………161
            5.5.3 不飽和粘性土のせん断特性……………………163
    5.6 土のクリープとレオロジー…164
            5.6.1 クリープ……………………164
            5.6.2 レオロジー………………165
    〔演習問題〕……………………167

6 土 圧……………………170
    6.1 ランキン土圧論……………170
            6.1.1 静止土圧………………170
            6.1.2 主働土圧………………173
            6.1.3 受働土圧………………175
            6.1.4 変形と境界の条件……178
    6.2 クーロン土圧論……………180
            6.2.1 ポンスレの図解法……180
            6.2.2 クルマンの図解法……182
            6.2.3 クーロンの土圧公式…184
    6.3 擁壁の設計…………………186
            6.3.1 擁壁設計の手順………187
            6.3.2 重力式擁壁の設計……188
            6.3.3 逆T型擁壁および控え壁式擁壁の設計…………190
            6.3.4 裏込めと排水設備……193
    6.4 山止め板に働く土圧………195
            6.4.1 山止め工の構造………195
            6.4.2 深い切取りの山止め板に働く側圧……………196
            6.4.3 山止め工事に伴う諸現象とヒービング………197
    6.5 地震時の土圧………………199
    6.6 地下埋設物に働く土圧……202
            6.6.1 鉛直土圧の応力解析…202
            6.6.2 水平土圧………………205
    〔演習問題〕……………………206

7 斜面の安定……………………209
    7.1 安定解析……………………209
            7.1.1 土塊の移動の原因……209
            7.1.2 安定解析の考え方……210
            7.1.3 やわらかい粘土斜面の破壊の型とその安定……213
            7.1.4 層化した粘土斜面の安定………………………217
            7.1.5 引張りき裂……………218
    7.2 細片分割法…………………219
            7.2.1 間隙水圧を考慮しない解法……………………220
            7.2.2 間隙水圧を考慮に入れた解法…………………220
    7.3 摩擦円法……………………225
    7.4 複合すべりの解析…………230
            7.4.1 平面と平面の複合すべり面………………………230
            7.4.2 曲面と曲面の複合すべり面………………………231
    7.5 実際問題への適用と安全率…232
            7.5.1 安定計算の適用例……233
            7.5.2 安全率…………………235
    7.6 盛土の安定…………………236
            7.6.1 鉄道および道路の盛土…236
            7.6.2 堤 防…………………236
            7.6.3 盛土の基礎……………237
    7.7 フィルタイプダム…………240
    7.8 オープンカット……………243
    7.9 地すべりと山くずれ………245
            7.9.1 地すべり………………245
            7.9.2 山くずれ………………246
            7.9.3 落 石…………………247

〔演習問題〕…………………248

8　基礎………………………251
8.1　概説……………………251
8.1.1　基礎の分類および上部構造物との関連………251
8.1.2　良好な基礎として必要な条件………………252
8.2　浅い基礎………………253
8.2.1　地盤の安定と支持力……253
8.2.2　支持力公式………………255
8.2.3　地盤内の応力分布と沈下量……………………261
8.2.4　地盤の許容支持力と載荷試験……………………275
8.3　深い基礎………………279
8.3.1　杭の分類と設計手順……279
8.3.2　杭の支持力公式…………282
8.3.3　杭の水平抵抗力…………290
8.3.4　その他の深い基礎………296
〔演習問題〕…………………301

9　地盤改良…………………303
9.1　軟弱地盤…………………303
9.2　軟弱地盤対策工法………303
9.3　地盤改良工法の採用条件……304
9.4　地盤改良の基本的考え方……305
9.5　地盤改良工法……………307
9.6　圧密排水による地盤改良工法の解説……………309
9.6.1　プレローディング工法…309
9.6.2　サンドドレーン工法……311
9.7　サンドドレーン工法による地盤改良の設計………311
9.8　圧密排水工法における上載荷重……………………316

10　土質調査と土質試験……321
10.1　調査の手順………………322
10.2　土質調査の計画…………322
10.2.1　工事の種類と調査の内容………………………322
10.2.2　調査地点の配置および深さ……………………323
10.3　調査の手段………………327
10.4　土層状態の確認と土をサンプリングする方法………328
10.5　ボーリング………………329
10.6　サンプリング……………330
10.7　サウンディング…………334
10.7.1　サウンディング装置の種類……………………334
10.7.2　サウンディング方法の選択……………………334
10.7.3　試験方法と試験から得られる指示値……………335
10.7.4　標準貫入試験……………337
10.7.5　その他のサウンディング装置の特長と用いられ方……………………339
10.8　物理地下探査法…………342
10.9　土質試験…………………342

索　引……………………………347

1 地質と土質工学

　土木構造物の規模が大きくなるにしたがい，その基礎となる土および岩盤の性質を的確にはあくすることが重要となり，また施工の方法も一段と工夫が望まれるようになるのは当然のことである。このような意味で，基礎構造物および土構造物などの設計施工に携わる土木技術者は，単に土に限らず，広く地質学的な知識を身につける必要がある。

　たとえば，土質工学で扱う土は，地球表面上のきわめて薄い部分，せいぜい10～50m前後の深さまでであるが，これが岩盤力学まで拡張されると，この10倍すなわち，約100～500mの深さまでを研究の対象とするようになり，どうしても地質学の助けを借りなければならないようになる。もちろん，土質力学でも程度の差こそあれ，その土の成因および特性をよく知って工学的に活用するためには，多くの面で，地質学的な知識と考え方が必要である。

　しかし，この章では，紙数も限られているので，主として土質工学に関係の深い，地質学のトピックスをとり上げて，その方面への関心を促すにとどめ，より詳しい点については，下記に示すような土木技術者のために執筆された地質の参考書その他を参考にされたい。

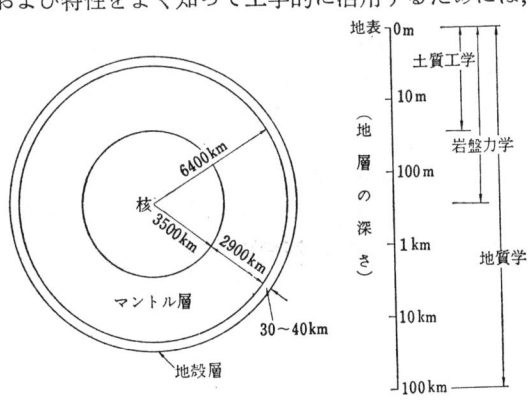

図 1.1　各専門分野と研究対象とする地層の深さ

　渡辺貫：地質工学　古今書院（1939）
　福富忠男：実用土木地質学　朝倉書店（1952）
　小貫義男：土木地質　森北出版株式会社（1958）
　田中治雄：土木技術者のための地質学入門　山海堂（1966）
　井尻・新堀：地学入門　築地書館（1963）

1.1 ちゅう積層・洪積層および第三紀層 (地質時代の区分)

よく基礎地盤の強さを問題にするとき，この地盤は，ちゅう積層だから弱いとか，第三紀層だからまあ持つだろう，というような表現をする。これは，ちゅう積層，洪積層が地層のうちでは時代的に新しいため凝集力に乏しく，一般的にやわらかいが，第三紀層は，それよりも古いから，やや固結度が高く，したがって構造物の基礎地盤としては，前二者よりも幾分信頼度の高いことを意味しているのである。

地質の専門家から提出される報告書には，必ずといってよいくらい地層の時代区分がはいっているが，地層の強弱についてはあまりふれていない。土木技術者は，その術語が難解で耳なれないせいもあって，それらに比較的注意を払わないが，上記のごとく，一般的に古い時代の地層ほど固結度が高く工学上の強度は大であると理解すべきである。しかし古い地層でも風化したり，断層破砕帯にあるようなものは，例外的に弱いことのあるのはもちろんである。

地球が生まれてから現在に至るまでの地層の時代的な関係を表示すると，表1.1のようになる。このうち，工学に関係の深い新生代の地層（第四紀層，第三紀層）の歴史は，地球の歴史（50億年）を500ページの本にたとえるなら，わずかに，その最後の数ページにすぎず，とくに第四紀のみでは，第1ページの数行内にそのすべてが納まってしまうはずである。しかし工学上の重要さは，すべて，その数ページに集中されているといってよく，それだけにまた，新生代の資料はよく整理され充実している。表1.2は日本の第四紀に関するものの一例である。これら新生代の地層の特徴を概観的に記述すると，

(1) ちゅう積層　礫・砂および泥土などで構成される。現在の河川の堆積物が多い。河川のおぼれ谷，はん濫原，三角州および扇状地などが，それに相当し，固結度が低いため，一般

表 1.1 現代からさかのぼってみた地質時代

地質時代			絶対年代
新生代	第四紀	ちゅう積世	0年
		洪積世	100万年
	第三紀	せん新世	
		中新世	
		ぜん新世	
		始新世	
		ぎょう新世	6000〜7000万年
中生代	白亜紀		
	ジュラ紀		
	三畳紀		2億年
古生代	二畳紀		
	石炭紀		
	デボン紀		
	シルル紀		
	オルドビス紀		
	カンブリア紀		5億年
原生代			
始生代			50億年？

1　地質と土質工学　13

表 1.2　日本の第四紀層（地学入門付表2による）

地質時代		絶対年代	日本の第四紀地層			火山
			関東平野		大阪平野その他	
第四紀（人類紀）	ちゅう積世	―0年―				富士火山
		―1万年―	有楽町層	江古田泥炭層	吐中層 花泉層	古富士火山／低位段丘堆積物
	洪積世		立川ローム層			
		2.5	立川礫層			箱根火山／中位段丘堆積物
			武蔵野ローム層			
			チョコレート帯	武蔵野礫層		
			下末吉ローム層	板橋粘土		
		―10万年―	下末吉層	山手礫層	上町層	
		6				高位段丘堆積物
		15	多摩ローム	藪層	浄谷層	
		24	土沢層？	屏風が浦層 地蔵堂層	播磨層	
				長沼層 笠森層	満地谷層	
	古洪積世			富岡層 万田野層		
				中里層 佐貫層 長南層	大阪層群上部	
		―100万年―	小柴層	柿ノ木層 国本層 梅ガ瀬層	大阪層群下部	

に空隙が多くやわらかい。地下水にとってよい帯水層となるが，過剰くみ上げによる地盤沈下の被害も少なくない。しばしば軟弱地盤を形成する。

（2）洪積層　礫・砂・粘土・ローム，その他の火山噴出物などで構成され，主として丘陵地および段丘地帯に分布する。ちゅう積層の地盤より，ややかたいが，固結程度は弱くまだ岩石化していない。地下水の含有率はちゅう積層より減少するが，ローム層の下，第三紀層の上では採水の可能性がある。基礎地盤として多く用いられるが，注意を要する地層である。

（3）第三紀層　頁岩・砂岩・礫岩・凝灰岩，その他の火山噴出物で構成される。わが国に広く分布し，土木工事の対象となることが多い。火成岩はあまり問題はないが，第三紀に属する堆積岩には，固結度の低いものがあるから注意すべきである。地下水は第四紀層よりさらに少なくなり，第三紀の古い層では，ほとんど採水できない。また，わが国の地すべり，山くずれの多くが第三紀層に生じている。

〔例題 1.1〕図1.2のような河岸段丘に，ずい道を掘削したい。(a),(b),(c)の三つの掘削位置のいずれが良いか。理由を付して順序を決定せよ。

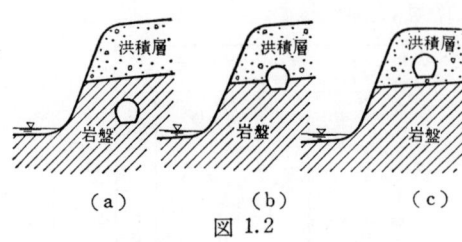

図 1.2

〔解〕 (a)→(c)→(b)の順序
(b)は岩盤と洪積層の境界にあるから，異種地層の崩壊および境界面を流れる湧水の処理が，きわめて困難である。(a),(c)は無難であるが，(c)の方が強度上弱く，かつ地下水の湧出も多いと考えられる。

〔類題 1.1〕 地質調査所発行の地質図，あるいは，その他の資料を参照して，読者の住む地区の地図に第四紀層，第三紀層およびそれ以前の古い地層とに三大別して，色分け地質図を作成してみよ。

1.2 岩石の硬軟（岩石の分類）

1.1では，構造物の基礎地盤としての固結度，かたさについて述べたが，砂礫層（第四紀層）より古い岩盤は，すべて同じようにかたいと考えてよいであろうか。岩石のかたさは，土木工事の掘削の難易という点からも，工事費および工期に大きな影響を及ぼしているので，その種類別に，もう少し詳しく検討してみよう。

古くから土木工事においては，土砂・玉石・軟岩・中硬岩および硬岩などと分類をすることがあったが，必ずしも厳密な定義に基づくものではなく，主観的な判断によることが多かった。それを，かなり一般化した分類法の一例として鉄道関係の資料（表 1.3 および表 1.4）を参考のために記載した。これは，土砂を3階級に，岩石を6階級に分け，標準的な岩石名を配し，その硬軟の程度を表わすのに，切取り作業の難易度ならびにダイナマイトの使用量によって表現している。また，他の一般の岩石は，地質学による岩石の成因，地質時代による区分を基準とし，それに，岩盤の割れ目および風化の度合いなどを考慮して決定したものである。岩石のⅠ,Ⅱは軟岩，Ⅲは中硬岩，Ⅳ,Ⅴ,Ⅵは硬岩と見なしてよい。

表1.3および表1.4をみると，ごく大づかみにして地層は古いほどかたく，かつ水成岩よりは，火成岩の方が，かたいことがうかがえる。

表1.4に現われる岩石の成因による総括名称は，地質学で最も一般的に用いられるもので，図示すると，図1.3のようになる。このうち，いちばん多いのは堆積岩で，地殻の約80%を占めるといわれ，ついで火成岩が20%，変成岩は，きわめてわずかしか存在しない。

なお，これら岩石の判定その他については，個人的努力のほかに，多くの経験

1 地質と土質工学　15

表 1.3　切取り土砂・岩石分類表　(運輸省　昭24)

種別	階級	代表的岩石および土砂	岩質および土質の程度	切取り作業難易の程度
土砂	I	粘土および砂	ちゅう積層にて粘土・土などのやわらかいものにして，田畑などに用いうるようなもの，泥炭層・風化土にして森林などに適するもの	切りくずし作業中，崩壊しやすいもの，一部ショベルだけにて取りうるもの
土砂	II	砂利層および砂利・砂互層	東京付近の赤土厚層にして，ロームと称するもの，九州南部の火山灰・火山荒砂よりなるシラス，花崗岩の風化により生ずる真砂，段丘の砂，砂利層のしまったもの	つるはしにて切りくずしうるもの，ある程度まで垂直に取りうるもの
土砂	III	玉石層	段丘にて砂利を交える玉石の厚層，岩石は全く遊離して角礫・岩塊などの集合状態をなすもの	つるはしだけにては困難にして，時には石工または発破を要するもの
岩石	I	第三紀頁岩	第三紀の岩石にして，固結の程度の弱いもの，風化はなはだしく，きわめてぜい弱なもの，指先にて離しうる程度のもので，き裂間の間隔は 1〜5cm くらいのもの	つるはしにて掘り起こしうる程度のもの
岩石	II	凝灰岩	第三紀の岩石にして，固結の程度良好なもの，風化相当進み多少変色を伴い，軽い打撃により容易に割りうるもの，離れやすいもの，Iよりは密着し，き裂間の間隔は 5〜10cm 程度のもの	一部つるはしを使用し，一部ダイナマイトを使用するようなもの，ダイナマイト使用量0.8N/m³
岩石	III	集塊岩	凝灰質にして固結せるもの，風化は目に沿って相当進めるもの，き裂間の間隔は10〜30cm 程度で，軽い打撃により離しうる程度，異種のかたい互層せるもので層面の楽に離しうるもの	全部ダイナマイトを用いるもの，ダイナマイト使用量1.2N/m³
岩石	IV	石灰岩	石灰岩・多孔質安山岩のようにとくに緊密ならざるも，相当のかたさを有するもの，風化の程度のあまり進まざるもの，かたい岩石にして間隔 30〜50cm 程度のき裂を有するもの	ダイナマイト使用量 1.6N/m³
岩石	V	花崗岩	花崗岩・結晶片岩などの全く変化せざるもの，き裂間の間隔は 1m 内外にして相当密着せるもの，かたい良好な石材を取りうるようなもの	ダイナマイト使用量 2.0N/m³
岩石	VI	珪岩	珪岩・角岩などの石英質に富む岩質もかたきもの，風化せずして新鮮な状態にあるもの，き裂少なくよく密着せるもの	ダイナマイト使用量 2.4N/m³

表 1.4 切取り作業における岩石硬軟分類 （運輸省 昭24）

岩種	地質時代	岩石名	階級 I	II	III	IV	V	VI
変成岩および古生界	始生・原生界および水成岩	片麻岩		-------	-------	-------		
		石英片岩			-------	-------	-------	
		石ぼく片岩	-----	-------				
		緑泥片岩		-------	-------			
		千枚岩		-------	-------			
		珪岩				-------	-------	
		石灰岩			-----	-------		
		硬砂岩			-------	-------		
		角岩				-------	-------	
水成岩	中生界	粘板岩		-------	-------			
		頁岩		-------	-------			
		砂岩			-----	-------		
		礫岩			-------	-------		
	第三系	頁岩	-----	-------				
		砂岩	-----	-------				
		凝灰岩	-----	-------				
		凝灰角礫岩		-------				
火成岩	深成岩	花崗岩		-------	-------	-------		
		せん緑岩			-------	-------		
		はんれい岩			-------	-------		
		かんらん岩			-------			
		じゃ紋岩		-------	-------			
	火山岩	流紋岩		-------	-------	-------		
		ひん岩			-------	-------		
		安山岩		-------	-------	-------		
		げん武岩				-------	-------	
		集塊岩		-------	-------			

——— 岩質新鮮にしてきれつ少ないもの
----- 風化したものおよびきれつあるもの

```
        ┌ 火 成 岩      ┌ 深 成 岩  固結作用が地下の深いところで行われたもの
        │ (マグマの冷却固結  ├ 半深成岩  深成岩と火山岩の中間にあるもの
        │  して出来たもの)  └ 火 山 岩  地表に噴出して冷却固結したもの
  岩石 ┤
        │ 堆 積 岩(水成岩)  岩石の砕屑物(礫・砂・泥)や,生物のいがいが,風,水の作用で
        │              運搬され,堆積して出来たもの
        └ 変 成 岩      火成岩,堆積岩が変成作用(高圧および熱作用など)を受けて出来
                      たもの
```

図 1.3 成因による岩石の分類

と訓練が必要であり,重要な問題の場合には,必ず地質専門家の助力をあおぐようにしなければならない。

〔例題 1.2〕 次の岩石を成因別に分類し,そのかたい,やわらかいを推定せよ。また建設工事で出合った場合の注意について述べよ。

   石灰岩, 花崗岩, 頁岩, じゃ紋岩, 集塊岩

〔解〕 石灰岩(水成岩,中硬岩(風化したとき)→硬岩)物理的な風化はしにくいが水に溶けやすいので,ダムの基盤などには不適。

花崗岩(深成岩,軟岩(風化したとき)→硬岩)美しいので建築材料によいが,熱に弱く風化しやすい。未風化のものは,ダムサイトの基盤などに,最良のものであるが,風化するとまさとなり崩壊の可能性が高い。

頁岩(水成岩,軟岩(風化したとき)→中硬岩)乾燥するとき裂が生じ,ぬれると軟化し崩壊する不安定な岩石である。掘削工事のとき,パラパラとはげ落ちる危険が少なくない。

じゃ紋岩(深成岩,軟岩(風化したとき)→中硬岩)風化すれば粘土化し,体積が膨張し,強大な土圧を生ずる。水を含むと地すべりを起こすなど,土木工事では,最もきらわれている岩石の一つである。

集塊岩(火山岩,軟岩(風化したとき)→中硬岩)生成過程から考えて,一応,火山岩にしたが,水成岩にも分類できる。固結度が低いので,水の浸食に対し,はなはだ弱い。また風化しやすい。

〔類題 1.2〕 次の岩石を成因別に分類し,その硬軟を推定せよ。

   千枚岩, 砂岩, 片麻岩, 凝灰岩, ひん岩, 玄武岩

1.3 関東ローム,しらすおよびまさ土 (日本の特殊土)

 地質学的な見方を 1.2 とは逆に,地殻の,ごく薄い表層である土の部分に適用してみよう。最近,締固め工事の困難さや,土砂崩壊の惨事のため,関東ロームやしらすの名前が,よく新聞紙上をにぎわすようになってきたが,これらを一括

して，いま特殊土と名づけると図1.4のようになる。

特殊土 ｛火山灰土 ｛無機質火山灰土　しらす，島原焼土など
　　　　　　　　　有機質火山灰土　関東ローム，黒ぼく，福ばん土，鹿沼土，水土，赤ほやなど
　　　　火成岩風化土　まさ，温泉余土など
　　　　その他の特殊土　ツンドラ，その他

図 1.4　日本の特殊土

このうち，比較的よく研究されている関東ロームほか，二三について説明を加えると，

（1）関東ローム　　日本の代表的な赤土の一種で，関東地方の丘陵一帯に広く厚く分布している。そのままで構造物を支持するには，比較的強固であるが，ひとたび掘削してこね返すとどろんこの状態になり，水分が抜けず，締固めも困難で，厄介な土である。自然含水比が100%前後であるが，これは有機物を多く含む（約15%）ためと考えられている。第四紀の火山活動に由来する火山灰の堆積したもので，古い方から，多摩ローム，下末吉ローム，武蔵野ロームおよび立川ロームと名づけられている（表1.5参照）。

表 1.5　関東ロームの年代　（関東ロームより）

地質時代	絶対年代 (単位 万年)	人　類	ローム名
ちゅう積世	0.8～1	現世人類	ちゅう積世火山灰
洪積世後期	12	クロマニヨン人	立川ローム層
	17～18	ネアンデルタール人	武蔵野ローム層
	24		下末吉ローム層
洪積世中期	42	スワンスコム人	多摩ローム層
洪積世前期	48～100	ハイデルベルク人 北京人	

（2）まさ土（真砂）　　日本全国に分布するが，とくに瀬戸内海沿岸に多く露出する。花崗岩の造岩鉱物である長石が陶土化し，結晶間の結合がゆるみ，へき開性の強い黒雲母が吸水膨張して微細粒となったものである。透水性がよく，浸食されやすいため，しばしば土砂崩壊を起こすことがある。

（3）しらす（白砂）　　主として鹿児島・宮崎の両県に分布するが，その他の地方（たとえば東北地方・十和田湖近辺）にもみられる。第四紀に降った火山灰およ

び火山岩さいが，30m以上の厚さでよく固まらないまま台地状となって存在し，全く有機物を含まない。水を含むと，どろ状化し，浸食崩壊を起こしやすいが，レス（黄土）などと同じく鉛直方向の透水性がよく，雨水浸食に抵抗性がないなどの理由で，斜面勾配は，急なほど(90度に近いほど)安定度が高いと考えられている。

このように，特殊土と呼ばれる土の多くは火山灰土であるが，その共通した性質としては，次のようなものがあげられている。
（a）液性限界が高く，塑性指数が小さい。
（b）微細粒分および有機物の含有度を増すと，締固めの困難性が増し，その最適含水比も上がってくる。有機物の多いほど収縮限界も増加する。

1.4 地下水の探査 (物理地下探査法)

産業の開発・進展に伴って水の使用量が激増しているが，地表水には多くの場合，水利権が設定されていて自由な利用が制限されつつある。そのため水利権のない地下水は水質が良い，温度差が少ないなどの利点もあって，飲料水・農業用水および工業用水に，一段とその重要性が高まってきた。

土木工学では，土質工学と水理学が，地下水の存在および賦存量などを分担して検討しなければならないことが，しばしばある。

わが国で大量の地下水を埋蔵しているところは，地形からみて

　　平野部・扇状地　　自由地下水，被圧地下水，伏流水
　　台地・丘陵　　　　自由地下水，まれに被圧地下水
　　河谷部　　　　　　伏流水

で，山地を形成する古い地層は，岩石がち密なため地下水に乏しい。

地下水の帯水層，ならびに構造物の基礎地盤，ダム・トンネル工事の基礎調査などにおいて，地層の構成を，波の伝ぱ速度や電気伝導度の相違で推定しようとするのが物理地下探査である。

ここでは，比較的よく用いられる弾性波探査法と電気探査法について簡単に記述する。

1.4.1 弾性波地下探査法 (屈折法)

地上または地中の一点で，火薬を爆破させて人工的に振動を起こすと，その弾性波が地表および地中を伝わる。そして異なった地層の境界面では，反射屈折が生ずる。図1.5のように爆発点から，いろいろな距離に測定装置をおいて，最初

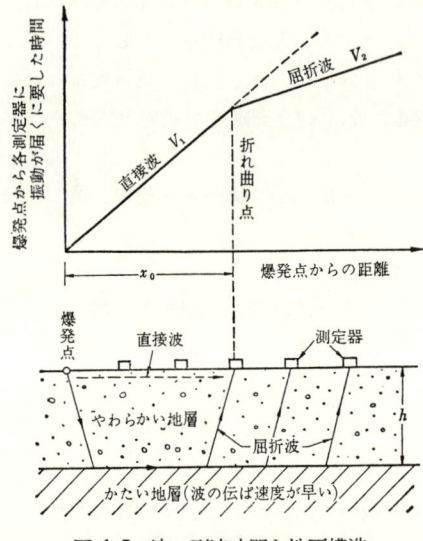

図 1.5 波の到達時間と地下構造

の波の到達時間を測定すると，各層を伝わる波の速さおよび地層の境界をとらえることができる。すなわち，爆発点に近い所では直接波が早く届くが，ある地点をこすと屈折波の到達が速い。

この直線の勾配 V_1 から，上層の性質がわかり，V_2 から下層の特性（たとえば地層のかたさ，含水の有無）がわかる。また折れ曲り点の位置から，境界面の深さ h が(1.1) 式のように求められる。

$$h = \frac{x_0}{2}\sqrt{\frac{V_2-V_1}{V_2+V_1}} \tag{1.1}$$

V_1, V_2：それぞれ上層，下層における波の伝ば速度 (m/s)

x_0　：爆発点から折れ曲り点までの距離 (m)

1.4.2　電気地下探査法（比抵抗法）

図1.6のように，電極棒 C_1, P_1, P_2, C_2 を地表に設置し，C_1, C_2 に電流を流して，P_1, P_2 間の電圧降下を測定する。

電極間隔 a をいろいろに変えて，この地層の比抵抗（単位体積当りの電気比抵抗）ρ をはかると次式のようになる。

$$\rho = 2\pi a \frac{V}{I} \tag{1.2}$$

V：電極 P_1, P_2 間の電圧降下（ボルト）

I：電極 C_1, C_2 間を流れる電流（アンペア）

$\overline{C_1 C_2}$ が狭いときは，図1.7(a)のように電流の大部分は第1層を通るため，P_1, P_2 の電圧降下は第2層

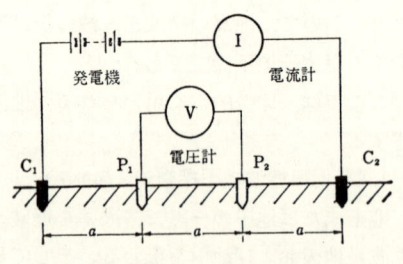

図 1.6　比抵抗法の電極配置

の影響が少ない。しかし$\overline{C_1 C_2}$の間隔が大きくなると，(b)図のように電流は第2層によってゆがめられることがわかる。

このことを，ρ_2（第2層の比抵抗）$>\rho_1$（第1層の比抵抗）の場合と，$\rho_2<\rho_1$ の場合について $\rho-a$ 曲線を描いて考察すると，図1.8(a), (b)のごとく，電極間隔のせまい間は，第1層の比抵抗が地層全体の比抵抗を代表しているが，間隔が広がるにしたがって，第2層の比抵抗に収れんするようになる。一般にかたい地層とか，帯水層などは比抵抗 ρ が小さいから，電気比抵抗という物理定数を仲だちにして，地中にある層の特性を推定することができる。

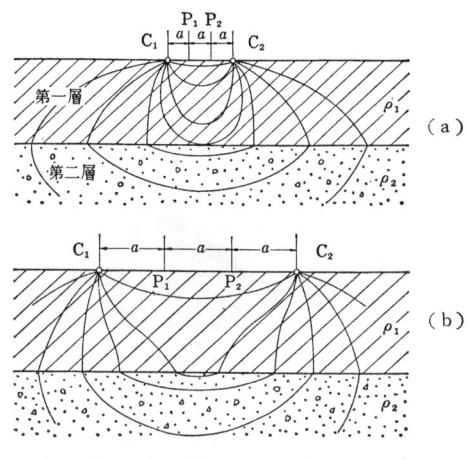

図 1.7 第2層の影響を受ける電流の流れ方 ($\rho_1 > \rho_2$)

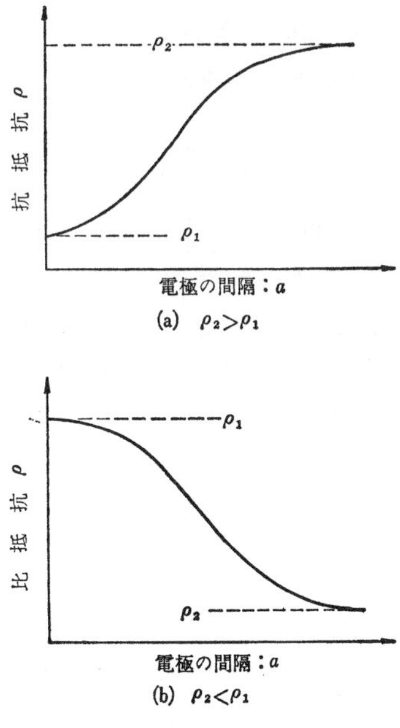

実際には，第1層と第2層の特性および境界の推定は次のようにする。第1層の比抵抗 ρ_1 で，深さ d の所に比抵抗 ρ_2 の第2層があれば，全体の見掛け比抵抗はどうなるかを理論的に計算した標準曲線（図1.9）を用意しておく。これを測定曲線（$\rho-a$ 曲線）の上に重ね合わせて，境界面の位置および上下層の比抵抗を求める。

弾性波探査にしても，電気探査にしても，ともにある種の物理量を測定して，その量を仲介として地下の構造を知ろうとする方法で，その意味では，医者の聴診器診断法に似ている。したがって，あくまでも間接的な方法であり，正確にはボーリングやその他の方法で，その推定を確かめなければならない。

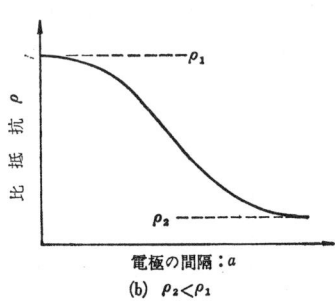

図 1.8 $\rho-a$ 曲線

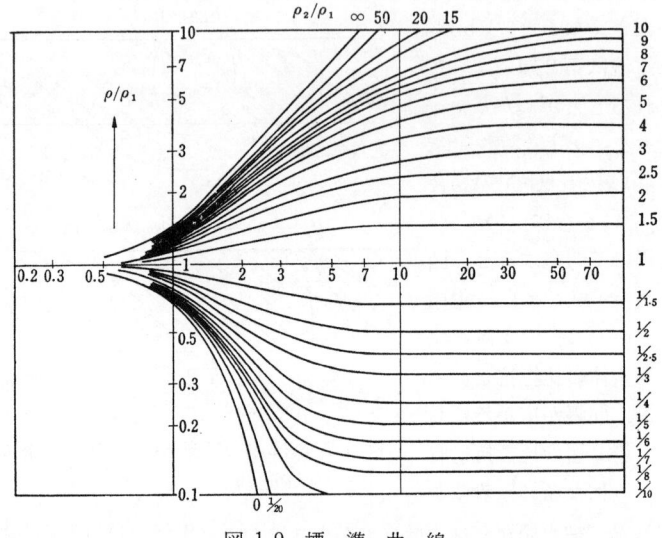

図 1.9 標 準 曲 線

〔例題 1.3〕 弾性波地下探査を行い，第1層および第2層を伝わる波の速さがそれぞれ，$V_1=1.0\text{km/s}$，$V_2=1.6\text{km/s}$，また，折れ曲がり点の位置は$x_0=49\text{m}$であった。第1層と第2層の境界面の深さを求めよ。

〔解〕 (1.1) 式を用いて

$$h = \frac{x_0}{2}\sqrt{\frac{V_2-V_1}{V_2+V_1}} = \frac{49}{2}\sqrt{\frac{1600-1000}{1600+1000}} = 11.8\text{m}$$

11.8mの深さに第2層が現われる。

〔類題 1.3〕 電気地下探査を実施した結果 $\rho - a$ を曲線に描いたところ，図1.10のような，ほぼ水平な直線となった。これは，どう解釈すべきか。（測定した範囲では地表からずっと均一な土層（地層）で構成されていると考えてよい。）

〔演習問題〕

(1) 次の地質時代は現代を基準として，それぞれ何年くらい前になるか。
　　(a) 第三紀　　(b) ちゅう積世
　　(c) 洪積世
　　(表1.1および表1.2を見よ)

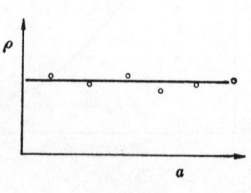

図 1.10

(2) 関東ローム層には，どのような種類があるか。その名称を古い順に列挙せよ。また，それらは現

代より約何年前に堆積したものであるか（表1.5を参照せよ）。
（3） 表1.4から，軟岩もしくは，中硬岩以下のかたさの岩石を選び出し，工学的に弱い岩石はどの地質時代に多いかを見いだせ。（石ぼく片岩，頁岩，砂岩，凝灰岩，じゃ紋岩，集塊岩など第三紀の岩石が多い）
（4） 弾性波探査を行い，その走時曲線* から上層・下層における波の伝ぱ速度がそれぞれ，$V_1=3$km/s，$V_2=5$km/s であり，爆発点から折れ曲り点までの距離 $x_0=240$m なることがわかった。上層と下層との境界のある深さを計算せよ。（$h=60$m）

* 図1.5の距離—到達時間曲線を，一般に走時曲線とよんでいる。

2 土の基本的性質および物理的性質

2.1 土の相構成

　土は，いろいろな粒径をもった鉱物粒子の集合体で，それが骨組をなしていて，そのすきまに水や空気がはいっている。すなわち，土は基本的に次の三つの相から成り立っている多孔質なかたまりである。

（1）　固相（solid phase）　　鉱物粒子（有機物を含むこともある）が構成している骨組の部分

（2）　液相（liquid phase）　　土粒子間の間隙の一部あるいは全部を満たしている土中水

（3）　気相（gaseous phase）　間隙のうち水で占められていない部分で，ガスあるいは蒸気がはいっている部分

　液相と気相とが占める部分を間隙という。その間隙が水で満たされている場合（飽和の状態）および水がまったくない場合（絶乾の状態）における相構成は2相となる。これらの相構成をわかりやすくするために模式図で表わすと，図2.1のようである。

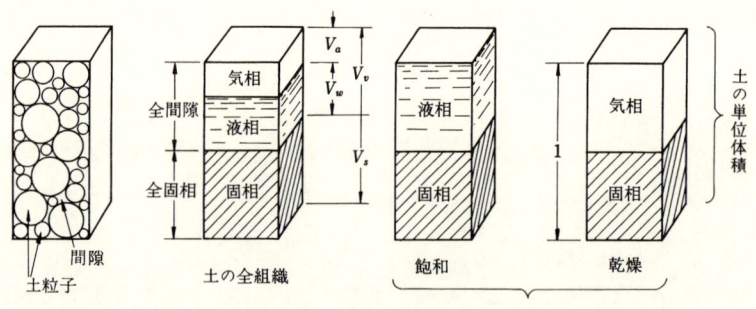

（a）土粒子の集合状態　　（b）3相の土　　（c）2相の土
図2.1　土の相構成

　土質工学では，土の状態の判定や，また土の強さ，変形および圧力を考える際に，土の状態定数として各相相互の割合を知っておく必要のあることが多い。

各相相互の関係を表わすのに，体積割合として間隙比，間隙率および飽和度など，また，質量割合として含水量や密度など，いくつかの約束された表現がある。土質工学を学ぶにあたっては，まず，これらの基本的なことがらをよく理解しておく必要がある。

2.2 土の構造

前節で，鉱物粒子が骨格を形成し，その間隙にガスや水などがはいっていることを述べたが，その骨組をなす土粒子の配列の状態を土の骨格構造あるいは土の構造という。

（a）単粒構造

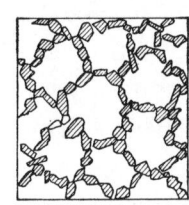
（b）はちの巣構造

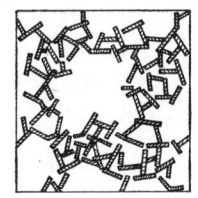
（c）綿毛構造

図2.2 土の構造の基本モデル

土の強さや圧縮性などの性質は，土の構造に関係が深い。たとえば堆積土をいったん乱すと，含水量や密度が変わらなくても，その土の強さがいちじるしく低減する。これは，もとの構造が壊されたことによって起こる性質の変化を示す好例である。

堆積土の構造を分類すると，基本的に次の三つの型に分けられる。
（1）単粒構造　（2）はちの巣構造　（3）綿毛構造

これら構造の様式を変えるおもな因子は，土粒子の大きさと形状，土粒子界面の性質，土粒子の鉱物組成および堆積時の環境（水の性質，流速など）などである。とくに粘土粒子の配列や方向性は，土粒子の鉱物組成や土粒子面の性質に影響されることが大である。

2.2.1 単粒構造

粒径が0.02mm以上といった比較的大きい粒子だけが集合してできている土の場合の構造である。いわゆる砂地盤や砂礫地盤などの粗粒土における構造である。このような構造の土を問題にするときは，個々の粒子の接触状態，間隙の量

やアーチ作用によって起こる大きい間隙の発生などが，土の安定や圧縮性に大きく影響する。たとえば，第8章の地盤改良のところで，ゆるい砂地盤の改良を行うのに，振動や衝撃によって砂地盤を締め固める方法が述べてある。これは粒子の再配列をうながし，土の構造のあり方を変える一例である（図2.2(a)参照）。

粗粒土で，粒径の分布や均等性および細粒土分の混入量などを問題にするのは，それらの性質によって土の構造のあり方や間隙の状態などが変わってくるからである。

2.2.2 はちの巣構造

粒径が 0.02mm より小さく，0.002mm より大きいシルトや，それに近い粘土などが水中を沈降して堆積したときにできる土の構造で，図2.2(b)のように鎖状のアーチを形成している。このような構造の土は，同じ粒径の土を単粒構造のように粒子が配列していると考えた場合にくらべて，間隙量が相当大きいものとなる。したがって圧縮される量が大きく，また，土粒子の連鎖を破るような外力（衝撃とか振動など）が加わると，土の強さが低減し不安定になる。

2.2.3 綿毛構造

土粒子の大きさにくらべて表面積の大きい微細な粘土やコロイドは，それが水中にあるような場合，粒子が互いに反発したり，引き合ったりする力が重力作用にくらべて大きい。

その粒子間に働く力は，土粒子の界面がもっている電荷によるもので，電荷の大きさによってその力の大きさが変わってくる。

いま，水中に浮遊している微細粒子を考えてみると，極性が同じで電荷の大きい粒子は互いに反発しあって，なかなか沈降しない。そのような水の中に多量の電解質（たとえば濃度の高い食塩）を加えてやると，粒子は電荷を失って，相互にくっつき合い粒団をつくる。この粒団は，適当な大きさとなって沈降していく。粒団個々の見掛けの大きさは砂の粒子ほどもあるが，粘土粒子間のすきまは大きい。このような粒団が重なりあってできた土を綿毛構造と呼び，粒子間の結合は強いが，きわめて間隙量が高い（図2.2(c)参照）。

各粒団の粒子の結合状態や配列の状態は，粘土鉱物の種類や水に含まれる電解質の種類および量などによって変わる。図2.3の二つのモデルは，(a)がランダムな粒子の配列，(b)が定向性をもった粒子の配列を示したもので，(a)は活性の高いモンモリナイト系粘土の場合に，(b)は不活性のカオリナイト系粘土の場合に考えられる粒団である。

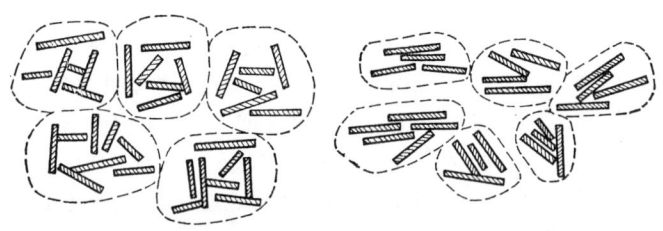

(a) ランダム配列　　(b) 定向配列に近い配列
図 2.3　粘土のフロックと粒子配列

　上にも述べたように，綿毛構造をもった土は一般に間隙が大きいので，堆積年代の新しいものでは，圧縮変形量（圧密）がきわめて大きい。しかし，堆積後長い年代を経たものは，粒子間の結合力が強いので，はちの巣構造などにくらべて構造がこわれにくい。しかし，こね返して構造をこわすと強さを失い，やわらかいどろどろの状態になる。
　以上は土の基本構造を示したものであって，実際の土では，いろいろな粒径の粒子が混じり合っているので，各構造様式の複雑なメカニズムで土の構造がなりたっているはずである。

2.3　土の基本的性質

2.3.1　土粒子の密度と比重

　土粒子の密度（ρ_s）は，土の固相部分だけについての単体位積当りの質量で，次のように表わされる。

$$\rho_s = m_s/V_s \,(\mathrm{g/cm^3}) \tag{2.1}$$

ここに　m_s：温度 $T°C$ における土粒子の質量
　　　　V_s：温度 $T°C$ における土粒子の体積

　土粒子の質量は容易に測定できるが，不定形な土粒子の体積を測定するには工夫を要する。そこで，水中に投入し，十分，脱気した土粒子を水と置換して体積を求めて次式から計算する。

$$\rho_s = \frac{m_s}{m_s + (m_a - m_b)} \times \rho_w(T) \,(\mathrm{g/cm^3}) \tag{2.2}$$

ここに　m_a：温度 $T°C$ の蒸留水を満たしたピクノメーターの質量
　　　　m_b：温度 $T°C$ の蒸留水と質量を満たしたピクノメーターの質量

$\rho_w(T)$：T℃における蒸留水の密度

また密度と同じ数値をもつ土粒子の比重も便利なので，まだときどき使われている。土粒子の比重は，とくに指定のないとき，温度15℃の水に対する比重 G_s (T℃/15℃) で表わしている。一般に土粒子の密度は，構成されている鉱物の種類や含有程度によって異なるが，普通2.50～2.70g/cm³程度の値である。また，得られる値は，個々の土粒子あるいは代表鉱物の密度ということでなく，測定の対象となった土の土粒子全体の平均値ということである。土粒子密度の利用ということでは，土の間隙量の算出，単位体積重量および土粒子の水中での沈降速度などを算出する場合の計算のための数値として用いられる。

〔例題 2.1〕 ゲールサック形ピクノメータによる土粒子密度の測定原理を説明せよ。

〔解〕 土粒子の密度 ρ_s は，$\rho_s = m_s/V_s$ で表わされる。土粒子体積 V_s に相当する水の体積，すなわち排除した水の体積を V_{dis} とし，排除した水の質量を m' とすると，$V_s = V_{dis}$ は次のように表わされる。

$$V_s = V_{dis} = m'/\rho_w$$

図からわかるように m' は

$$m' = m_a + m_s - m_b$$

となる。したがって

$$\rho_s = \frac{m_s}{m'/\rho_w} = \frac{m_s \cdot \rho_w}{m_s - m_b + m_a}$$

図 2.4

また $G_s(T$℃/4℃$) = \dfrac{m_s}{m_s + (m_a - m_b)}$ でもある。

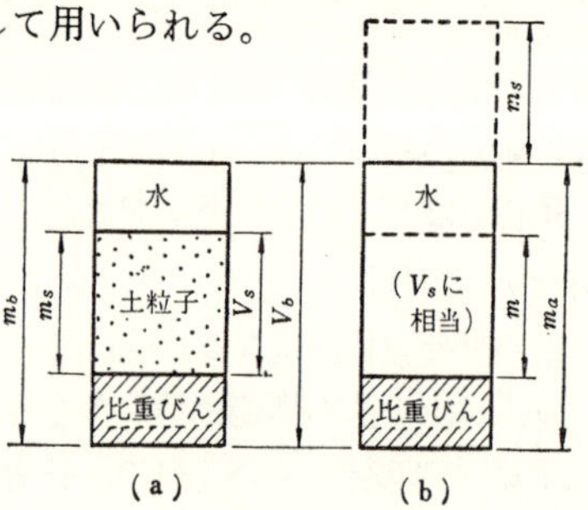

注）実用上，水の密度を表わす基準温度としては，15℃が用いられている。したがって，$G_s(T$℃/15℃$) = KG_s(T$℃/T℃$)$，ここに K は温度による補正係数

2.3.2 土の間隙率と間隙比

土を構成する各相の体積を，それぞれ V_s(固相)，V_a(気相) および V_w(液相) とすると，間隙部分の体積は $V_v = V_a + V_w$ であり，土の全体積は $V = V_v + V_s$ で表わされる。

与えられた土の間隙の状態を量的に表わすのに，土の全体積に対する間隙体積の比すなわち間隙率(%)，および固相の体積に対する間隙体積の比すなわち間隙比を用いる。

間隙率： $n = \dfrac{V_v}{V} \times 100\% = \dfrac{V - V_s}{V} \times 100\% = \left(1 - \dfrac{V_s}{V}\right) \times 100\%$ \hfill (2.3)

間隙比： $e = \dfrac{V_v}{V_s} = \dfrac{V - V_s}{V_s} = \dfrac{V}{V_s} - 1$ \hfill (2.4)

(2.3)および(2.4)式において，土の全体積Vは実測することが容易であるが，V_sの実測は困難である。したがって実測できる量，すなわち土粒子の質量m_sと密度ρ_sとを知って，$V_s = m_s/\rho_s$の関係からV_sを計算から求める。(2.3)式および(2.4)式はそれぞれ次のように書きかえられる。

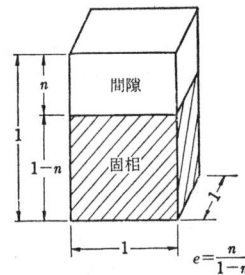 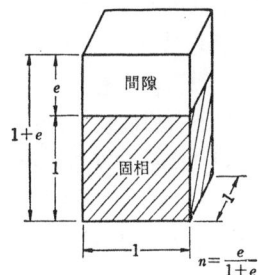

（a）土の全体積を単位とする体積関係　　（b）固相の全体積を単位とする体積関係

図 2.5

$$\left.\begin{array}{l} n = (1 - m_s/\rho_s V) \times 100 \\ e = (\rho_s V/m_s) - 1 \end{array}\right\} \quad (2.5)$$

図 2.5 は，単位体積の土を考え，その全高さを（単位長さとして）1 とした場合と，土粒子（固相）部分の高さを 1 とした場合を示したものである。

図から，間隙の体積は $V_v = nV$，また土粒子体積は $V_s = (1-n)V$ で表わされることがわかる。したがって e と n との相互の関係は，次式のようである。

$$\left.\begin{array}{l} e = V_v/V_s = n/(1-n) \\ \text{あるいは，}\ n = e/(1+e) \times 100 \end{array}\right\} \quad (2.6)$$

n は百分率で，e は実数で表わすのが習慣となっている。たとえば間隙体積と土粒子体積とが同じ（$V_v = V_s$）土では，$e = 1.0$，$n = 50\%$ ということになる。間隙量として通常用いられるのは間隙比である。

間隙比は土の単位体積重量の計算，限界動水勾配の算定，土の透水性を考える問題，圧密沈下の解析，および土の相対密度を求める場合などに用いられる。

〔例題 2.2〕 土粒子体積 V_s，含有水の体積 V_w，間隙体積 V_v および空気間隙体積 V_a を求めるためには，物理量としてどのようなものが知られていなければならないか。それらの量はどのような方法で測定されるか。

〔解〕（i） $V_s : m_s, \rho_s$ および γ_w を知り，$V_s = W_s/\rho_s$ から V_s を求める。

（ii） $V_v : V$ を知り，V_s を上記から求め，$V_v = V - V_s$ から V_v を得る。

（iii） $V_w : m$ と m_s を知り，$m_a = 0$ であるから，$m - m_s = m_w, m_w/\rho_w = V_w$ から V_w を得る。

（iv） $V_a : V_v$ と V_w を求め，$V_a = V_v - V_w$ から V_a を求める。

以上の段階を経て，土の各相の体積が得られるのであるが，この場合実測しうる物理量は次のようなものである。

（a） 土の体積(V)　土がかたまりをなし整形が容易なものは，立方体あるいは円柱に整形し，幾何学的に体積を求める。整形できないもの，または原位置でそれをはかる場合，砂置換法などの置換法が利用される（各種の体積測定法を考えてみよう）。

（b） 土の質量(m)　V を測定した土の全質量をひょう量する。

（c） 土粒子の密度（ρ_s）　JIS A 1202 に規格されている方法で測定。

（d） 土粒子質量（m_s）　土を絶乾し，その全質量をはかる。土の含水比 w（%）が既知，m がはかられている場合には，$m_s = \dfrac{100m}{w + 100}$ から，m_s が求められる。

（e） 水の密度（ρ_w）　水の温度によって変わることに注意し，物理定数表を参照する。純水の $\rho_{w.\max} = \rho_{w \cdot 4℃}$ と土中水の密度 ρ_w とは，概念的に分けて考える必要がある。

2.3.3　土の含水量

土の間隙中に含まれる水の量を土の含水量という。その量の表わし方として，土の乾燥質量 m_s に対する含水質量 m_w の比（含水比）で表わす場合と，土の湿潤質量 m に対する含水質量の比（含水率）で表わす場合とがある。通常含水量は含水比で表わす。

$$w = \frac{m_w}{m_s} \times 100 \, (\%) \tag{2.7}$$

自然状態における土の含水量を自然含水比と呼び，その含水量は，原位置における土の強度やコンシステンシーと深い関係をもっている。

土の含水比は，土の締固めの管理，土のコンシステンシー限界を求める場合，

および土工・基礎工の安定を考える場合に用いられる。

含水比の測定法は，JIS A 1203 に規定されている方法を標準としているが，土工の施工管理や，すばやくそのときの含水量を知る必要のある場合に迅速測定法として，アルコール燃焼法・赤外線乾燥法・高周波乾燥法など，いろいろな方法が用いられている。

2.3.4 飽 和 度

土の間隙中，水の占めている割合を表わすのに飽和度 S_r，あるいは相対含水比という語が用いられる。飽和度とは，土の全間隙体積 V_v に対する間隙中の水の体積 V_w の比（または百分率）として次式のように表わされる。

$$S_r = \frac{V_w}{V_v} = \frac{m_w}{m_v} = \frac{w}{w_{sat}} \tag{2.8}$$

ここに　　m_w：間隙中の水の質量
　　　　　m_v：全間隙を満たしたときの水の質量
　　　　　w：含水比
　　　　　w_{sat}：全間隙を水で満たしたときの含水比

また，水の体積率を n_w（P.37参照）とすると，飽和度は次式のようである。

$$S_r = \frac{n_w}{n} \tag{2.9}$$

飽和度によって土の相構成および間隙の状態は次のように分けられる。

(1) $S_r < 1$　　不飽和の状態を示す。固相―液相―気相の3相構成
(2) $S_r = 1$　　間隙が完全に水で満たされた飽和の状態を示す。固相―液相の2相構成
(3) $S_r = 0$　　完全乾燥の状態を示す。固相―気相の2相構成

表2.1は，飽和度による土の状態を区分したものである。

〔例題 2.3〕 乱さない状態で採取した土を整形し，その供試体の質量と体積をはかったところ，次のような値を得た。この土の飽和度を求めよ。ただし，土粒子の密度は $\rho_s = 2.716 \text{g/cm}^3$ である。

(1) 湿潤土の質量　$m = 75.50 \text{ g}$
(2) 乾燥後の質量　$m_s = 39.88 \text{ g}$
(3) 土の全体積　$V = 56.52 \text{ cm}^3$

表2.1　飽和度による土の状態

飽和度 (S_r)	土 の 状 態
0	かわききった土
0 ～0.25	いくらか湿りのある土
0.26～0.50	湿った土
0.51～0.75	非常に湿った土
0.76～0.99	湿潤土
1.00	飽和土

〔解〕 この問題を解くには，まず全間隙体積 V_v を求めることである。その手順として，土粒子体積 V_s を求め，$V-V_s=V_v$ の関係から V_v を得る。つぎに，水の占める間隙体積 V_w を $(m-m_s)/\rho_w$ から求め，V_w/V_v によって飽和度 (S_r) を得る。

$$V_s = \frac{m_s}{\rho_s} = \frac{39.88}{2.716} = 14.68 \text{ cm}^3$$

$$V_v = V - V_s = 56.52 - 14.68 = 41.84 \text{ cm}^3$$

$$V_w = \frac{m_w}{\rho_w} = \frac{m-m_s}{\rho_w} = \frac{75.50-39.88}{1.00} = 35.62 \text{ cm}^3$$

ゆえに $S_r = \dfrac{V_w}{V_v} = \dfrac{35.62}{41.84} = 0.8513\ (=85.13\%)$

飽和度 S_r は，$0.76 \sim 0.99$ の範囲にあるので，飽和に近い湿潤土である。

2.3.5 土の密度と単位体積重量

土の単位体積当りの質量を，土の密度という。土粒子質量 m_s と間隙中の水の質量 m_w とを合わせて土の質量 $m\ (m=m_s+m_w)$ として考えると，湿潤密度 ρ_t となる。これに対して，土粒子質量 m_s だけを考えた場合を乾燥密度 ρ_d といって次のように表わす。

$$\left. \begin{aligned} \rho_t &= \frac{m_s+m_v}{V} = \frac{m}{V}\ (\text{g/cm}^3) \\ \rho_d &= \frac{m_s}{V}\ (\text{g/cm}^3) \end{aligned} \right\} \quad (2.10)$$

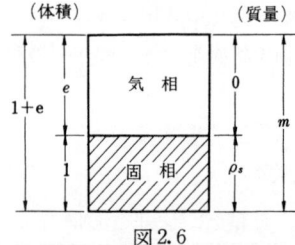

図2.6

土の密度は，土の状態が同じであっても飽和条件および水に浸されているかどうかによって変わってくる。いま，土粒子の密度 ρ_s と土の間隙比 e が既知である場合の各種条件下での土の密度を考えてみよう。

図2.6 からわかるように，$S_r=0$（完全乾燥状態）の場合には，土の全体積 $V=1+e$ に対して，固相の質量が $m_s=V_s\cdot\rho_s$ で，この場合 $V_s=1$ であるから，土の乾燥密度 ρ_d は，

$$\rho_d = \frac{\rho_s}{1+e}(\text{g/cm}^3) \quad (2.11\text{ a})$$

で表わされる。

間隙が水で満たされた場合，すなわち飽和の状態では，土の全質量は $e\rho_w + \rho_s$ であり，土の全体積は上と同じく $V=1+e$ であるから，飽和条件下での密度

ρ_sat は，

$$\rho_\text{sat} = \frac{e\rho_w + \rho_s}{1+e} \text{(g/cm}^3\text{)} \tag{2.11b}$$

となる。

　(2.11a)式と(2.11b)式をくらべてみるとわかるように，間隙体積が一定である土では，間隙中の水の量の変化によって土の密度は変化する。乾燥密度は，その土のその状態における最小の密度であり飽和された場合はその密度が最大となる。

　地下水下にある土のように水で浸されている場合は，同体積の水の重量に相当する浮力を受けているので，水浸されている土の密度 ρ_sub は，飽和条件における密度 ρ_sat から，水の密度 ρ_w を差し引いたものとなる。

表2.2 飽和度による土の密度の計算式

土の条件	飽和度	密度を表わす記号	密度を求める式	
			間隙率を関数とする場合	間隙比を関数とする場合
一 般 式	S_r	ρ	$(1-n)\rho_s + nS_r\rho_w$	$\dfrac{eS_r\rho_w + \rho_s}{1+e}$
乾 燥 土	$S_r=0$	ρ_d	$(1-n)\rho_s$	$\dfrac{\rho_s}{1+e}$
湿 潤 土	$1>S_r>0$	ρ_t	$(1-n)\rho_s + nS_r\rho_w$	$\dfrac{(1+w)\rho_s}{1+e}$ $\dfrac{eS_r\rho_w + \rho_s}{1+e}$
飽 和 土	$S_r=1$	ρ_sat	$(1-n)\rho_s + n\rho_w$	$\dfrac{\rho_s + e\rho_w}{1+e}$
水浸された土	—	ρ_sub	$(1-n)(\rho_s - \rho_w)$	$\dfrac{\rho_s - \rho_w}{1+e}$

すなわち，

$$\rho_\text{sub} = \rho_\text{sat} - \rho_w = \frac{\rho_s - \rho_w}{1+e} \text{(g/cm}^3\text{)} \tag{2.11c}$$

　土の e あるいは n，ρ_s および ρ_w が既知である場合に，飽和の状態によって変わる密度を求める式を一括して表2.2に示してある。

　これに対して，土の単位体積あたりの重量を，土の単位体積重量という。重量は質量に重力加速度をかけたものであるから，つぎのような関係である。

$$W = mg$$

したがって，種々の飽和状態によって変化する単位体積重量を求める式は，密度を求めた方法と同様に導くことができる。土の e あるいは n, G_s および水の単位体積重量 γ_w が既知である場合には，たとえば乾燥単位体積重量については

$$\gamma_d = \frac{G_s \cdot \gamma_w}{1+e} \ (\mathrm{kN/m^3}) \tag{2.12a}$$

のように，(2.11a)式の水の密度を水の単位体積重量に変えればよい。同様に飽和単位体積重量については，(2.11b)の ρ_w を γ_w に変えて，

$$\gamma_{\mathrm{sat}} = \frac{e+G_s}{1+e}\gamma_w \ (\mathrm{kN/m^3}) \tag{2.12b}$$

さらに，水浸単位体積重量 γ_{sub} については，

$$\gamma_{\mathrm{sub}} = \gamma_{\mathrm{sat}} - \gamma_w = \frac{G_s-1}{1+e}\gamma_w \ (\mathrm{kN/m^3}) \tag{2.12c}$$

となる。単位体積重量は，土かぶり圧や盛土荷重などを算定する場合に用いられる。

〔例題 2.4〕 湿潤密度が $\rho_t = 1.65\mathrm{g/cm^3}$，含水比が $w = 56.86\%$ である土の乾燥密度を求めよ。また土粒子の密度を $\rho_s = 2.716\mathrm{g/cm^3}$ として，飽和度および間隙比も求めよ。

〔解〕 この土の 1 cm³ 当りの乾燥質量は，
$$m_s = m - m_w = 1.65 - m_w$$

また，$w = m_w/m_s$ あるいは，$m_w = wm_s$ であるから，これを上式に代入すると，
$m_s = 1.65 - wm_s$ となり

$$m_s = \frac{1.65}{(1+w)} = \frac{1.65}{(1+0.5686)} = \frac{1.65}{1.5686} = 1.05 \ \mathrm{g}$$

この W_s は，1 cm³ 当りの質量であるので，ρ_d は

$$\rho_d = \frac{m_s}{1} = 1.05 \ \mathrm{g/cm^3}$$

また，土の 1 cm³ 当りの水の質量 m_w は，
$$m_w = m - m_s = 1.65 - 1.05 = 0.60 \ \mathrm{g}$$

あるいは，$m_w = wm = 0.5686 \times 1.05 = 0.60 \ \mathrm{g}$

したがって，水の体積は，$V_w = m_w/\rho_w = 0.60/1.00 = 0.60 \ \mathrm{cm^3}$
間隙体積 V_v および飽和度 S_r は，

$$V_v = V - V_s = 1 - \frac{m_s}{\rho_s} = 1 - \frac{1.05}{2.716} = 0.613 \ \mathrm{cm^3}$$

$$S_r = \frac{V_w}{V_v} = \frac{0.600}{0.613} = 0.9787 \ (=97.87\%)$$

G_s, S_r, w を知って間隙比 e を求めるには，$S_r \cdot e = w\rho_s/\rho_w$ の関係から，

$$e = \frac{\rho_s \cdot w}{\rho_w S_r} = \frac{2.716 \times 0.5686}{0.9787} = 1.58$$

〔例題 2.5〕 ある含水量の土を突き固め，次のようなデータを得た。突き固めた土の密度，間隙比と間隙率，および飽和度と空気間隙率を求めよ。

データ $\begin{cases} 突き固めた土の質量 : 1.419 \text{ g} \\ モールドの容積 \quad : 1\,000 \text{ cm}^3 \\ 含\ 水\ 比 \qquad\quad : 79.80 \text{ \%} \\ 土粒子の密度 \quad\ : 2.680 \text{ g/cm}^3 \end{cases}$

〔解〕 （1） 土の湿潤密度は，

$$\rho_t = \frac{m}{V} = \frac{1.419}{1\,000} = 1.419 \text{ g/cm}^3$$

含水比 $w = m_w/m_s = 79.8$ (%) であるから，$m_w = 0.798 m_s$

図に示すように，土の体積を $V = 1$ とすると，含水質量 m_w は，

$$m_w = \rho_t \cdot V - m_s = 1.419 \times 1 - m_s$$

これを上式に代入すると，

$$1.419 - m_s = 0.798 m_s$$

ゆえに，$m_s = 0.785$ g

$\rho_d = m_s/V$ において，$V = 1$ であるから，

$$\rho_d = 0.785 \text{ g/cm}^3$$

（2） m_s および ρ_s を知ると，土粒子の体積 V_s は，

$$V_s = \frac{m_s}{\rho_s} = \frac{0.785}{2.680}$$
$$= 0.293 \text{ cm}^3$$

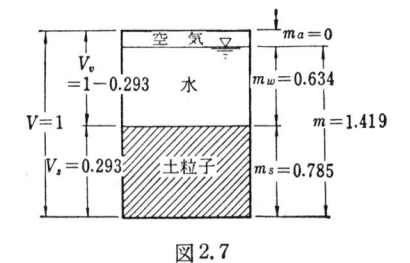

図2.7

間隙体積は，$V_v = V - V_s = 1 - 0.293 = 0.707 \text{ cm}^3$

したがって，間隙比 e および間隙率 n は，

$$e = \frac{V_v}{V_s} = \frac{0.707}{0.293} = 2.41$$

$$n = \frac{V_v}{V} = \frac{0.707}{1} = 0.707 \ (= 70.7\%)$$

（3） 間隙中の水の体積 V_w は，

$$V_w = \frac{m_w}{\rho_w} = \frac{m - m_s}{\rho_w} = \frac{1.419 \times 1 - 0.785}{1} = 0.634 \text{ cm}^3$$

また，空気間隙体積 V_a は，$V_a=V_v-V_w=0.707-0.634=0.073\ \mathrm{cm}^3$

したがって，飽和度 S_r および空気間隙率 n_a は，

$$S_r=\frac{V_w}{V_v}=\frac{0.634}{0.707}=0.8968\ (=89.68\%)$$

$$n_a=\frac{V_a}{V}=\frac{0.073}{1}=0.073\ (=7.3\%)$$

2.3.6 土の物理定数および相状態定数相互の関係

土の基本的性質を表わす物理的定数や土の状態定数については，すでに述べたのであるが，ここでは物理定数および各相の相互の関係をとりまとめて述べる。

図2.8は，土の各相の質量および体積の絶対量と相対量とを，それぞれ総合して表わしたものである。

いま，既知の量あるいは実測しうる量として，ρ_w，ρ_s，m_s，m および V がわかると，各相の絶対量と，それらの相互の割合は次のような計算から求まる。

（a） 各相の絶対量

（1） 水の質量　　　　　：$m_w=m-m_s$

（2） 土粒子の体積　　　：$V_s=m_s/\rho_s$

（3） 間隙の体積　　　　：$V_v=V-V_s=V-m_s/\rho_s$

（4） 水の占める間隙体積：$V_w=m_w/\rho_w$

（5） 空気間隙体積　　　：$V_a=V_v-V_w$

（b） 相互の質量および体積割合

（1） 含　水　比：$w=m_w/m_s\times100\ (\%)$

計算						既知の値						計算	
飽和度	土の単位体積についての相対的割合					体積 合計	体積 間隙	体積 各相	土 相図	質量 各相	質量 合計	密度 乾燥	密度 湿った
1	2	3	4	5	6	7	8	9	10	11	12	13	14
		e		n	n_a		V_v	V_a	気相	0			
s_r	w		1		n_w	V		V_w	液相 ρ_w	m_w	m	ρ_d	ρ_t
		1		$1-n$	n_s		V_s	V_s	固相 ρ_s	m_s			

図2.8

(2) 間　隙　率：$n = \dfrac{V_w + V_a}{V} = \dfrac{V_v}{V} = \dfrac{V - V_s}{V} = \dfrac{V - m_s/\rho_s}{V}$

$\qquad\qquad\qquad = 1 - \dfrac{m_s}{V\rho_s} = 1 - \dfrac{\rho_d}{\rho_s} = 1 - \dfrac{\rho_t}{\rho_s(1+w)} (\times 100\%)$

(3) 全体積に対する各相の割合：

$\quad\begin{cases}(\mathrm{i}) & 空気間隙率　　：n_a = (V_a/V) \times 100\% \\ (\mathrm{ii}) & 水の体積率　　：n_w = (V_w/V) \times 100\% \\ (\mathrm{iii}) & 土粒子体積率：n_s = (V_s/V) \times 100\%\end{cases}$

$\qquad\qquad n_a + n_w + n_s = 100\,(\%)$

(4) 間　隙　比：$e = V_v/V_s = n/(1-n)$

(5) 飽　和　度：$S_r = V_w/V_v = n_w/n = wG_s/e = wG_s(1-n)/n$

$\qquad\qquad\qquad \left(m_w = \dfrac{S_r \cdot e}{1+e}\rho_w\ でも表わすことができる\right)$

(6) 土の湿潤密度：$\rho_t = \dfrac{m}{V} = \dfrac{V_s \cdot \rho_s}{V} + V_w\rho_w$

$\qquad\qquad\qquad = \dfrac{\rho_s}{1+e} + m = \dfrac{\rho_s}{1+e} + \dfrac{S_r \cdot e}{1+e}\rho_w$

$\qquad\qquad\qquad = \dfrac{\rho_s}{1+e} + \dfrac{w \cdot \rho_s}{1+e} = \dfrac{(1+w)\rho_s}{1+e}$

〔例題 2.6〕　実験によって得られる物理量として，土の湿潤密度 ρ_t，含水比 w，土粒子の密度 ρ_s，および水の密度が与えられている場合の各種体積割合および質量割合を求める式を示せ。

〔解〕

(1) 土の乾燥密度：(a) $\rho_d = \dfrac{\rho_t}{1+w}$,　(b) $\rho_d = \dfrac{\rho_s}{1+e}$

(2) 間隙率：(a) $n = 1 - \dfrac{\rho_d}{\rho_s}$,　(b) $n = \dfrac{e}{1+e}$

(3) 間隙比：$e = \dfrac{n}{1-n} = \dfrac{\rho_s - \rho_d}{\rho_d}$

(4) 土粒子体積率：$n_s = \dfrac{V_s}{V_s - V_v} = \dfrac{1}{1+e}$

(5) 水の体積率　：$n_w = \dfrac{e}{1+e}S_r = n \cdot S_r$

(6) 飽和土の含水比：$w_{\mathrm{sat}} = \left(\dfrac{1}{\rho_d} - \dfrac{1}{\rho_s}\right)\rho_w$

(7) 飽和土の間隙比：$e = \dfrac{w \cdot \rho_s}{S_r \cdot \rho_w}$

(8) 飽和度：$S_r = \dfrac{w}{w_{sat}} = \dfrac{w \cdot \rho_t}{n(1+w)\rho_w}$

(9) 空気間隙率：$n_a = (1-S_r)n$

(10) 飽和土の単位体積重量：$\gamma_{sat} = \dfrac{G_s + e}{1+e}\gamma_w$

(11) 水浸されている土の単位体積重量：$\gamma_{sub} = \dfrac{G_s - 1}{1+e}\gamma_w$

〔例題 2.7〕 次表の4種類の土に対して，数値のある部分の量がそれぞれ知られている。各試料について空白部の量を求めよ。

表2.3

No.	ρ_t (g/cm³)	ρ_d (g/cm³)	ρ_s (g/cm³)	w(％)	e	n(％)	S_r(％)	V (cm³)	m(g)	m_s(g)
1	( )	( )	2.686	84.95	( )	70.45	( )	—	—	—
2	1.77	1.25	2.720	( )	( )	( )	( )	( )	168.85	119.40
3	( )	( )	2.716	( )	( )	( )	( )	56.52	75.50	39.88
4	( )	( )	2.695	( )	( )	60.88	98.48	—	—	—

〔解〕 〔例題 2.4〕 の式計算を用い，求める量を順番に計算して空白をうめていく。

(1) No. 1 の試料の場合：

(i) $e = \dfrac{n}{1-n} = \dfrac{0.7045}{1-0.7045} = 2.384$

(ii) $\rho_d = \dfrac{\rho_s}{1+e} = \dfrac{2.686}{1+2.384} = 0.794 \text{(g/cm}^3\text{)}$

(iii) $\rho_t = \rho_d(1+w) = 0.794(1+0.8495) = 1.469 \text{ (g/cm}^3\text{)}$

(iv) $S_r = \dfrac{w \cdot \rho_t}{n(1+w)\rho_w} = \dfrac{0.8495 \times 1.469}{0.7045 \times (1+0.8495) \times 1.000} = 0.9577 \text{ (=95.77\%)}$

(2) No. 2 の試料の場合：

(i) $w = \dfrac{m - m_s}{m_s} = \dfrac{168.85 - 119.40}{119.40} = 0.4142 \text{ (=41.42\%)}$

(ii) $e = \dfrac{\rho_s - \rho_d}{\rho_d} = \dfrac{2.720 - 1.250}{1.250} = 1.176$

(iii) $S_r = \dfrac{w \cdot \rho_s}{e \cdot \rho_w} = \dfrac{0.4142 \times 2.720}{1.176} = 0.9580 \text{(=95.80\%)}$

(iv) $V = \dfrac{m}{\rho_t} = \dfrac{168.85}{1.77} = 95.40 \text{ cm}^3$

(v) $n = \dfrac{e}{1+e} = \dfrac{1.176}{1+1.176} = 0.5404 \text{ (=54.04\%)}$

(3) No. 3 の試料の場合：

(i) $w = \dfrac{m-m_s}{m_s} = \dfrac{75.50-39.88}{39.88} = 0.8932\ (\fallingdotseq 89.32\%)$

(ii) $\rho_d = \dfrac{m_s}{V} = \dfrac{39.88}{56.52} = 0.706\ (\mathrm{g/cm^3})$

(iii) $\rho_t = \dfrac{m}{V} = \dfrac{75.50}{56.52} = 1.336\ (\mathrm{g/cm^3})$

あるいは $\rho_t = \rho_d(1+w) = 1.336\ (\mathrm{g/cm^3})$

(iv) $e = \dfrac{\rho_s - \rho_d}{\rho_d} = \dfrac{2.716 - 0.706}{0.706} = 2.847$

(v) $n = \dfrac{e}{1+e} = \dfrac{2.847}{1+2.847} = 0.740$

(vi) $S_r = \dfrac{w \cdot \rho_s}{e \cdot \rho_w} = \dfrac{0.893 \times 2.716}{2.847} = 0.8519 (=85.19\%)$

あるいは，

$S_r = \dfrac{w \cdot \rho_t}{n(1+w)\rho_w} = \dfrac{0.893 \times 1.336}{0.740 \times (1+0.893) \times 1.000} = 0.8516\ (=85.16\%)$

(4) No. 4 の試料の場合：

(i) $e = \dfrac{n}{1-n} = \dfrac{0.6088}{1-0.6088} = 1.556$

(ii) $w = \dfrac{e \cdot S_r \cdot \rho_w}{\rho_s} = \dfrac{1.556 \times 0.9848}{2.695} = 0.5686 (=56.86\%)$

(iii) $\rho_d = \dfrac{\rho_s}{1+e} = \dfrac{2.695}{1+1.556} \times 1.000 = 1.053 (\mathrm{g/cm^3})$

(iv) $\rho_t = \rho_d(1+w) = 1.054 \times (1+0.5686) = 1.653\ (\mathrm{g/cm^3})$

上記計算から問題の表の空白をうめると，次表のようになる．

表2.4

No.	ρ_t	ρ_d	ρ_s	w	e	n	S_r	V	m	m_s
1	1.469	0.794			2.384		95.77			
2				41.42	1.176	54.04	95.80	95.40		
3	1.336	0.706		89.32	2.847	74.00	75.19			
4	1.653	1.054		56.86	1.556					

〔例題 2.8〕 正規圧密を受けた均質な粘土地盤がある．この地盤の深さ10mまでの各深さにおける含水比（地下面以下）を計算から求めよ．ただし，地下水位は地表面下 0.7m のところにあり，その深さにおける粘土の湿潤単位体積重量 γ_t は16.5kN/m³, $G_s = 2.70$

である。また，圧力と間隙比の関係は，図2.9の$e-\bar{p}$曲線に示すようである。（正規圧密については第4章を参照）

〔解〕 各深さの有効圧力を求めるのに，次式のように表わすとよい。

有効圧力＝全圧力－間隙水圧

$$\bar{p}=\gamma_t \cdot h-\gamma_w(h-H)$$

ここに，$H：0.7\text{m}$

h：地表からの任意の深さ

与えられたデータを上式に入れると，

$$\bar{p}=\{16.5h-10(h-0.7)\}=6.5h+7.0$$

0.7mから10mまでの深さにおいて，2mごとの深さを選び$\bar{p}$を求めると，次表のような値を得る。$e-\bar{p}$曲線を用いて各深さにおける$\bar{p}$に対応するeを求める。さらに，各深さにおける含水比wは，$S_r \cdot e=G_s \cdot w$ の関係において $S_r=1$ として，$w=\dfrac{e}{G_s}$から求める。

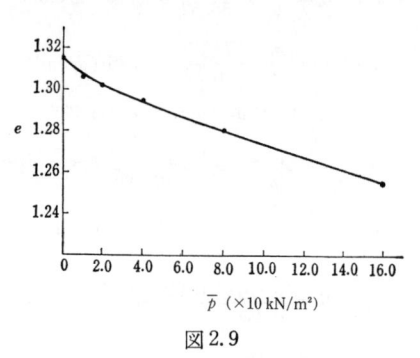

図2.9

表2.5

深さ (m)	有効圧力 ($\times 10\,\text{kN/m}^2$)	e($e-\bar{p}$曲線より求める)	$w=\dfrac{e}{G_s}\times 100(\%)$
▽ 0.7	$1.65\times 0.7=1.16$		
2.0	2.00	1.302	48.21
4.0	3.30	1.297	48.03
6.0	4.60	1.291	47.81
8.0	5.90	1.287	47.66
10.0	7.20	1.283	47.51

2.4 土の粒度

土は，たとえばあらい礫のように粒径が50mmもあるものから，コロイドのように1μm以下といった微細粒なものまで，きわめて広範囲にわたる粒径の粒が混じり合ってできている。

各種粒径の土粒子がどんな割合で混じり合っているかということを粒度と呼んでいる。粒度を表わすには図2.10に示すように粒径加積曲線が用いられている。この曲線は，半対数グラフの対数目盛に粒径 d(mm) を，算数目盛に通過率ある

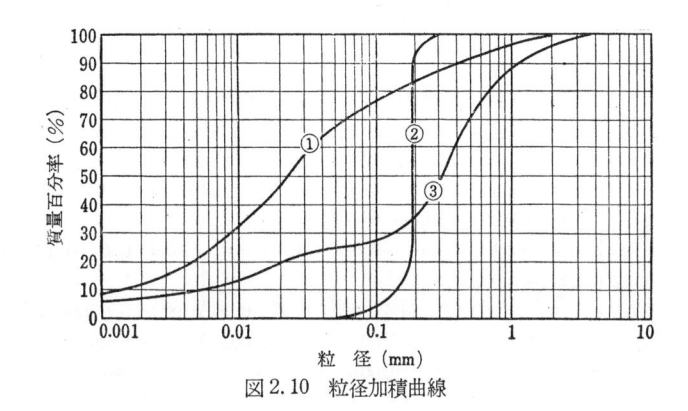

図 2.10 粒径加積曲線

いは質量百分率 $\left(=\dfrac{\text{各粒径よりも小さい土粒子質量}}{\text{全土粒子質量}}\times 100\right)$ をとって表わす。細粗の粒子がよく混合していて, 粒径加積曲線がなだらかな勾配を示すものを粒度のよい土といい, 同じ程度の大きさの粒子を多く含んでいて, 勾配が急なものを粒度の悪い土という。

　従来, 粒度は土の工学的性質と密接な関係があるとされていたが, 土によってその重要性が変わってきている。すなわち, 砂や砂礫のような粗粒土では, 密度・透水性および強さなどの諸性質と粒度との間に深い関係があるが, 粘土やシルトのような細粒土では, 土の構造, 粒子の形状, 鉱物組成および土粒子表面の物理・化学的性質などが工学的性質に関係するおもな要素であって, 粒度そのものはあまり重要な意味をもっていない。

2.4.1 粒度区分

　土の粒径分布は前にも述べたように広い範囲におよぶものであるので, そのままでは表現上不便がある。そこである粒径範囲ごとに区分して, それぞれに名称をつけるようにしている。土の主要区分を砂・シルトおよび粘土の三つとし, そのほかに粗粒側で, 礫・玉石(あるいは岩塊), 細粒側では粘土を分けてコロイドとしている。

　この区分は, 国によって, また専門分野によって多少ちがっている。
　表 2.6 に代表的な粒径区分を掲げてみた。
　土の粒度は, ある粒径区分内だけであることはまれで, 各範囲にまたがって分布していることが多い。その場合, 各粒径区分にあるものが, どんな割合で混合されているかを知り, 図 2.11 のような三角座標を用いて土の分類名称をつけるこ

表2.6 いろいろな規格における粒径区分　　　　（単位　mm）

		U.S.D.A. Bureau of Soils	A.S.T.M	国際土壌学会	JIS 旧JIS	JIS 新JIS
礫（細）		2〜1	>4.760			4.75〜2.000
砂	粗な	1〜0.5	4.760〜2.000		2.000〜0.420	2.000〜0.425
	中くらいな	0.5〜0.25	2.000〜0.420	2.0〜0.2		
	細	0.25〜0.10	0.420〜0.074	0.2〜0.02	0.420〜0.074	0.425〜0.075
	微細	0.10〜0.05				
シルト		0.05〜0.002	0.074〜0.005	0.02〜0.002	0.074〜0.005	0.075〜0.005
粘土		<0.002	<0.005	<0.002	0.005〜0.001	<0.005
コロイド		——	<0.001	——	<0.001	

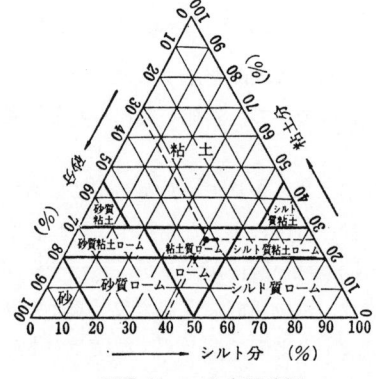

図2.11　三角座標分類

とが行われている。このように粒度の混合割合だけで土を分類することを土の粒度による分類と呼んでいる。

2.4.2　土の粒度の測定

土の粒度を調べるのに，たとえば，コンクリートの細・粗骨材のふるい分け試験のように，ふるいだけでそれができれば簡単である。しかし，土の粒径にはふるい分けだけでは分析できない細粒分が多く含まれている。

ふるいの実用上の最小限度が75μm程度であるとされているので，土の粒度分析では，粒径75μmを一応の境として次に示すような二つの方法で試験を行い，その結果を組み合わせるようにしている。

粒径(μm)		2,000		75	
分析法	ふるい分け		ふるい分け		比重浮ひょうによる分析
			（細・粗の混じったものは両方を組み合わす）		
土による方法の仕分け	砂礫のような粗粒土（細粒分がほとんどない）		細粒分がほとんどない砂		
			細粒土および粗・細粒の混じった土		

図2.12

ふるい分け試験は，次に示すような一連のふるいによって行い，75μm 以下の細粒分はストークスの法則にもとづく水中沈降法によって粒度分析を行う。試料の準備および取扱いは，JIS A 1204 に規定されているものを参照するとよい。

表2.7 土のふるい分け試験用ふるいの開き目

	2 mm以上の場合（mm）							2 mm未満の場合（μm）			
ふるいの開き目	75	53	37.5	26.5	19	9.5	4.75	2	850	425	250	106	75

2.4.3 ふるい分け試験結果の整理

礫を含まない砂のような粗粒土のふるい分けは，表2.8に示した一組（受皿を入れて7個のふるい）のふるいを用いてふるい分け，各ふるいに残った土粒子の質量を測定する。

土粒子の全質量に対する各ふるいに残った量，および通過した量の割合を残留率および通過率と呼び，次のようにして求める。

いま，各ふるいに残った土粒子質量（乾土の質量）を，それぞれ A, B, C, D, E, F, およびHとし，土粒子の全質量を m_s とすると，各ふるい残留率は次式で表わされる。

$$\left.\begin{array}{l} a = A/m_s \times 100 \quad \% \\ b = B/m_s \times 100 \quad \% \\ c = C/m_s \times 100 \quad \% \\ \vdots \\ h = H/m_s \times 100 \quad \% \end{array}\right\} \quad (2.13)$$

また，各ふるいの通過率は次式で表わされる。

$$\left.\begin{array}{l} a' = 100 - a \\ b' = 100 - (a+b) \\ c' = 100 - (a+b+c) \\ \vdots \\ h' = 100 - (a+b+c+\cdots\cdots+h) \end{array}\right\} \quad (2.14)$$

ただし，$(a+b+c)$ は c 番目のふるいまでの加積残留率を示すものである。

〔例題 2.9〕 砂質土2種類のふるい分け試験を行って，次のデータを得た。この砂の各ふるい残留率および加積通過率を求めよ。また，粒径加積曲線を描いてみよ。

表2.8

No.	ふるいの開き目 (μm)	2000	850	425	250	106	75	受皿
①	各ふるいに残った土の質量 (g)	0	8.52	34.56	27.99	16.78	5.72	3.93
②	各ふるいに残った土の質量 (g)	0	2.53	5.40	11.38	46.31	15.24	15.84

表2.9

No.	1		2	
ふるい目 (μm)	残留率 (%)	加積通過率 (%)	残留率 (%)	加積通過率 (%)
2000	0	100	0	100
850	8.74	81.26	2.62	97.38
425	35.45	54.81	5.58	91.80
250	28.71	27.10	11.77	80.03
106	17.21	9.89	47.89	37.14
75	5.87	4.02	15.76	16.38

〔解〕 ①および②の試料の合計質量は，それぞれ，①：$m_s=97.50$ g，②：$m_s=96.70$ g であるから，残留率は(2.13)式により，また加積通過率は(2.14)式より計算する。

　計算から得た加積通過率を縦軸に粒径を横軸（対数）にとってプロットすると，図2.13のような粒径加積曲線が得られる。

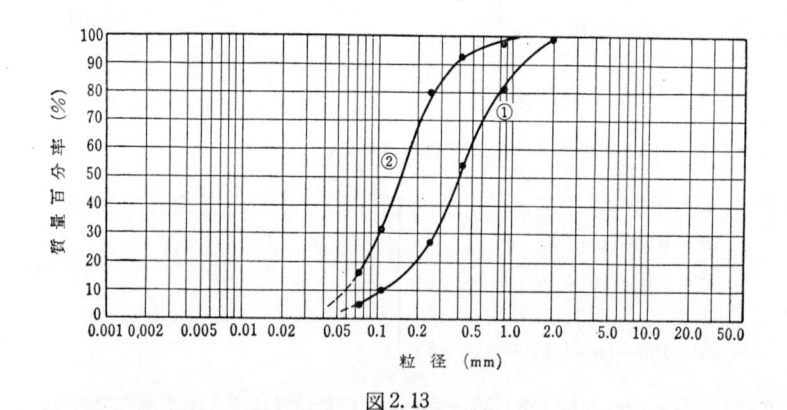

図2.13

2.4.4 沈降分析法

細粒土の粒度測定には，沈降分析法が用いられることをまえに述べた。沈降分

析法というのは，たとえば水のように粘性のあまり高くない，静止した液体中をある一定の比重をもった剛な球状粒子が沈降する場合，粒子の大きさによって沈降速度が変わるというストークス(Stokes)の法則を利用し，粒径を理論的に求める方法である．

また，同時に全土粒子質量に対するある粒径以下の土粒子質量の割合（通過率に相当するもの）を，土のけん濁液（土粒子が分散する水）の濃度変化をはかることによって求める．以下にそれらの測定の原理を説明しよう．

(a) ストークスの法則　　静水中を半径r(cm)の球状粒子が沈降するときの速度vは，次式で表わされる．

$$v = \frac{2}{9} g \cdot r^2 \frac{\rho_s - \rho_w}{\eta \times 10^{-6}} \tag{2.15}$$

ここに　ρ_w, ρ_s：それぞれ水の密度および土粒子の密度 (g/cm³)
　　　　η：水の粘性係数 (Pa・s)，
　　　　g：重力の加速度 (cm/s²)

いま，半径rを直径dの形で表わし，単位mmをとして，またρ_sおよびρ_wを比重G_s, G_wで表わすと，$d = 20r$(mm), $G_s = \rho_s/\rho_{w4℃}$, $G_w = \rho_w/\rho_{w4℃}$であるから，(2.15)式は次のように書きかえられる．

$$v = \frac{2}{9} g \frac{d^2}{400} \frac{(G_s - G_w)\rho_{w4℃}}{\eta \times 10^{-6}} \tag{2.16}$$

(2.16)式を粒径dについて整理し，また，$g \cdot \rho_{w4℃}$は$\gamma_{w4℃}$なので，

$$d = \left\{ \frac{0.018 \eta \cdot v}{(G_s - G_w)\gamma_{w4℃}} \right\}^{1/2} \tag{2.17}$$

v(mm/s)$= L/t$であるから，(2.17)式は，

$$d = \left\{ \frac{0.018 \eta \cdot L}{(G_s - G_w)\gamma_{w4℃} \cdot t} \right\}^{1/2} \tag{2.18}$$

(2.18)式中で，$\left\{ \frac{0.018 \eta}{(G_s - G_w)\gamma_{w4℃}} \right\}^{1/2} = C$とおくと，$C$は土粒子の比重$G_s$が既知であれば，水の温度$T$℃だけによって変わる量である．

すなわち，

$$d = C \cdot \left[\frac{L}{t} \right]^{1/2} \tag{2.19}$$

$d = f(C, v)$であるから，$(G_s - G_w)$, T℃がわかっていると，沈降深さLか沈降時間tのどちらかを指定しておくことによって粒径dが求められるのである．

（b）粒径D以下の土粒子のしめる割合（通過率）　粒径dは上で述べたことから得られるが，ある粒径以下の土粒子の占める割合を求めるには次のような考え方による。

一定質量 m_s の土粒子を一定容積Vの水に分散させ，土のけん濁液をつくる。いろいろな粒径の土粒子が水の中で一様に分散するような方法を講じて，それを初期の条件とする。

初期のけん濁液全容積Vにおいて，単位容積（$1\,\mathrm{cm}^3$）中に含まれる土粒子質量は，m_s/V であるから，けん濁液の単位容積中に占める土粒子容積は，

$$\frac{m_s}{V} \cdot \frac{1}{\rho_s} = \frac{m_s \cdot G_w}{V \cdot G_s \cdot \rho_w}$$

となる。したがって，

$$\begin{cases} \text{けん濁液の単位容積中で水の占める体積} = 1 - \frac{m_s \cdot G_w}{V \cdot G_s \cdot \rho_w} \\ \qquad\qquad\qquad\text{その質量} = \rho_w - \frac{m_s \cdot G_w}{V \cdot G_s} \end{cases}$$

また，けん濁液初期の密度 ρ_i は，

$$\rho_i = \frac{m_s}{V} + \left(\rho_w - \frac{m_s \cdot G_w}{V \cdot G_s}\right) = \rho_w + \frac{m_s}{V} \cdot \frac{(G_s - G_w)}{G_s} \qquad (2.20)$$

ある時間 t を経たときに深さLにおいて，ある粒径dよりも小さい土粒子の質量と，もとの土粒子全質量との比をPとすると，そのときの土粒子質量は$P(m_s/V)$であるから，t 時間後のけん濁液の密度 ρ_t は，

$$\rho_t = \rho_w + \frac{P \cdot m_s}{V} \cdot \frac{(G_s - G_w)}{G_s} \qquad (2.21)$$

で表わされる。したがって，

$$P = \frac{V}{m_s} \cdot \frac{G_s}{(G_s - G_w)} \cdot (\rho_t - \rho_w)$$

これを百分率で表わすと，

$$P = \frac{100}{m_s/V} \cdot \frac{G_s}{(G_s - G_w)} \cdot (\rho_t - \rho_w) \qquad (2.22)$$

上式からわかるように，けん濁液の密度とそのときの温度を知ると，$\rho_t - \rho_w$ がわかるので，d以下の土粒子の占める割合Pが得られるのである。

（c）比重浮ひょうによる沈降分析法　粒度測定法として，ストークスの法則をもとにした液体沈降法には，いろいろな種類のものが考えられている。たと

えば，比重浮ひょう法，ピペット法，比濁法（光透過法），および天秤法などがあげられる。これらのうち土の粒度測定法では，もっとも簡単な比重浮ひょう法が採用されている。比重浮ひょうによる沈降分析法の要点は，一定容積のメスシリンダーに入れ，よく分散するように振とうしてシリンダーを静置する（$t=0$ の条件）。そのけん濁液中の土粒子は時間が経過するにしたがって，粒の大きいものからだんだんに沈降していく（図2.10参照）。その沈降の過程を，メスシリンダーのある深さのところで考えてみると，けん濁液の密度は，初期の ρ_i から t 時間後の ρ_t まで，徐々に減少していく。すなわち，そのけん濁液密度の変化を比重浮ひょうによってはかり，(2.22)式に示した理由から，t 時間後における粒径 d 以下の土粒子の占める割合が求められるのである。

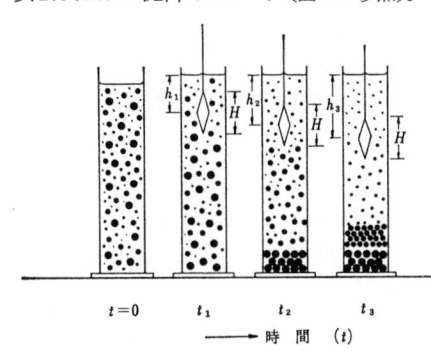

図2.14 比重浮ひょうの測定原理

比重浮ひょうの便利さは，比重浮ひょうの目盛を刻々と観測していくことによって，けん濁液中の比重浮ひょうの沈降深さ（有効深さ）L と，その位置での液の密度を同時に知ることができるというところにある。

有効深さ L は，液面から比重浮ひょうの重心（球部の中心と考えてよい）までの長さとするのであるが，実際には比重浮ひょうがはいることによって，図2.15に示すようにシリンダー中の液面が上昇するので，その補正を次のようにして行う。

比重浮ひょうの球部の体積と長さを，それぞれ V_B (cm³) および L_2(cm)，用いたメスシリンダーの直径を A (cm²) とすると，有効深さ L (mm) は，

$$L = L_1 + \left\{\frac{1}{2}(L_2 - V_B/A)\right\} \times 10 \quad (2.23)$$

ここに，L_1 は球部の上端から各目盛までの長さである。また，目盛は密度を表わしているので，$\rho_t - \rho_w = \rho$（小数部分の読み）を知ると，(2.22)式から通過率 P が得られる。

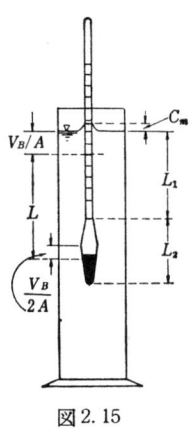

図2.15

比重浮ひょうは，15℃を標準として密度検定がなされているので，温度による比重浮ひょう球部の補正を必要とする。その補正は，

$$F = G_{w15℃} - G_{wT} - \alpha(T-15)$$

で表わされる。ここに $G_{w15℃}, G_{wT}$ はそれぞれ温度15℃およびT℃における水の比重，α はガラスの体積膨張係数である。

そのほか，液がにごっていて，ちょうど水面のところでは比重浮ひょうの目盛が読みにくいので，メニスカスの上端でそれを読み，その量の補正を要する。その補正量 C_m は試験前にあらかじめはかっておく。

以上のような補正を必要とすることから，実際の密度を表わす比重浮ひょうの読み r は，それらを加算し，$r + F + C_m = r' + F$ となる。

(d) 沈降分析にあたっての注意事項

(1) 沈降分析では個々の粒子が独立に沈降するということを建前としている。したがって個々の土粒子が完全に分散された状態となるよう分散に特別な処置を要する。

(2) ストークスの法則が適用される粒径範囲は，200〜0.2μm であるとされている。また，求められた粒径は沈降速度に対する相当粒径ということで真の土粒子直径という意味ではない。とくに微細な粘土の粒子は，棒・板状をしたものが多く，その意味からも測定した粒径は，相当粒径であるということを忘れてはならない。

〔例題 2.10〕 直径 5μm の土粒子が，静水中を沈降して 10cm の深さに達するには，どのくらいの時間を要するか。また，24時間を経て同じ深さに到達する土粒子の大きさはいくらのものであるか。

ただし，土粒子の比重を2.65，水は20℃（一定）の純水であるとする。

〔解〕 (2.19)式を時間 t について書き換えると，

$$t = C^2 \cdot \frac{L}{d^2} = \left\{ \frac{0.018\,\eta}{(G_s - G_w)\gamma_{w4℃}} \right\} \cdot \frac{L}{d^2}$$

$T = 20℃$ における水の物理量は，$\eta = 0.1022 \times 10^{-2}$Pa·s, $G_w = 0.9928$, $\gamma_{w4℃} = 1 \times 10^4$N/m³ （4℃の水の単位体積重量）であり，$G_s = 2.65$ であるから，

$$t = \frac{0.018 \times 1.022 \times 10^{-2} \times 981}{(2.65 - 0.9982) \times 10^4} \times \frac{1 \times 10^{-1}}{(5 \times 10^{-6})^2} = 1.092 \times 10^{-3} \times 4\,000\,000 = 4\,368 \text{ (s)}$$

また，24時間後，$L = 100$ mm に達する土粒子の直径は，

$$C = \left\{ \frac{0.018\,\eta}{(G_s - G_w)\gamma_{w4℃}} \right\}^{1/2} = \sqrt{1.092 \times 10^{-3}} = 0.0331$$

$$t = 24 \times 60 \times 60 = 86\,400 \text{ (s)}$$

であるから,

$$d = 0.0331 \times \sqrt{\frac{100}{86\,400}} \fallingdotseq 0.0011 \text{mm} = 1.1 \mu\text{m}$$

〔例題 2.11〕 風乾土65gを水に溶かし,1 000cm³ となるようにしたけん濁液をメスシリンダー(内径60mm)に入れ,よく分散してから静置し,30min 後に,比重浮ひょうではかったところ,その読みが1.0095であった。

そのときの土粒子の最大直径 d と,d よりも小さい土粒子の全重量に対する割合 P とを求めよ。

ただし,この土の含水比は,$w=12.0\%$,土粒子の比重 $G_s=2.70$,測定時の温度 $T=20°C$ であり,また用いた比重浮ひょう $L_2=13.48$cm,$V_B=33.00$cm³,L_1 は,は各目盛に対し $\begin{Bmatrix} (r) & (L_1) \\ 1.000 \longrightarrow 11.300\text{cm} \\ 1.010 \longrightarrow 9.430\text{cm} \\ 1.020 \longrightarrow 7.560\text{cm} \end{Bmatrix}$ であり,メニスカス補正値 C_m が 0.0005 である。

〔解〕 粒径を求めるに先立って,測定時の有効深さ L を求める必要がある。

$$L = \{L_1 + 1/2(L_2 - V_B/A)\} \times 10$$

において,$L_2=13.48$cm,$V_B=33.00$cm³,$A = \frac{\pi}{4} \times 6.0^2 = 28.26$cm² であるから,

$$\left\{\frac{1}{2}\left(L_2 - \frac{V_B}{A}\right)\right\} \times 10 = \left\{\frac{1}{2}\left(13.48 - \frac{33.00}{28.26}\right)\right\} \times 10 = 61.56 \text{ mm}$$

ゆえに,各目盛に対する有効深さ L は,

$$\begin{Bmatrix} r = 1.000 \longrightarrow L = 11.300 \times 10 + 61.56 = 174.56 \text{ mm} \\ r = 1.010 \longrightarrow L = 9.430 \times 10 + 61.56 = 155.86 \text{ mm} \\ r = 1.020 \longrightarrow L = 7.560 \times 10 + 61.56 = 137.16 \text{ mm} \end{Bmatrix}$$

この場合,比重浮ひょうの読みが 1.0095 であり,メニスカスの補正値が 0.0005 であるから,$r'=1.0095+0.0005=1.010$ である。

(備考) 比重浮ひょうの読み r と有効深さ L との関係を方眼紙にとってみると,ほぼ直線である。その関係図を作っておくと,任意の r に対する L が図表から求められる。

$L=155.86$mm,$t=1\,800$s であることを知ったので,最大粒径 d は,

$$d = C \cdot \sqrt{\frac{L}{t}} = C \cdot \sqrt{\frac{155.86}{1\,800}}$$

ここで,$C = \sqrt{\dfrac{0.018\,\eta}{(G_s - G_w)\gamma_{w4°C}}}$ であり,$T=20°C$ において,$\eta = 0.1022 \times 10^{-2}$Pa·s,$G_w=0.9982$,$\gamma_{w4°C}=10$ kN/m³,また $G_s=2.70$ であるから,

$$C = \sqrt{\frac{0.018 \times 0.1022 \times 10^{-2} \times 981}{(2.700 - 0.9982) \times 10^4}} = 0.03241$$

ゆえに，$d = 0.03241 \times \sqrt{\dfrac{155.86}{1\,800}} = 0.00954\,\text{mm} \fallingdotseq 9.5\,\mu\text{m}$

d 以下の粒子の割合 P は，(2.22)式より

$$P = \frac{100}{m_s/V} \cdot \frac{G_s}{G_s - G_w} \cdot (r' + F)$$

ここに $m_s = \dfrac{65 \times 100}{100 + 12} = 58.135\,\text{g}$，$V = 1\,000\,\text{cm}^3$，$G_s = 2.70$，$G_{w\,20°\text{C}} = 0.9982$，

$r' = (r-1) = 0.0100$，$F = +0.0008$ であるから，

$$P = \frac{100}{58.135/1\,000} \times \frac{2.70}{2.70 - 0.9982} (0.0100 + 0.0008) = 29.56\ \%$$

2.4.5 粒度の表示

(a) 粒径分布　土の粒度の表わし方として，前に述べた粒径加積曲線とひん度曲線で表わす場合とがある。普通には，粒径加積曲線で表わす方法が用いられている。この曲線の形状や位置から，粒度のよしあし，粗・細粒土の別，粒度組成（混合の状況）などが一見してわかる。

(b) 有効径，均等係数および曲率係数　粒径加積曲線の通過率10％，30％および60％に対応する粒径 D_{10}, D_{30} および D_{60} を選び，D_{10} を有効径，$D_{60}/D_{10} = U_c$ を均等係数，$(D_{30})^2/(D_{60})(D_{10}) = U_c'$ を曲率係数とそれぞれ呼ぶ。

これらは，粒度分布の特徴を数値的に表わすために用いる指数である。D_{10} が有効径と呼ばれるのは，土の中に含まれる細粒分が土の性質に大きく影響するというところから出たものである。また，D_{10} は砂質土の透水性に大きく関係することが経験的に知られていて，土の透水係数の推定によく用いられている。

また，U_c および U_c' は粒度分布の広がりや曲線の形状を示すもので，粒度のよしあしを判別するのに用いられている。たとえば U_c が小さいということは，U_c と D_{60} との範囲がせまいことを意味しており，U_c が大きくなるほど粒径の幅が広く分布しているといえる。一般に，U_c が 4～5 以下の土は悪い粒度の土，10以上のものはよい粒度の土であるとされる。また，U_c' が 1～3 は粒度のよい砂利あるいは砂であるとされ，「統一分類法」における粗粒土の分類に用いられている。

2.4.6 よく用いられる粒径

土の工学的分類やほかの試験に用いられている粒径として，次のようなものがある。

(a) ほかの試験のために用いられる粒径

(1) 4.75mm ふるい通過土：土の突固めおよび CBR 試験における土の規制

粒径として
（2） 2 mm ふるい通過土：礫と細粒土との区分，コンシステンシー試験を除く土の物理試験用土の規制粒径として
（3） 425 μm ふるい通過土：土のコンシステンシー試験用土の規制粒径として

(b) 土の工学的分類に用いられる粒径
（1） 4.75mm ふるい通過率：統一分類法における土の分類に際して
（2） 2 mm ふるい通過率：AASHTO法および日本統一分類法における土の分類に際して
（3） 425 μm ふるい通過率：AASHTO法による土の分類に際して
（4） 75 μm ふるい通過率：統一分類法およびAASHTO法による土の分類に際して
（5） 2 μm ふるい通過率：コロイド粘土の活性を判別するときの粘土量として

2.5 土のコンシステンシー
2.5.1 コンシステンシーの状態と限界

粘土のような細粒土を水でどろどろになるまで練って容器に詰め，それをだんだんにかわかしていくと，土は乾燥されていくに従って収縮する。また乾燥収縮に伴って初めのきわめてやわらかい状態からだんだんに土は固くなっていくことがわかる。

このように水分の変化に伴う土の硬軟の状態を追って観察してみると，
（1） 一定の形を保ち得ない液状あるいは半液状態
（2） 指でおさえると，割れないで自由に変形する塑性状態
（3） もろく，こねると割れるような半固体の状態
（4） かたくて指で押しても容易に割れない状態
といったような状態の変化がみられる。

このように同じ土でも含水量の変化によって土の変形の度合いやせん断抵抗力の違いが生ずる。このような性質を土のコンシステンシーと呼んでいる。

アッターベルグは，この状態の移り変わる限界を液性限界，塑性限界および収縮限界と名づけ，おのおの規定した試験でその状態の限度を見いだし，その限界における含水比をもって表わすようにしている。

表2.10にコンシステンシーの状態，限界の定義および規格試験方法を一括して示す。

表2.10 含水量の変化による土の状態の変化とコンシステンシー限界

含水量	土の状態	模式的状態	コンシステンシー限界	限界の定義	規格試験
増 ↑ ↓ 減	液状態	スープ状	液性限界 (w_L)	塑性を示す最大の含水量，または流状態となる最小含水量	JIS A 1205
	塑性態	適当なかたさのバター状	塑性指数 (I_p) $(w_L-w_P=I_p)$ 塑性限界 (w_P)	塑性を示す最小含水量	
	半固態	チーズ状	収縮指数 $(w_P-w_S=I_s)$ 収縮限界 (w_S)	乾燥してももはや体積変化を生じない最大の含水量	JIS A 1209
	固態	ビスケット状			

2.5.2 コンシステンシー試験から得られる諸指数とその利用

土のコンシステンシーは土の種類や性状によっていちじるしく変化するものであるが，この特性を利用して，土の工学的性質を推定したり，また土の工学的分類に利用する。

コンシステンシー限界をもとにして得られる諸指数から次のようなことが知られる。

(1) 液性限界 (w_L)　無機質粘土では，w_L を100%こえることは少ないが，有機質火山灰土あるいは有機土では100%をこえることが多い。

無機質土でもベントナイトでは，w_L が400%という高い値を示す。一般にモンモリナイト系の粘土鉱物を含む粘土の w_L は高く(50%以上)，カオリナイト系の粘土鉱物を含む粘土の w_L は低い(50%以下)。

(2) 塑性限界 (w_P) と塑性指数 (I_p)　w_P と，同じ土の締固めにおける最適合含水比 w_{opt} とはほぼ同じ値である(塑性指数 I_p は表2.10参照)。

土粒子が板状のものは(たとえば雲母質の土)一般に塑性が高い。w_L が高いわりに I_p が低いものは有機質土である。$I_p \leqq 0$ の場合には NP の記号で表示する。

(3) 流動指数 (I_f)　液性限界試験から得られる流動曲線(w-$\log N$ 関係を示す曲線)の傾度を流動指数と呼び，次式で表わされる。

$$I_f = \frac{w_1 - w_2}{\log_{10}(N_2/N_1)} \tag{2.24}$$

ここに，w_1 および w_2 は，流動曲線における落下回数 N_1 および N_2 に対応する含水比である。

（4）タフネス指数（I_t）　I_p と I_f との比，すなわち $I_p/I_f = I_t$ をタフネス指数と呼び，その土の w_p におけるせん断強さの度合を表わす。

I_t の高い土ほどコロイド含有率が高い。またモンモリナイト系のような活性の高いコロイド分を含む土ほど I_t が大きい。

たいていの粘土は，$I_t = 0 \sim 3$ であるが，活性の高い粘土では 5 を示すことがある。

（5）コンシステンシー指数（I_c）と液性指数（I_L）　自然含水比 w が w_L と w_p との範囲内でいずれの側にあるかを，$w_L - w$ および $w - w_p$ で表わし，I_p に対する比で表わしたものである。すなわち，

$$\begin{cases} I_c = \dfrac{w_L - w}{I_p} \\ I_L = \dfrac{w - w_p}{I_p} \end{cases} \tag{2.25}$$

自然含水比が w_p に近いほど土は安定であり，w_L に近いほど不安定である。したがって，I_c においては 1，I_L では 0 が安定である。

たとえば粘土地盤では，$I_c = 1$ あるいは $I_L = 0$ に近い場合，土はかたく強度が大きいので安定しているが，$I_c = 0$ あるいは $I_L = 1$ の状態のものは軟弱でわずかのかく乱を与えても不安定である。

また I_L は粘性土地盤における応力履歴を判断するのに役立つ。

正規圧密粘土では $I_L \fallingdotseq 1$，過圧密粘土では $I_L \fallingdotseq 0$ となる。すなわち圧密された程度によって I_L は 1 から 0 へと近づく。

$I_L > 1$ の粘土は鋭敏な粘土で，$I_L < 0$ はきわめて過圧密な粘土である。

（6）活性度（A）　粒径 2μm 以下の粘土含有量に対する塑性指数の比を活性度といい，次のように表わす。

$$A = \frac{I_p}{2\mu\text{m 以下の粘土含有量}} \tag{2.26}$$

A は次表に示すように粘土を成分・性状に応じて分類する場合に役立つ。

また I_p は，同種の粘土では粘土の量に比例するということと，同系統の土の A はほぼ一定となることから，同種の土の判別・分類に役立つ。

表2.11 活性度による粘土の分類

活 性 度	粘土の区分	説　　　　　　明
0.75 未満	非活性粘土	カオリナイトを主成分とした粘土で，淡水滞積粘土あるいは海成滞積粘土が滞積後，塩類の溶脱作用を受けたもの
0.75～1.25	普通の粘土	イライトを主成分とした粘土で，海成または河口滞積粘土（通常のちゅう積粘土と考えてよい）
1.25 以上	活性の高い粘土	有機コロイドを含む粘土 活性度が5をこえるものはベントナイトを含む

　コンシステンシー諸指数とその利用を述べたが，そのほかに正規圧密粘土の圧縮指数の推定に w_L が用いられるとか，土の工学的分類に際して，その分類特性として w_L と I_p が用いられる。

〔例題 2.12〕 2種類の粘性土につき液性限界および塑性限界試験を行い，次のようなデータを得た。液性限界・塑性指数を求めよ。

　また流動指数，タフネス指数，コンシステンシー指数，液性指数などの諸指数を求めよ。

表2.12

		液 性 限 界 試 験 結 果					塑性限界	自然含水比
		1	2	3	4	5	(％)	(％)
A	落下回数	57	40	33	23	11	43.50	92.0
	含水比(％)	91.8	93.7	94.7	96.6	100.9		
B	落下回数	60	32	29	24	16	25.3	41.1
	含 水 比	43.6	44.8	45.1	45.6	46.8		

〔解〕 落下回数 N を横軸（対数目盛）に，含水比を縦軸（算数目盛）にとって各 N に対する w をプロットすると，図のような $N-w$ をうる。w_L は $N=25$ 回に対応する含水比であるから，

$$\begin{cases} A土：w_L=96.3 \% \\ B土：w_L=45.6 \% \end{cases}$$

また塑性指数は，w_p がそれぞれ与えられているので，

$$\begin{cases} A土：I_p=96.3-43.5=52.8 \\ B土：I_p=45.6-25.3=20.3 \end{cases}$$

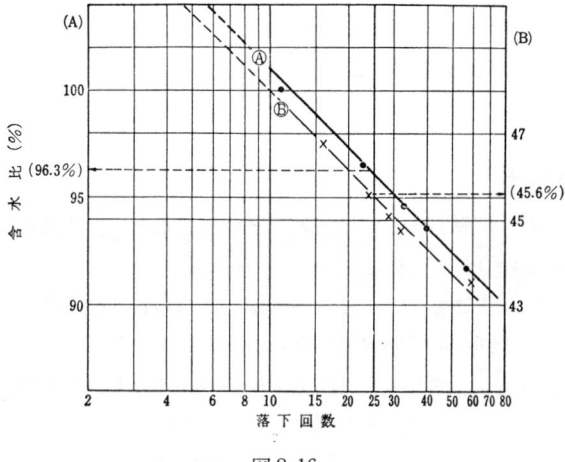

図 2.16

またコンシステンシーの諸指数は，次のように求められる。

(1) 流動指数　$N-w$ の関係を用い，$N=40$ と $N=4$ を選んでみると，それぞれに対応する含水比は，A土の場合 $w_{(40)}=93.5$，$w_{(4)}=106.5$，B土の場合 $w_{(40)}=44.3$，$w_{(4)}=50.2$ であるから，

$$\begin{cases} \text{A土}: I_f = \dfrac{106.5-93.5}{\log_{10}40-\log_{10}4} = \dfrac{13.0}{\log_{10}40/4} = \dfrac{13.0}{1} = 13.0 \\ \text{B土}: I_f = \dfrac{50.2-44.3}{\log_{10}40/4} = \dfrac{5.9}{1} = 5.9 \end{cases}$$

(2) タフネス指数　A土では，$I_f=13.0$，$I_p=52.8$，B土では $I_f=5.9$，$I_p=20.3$ であるから，

$$\begin{cases} \text{A土}: I_t = \dfrac{52.8}{13.0} = 4.06 \\ \text{B土}: I_t = \dfrac{20.3}{5.9} = 3.44 \end{cases}$$

(3) コンシステンシー指数および液性指数　塑性限界 w_p が，A土の場合 $w_p=43.50\%$，B土の場合 $w_p=25.3\%$ であるから，

$$\text{A土}: \begin{cases} I_c = \dfrac{w_L-w}{I_p} = \dfrac{96.3-92.0}{52.8} = 0.08 \\ I_L = \dfrac{w-w_p}{I_p} = \dfrac{92.0-43.5}{52.8} = 0.92 \end{cases}$$

$$\text{B土}: \begin{cases} I_c = \dfrac{45.6-41.1}{20.3} = 0.22 \\ I_L = \dfrac{41.1-25.3}{20.3} = 0.78 \end{cases}$$

2.6 土の締固め

　土に静的な圧力，衝撃力あるいは振動などの力を加えて，人工的に密度を高めることを締固めという。

　土は締め固められることによって，間隙がせばめられ，粒子間のかみ合わせがよくなり，また粒子間に働く粘着力が増してくる。

　その結果，土の強さを増し，また圧縮変形が少なくなり，透水性が改善されることになる。すなわち土の安定性を増すということになる。

　この節で土の締固めをとりあげたのは，前節に関連して水分による土の性質の変化ということと，締め固めた土の相構成の相対関係の変化ということを問題にして述べることが本旨である。

2.6.1 含水比―密度の関係

　適当に乾かした土を，一定容積のモールド（たとえば JIS A 1210 では，直径 10 cm，高さ12.7cm，容積1000cm³）に，一定の衝撃エネルギ（2.5kgのランマを30cmの高さから落下，土を3層にわけ25回突固め）を与えて締め固める。次に含水量だけを少しずつ増すようにして，同じ条件で締固めを行う。その一連の締固め試験を通じて，1回ごとの含水比 w と密度 ρ_d とを測定し，横軸に含水比を，縦軸に乾燥密度をとってグラフに表わしてみると，図2.17のような曲線が得られる。

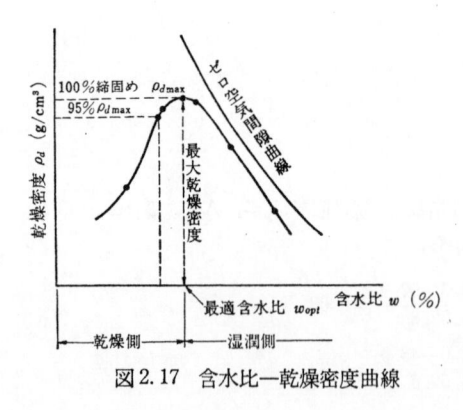

　この曲線をみてわかるように，初めは含水量が増すに従って乾燥密度が増加していくが，ある含水比のところを境にして，その後は含水量の増加に従って密度が減少していく。

　この曲線が含水比―乾燥密度曲線で，乾燥密度が最大になるところの含水比を最適含水比（OMCあるいは w_{opt}）といい，その含水比での密度

図2.17 含水比―乾燥密度曲線

を最大乾燥密度（$\rho_{d\ max}$）と呼んでい

る．またそれに関連して最適含水比以下の含水量を乾燥側，それ以上の含水量を湿潤側と呼んでいる．

　土の種類や締固めエネルギーによってそれらの値は違ってくるが，$w-\rho_d$曲線の傾向は同じである．

　締め固めた土の相構成は，固相一液相一気相の3相よりなっているが，気相部分を水で満たして，$V_a=0$ と考えたときの理論上の密度をゼロ空気間隙密度という．各含水比一乾燥密度関係ごとにそれを求めて，一つの曲線を描いたものをゼロ空気間隙曲線あるいは飽和曲線といっている．

　ある含水比 w で締め固めた土の乾燥密度 ρ_d は次式から得られる．

$$\rho_d = \frac{\rho_t}{1+(w/100)} \qquad (2.27)$$

ここに ρ_t は締め固めた土の湿潤密度である．

　実際に締め固めた土は，完全に飽和されていないので，含水比一密度曲線は，理論密度（ゼロ空気間隙曲線）よりも低い値を示す．

　ある含水比 w の土の理論密度は，空気間隙率 n_a を関数として，次のように表わされる．

$$\rho_d = \frac{G_s \rho_w [1-(n_a/100)]}{1+\dfrac{G_s \cdot w}{100}-\dfrac{n_a}{100}} \qquad (2.28)$$

また n_a を一定として，飽和度 S_r で表わすと，(2.28)式は，

$$\rho_d = \frac{G_s \rho_w}{1+(G_s w/100 S_r)} \qquad (2.29)$$

(2.28)式，(2.29)式において，土が完全に飽和されている状態，すなわち $V_a=0$, $V_v=V_w$, $n_a=0$, $S_r=1$ である場合には，

$$\rho_d = \frac{G_s \rho_w}{1+\left(\dfrac{G_s \cdot w}{100}\right)} = \frac{G_s S_r \rho_w}{1+e} \qquad (2.30)$$

となる．これはゼロ空気間隙曲線における密度を表わしている．

　土の締固め試験は，JIS A 1210 に規定する方法によって行う．

　　〔備考〕　締固め機械の重量化，粗粒子を含んだ土の締め固め，試料準備の方法の違いなどを考慮して，JIS A 1210 は，1990年に改訂された．

2.6.2 相対密度

ある状態で滞積している砂層を考えてみよう。その砂の自然状態での間隙比あるいは乾燥密度が e あるいは ρ_d であったとしよう。

この砂は，たとえば静的な圧力を加えるか，あるいはなんらかの方法で締め固めたとき，現状よりもさらに密実化されるかどうか。また密実化されるとすると，どの程度の締固めが可能であるかといったことを検討するには，相対密度という形で表わしてみると便利である。

相対密度とは，対象とする砂の間隙体積の減少しうる最大量に対する現状の砂が実際に減少しうる間隙体積の比で，次式でそれが表わされる。

$$\left.\begin{array}{l} D_r = \dfrac{e_{\max}-e}{e_{\max}-e_{\min}} \\ \text{あるいは} \quad D_r = \dfrac{1/\rho_{d\min}-1/\rho_d}{1/\rho_{d\min}-1/\rho_{d\max}} \end{array}\right\} \qquad (2.31)$$

ここに
- e, ρ_d：現状での砂の間隙比と乾燥密度
- $e_{\max}, \rho_{d\min}$：同じ砂の量もゆるい状態での間隙比と密度（室内試験で得る）
- $e_{\min}, \rho_{d\max}$：同じ砂の最も密な状態での間隙比と密度（室内試験で得る）

自然状態での砂がもっともゆるい場合には，$(e=e_{\max})$ であるから $D_r=0$ であり，またもっとも密な状態にある場合には，$(e=e_{\min})$ であるから $D_r=1$ である。

すなわち，D_r は $0 \sim 1$ の範囲にあって，一般には砂の締まりの状態を判定するのに次のような区分がなされている。

$$\left\{\begin{array}{l} 0 < D_r < \dfrac{1}{3} \qquad \text{ゆるい状態の砂} \\ \dfrac{1}{3} < D_r < \dfrac{2}{3} \qquad \text{中くらいに締まった状態の砂} \\ \dfrac{2}{3} < D_r < 1 \qquad \text{密なあるいはよく締まった砂} \end{array}\right.$$

$e_{\max}, e_{\min}$ の値は砂の粒度や粒子形状，細粒分の含有量などによって変わる。表2.13に，それらの条件を入れた砂の間隙比の概略を示す。

表2.13 粒度や粒子形状による砂の間隙比の概略値

A. 均等な粗粒土		e_{max}	e_{min}	B. 粒度のよい粗粒土		e_{max}	e_{min}
(1)	清純な均等砂 (細ないし中粒砂)	1.00	0.40	(1)	シルト質砂	0.90	0.30
(2)	標 準 砂	0.80	0.50	(2)	清 純 な 砂	0.95	0.20
(3)	同じ粒径の球状粒 体(理論値)	0.92	0.35	(3)	シルト・砂礫 混合土	0.85	0.14

〔備考〕 相対密度はちょうど細粒土におけるコンシステンシー指数に相当するものである。このことから，粗粒土では締まりの状態が，細粒土では含水量の程度が，土の工学的性質を左右する主因子であることが知られよう。

〔例題 2.13〕 道路下層路盤の転圧後の密度をはかったところ $\rho_d = 1.40 \text{g/cm}^3$ であった。同じ砂を室内試験で最も密な状態と最もゆるい状態での密度をはかったものは，$\rho_{d max}=1.55 \text{g/cm}^3$，$\rho_{d min}=1.30 \text{g/cm}^3$ であることがわかっていた。この下層路盤の転圧の程度はどうであったか。

〔解〕 転圧後の相対密度 D_r は，(2.31) 式より，

$$D_r = \frac{1.40-1.30}{1.55-1.30} \times \frac{1.55}{1.40} = 0.44$$

$\frac{1}{3} < D_r = 0.44 < \frac{2}{3}$ であるから，締固めの状態としては，中くらいのものと判定される。したがって転圧によって，さらに締め固めることが可能である。

2.7 土の分類

土はその生成過程や滞積環境などの違いによって多種多様のものがある。そのように雑多なものをそのままの形で取り扱うのは不便であるので，できれば土の共通する性質をみつけ，その共通性をもとにしていくつかのグループに分ける必要が起こってくる。

その場合，土の共通する性質を何におくかということが重要である。それを，たとえば「粒度」において考えてみよう。粒度の測定は比較的簡単で，それぞれの混合比（粒度組成）によってグループ分けをすることができる。すなわち土の粒度をベースにした分類法が考えられるわけである。しかしその場合，一つの大きな問題が残される。それは，同じグループに分類された土は，工学的にもほぼ同じ性質をもつものでなければならないということである。

前にも述べたように，砂や礫のような粗粒な土では，粒度と工学的な諸性質の

間にかなり密接な関係をもっているけれども,粘土や火山灰質土のような細粒土にあっては,粒度と工学的性質の間には一定した関係がみられないことがわかっている。すなわち粒度だけによる分類では,不十分であるということである。

そこで細粒土の場合も含めて有意義な分類を考えるには,粒度以外のなんらかの性質を分類特性として選ぶ必要がある。

都合のよいことに細粒土ではコンシステンシーの性質がその目的にかなうものであることがわかっている。

以上のようなことから,土の工学的分類では,分類特性として土の粒度とそれに合わせてコンシステンシー(液性限界と塑性限界あるいは塑性指数)とが用いられている。

2.7.1 土の工学的分類法

工学的分類法として提案されているものは,かなりの数がある。一般によく用いられている分類法としては,表2.14にあげたような種類のものである。AASHTO 分類法の利用目的からもわかるように,工学的分類法はもともと土を一つの材料として考える場合に便利なように,その分類表が作られていたのであるが,最近ではそれの利用範囲を広げ,地盤土を対象とする場合にも用いられるように分類法が作り直されてきている。

AASHTO 分類法は,もっとも古い歴史をもっていて,路床土の分類には信頼

表2.14 代表的な分類法の種類

利用目的	分 類 法	備　　　　考
道路および滑走路の路床土の分類用	AASHTO法	PR分類法が改訂されたもの 路床材料に限って用いられている 土を A-1 から A-7 までの七つのグループに分ける
	統一分類法	AC分類法をもとにし,発展的にそれを改訂したもの 粗粒土をGとSグループに分け,粒度の状態によってそれをおのおの四つのグループに分ける 細粒土は,塑性の程度によって二つのグループに分け,さらに無機質のシルト,粘土と有機質土といったように三つに細分類,さらに P_t（ピート）を加える
	CAA 法	主として滑走路床用として作られたもの E-1 から E-10 での 10 グループに分けられる
地 盤 用	英 国 法	地盤用としてイギリス土木学会で制定されている現場での判別だけで分類する記述的な分類法 土の構造と強さを判別に加える
	統一分類法	利用範囲を地盤土まで広げて分類表が作られている

性が高い。しかし利用目的が限られているということと，統一分類法のような利用表を完備していないという不便さもあって，最近では統一分類法が一般によく使われている。ここでは，統一分類法と AASHTO の分類法の二つを代表的なものとしてあげ，加えて1990年に日本統一分類法として土質工学会から提出されたものを紹介する。

2.7.2 分類の条件と基準値

粒度とコンシステンシーに関する条件として表2.15に示すような項目があげられ，またそれぞれの項目に対する基準値が示されている。

表2.15 統一分類法と AASHTO 分類法の場合の分類基準

項目			統一分類法	AASHTO 分類法
粒度条件	ふるい通過率	4.75mm	礫・砂の区分 通過率50%が境	礫・砂の区分 通過率50%が境
		425μm		
		75μm	細・粗粒土の区分 通過率50%が境	細・粗粒土の区分 通過率35%が境
	粒径分布		礫：$U_c>4$ 粒度がよい砂：$U_c>6$ $U_c'=1\sim3$ 粒度が悪い	
	粗粒土に含まれる細粒分のタイプ		シルト 粘土	(シルトあるいは粘土)
コンシステンシー条件	液性限界		圧縮性の区分 $w_L; 50\%$を境	
	塑性指数			シルト・粘土の区分 $I_p; 10\%$を境
その他の条件	群指数			$GI=0\sim20$ と w_L, I_p とを総合して細分類される

2.7.3 分類表

分類手順をわかりやすくするため，統一分類法と AASHTO 分類法の分類表を，それぞれ図2.18および図2.19のように図で示した。

統一分類における記号は表2.16のような内容で，それを組み合わせて分類名とする。たとえばGPという分類記号は，「粒度のよくない礫」，SMというのは，「シルト質の細粒分を含んだ砂」といったことを表わしている。

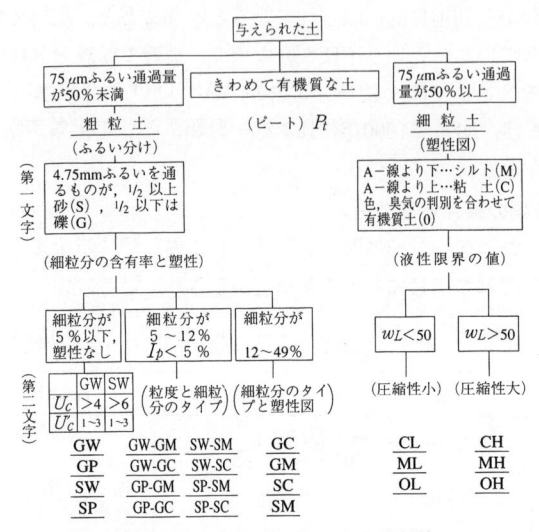

図2.18 統一分類法による土の分類法

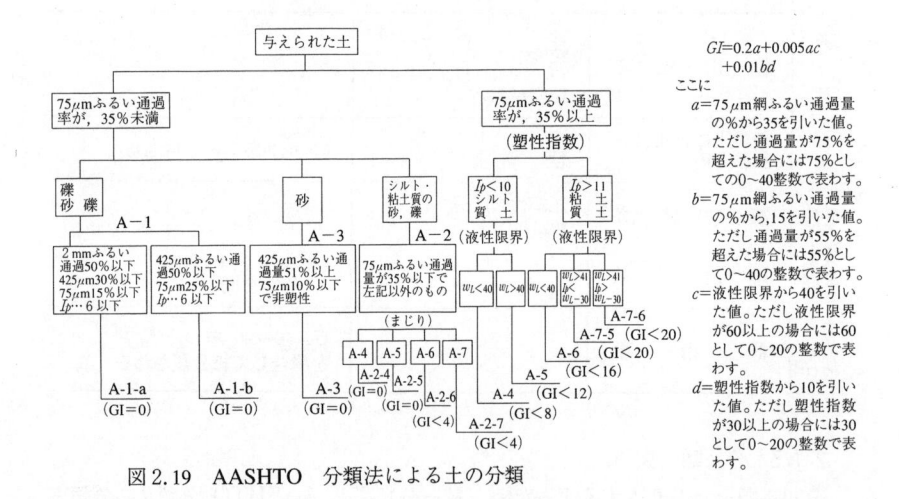

図2.19 AASHTO 分類法による土の分類

$GI=0.2a+0.005ac+0.01bd$

ここに
$a=75\mu m$網ふるい通過量の%から35を引いた値。ただし通過量が75%を超えた場合には75%としての0～40整数で表わす。
$b=75\mu m$網ふるい通過量の%から、15を引いた値。ただし通過量が55%を超えた場合には55%としての0～40の整数で表わす。
$c=$液性限界から40を引いた値。ただし液性限界が60以上の場合には60としての0～20の整数で表わす。
$d=$塑性指数から10を引いた値。ただし塑性指数が30以上の場合には30としての0～20の整数で表わす。

2.7.4 塑 性 図

細粒土の細分類あるいは粗粒土に含まれる細粒分の分類には，図2.20のような塑性図が用いられる。統一分類法では，A-線の上にあるか下にあるかによって粘土とシルトあるいは有機質土を分ける。また $w_L=50$ の縦線を境にしてそれの

表2.16 統一分類法で用いられる記号の意味

主要区分	第 1 文字 土 の 種 類	第2,第3文字の分類条件と記号		
		〔粒度分布〕	〔細粒分の種類〕	〔細粒土の圧縮性〕
粗 粒 土	礫 (G) 砂 (S)	(細粒分を 含まない) W, P	(細粒分を 含むもの) M, C, O	
細 粒 土	シルト (M) 粘 土 (C) 有機質 (O)			H, L
有 機 土	泥炭 (Pt)			

左側にあるか右側にあるかにより圧縮性の大小が区別されるようになっている。

2.7.5 日本統一分類法

わが国には,第1章に述べてあるように火山に起源をもつ火山灰質粘性土が広く分布している。火山灰質粘性土は,土の粒度とコンシステンシーを分類特性として分類しても,一般の無

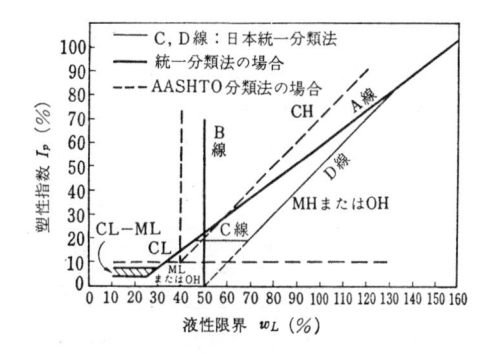

図2.20 塑 性 図

機質粘性とはまったく違った性質を示す。たとえば,関東ロームの工学的性質が非常に特異な性質を持っていることが,一般によく知られていよう。そのような事情もあって,日本独自の土の分類法の確立が急がれていたが,1973年にその基準が決められた。

分類基準は,アメリカの統一分類法に準じたものであるが,細粒土の中に火山灰質粘性土(VHとVL)が組み入れられ,また,塑性図におけるCHとMHとの境界を,図2.20のC,D線で表わすのが適当であることが提案されている。

〔例題 2.14〕 細粒土のコンシステンシー試験と粒度試験を行い,次のような値を得た。統一分類法と AASHTO 法とによってこの土を分類せよ。

$$\begin{cases} \text{(i)} & 75\mu\text{m ふるい通過率}:84\% \\ \text{(ii)} & w_L : 96.3\% \\ \text{(iii)} & I_p : 57.0 \end{cases}$$

〔解〕 塑性図により,$w_L=96.3$,$I_p=57.0$ であるから,統一分類法による分類名はCH

である。

AASHTO 分類法の分類は，w_L と I_p だけによっても A-7 であり，A-7-5 であることはわかる。念のために群指数 GI を求めてそれを調べてみよう。

$$\begin{cases} a = 75-35 = 40 & (75\mu\text{m ふるい通過率 } 84.0 > 75) \\ b = 55-15 = 40 & (\qquad\prime\qquad 84.0 > 55) \\ c = 60-40 = 20 & (w_L > 60) \\ d = 30-10 = 20 & (I_p > 30) \end{cases}$$

したがって

$$GI = 0.2 \times 40 + 0.005 \times 40 \times 20 + 0.01 \times 40 \times 20 = 20$$

75μm ふるい通過率が 35% 以上であり，$w_L : 41_{\min}$，$I_p : 11_{\min}$，$GI = 20$ であるから，A-7 と分類される。

さらに，$w_L - 30 = 96.3 - 30 = 66.3 > I_p = 57.0$

であるから，A-7-5 と細分類される。

〔例題 2.15〕 次表に示すデータをもとにして，統一分類法，AASHTO 分類法および粒度による三角座標分類法によってそれぞれの土を分類してみよう。

表 2.17

試料	粒　度（通過率 %）										通過率		420μm通過土	
	(mm)				(μm)						0.05 mm	0.005 mm	w_L (%)	w_p (%)
	25.4	19.1	12.7	11.1	4750	2000	850	425	250	125	75			
1					100	98	96	93	88	85	77	23	35	20
2						100	95	91	48	24	0.5	—	—	—	NP
3	—	93	76	66	53	33	23	12	9	7	6	—	—	17	NP

NP：非塑性

〔解〕 分類に便利なように表を整理する。

〔No. 1 の試料土について〕

(1) 細・粗粒土の区分：75μm ふるい通過率 85% > 50% および 36%
細粒土あるいはシルト・粘土材料

(2) CとMおよびLとHの区分：$w_L = 35\%$，$I_p = 15$ 塑性図によりA-線より上，すなわちC，$w_L < 50\%$ であるから L
したがって統一分類法では，<u>C L</u>

(3) $w_L : 40_{\max}$，$I_p : 11_{\min}$，$GI : 16_{\max}$ の例に相当するから（AASHTO 分類表）

2 土の基本的性質および物理的性質　65

表2.18

試料 (No.)	1	2	3
粒度組成 (%) 礫	0	0	67
砂	23	99.5	28
シルト	54	0.5	5
粘土	23	0	0
4.75mm ふるい通過率 (%)	—	—	53
2.0mm ふるい通過率 (%)	100	100	33
425μm ふるい通過率 (%)	96	91	13
75μm ふるい通過率 (%)	85	0.5	6
U_c (均等係数)		3	20
w_L (%)	35	0	17
I_p (%)	15	0	17
GI (群指数)	10	0	0

　　　AASHTO 分類では，<u>A-6</u>
（4）砂＝23%，シルト＝54%，粘土＝23%から，三角座標分類により，分類名は<u>シルト質粘土ローム</u>
　　〔No.2 の試料土について〕
（1）75μm通過率 0.5% は，粗粒土また4.75mm通過率 100% は　砂(s)
（2）$U_c=3<6$ であるから粒度の悪い砂，したがって統一分類法で　<u>SP</u>
（3）425μmふるい通過率：41_{min}，75μm通過率：10_{max}，I_p：NP, GI：0の列は<u>A-3</u>（AASHTO 分類表）である。
（4）三角座標分類では，<u>砂</u>
　　〔No.3 の試料土について〕
（1）75μmふるい通過率，6%（<50%）であるから粗粒土，4.75mmふるい通過率 53%（>5%）であるから礫（G）
（2）425μm通過土の $w_L=17$，$I_p=17$ は，塑性図よりCL相当の細粒分である。また $U_c=20(>4)$ であるから，<u>GW-GC</u>
（3）4.75mm：50_{max}，425μm：30_{max}，75μm：15_{max}，$GI=0$，<u>A-1-a</u>

3 土の透水と毛管現象

土と水との間にある工学的な問題は普通つぎの二つに大別することができる。
（1）アースダムの堤体やその基礎地盤を浸透する漏水のような，ある圧力勾配のもとで土中を流れる透水に関する問題
（2）ボイリング現象など，流れに伴う浸透水圧が地盤に及ぼす変形およびせん断破壊の問題

これらは，地下水面より下に存在する重力に従って移動する自由水の働きによるものであるが，このほか，土の間隙に表面張力によって保持される毛管水，土の膨潤特性によって保持される膨潤水，土粒子表面の吸着力によって空気中から吸着される水，および土の間隙内に水蒸気の状態で存在する蒸気態水分がある（図3.1参照）。

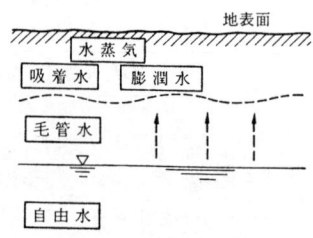

図3.1 土中に存在する水の形態

3.1 ダルシーの法則と透水係数

水の流れる地盤中の2点A，B間に水頭差 (h_1-h_2) があると，水頭の高い点Aから低い点Bに向かって水が流れる。このとき動水勾配 i は，次式で定義される（図3.2参照）。

$$i = \frac{h_1-h_2}{L} = \frac{h}{L}$$

図3.2 土中の動水勾配

流れが層流であれば，断面積 A を通る水の流速 v は動水勾配に比例し，単位時間の地盤の浸透水量 q は，ダルシー（Darcy）の法則により(3.1)式で表わされる。

$$q = vA = kiA = k\frac{h}{L}A \qquad (3.1)$$

A：試料の断面積 (cm^2)，

3 土の透水と毛管現象　67

v：土中の水の流速（cm/s），　k：透水係数（cm/s），
i：動水勾配，　h：試料の入口と出口の水頭差（cm），
L：試料の長さ（cm）

透水係数は土中における水の通りやすさを示す係数（速度と同じ単位をもつ）で，土の重要な特性の一つとなっている。正確には実験によって求めるが，慣用的には調査・設計のそれぞれの段階で次の諸方法が用いられる。

　a）土の種類・分類によってハンドブックなどでおよその見当をつける。
　b）砂やシルトの場合は粒径および間隙比などを知り計算式から推定する。
　c）室内試験および原位置試験で求める。

土の種類で，透水係数のおよその見当をつけるのは，たとえば表3.1などでも知ることができる。一般に粘土よりも砂や礫の方が透水係数は大きい。

また透水係数は土粒子の大きさ，間隙を流れる水の性質，土の間隙比および間隙の構成などによって変化することが知られている。テルツァギはこのような考え方で，実用式として (3.2) 式を実験的に導き，またヘイゼンは上水道のろ過に用いる砂について実験し，より簡単な公式として (3.3) 式を作った。いずれも砂の実験で求められたものであることに留意すべきである。

表3.1　透水性と試験方法の適用性

	透水係数 k (cm/s)										
	10^{-9}	10^{-8}	10^{-7}	10^{-6}	10^{-5}	10^{-4}	10^{-3}	10^{-2}	10^{-1}	10^0	10^{+1} 10^{+2}
透水性	実質上不透水		非常に低い		低い			中位			高い
対応する土の種類	粘性土 {C}		微細砂, シルト, 砂-シルト-粘土混合土 {SF} 〔S-F〕{M}					砂および礫 (GW)(GP) (SW)(SP) (G-M)			清浄な礫 (GW)(GP)
透水係数を直接測定する方法	特殊な変水位透水試験		変水位透水試験					定水位透水試験			特殊な変水位透水試験
透水係数を間接的に推定する方法	圧密試験結果から計算		な　し					清浄な砂と礫は粒度と間隙比から計算			

（土質工学会：土質試験の方法と解説より）

テルツァギの公式 $\quad k = \dfrac{C_T}{\eta}\left(\dfrac{n/100-0.13}{\sqrt[3]{1-n/100}}\right)^2 D_{10}^{\ 2}$ (3.2)

ヘイゼンの簡易公式 $\quad k = 100 D_{10}^{\ 2}$ (3.3)

C_T：テルツァギの定数，2.6 (いちじるしく角張った砂)～10 (なめらかな丸味のある砂) の値をとる。

η：水の粘性係数 (Pa·s) (表3.2参照)

n：砂の間隙率 (%)

D_{10}：有効径 (粒径加積曲線で10%に相当する粒径) (cm)

表3.2 水の粘性係数 ($\times 10^{-2}$ Pa·s)

温度(℃)	粘性係数	温度(℃)	粘性係数
4	0.1598	18	0.1073
6	0.1502	20	0.1021
8	0.1412	22	0.0973
10	0.1333	24	0.0928
12	0.1259	26	0.0886
14	0.1191	28	0.0848
16	0.1131	30	0.0812

〔例題 3.1〕 運河と川が平行に流れており，平均50m離れている運河の水位は標高61.8m，川の水位は59.1mである。水面より下で広いシルト混り砂層が川と運河の両方に交差している。砂層は平均1.50mの厚さがあり，上下は不透水性粘土層であることがわかっている。$k=6.30\times 10^{-3}$ cm/s として，この運河から川へ幅1km当り1時間にどれくらいの漏水があるか。

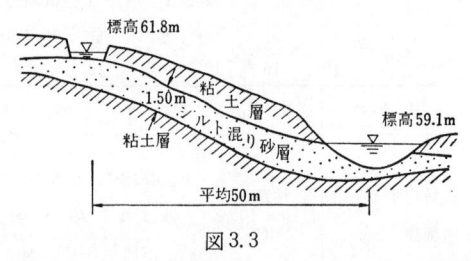

図3.3

〔解〕
$$q = kA\dfrac{h}{L}$$

$$= (6.30\times 10^{-5})\times(1.5\times 1\,000)\times\dfrac{61.8-59.1}{50}$$

$$= 6.3\times 1.5\times 10^{-2}\times\dfrac{2.7}{50}\ (\mathrm{m^3/s})$$

$$=5.10\times10^{-3}\times\frac{1}{\dfrac{1}{3600}}(\mathrm{m^3/h})=18.4(\mathrm{m^3/h})$$

〔例題 3.2〕 ある川砂の粒度分析を行ったところ図3.4のような粒径加積曲線が得られた。この砂の透水係数を，テルツァギの公式を用いて計算せよ。なお間隙率は36％とし水温は18℃とする。

〔解〕 図3.4から有効径 $D_{10}=0.0278\mathrm{mm}=0.00278$ cm，また題意により川砂であることがわかるから，(3.2) 式の $C_T=10$ (なめらかな丸味のある砂) を用いることにする。粘性係数は表3.2を参考にすると，

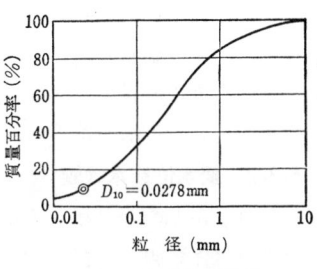

図 3.4 粒径加積曲線

$$\eta_{18}=0.1073\times10^{-2}\mathrm{Pa\cdot s}=\frac{0.1073\times981\times10^{-2}}{100}=1.052\times10^{-2}\ \mathrm{N/m^2\cdot s}$$

これらの値を (3.2) 式に代入すると

$$k_{18}=\frac{C_T}{\eta_{18}}\left(\frac{n/100-0.13}{\sqrt[3]{1-n/100}}\right)^2 D_{10}{}^2=\frac{10}{1.052\times10^{-2}}\left(\frac{0.36-0.13}{\sqrt[3]{1-0.36}}\right)^2\times0.00278^2$$

$$=0.9505\times10^3\times\left(\frac{0.230}{0.862}\right)^2\times7.73\times10^{-6}=5.23\times10^{-4}\ (\mathrm{cm/s})$$

〔類題 3.1〕 〔例題3.2〕をヘイゼンの簡易公式により計算してみよ。
($k=7.73\times10^{-4}\mathrm{cm/s}$)

〔類題 3.2〕 ある土の透水係数が6℃で 3.44×10^{-2}cm/min であるとすれば，15℃ではいくらになるか。(ヒント：$k_{15}\eta_{15}=k_t\eta_t$ を利用する。$k_{15}=4.45\times10^{-2}$cm/min)

3.2 透水係数の測定

ある土層の透水係数を実験で求める方法は，
(1) 現場の土を採取し，これを用いて室内試験をする………室内透水試験。
(2) 現地の自然地盤について試験を行う………原位置試験(揚水試験)の二種に大別される。室内試験は手軽で解析も容易であるが，土はサンプリングによってその状態が変わることが多いので，自然状態のままで広範囲の土を試験できる原位置試験による方法が信頼性は高い。

3.2.1 定水位透水試験

礫，砂のような比較的，透水性がよい土の透水係数測定に適する室内試験であって，透水係数 k(cm/s) はダルシーの法則から (図3.5参照)，

$$k = \frac{Q}{tAi} = \frac{QL}{tAh} \qquad (3.4)$$

Q：t 時間内（秒）の透水量（cm³）
A：試料の断面積（cm²）
i：動水勾配
h：試料の長さ L（cm）における水頭差（cm）

3.2.2 変水位透水試験

細砂やシルトのような，透水性がやや低い土の透水係数測定に適する室内試験である。図3.6のような装置で試験を行い透水係数 k（cm/s）は (3.5) 式で与えられる。

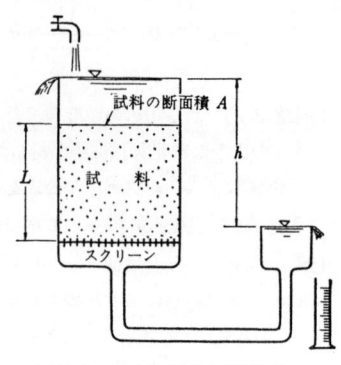

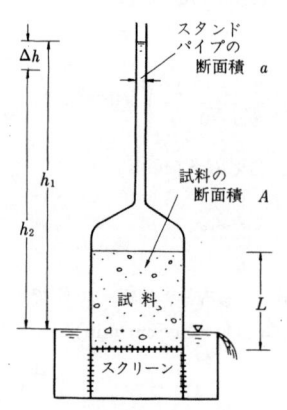

図3.5　定水位透水試験装置

$$k = 2.3 \frac{aL}{A(t_2 - t_1)} \log_{10} \frac{h_1}{h_2} \qquad (3.5)$$

a：スタンドパイプの断面積（cm²）
A：試料の断面積（cm²）
h_1, h_2：それぞれ時刻 t_1, t_2（秒）におけるスタンドパイプの水位（cm）
L：試料の高さ（cm）

3.2.3 圧密透水試験

定水位あるいは変水位透水試験のように，水を自然流下させて透水係数を求める方法のほかに，透水性の非常に低い飽和粘性土には力を加えて水をしぼり出して透水係数を求める圧密透水試験が用いられる。透水係数（cm/s）は (3.6) 式から求められる。

図3.6　変水位透水試験装置

$$k = \frac{c_v \, m_v \, \gamma_w}{8.64 \times 10^7} \qquad (3.6)$$

γ_w：水の単位体積重量（kN/m³）
c_v：各荷重段階における圧密係数（cm²/d）
m_v：体積圧縮係数（m²/kN）

〔例題 3.3〕 変水位透水試験装置による透水係数の公式 (3.5) を誘導せよ。

3 土の透水と毛管現象　71

〔解〕 図3.6を参照して，時刻 t_1 におけるスタンドパイプの水位を h_1 とすると，それより Δt 時間後の水位降下量 Δh にパイプの断面積 a を掛けると，試料の Δt 時間の透水量が得られるから，ダルシーの法則 $q=kiA$ を適用し，

$$q = -a\frac{\Delta h}{\Delta t} = k\frac{h}{L}A$$

真中の辺が負号をとるのは，Δh と Δt とは符号が逆なため，すなわち時間が増せばスタンドパイプの水位が下がるためである．上式を $t_1 \sim t_2$ すなわち $(h_1 \sim h_2)$ で積分すると，

$$-a\int_{h_1}^{h_2}\frac{dh}{h} = \frac{kA}{L}\int_{t_1}^{t_2}dt$$

$$\therefore a(\log_e h_1 - \log_e h_2) = \frac{kA}{L}(t_2-t_1)$$

$$\therefore k = \frac{aL}{A(t_2-t_1)}\log_e\frac{h_1}{h_2} = 2.3\frac{aL}{A(t_2-t_1)}\log_{10}\frac{h_1}{h_2}$$

〔例題 3.4〕 定水位透水試験を直径 10.45cm，高さ 10.0cm の砂の試料について行い，10.0cm の水頭のもとで5分間に 410cm³ が流出した．この砂の透水係数を求めよ．

〔解〕 試料の断面積を計算すると

$$\frac{\pi d^2}{4} = \frac{3.14 \times 10.45^2}{4} = 85.7\text{cm}^2$$

よって透水係数は (3.4) 式を用いて，

$$k = \frac{QL}{tAh} = \frac{410 \times 10}{5 \times 60 \times 85.7 \times 10} = 1.59 \times 10^{-2}(\text{cm/s})$$

〔類題 3.3〕 変水位透水試験装置によってシルト質粘土の透水試験を行った．試料の直径は 10.0cm で長さは 9.0cm とする．スタンドパイプの内径が 0.72cm であり 20分間に水頭が 204.7cm より 196.7cm に降下した．この土の透水係数を求めよ（$k=1.55 \times 10^{-6}$ cm/s）．

〔類題 3.4〕 土の圧密試験を行って，ある荷重段階での圧密係数 $c_v=1.82\times 10^2$cm²/d，体積圧縮係数 1.78×10^{-4}m²/kN であった．この土の透水係数を求めよ．($k=3.75\times 10^{-8}$cm/s)

3.2.4 揚水試験

本格的な原位置揚水試験は図 3.7(a)，(b) のごとく，揚水井を中心に1本設け，流れに平行に4本，流れに直角に4本の観測井を同心円上に設置し，揚水井の水位が定常になったときの揚水量とそのときの観測井の水位低下から，透水係数 k (m/d) を求めようとするものである．

被圧地下水の場合　　$k = \dfrac{2.3q}{2\pi b(h_2-h_1)}\log_{10}\dfrac{r_2}{r_1}$　　　　　　　　(3.7)

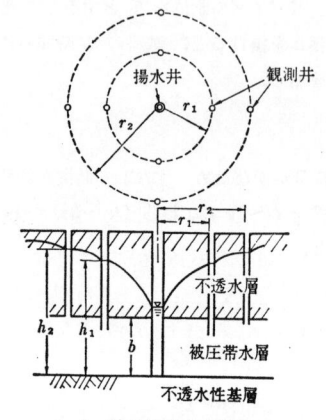

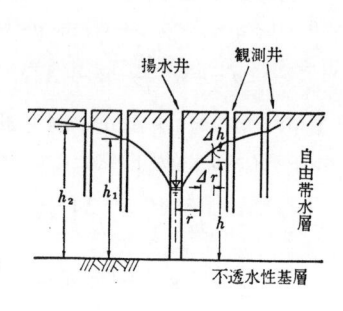

(a) 被圧地下水の場合　　　　　　　(b) 自由地下水の場合

図3.7　揚水試験

自由地下水の場合　　$k = \dfrac{2.3q}{\pi(h_2^2 - h_1^2)} \log_{10} \dfrac{r_2}{r_1}$ 　　　　(3.8)

q：定常地下水位になったときの単位時間揚水量 (m³/d)
b：被圧帯水層の厚さ (m)
r_1, r_2：それぞれ揚水井から観測井までの距離 (m)
h_1, h_2：それぞれ揚水井からr_1, r_2の距離にある観測井の地下水位 (m)

〔**例題 3.5**〕　図3.7(b)のようにして，自由帯水層の揚水試験を行った。この場合の透水係数を求める公式 (3.8) を誘導せよ。

〔**解**〕　揚水井から任意距離rだけ離れている地点の動水勾配は，図3.7(b)にみるように$i = \Delta h / \Delta r$，また揚水井に入る水量は，土層が均一であれば井戸の中心からrの距離にある円筒面を通って集まってくる。この集水面積は$2\pi rh$となるからダルシーの法則により，

$$q = kiA = k\dfrac{dh}{dr} 2\pi rh \qquad \therefore \dfrac{dr}{r} = \dfrac{2\pi k}{q} h\, dh$$

r_1からr_2まで積分すると　　$\log_e \dfrac{r_2}{r_1} = \dfrac{\pi k}{q}(h_2^2 - h_1^2)$

$$\therefore k = \dfrac{q}{\pi(h_2^2 - h_1^2)} \log_e \dfrac{r_2}{r_1} = \dfrac{2.3q}{\pi(h_2^2 - h_1^2)} \log_{10} \dfrac{r_2}{r_1}$$

〔**類題 3.5**〕　〔例題3.5〕と同じような方法で，被圧帯水層における透水係数を求める公式 (3.7) を誘導せよ。(ヒント：集水面積が$2\pi rb$になる。)

〔類題 3.6〕 毎秒 $500 cm^3$ の水をくみ上げて定常状態にある揚水井がある。この井戸から $r_1=20m$, $r_2=30m$ の位置に観測井があり，その地下水位はそれぞれ $h_1=15.20m$, $h_2=15.30m$ であった。自由帯水層として，この地盤の透水係数を求めよ。($k=1.83m/d$)

3.3 浸透水圧とボイリング

　土中を水が流れるとき，水圧は土粒子を流れの方向に押し流そうとする力として働く，この圧力を浸透水圧といい，掘削地盤の底部にボイリング現象が起こったり，強い降雨時に斜面の破壊が発生するのは浸透水圧がその主な原因と考えられている。

3.3.1 浸透水圧

　いま飽和した土中の微小立方体 MNOP に働く浸透水圧を図 3.8(a) によって説明する。奥行は幅 Δy とし，水は左から右へ水平に流れるものとする。

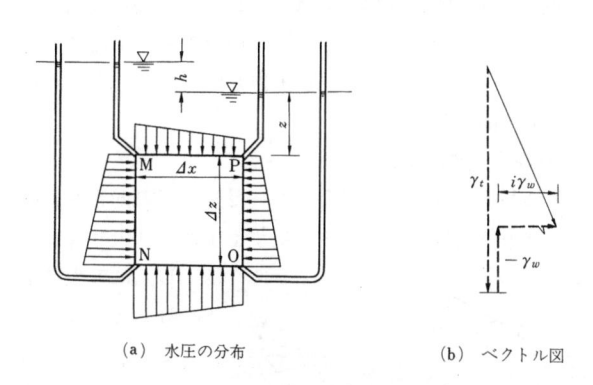

　　　　(a) 水圧の分布　　　　(b) ベクトル図

図3.8 土中の微小立方体に働く力

A. 水平方向の力の釣合い

MN面の右向き水圧：$\Delta z \Delta y \dfrac{1}{2}(h+z+\Delta z+h+z)\gamma_w$

PO面の左向き水圧：$\Delta z \Delta y \dfrac{1}{2}(z+\Delta z+z)\gamma_w$

したがって差引き $\Delta z \Delta y \gamma_w h$ だけ右向きに力が働くことになり，その結果

単位面積当りの圧力　　$p_s = \dfrac{\Delta y \Delta z}{\Delta y \Delta z}\gamma_w h = \gamma_w h (kN/m^2)$ 　　　　(3.9)

単位体積当りの浸透力　　$j = \dfrac{\Delta z \Delta y}{\Delta x \Delta y \Delta z} \gamma_w h = \dfrac{h}{\Delta x} \gamma_w = i \gamma_w \,(\text{kN/m}^3)\,(3.10)$

が流れの方向（水平方向）に働く。

B．鉛直方向の力の釣合い

MP面の下向き水圧：$\Delta x \Delta y \dfrac{1}{2}(h+z+z)\gamma_w$

NO面の上向き水圧：$\Delta x \Delta y \dfrac{1}{2}(h+z+\Delta z+z+\Delta z)\gamma_w$

差引き $\Delta x \Delta y \Delta z \gamma_w$ だけの上向き水圧が働き，単位体積当りになおすと $-\gamma_w$ の浮力が作用することはよく知られている通りである。鉛直方向には水の流れはないとしたから浸透水圧は働かない。このほかにも鉛直方向には立方体MNOPの土の重量 $\Delta x \Delta y \Delta z \gamma_t$ の力が下向きに働くから，これらのベクトル図を描くと図3.8(b)のようになる。

地下水が水平左向きに流れる場合には (3.10) 式の浸透力 $i\gamma_w$ は，図3.8(b)で左向きになり，地下水が鉛直上向き，あるいは下向きに流れる場合はこのベクトル $i\gamma_w$ はそれぞれ鉛直上方，あるいは下方を向く。このうち鉛直上向き流れの場合を例にとって次節に記述する。

3.3.2　ボイリング（噴砂現象）

土中で水の流れが上向きになる場合には，浸透水圧の向きも上向きに働く。浸透水圧が土の有効単位体積重量によって生ずる圧力より大きくなると土粒子をおし上げて土は水と共に噴出することになり，流動化に伴って地盤の支持力は失われる。この現象は一般にボイリングと呼ばれるが，とくに細砂やシルトから成る地盤で発生し

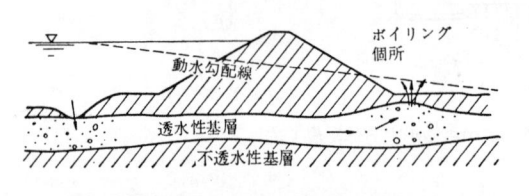

図3.9　ボイリング現象の一例

やすいので，クイックサンドともいわれる。ボイリングは一時的な力の不均衡で起こる現象であるが，一度起こると地盤がゆるむので同じ個所が再び流動化する反覆性の傾向があり注意する必要がある。

いま，図3.10(a) の MN 面において，上向き浸透水圧と飽和砂の圧力との釣合いを考えると，MN面の面積を A，土の間隙比と比重をそれぞれ e, G_s とすると，

MN面に働く上向き水圧：$(h+L)\gamma_w A$

3 土の透水と毛管現象 75

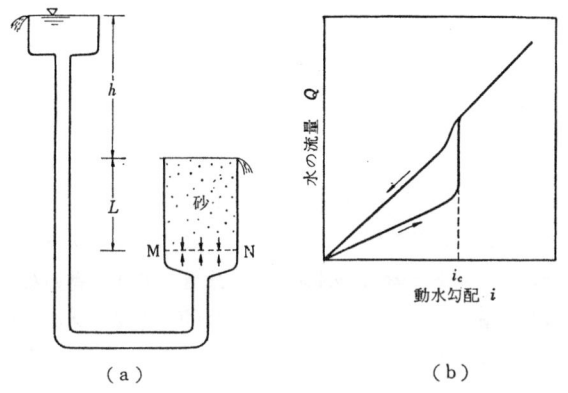

図3.10 ボイリング現象の説明図

MN面に働く下向き水圧： $\dfrac{G_s+e}{1+e} L \gamma_w A$

したがって，次式のような場合にボイリングの発生する恐れがある。

$$(h+L)\gamma_w A \geqq \dfrac{G_s+e}{1+e} L \gamma_w A$$

$$\therefore \dfrac{h}{L} \geqq \dfrac{G_s-1}{1+e} \tag{3.11}$$

(3.11) 式の等号の場合の動水勾配 $\dfrac{h}{L}(=i_c)$ を限界動水勾配 といい，図3.10 (b) にみるように，この動水勾配で砂を浸透して出てくる水の流量が急激に増加し，このとき砂も同時に噴出する。

いま砂の比重 $G_s=2.65$，間隙比を $e=0.65$ とすると，(3.11) 式の等号が成立つ場合は，

$$\dfrac{h}{L}(=i_c)=\dfrac{2.65-1}{1+0.65}=1.0$$

となり，動水勾配＝1のとき，すなわち図3.10(a)で砂厚(L)とそれより上の水頭(h)とが同じ値になると，ボイリングの危険があることがわかる。

3.3.3 フィルター

クイックサンド現象やボイリングを防ぐ方法の一つとして，図3.11のような押え盛土を

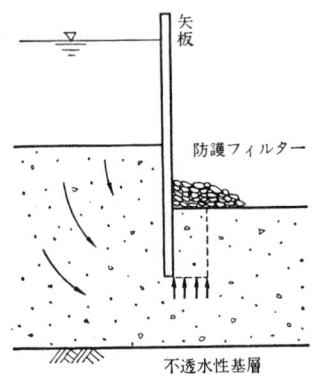

図3.11 砂中の矢板に沿うボイリング

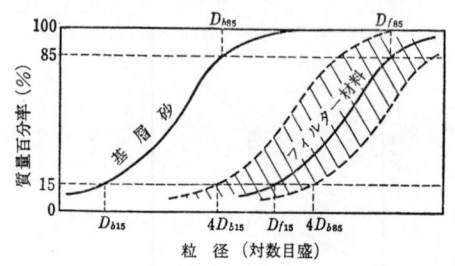

図3.12 基層砂とフィルター砂との関係

することがある。この押え盛土はフィルターと呼ばれ、下から浸透する水はよく通すけれど、それに伴って動こうとする土砂は押えておくような粒度構成でなければならない。

このフィルター砂は，孔あき排水管の外側に巻いたり，アースダムのドレーンにも応用されるもので，これらの目的を満足させるためには(3.12)～(3.14)式の条件に適合することが必要である。

$$\frac{D_{f85}}{排水管の集水細隙幅} \geqq 1.2 \tag{3.12}$$

$$\frac{D_{f85}}{排水管のスクリーンの孔径} \geqq 1.0 \tag{3.13}$$

$$\frac{D_{f15}}{D_{b85}} \leqq 4\sim 5 \leqq \frac{D_{f15}}{D_{b15}} \quad (図3.12参照) \tag{3.14}$$

D_{f15}, D_{f85}：それぞれフィルター砂の 15%，および 85% 粒径 (mm)
D_{b15}, D_{b85}：それぞれ基層砂の 15%，および 85% 粒径 (mm)

〔例題 3.6〕 粒子の比重が $G_s=2.68$ で，最もゆるい状態で間隙率 $n=46\%$，また最も密につめたときの間隙率が $n=35\%$ の砂がある。この砂の限界動水勾配の下限と上限を求めよ。

〔解〕 間隙率であるから間隙比に換算すると，

$$e_{\max} = \frac{\dfrac{n_{\max}}{100}}{1-\dfrac{n_{\max}}{100}} = \frac{0.46}{0.54} = 0.85$$

$$e_{\min} = \frac{\dfrac{n_{\min}}{100}}{1-\dfrac{n_{\min}}{100}} = \frac{0.35}{0.65} = 0.54$$

よって，それぞれの状態に対して限界動水勾配は (3.11) 式を用いて，

$$i_{cl} = \frac{G_s-1}{1+e} = \frac{2.68-1}{1+0.85} = \frac{1.68}{1.85} = 0.91$$

$$i_{cu} = \frac{G_s-1}{1+e} = \frac{2.68-1}{1+0.54} = \frac{1.68}{1.54} = 1.09$$

〔例題 3.7〕 図3.10(a) において $h=1.00\text{m}$，$L=1.30\text{m}$ とするときのMN面における

3　土の透水と毛管現象　77

浸透水圧，および単位体積当りの浸透力を求めよ．また，この状態でのボイリングに対する安定を検討せよ．ただし砂粒子の比重は $G_s=2.65$，砂の間隙比は $e=0.68$ とする．

〔解〕　流れを考慮すると図 3.10 は図 3.8 を 90 度だけ反時計まわりに回転したものと考えればよいから，MN 面での水圧は $(L+h)\gamma_w$ である．このうち浸透水圧は水の流入水頭と流出水頭の差で生ずるものであるから

$$p_s = h\gamma_w = 10\,(\text{kN/m}^2)$$

単位体積当りの浸透力は (3.10) 式によって

$$j = i\gamma_w = 10\times 1/1.3 = 7.69\,(\text{kN/m}^3)$$

一方，砂の状態から限界動水勾配における単位体積当りの浸透力を求めると (3.11) 式から

$$\frac{G_s-1}{1+e}\gamma_w = \frac{2.65-1}{1+0.68}\times 10 = 9.82\,(\text{kN/m}^3)$$

ボイリングを起こす限界以下の浸透力しか働いていないから安定である．

〔例題 3.8〕　図 3.13 のような 9.0 m の厚さのシルト質粘土層を 6.0 m 掘削した．粘土層の下に被圧地下水をもつ砂層があり，粘土層との境界で 8.0 m の圧力水頭を示す．ボイリングを防ぐには湛水位を何 m にとるべきか．

ただし $G_s=2.65$，$e=1.23$ とする

〔解〕　シルト質粘土層と砂層の境界で，ボイリングに対する平衡をとると

$$\frac{G_s-1}{1+e}\gamma_w\cdot 3 + (h+3)\gamma_w \geqq 8\gamma_w$$

$$\therefore\ \frac{1.65\times 3}{2.23} + (h+3) \geqq 8$$

$$2.22 + h \geqq 5$$

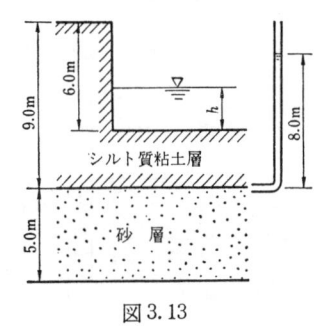

$$h \geqq 2.78\,\text{m}$$

図 3.13

〔類題 3.7〕　砂の粒子の比重が $G_s=2.70$ の地盤がある．この地盤の間隙比が $0.51\sim 0.85$ の間にあることがわかっているとき，限界動水勾配を計算せよ（$i_c=0.92\sim 1.13$）．

3.4　流線網とその応用

流線網は地盤中の浸透水の二次元流れを表わすもので，2 組（1 組は流線群，他の 1 組は等ポテンシャル線群）の直交する曲線群（図 3.14 参照）で構成されており，浸透水量や任意点の水圧を求めるのに利用される．とくにダルシー公式をそのまま適用できないような透水断面の変化する場合の浸透水量や浸透水圧を求めるには流線網の助けを借りなければならない．流線は水の分子が移動する経路，すな

わち流れを表わし，等ポテンシャル線は流線上において水頭の等しい点をつらねた線，すなわち等水圧線を示している。

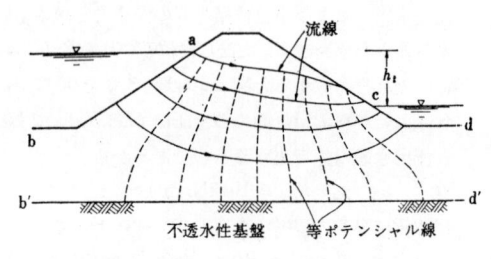

3.4.1 流線網の求め方

流線網を描くには通常，次の三つの方法が考えられる。

図 3.14 堤体の流線網の一例

（1） **数学的に解く方法** 方程式を作り，これに適当な境界条件を与えて解く方法であるが，一般に実用的でない。

（2） **模型実験で求める方法** 土で模型を作って（図 3.15(a)参照）水を流し，赤インクあるいは過マンガン酸カリなどの薬品によって流線を求め，等ポテンシャル線はマノメーターによって決定する。また水の流れと電気の流れに相似性のあることを利用して，図 3.15(b)のような装置によって電圧降下を測定しポテンシャルを決める方法もある。他の方法に比較すると多少費用は増すが信頼性が高いので，重要な流線網を決定するのによく利用される。

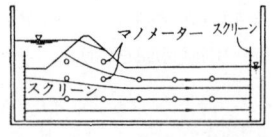

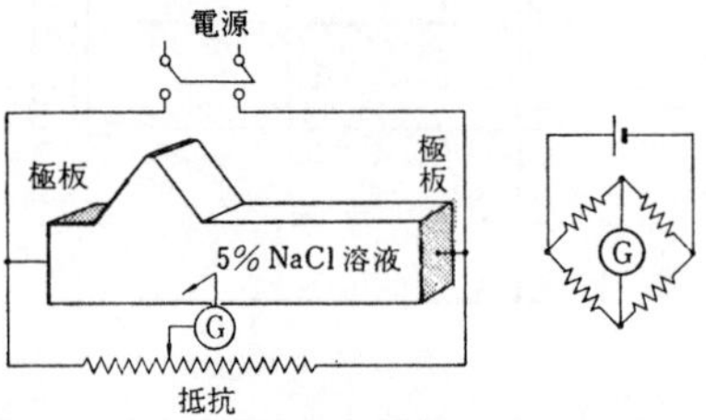

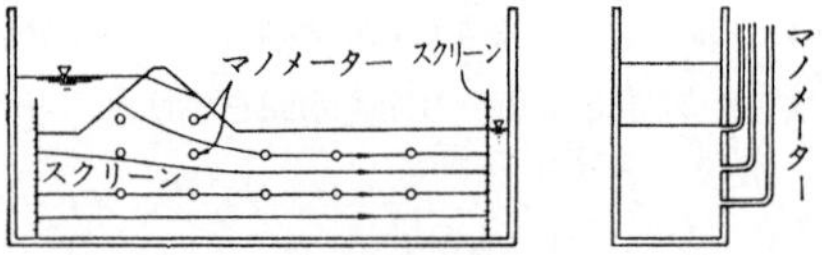

図 3.15 模型実験

（3） **図解法** 既知の多くの流線網を参考にして，流線網の有する特性にしたがって手書きで描く方法である。手軽でかつ応用性に富むため広く用いられている。ここではとくに図解法について詳しく説明する。

3.4.2 流線網の試的図解法

この方法は代表的ないくつかの流線網を参考にして，それらを組み合わせながら，大づかみの第一試案を描き，ついで境界条件に合わせつつ，かつ次のような規則を守って，最終的に正しい流線網を作り上げる。

1. 流線網は流線，あるいは等ポテンシャル線のどちらから描き始めてもよい

が，経験上，最初の本数は3～5本ぐらいから始めるのがよい。
2. 境界条件をよく知っておくこと。たとえば，図3.16において
　　ab, cd：等ポテンシャル線
　　b'd', boc：流線
　　である。
3. 流線と等ポテンシャル線とは互いに直角に交差させ，相隣る2本の流線間の流量は等しく，また相隣る2本の等ポテンシャル線間の水頭損失が等しくなるよう間隔を定める。また2本の流線と2本の等ポテンシャル線とに囲まれる図形は，互いに**直角に交叉する正方形になるように描く**。
4. この場合の正方形は図3.16のように円が内接するように描くとよい。また流線の地盤への流入部および流出部では，初めに直角の手引きの線をいく本か作っておくとよい（図3.19参照）。
5. 図解法は繰り返し手直しを行って粗図から精密図へと描き進み，妥当な流線網に仕上げる。
6. やむをえない場合は，流管の本数は整数にし，等ポテンシャル線の作る区画は整数でなくてもよい。この逆の場合も認められる。流管の本数および等ポテンシャル線の区画数をともに整数にまとめるのは，むずかしいことがある。

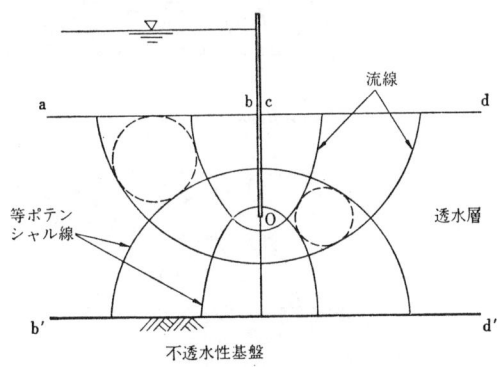

図3.16 流線網の一例

7. 流線網の作成に当たっては，寸法21cm×30cm（A-4判）のセクション・トレーシングペーパーが使われることが多い。
8. 代表的な流線網の作図を数多く練習し習得する。次に参考のため代表的な流線網の例を図3.17にいくつかあげておく。

〔**例題 3.9**〕 図3.18のような止水矢板が透水性の砂層に打ち込まれている。この透水性砂層中における流線網を図解法で求めよ。

〔**解**〕 図3.19を参照して，
　　図(a)——AB, CDがそれぞれ最高，最低の等ポテンシャル線であるから，これらに直角に流線の始線および終線を作る。またBEC, FGはそれぞれ最短，最長の流線であ

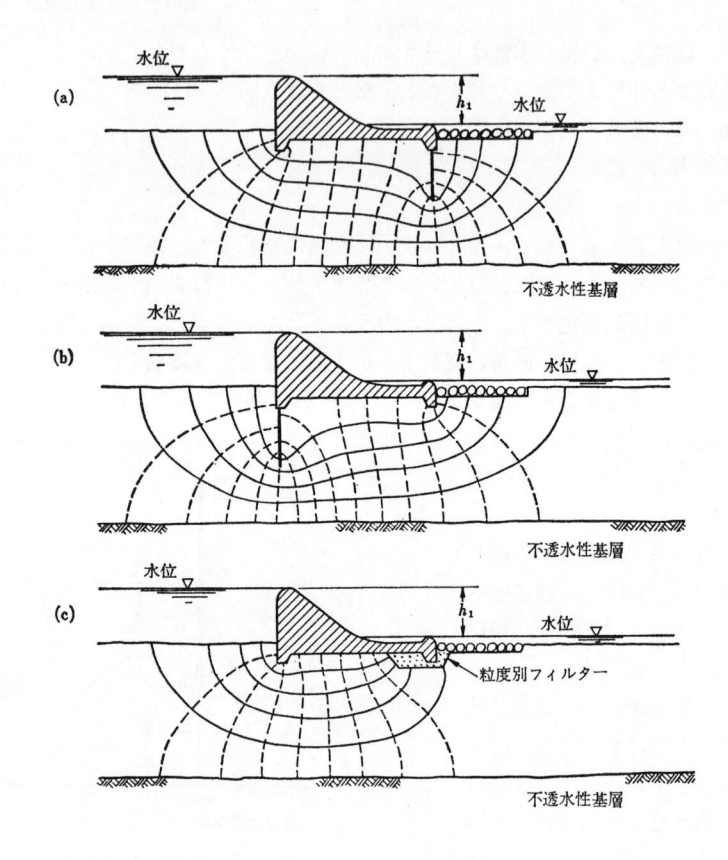

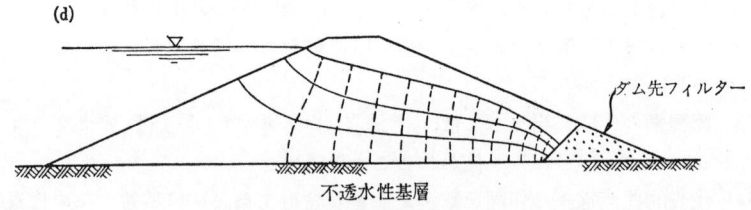

図 3.17 代表的な流線網の二三の例

るから，これに直角に等ポテンシャル線の手掛りを作っておく（この図は説明文を入れるため土層の厚さを便宜上拡大した）．

　図(b)——境界の状態に合わせて，まず2本の流線を引く．矢板の先端のような流線の集中する個所では，流線相互の間隔は矢板先端から離れるほどだんだん広くなるよう

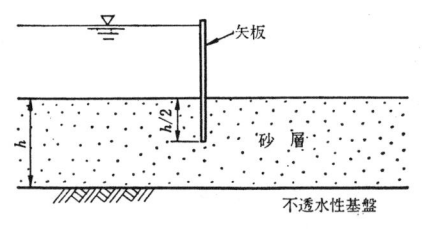

図 3.18

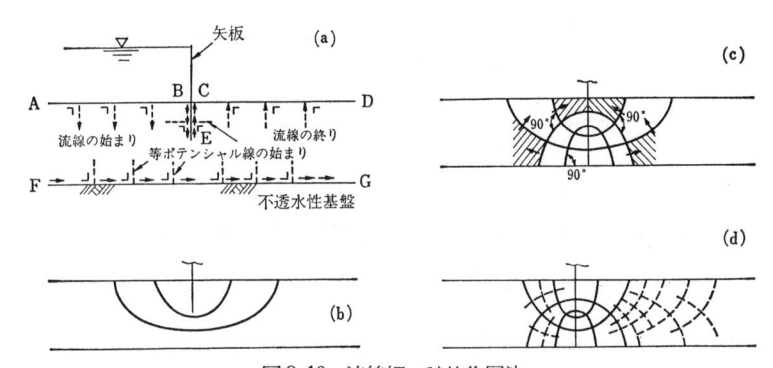

図 3.19 流線網の試的作図法

に調整する。

　図(c)——図(b)の流線に直交するように，かつ各セクションが正方形になるよう1回目の等ポテンシャル線群を描く。各区画のうち円が内接しそうもないものは矢印の方向に訂正する。

　図(d)——すべての区画が正方形に近くなるよう線を消したり描いたりして調整する。流線網のうち実線のものは，ほぼ完全に調整された流線網の粗図である。よりくわしい流線網を作り精度を高めるためには図(d)のような分割を行う。

〔類題 3.8〕 図3.19(a)を別紙に書き写して，これに3.4.2の要領および〔例題3.9〕の注意を考慮しながら，流線網を作図し，図3.19(d)と比較せよ。

〔類題 3.9〕 図3.17(c)の流線網を除いた図を書き写して，諸注意を守りながら，これに流線網を作図してみよ。

3.4.3 断面の変わる場合の浸透水量と浸透水圧

　流線網を利用して浸透水量および浸透水圧を求めるには，たとえば図3.20を参照して次式から求める。

　　単位時間の浸透水量　　$q = kh\dfrac{N_f}{N_d}$　　　　　　　　　　　　(3.15)

(a) (b)

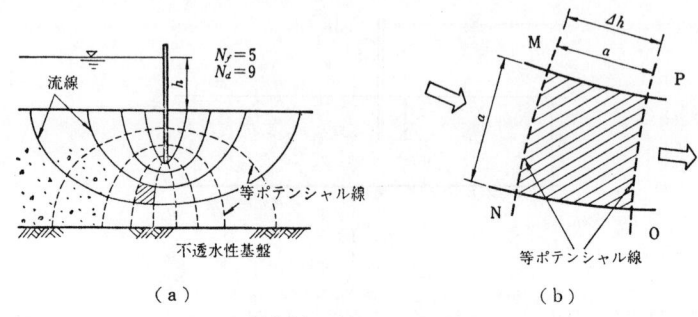

図3.20 締切り工の流線網

k：透水係数 (cm/s)，　　h：上流と下流との水位差 (cm)
N_f：流線ではさまれる帯の数
N_d：等ポテンシャル線ではさまれる帯の数

また図3.20で斜線を施した四角形で，a を $\overline{MN}$ の長さとすると

MN面に働く浸透水圧　　　$6\Delta h \cdot a^2 \gamma_w$（ただし $\Delta h = h/N_d$）

OP面に働く浸透水圧　　　$5\Delta h \cdot a^2 \gamma_w$

その結果，MNOPは流れの方向に $\Delta h \cdot a^2 \gamma_w$ の浸透水圧を受ける。そして

単位面積当りの浸透水圧　　$p_s = \Delta h \gamma_w$　（kN/m²）

単位体積当りの浸透力　　　$j = \dfrac{a^2 \Delta h \gamma_w}{a^3} = \dfrac{\Delta h}{a} \gamma_w = i \gamma_w$　（kN/m²）

この浸透力はすでに求めた（3.10）式と同じものである。

〔例題 3.10〕　図3.20を参考にして流線網を用いた場合の浸透水量を求める公式 (3.15) を誘導せよ。

〔解〕　流線網の任意の流管（2本の流線に囲まれて作られるパイプ，図3.20(b)参照）の浸透水量を Δq とし，その流量をダルシーの公式を適用して求めると，紙面に垂直な単位幅で

$$\Delta q = kiA = k\dfrac{\Delta h}{a}(a \times 1)$$

$$\therefore \quad \Delta q = k\Delta h = k\dfrac{h}{N_d}$$

図3.20(a)の透水性地盤を通じて流れる単位時間当りの全透水量を q とすると，これは流管の数だけ合計しなければならない。

$$q = \Delta q N_f = kh\dfrac{N_f}{N_d}$$

〔例題 3.11〕 図3.20のような矢板による締切り工がある。透水層の透水係数 $k=2.3\times10^{-2}$cm/s および $h=2.0$m として浸透水量を求めよ。

〔解〕 (3.15)式により，矢板の単位幅当りの浸透水量は，

$$q=kh\frac{N_f}{N_d}=2.3\times10^{-2}\times200\times\frac{5}{9}=2.56(\text{cm}^3/\text{s})=0.221(\text{m}^3/\text{d})$$

〔類題 3.10〕 図3.17(b)において $h_1=5.0$m，このダムの下にある透水性基層の透水係数 $k=7.1\times10^{-3}$cm/s として，ダム幅1m当りの1日の浸透水量を計算せよ（$Q=10.2$ m³/d）。

〔類題 3.11〕 図3.17(a)の止水矢板の先端に上流側から働く浸透水圧の大きさを求めよ。ただし $h_1=3.60$m とし，透水係数は 3.75×10^{-4}cm/s とする（$p_s=12.0$kN/m²）。

3.5 成層土の透水性と浸透水圧

今までは均一な土層の透水係数について説明してきたが，自然の地盤は透水係数の異なる多くの水平な層が重なって構成されていることが多い。そのような堆積状態では，成層面に平行な方向の平均透水係数 k_h と垂直な方向の平均透水係数 k_v とは異なっている。多くの地盤では $k_h>k_v$ であって，一般に $k_h\risingdotseq(5\sim30)k_v$ のものが多いといわれている。

3.5.1 成層面に平行な方向の平均透水係数

成層面に平行な方向の平均透水係数 k_h は，図3.21を参考にして (3.16) 式で与えられる。

$$k_h=\frac{1}{d}(k_1d_1+k_2d_2+\cdots\cdots+k_nd_n)$$

(3.16)

$d_1, d_2\cdots\cdots d_n$：それぞれ各土層の厚さ(m)

$k_1, k_2\cdots\cdots k_n$：それぞれ各土層の透水係数 (m/d)

$d=d_1+d_2+\cdots\cdots+d_n$：全土層の厚さ (m)

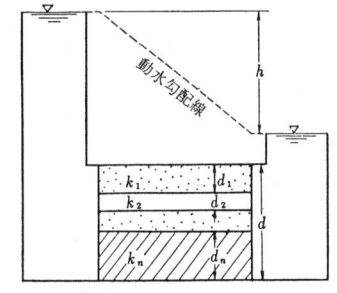

図3.21 成層面に平行な流れ

3.5.2 成層面に垂直な方向の平均透水係数

成層面に垂直な方向の平均透水係数 k_v は図3.22を参照して (3.17) 式で与えられる。

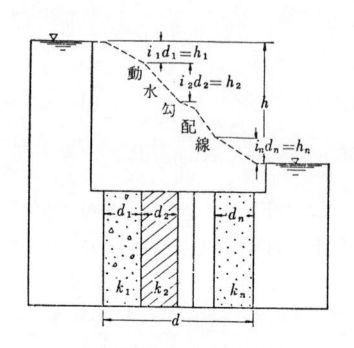

$$k_v = \cfrac{d}{\cfrac{d_1}{k_1}+\cfrac{d_2}{k_2}+\cdots\cdots+\cfrac{d_n}{k_n}} \quad (3.17)$$

$d_1, d_2 \cdots\cdots d_n$：それぞれ各土層の厚さ (m)

$k_1, k_2 \cdots\cdots k_n$：それぞれ各土層の透水係数 (m/d)

$d = d_1 + d_2 + \cdots\cdots + d_n$：全土層の厚さ (m)

図3.22 成層面に垂直な流れ

〔**例題 3.12**〕 図3.22を参考にして, 成層面に垂直な方向の平均透水係数を求める公式 (3.17) を誘導せよ.

〔**解**〕 水が成層土中を垂直に流れるとき, 各層を横切る動水勾配を $i_1, i_2 \cdots\cdots i_n$ とし, 全土層を横切る動水勾配を $i = h/d$ とすれば, 各土層および全土層を流れる水の流速は等しくなければならない. ダルシーの法則により

$$\therefore\ v = \frac{h}{d}k_v = i_1 k_1 = i_2 k_2 = \cdots\cdots = i_n k_n$$

また, 水が全土層を流れるときの水頭損失を h, 各土層における水頭損失を $h_1, h_2 \cdots\cdots h_n$ とすれば (図3.22参照),

$$h = h_1 + h_2 + \cdots\cdots + h_n = i_1 d_1 + i_2 d_2 + \cdots\cdots + i_n d_n$$

$$= \frac{v}{k_1}d_1 + \frac{v}{k_2}d_2 + \cdots\cdots + \frac{v}{k_n}d_n = \frac{v}{k_v}d$$

$$\therefore\ \frac{d}{k_v} = \frac{d_1}{k_1} + \frac{d_2}{k_2} + \cdots\cdots + \frac{d_n}{k_n}$$

$$\therefore\ k_v = \cfrac{d}{\cfrac{d_1}{k_1}+\cfrac{d_2}{k_2}+\cdots\cdots+\cfrac{d_n}{k_n}}$$

〔**例題 3.13**〕 同じ厚さの3層から成る水平なシルト地盤がある. 上層, 中層, 下層の透水係数は, それぞれ, 4.6×10^{-4} cm/s, 9.8×10^{-3} cm/s, 8.4×10^{-4} cm/s である. このシルト地盤の成層面に平行な方向の平均透水係数を求めよ.

〔**解**〕 各シルト層の厚さを d として, (3.16)式を適用すると, 成層面に平行な方向の平均透水係数 k_h は,

$$k_h = \frac{1}{3d}(k_1 d + k_2 d + k_3 d) = \frac{4.6 + 98 + 8.4}{3} \times 10^{-4} = 3.7 \times 10^{-3} \text{(cm/s)}$$

〔**類題 3.12**〕 図3.21を参考にして成層面に平行な方向の平均透水係数を求める公式 (3.16) を誘導せよ.

3.5.3 方向性ある均一地盤の流線網図解法と浸透水量

（1） 実際の断面の，成層面方向縮尺を $\dfrac{\sqrt{k_v}}{\sqrt{k_h}}$ 倍して，断面を変形する（図3.23(a),(b)参照）。

（2） 変形断面に対し"3.4.2流線網の試的図解法"と，全く同じ方法で流線網の作図をする（図3.23(c)参照）。

（3） 出来上がった流線網図の成層面方向縮尺を $\dfrac{\sqrt{k_h}}{\sqrt{k_v}}$ 倍して，実際断面にもどしたものが正しい流線網である（図3.23(d)参照）。

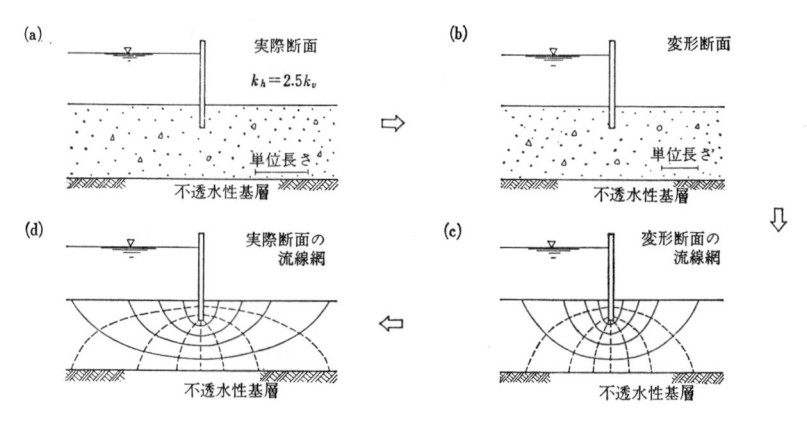

図3.23 成層土における流線網の作図例

（4） 成層土の流線網は，予想される k_h/k_v の最大値と最小値の両方について作成し，常にその危険側をとって検討しておくべきである。

（5） この場合の浸透水量は実際断面の流線網で（3.18）式のようになる。

$$q = \sqrt{k_h k_v}\, h\, \dfrac{N_f}{N_d} \tag{3.18}$$

3.5.4 層化した地盤の境界面における流線網の図解法

透水係数の異なる層化した地盤の境界面では流線は屈折するので，流線網を作図するにはその屈折特性を知っておかねばならない。

（1） 透水係数の異なる地盤の間の関係

透水係数 k_1 の地盤と透水係数 k_2 の地盤との境界面における流線の屈折は図3.24(a)を参考にすると次の幾何学的関係が成り立つ。入射角 θ_1 と屈折角 θ_2 の正接（tangent）の比はその透水係数の比に等しいから，（3.19）式にしたがって作

(a) $k_1 > k_2$　　　　　　　　(b) $k_1 < k_2$

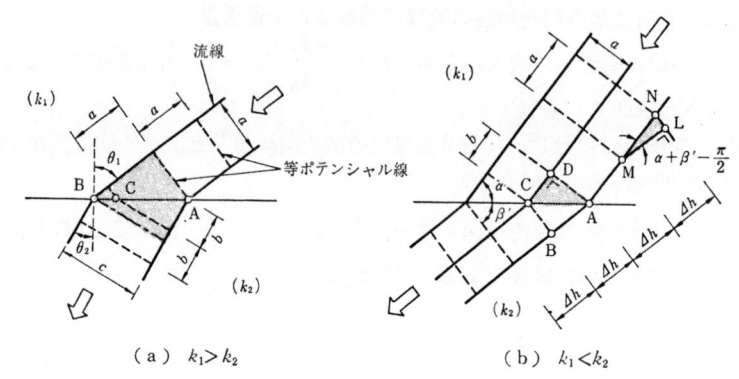

図3.24　層化地盤での流線の屈折

図すればよい。

$$\frac{k_1}{k_2} = \frac{\tan\theta_1}{\tan\theta_2} \tag{3.19}$$

　　θ_1, θ_2：それぞれ境界面における流線の入射角と屈折角

(2) ある地盤と排水材料 ($k \risingdotseq \infty$) との間の関係

ある地盤から $k_2(\risingdotseq\infty)$ の透水性材料へ流出する場合は(1)の関係の特殊の場合に当たるが図3.24(b)を参照して，流線の流入角 α と流出角 β' との間には，次の関係が成立する。すなわち，$k_2(\risingdotseq\infty)$ の透水性材料へ流出してゆくときは(3.20)式の関係が必要となる。

$$\alpha = 90° - \beta' \tag{3.20}$$

〔例題 3.14〕 図3.25のような $k_1=3k$, $k_2=k$ の層化地盤を流れる流線網を作図せよ。

〔解〕 (3.19)式を用いて $\dfrac{\tan\theta_1}{\tan\theta_2} = \dfrac{k_1}{k_2} = 3.0$ であるよう $\tan\theta_1$ に対する $\tan\theta_2$ を求めると

　　　$\tan\theta_1 = \tan 48° = 1.11$
　∴ $\tan\theta_2 = 0.370$,　　$\theta_2 = 20.5°$

その結果，図3.25のような流線網となる。

〔例題 3.15〕 図3.24(b)を参考にして，透水係数 k_1 の地盤から $k_2(\risingdotseq\infty)$ の透水性材料へ流出する場合の流線の傾き角の間に成立する(3.20)式を証明せよ。

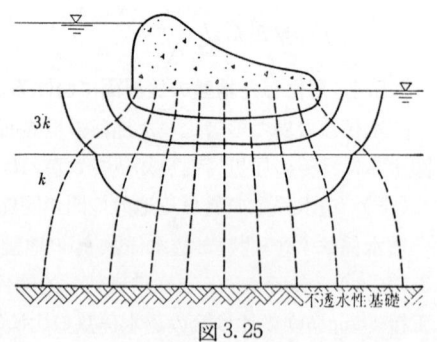

図3.25

〔解〕 △ACD および △ABC で，$\cos \alpha = \dfrac{\overline{CD}}{\overline{AC}}$，$\sin \beta' = \dfrac{\overline{AB}}{\overline{AC}}$ が成立する。$\overline{AC}$ を消去して

$$\overline{AB} = \overline{CD}\frac{\sin \beta'}{\cos \alpha} = b\,\frac{\sin \beta'}{\cos \alpha}$$

$\overline{LM}$ を k_2 地盤の等ポテンシャル線に直交するよう作図すると，$\angle LMN = \alpha + \beta' - \dfrac{\pi}{2}$ となり，△LMN では

$$\cos\left(\alpha + \beta' - \frac{\pi}{2}\right) = \frac{\overline{ML}}{\overline{MN}}$$

$$\therefore\ \overline{ML} = a \cdot \cos\left(\alpha + \beta' - \frac{\pi}{2}\right)$$

$\overline{AB}$，$\overline{LM}$ ともに Δh に等しいから

$$b\,\frac{\sin \beta'}{\cos \alpha} = a \cdot \cos(\alpha + \beta' - 90°)$$

$k_2 \fallingdotseq \infty$ であるような排水性材料への浸出の場合には，水圧の損失があり，等ポテンシャル線の間隔が a から b へ減少する。しかし両材料間における Δh は等しいから $a = b$ であるためには，

$$\alpha = 90° - \beta'$$

の幾何学的な関係が成立せねばならない。

すなわち，堤体の浸潤線のような場合には流線が境界面（のり面）に接し $\alpha \to 0°$，$\beta' \to 90°$ になるし，また境界面が等ポテンシャル線と一致する場合には $\beta' \to 0°$ $\alpha = 90°$ となり，流線は境界面に直交する。

〔類題 3.13〕 図 3.24(a) を参考にして (3.19) 式の成立することを証明せよ。（ヒント：$\Delta q = k_1 a(\Delta h / a) = k_2 c(\Delta h / b)$，$\sin \theta_2 = b / \overline{AC}$，$\cos \theta_2 = c / \overline{AB}$ などを利用する）

3.6 堤体の浸潤線と浸透水量

堤防やフィルダムなど堤体を流れる浸透水量や浸透水圧を求めるには堤体の流線網を描かねばならない。しかし浸透水量だけを求めるのであれば流線網の最上部を流れる浸潤線（頂部流線ともいう）を決めれば十分である。自由水面を持つ浸潤線を描くことは飽和土の流線網を作図するよりは複雑であり，いくつかの仮定と，多くの浸潤線から得られた経験をもとにして作図する。なお浸潤線が決まれば，これを 1 本の流線と考え，これを基本にした各流線およびこれら流線に垂直に等ポテンシャル線を描いて堤体の流線網が求められることはすでに記述した通りである。

3.6.1 浸潤線の作図法

この浸潤線を決めるには，まず最初に基本放物線を描き，これに上流補正および下流補正を施して最終的な浸潤線とする。

（1）**基本放物線**　堤体の下流側のり先Fを放物線の焦点かつ座標の原点とし，Fより上流側にx軸，鉛直上方にy軸をとると（図3.26(a),(b)参照），放物線定数Sは（3.21）式で与えられる。

$$S = \sqrt{x^2+y^2} - x \quad (3.21)$$

この式を基本放物線上のA点にあてはめると

$$S = \sqrt{d^2+h_t^2} - d$$

d：F点よりA点までの水平距離 (m)

h_t：上流と下流との間の水位差 (m)

A点は基本放物線と上流側水面との交点で，経験から近似的に

$$\overline{AB} = 0.3\overline{EB}$$

B：上流側のり面の水際点

$\overline{EB}$：Bより上流側のり先までの水平距離 (m)

で与えられる。

基本放物線は（3.21）式を用いて（3.22）式で表わされる。

$$x = \frac{y^2 - S^2}{2S} \quad (3.22)$$

（2）**上流側の補正**　浸潤線は上流側のり面BDに垂直に流入するから，B点から上流のり面に対し直角に浸潤線は始まり，基本放物線に接するようになめらかに結ぶ。

（3）**下流側の補正**　下流側の浸潤線はのり面の外に出ることはない。実際の浸潤線と排水面との交点Gから，基本放物線

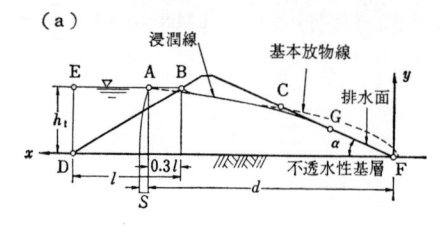

図3.26　堤体浸潤線の図解法

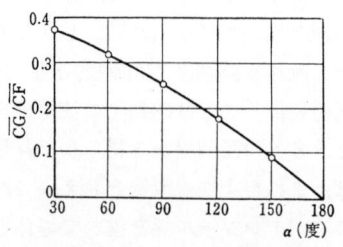

図3.27　G点を決定する参考図

3 土の透水と毛管現象

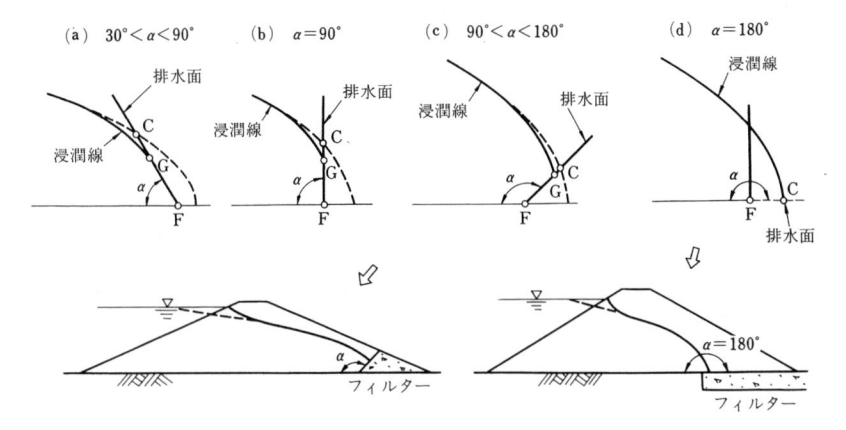

(a) $30°<\alpha<90°$ (b) $\alpha=90°$ (c) $90°<\alpha<180°$ (d) $\alpha=180°$

図3.28 排水面勾配 α に関する説明図

の交点Cまでの距離CGは，排水面と不透水面との交角 α ($\alpha \geqq 30°$) の関数として図3.27から求められる。このときの角 α と実際の堤体の排水状況との関係は図3.28を参考にして理解されたい。また $\alpha<30°$ の場合は，図3.27では求められないから (3.23) 式で計算する。

$$\overline{\mathrm{GF}} = d - \sqrt{d^2 - h_t^2 \cot^2 \alpha} \tag{3.23}$$

　　h_t：上流と下流との水位差 (m)
　　d：F点よりA点までの水平距離 (m)
　　α：排水面と不透水面との交角 (度)

〔**例題 3.16**〕 図3.29に示すような均一の土から成るアースダムが，不透水性基盤の上に作られている。このアースダム内の浸潤線を描け。

〔**解**〕 水深が20mであるから，図3.30を参照して $\overline{\mathrm{EB}}=40\mathrm{m}$ なることがわかる。したがって
　　$\overline{\mathrm{AB}}=0.3\,\overline{\mathrm{EB}}=12$ (m)
　　$\therefore\ d=12+2.5\times2+9$
　　　　　$+22.5\times2=71$ (m)
また　$h_t=20$ (m)
したがって放物線定数は
　　$S=\sqrt{d^2+h_t^2}-d$
　　　$=\sqrt{71^2+20^2}-71$
　　　$=2.76$ (m)

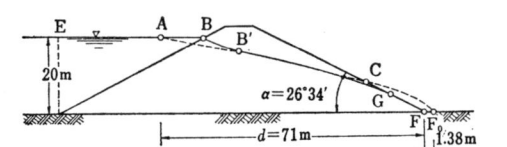

図3.29

図3.30 浸潤線の解

表 3.3 基本放物線の計算

y(m)	y^2	S(m)	S^2	y^2-S^2	$2S$	$\dfrac{y^2-S^2}{2S}=x$(m)
1.0	1.0	2.76	7.62	−6.62	5.52	−1.20
2.0	4.0			−3.62		−0.66
3.0	9.0			1.38		0.25
4.0	16.0			8.38		1.52
5.0	25.0			17.38		3.15
7.0	49.0			41.38		7.50
10.0	100.0			92.38		16.74
12.0	144.0			136.38		24.71
15.0	225.0			217.38		39.38
17.0	289.0			281.38		50.97
19.0	361.0			353.38		64.02

これらの値から基本放物線の方程式は，のり先点Fを原点とし水平に上流側にx軸，鉛直上方にy軸をとると，(3.22)式により

$$x=\frac{y^2-S^2}{2S}=\frac{y^2-7.62}{5.52}$$

この式を用いて，表3.3のような計算を行い，基本放物線を決定する。これを図示すると，x軸上Fより$\dfrac{2.76}{2}=1.38$m 右に離れたF_0点から始まる F_0-C-B′-A 線となる。上流側の補正は，B点からのり面に垂直に浸潤線が流入し，なめらかに基本放物線上のB′点に結びつける。下流側の補正は，通常，図3.27の助けを借りることによって，補正点Gを見いだし解決している。しかし本例題の場合は不透水面と排水面との交角 $\alpha=26°34′<30°$ であるため，図3.27は使えない。よって(3.23)式を用いて

$$\overline{\mathrm{GF}}=d-\sqrt{d^2-h_t{}^2\cot^2\alpha}=71-\sqrt{71^2-20^2\times\cot^2 26°34′}$$
$$=71-\sqrt{5.041-20^2\times 2.0^2}=12.34\ (\mathrm{m})$$

よって補正点Gは，下流のり先点Fより斜面上，上流側に向かって，12.34mの地点となる。この結果，基本放物線 F_0-C-A から正しい浸潤線 B-B′-G-F が決められる。

〔類題 3.14〕 図3.31に示すような，均一な土から成るアースダム内の浸潤線を決定せよ。

(放物線定数 $S=1.23$m，基本放物線の方程式 $x=\dfrac{y^2-1.51}{2.46}$)

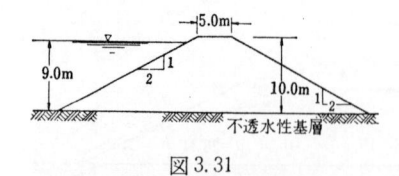

図 3.31

3.6.2 堤体の浸透水量

図3.32のような堤体の浸透水量は，図3.26および図3.28を参照して近似的

に次のようにして求められる。

(ⅰ) 下流側のり面の傾斜角 $\alpha \geqq 30°$ のとき
$$q = k(\sqrt{h_t^2 + d^2} - d) \qquad (3.24)$$

q：単位幅当りの堤体内の浸透水量 (m³/d)

k：堤体内の平均透水係数 (m/d)

h_t：上流と下流との間の水位差 (m)

d：F点よりA点までの水平距離 (m)

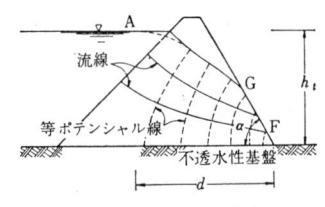

図3.32　堤体の流線網

(ⅱ) 下流側のり面の傾斜角 $\alpha < 30°$ のとき
$$q = \frac{k}{2} \frac{h_t^2 - (\overline{FG})^2 \sin^2 \alpha}{d - (\overline{FG}) \cos \alpha} \qquad (3.25)$$

ただし，$\overline{FG} = d - \sqrt{d^2 - h_t^2 \cot^2 \alpha}$

α：排水面との交角（度）

図3.32のように均一な土からなる堤体が，水平な不透水性基盤の上に築造された比較的簡単な場合は，(3.24) および (3.25) 式で浸透水量を計算することができる。しかし遮水壁を持つフィルタイプダムとか，各種の土層を組み合わせて作られたゾーンタイプダムでは浸潤線および流線網はさらに複雑になり，それらは実験などで求めねばならない。

〔例題 3.17〕 図3.29のアースダムは均一の土から作られているが，この土の透水係数は $k = 3.80 \times 10^{-4}$ cm/s である。堤体幅1m当りの浸透水量を計算せよ。

〔解〕 排水面と不透水面との交角 $\alpha = 26°34' < 30°$ であるから (3.25) 式を用いて次のように求められる。

$$k = 3.80 \times 10^{-4} = 3.80 \times \frac{86\,400}{100} \times 10^{-4} = 3.28 \times 10^{-1} \text{ (m/d)}$$

$$\sin^2 \alpha = \sin^2 26°34' = 0.447^2 = 0.200$$

$$\cos \alpha = \cos 26°34' = 0.894$$

$$h_t^2 \cot^2 \alpha = (20 \times 2.00)^2 = 1\,600$$

$$q = \frac{k}{2} \frac{h_t^2 - (d - \sqrt{d^2 - h_t^2 \cot^2 \alpha})^2 \sin^2 \alpha}{d - (d - \sqrt{d^2 - h_t^2 \cot^2 \alpha}) \cos \alpha}$$

$$= \frac{3.28 \times 10^{-1}}{2} \frac{20^2 - (71 - \sqrt{71^2 - 1\,600})^2 \times 0.200}{71 - (71 - \sqrt{71^2 - 1\,600}) \times 0.894}$$

$$= 1.01 \text{ (m}^3\text{/d)}$$

〔類題 3.15〕 〔例題3.16〕の図3.29に示すフィルダムにおいて堤体は均一な土から作られ

ている。その透水係数 $k=4.80\times10^{-5}$cm/s として堤体幅 1 m 当りの浸透水量を計算せよ（$q=0.114$m³/d）。

3.7 毛管現象と土の凍上

毛管作用で土中に保持されている水は，土の収縮性，粘着力および凍上性など種々の重要な工学的特性に大きな影響を与えている。

3.7.1 土の毛管作用

水は一定の表面張力を持っているので，毛管と呼ばれる細い管の中では，ひとりでに上昇して毛管曲面を形成する。直径 d (cm) の細いガラス管の中では，その上昇高 h (cm) は，(3.26)式で与えられる（図 3.33 参照）。

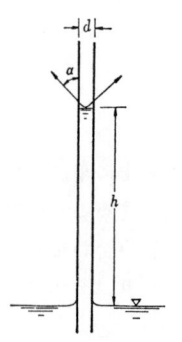

$$h=\frac{4T\cos\alpha}{\gamma_w d} \tag{3.26}$$

T：水の表面張力 (N/m)

α：水とガラス管壁の接触角（度）

γ_w：水の単位体積重量 (kN/m³)

$\alpha=0$ のときの h を h_{max} とすれば (3.26) 式は，

$$h_{max}=\frac{4T}{\gamma_w d}$$

となり，砂の場合の有効な間隙直径を d_e とすれば $d_e=D_{10}/5$ （D_{10}：有効径）なることが近似的に認められているので，(3.26)式のガラス管の直径を d_e に対応するものと考えると次式になる。

図 3.33 ガラス管の毛管現象

$$h_{max}=\frac{20T}{\gamma_w D_{10}} \tag{3.27}$$

したがって砂の場合は，水の表面張力 T（21°Cで 0.075 N/m）と粒度がわかれば毛管上昇高のおよその見当はつけることができる。

粘土も含む一般の土では，土中の間隙状態はさらに複雑であるが，その毛管上昇高 h_c (cm) は近似的に (3.28) 式のようになることが実験で確かめられている。

$$h_c=\frac{C}{eD_{10}} \tag{3.28}$$

C：粒径および表面の不純度などで決まる定数，0.1〜0.5まで変化する (cm²)

e：土の間隙比

D_{10}：有効径（cm）

この式からもわかるように砂のような粗粒土は，粘土に比較すると毛管上昇高 h_c はそれほど大きくないが，透水度がよいため上昇速度は比較的早い。

3.7.2 毛管水の動き

土中の間隙を伝って上昇する毛管水は図 3.34 のように，毛管現象で飽和する領域およびその上に続く毛管不飽和領域にまで達する。毛管飽和領域では間隙水圧が静水圧状の三角形分布をしているが，部分的にのみ毛管水が存在する毛管不飽和領域では $S_r<100\%$ であるから全領域にわたって必ずしも間隙水圧が静水圧状になるとは限らない。し

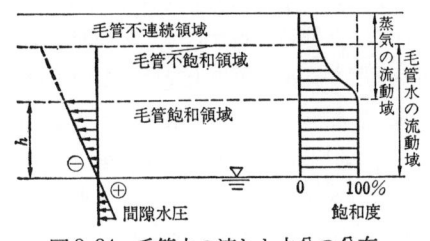

図 3.34 毛管水の流れと水分の分布

かし地表に降雨などのような水の補給があると，この平衡はやぶれ，地下水位や毛管領域は一時的にもっと高くなる。

また毛管不飽和領域と，それより飽和度の低い，水分が互いに遊離して存在する毛管不連続領域とには空隙が残るので，水分は蒸気となって存在する。この蒸気圧の変化によっても水分の移動が起こる。砂漠のような乾燥地帯では常時，地表への水分の移動があるが，このような地方で舗装道路が作られると地表の蒸発が減少するため路床の飽和度が増大し軟弱化することがある。また温度差の増大により蒸気圧の平衡がくずれると蒸気の移動，すなわち水分の流動が生じ凍上などをひき起こすことが知られている。

3.7.3 土の凍害とその対策

寒い地方では，冬季，土が凍り霜柱がたつことがあり，そのため道路や鉄道の路盤などが

1. 土の凍上作用のために地表面が不規則に持ち上がる
2. その地盤が融解するとき，土中の水分が過大となるため，地盤が軟弱になる

などの被害が生ずる。

これは水が 4 ℃ より冷えると体積が膨張し始め，氷になるとその体積は約 9 ％も増加することによるもので（表 3.4 参照），ある種の土では，さらに毛管現象により水を下から吸い上げる働きもするから，この膨張量はより一層大きなものと

表3.4　水，氷の温度と比重との関係

温度 ℃	−10	0	4	10	20	30	40
氷の比重	0.9186	0.9167	—	—	—	—	—
水の比重	—	0.9999	1.0000	0.9997	0.9982	0.9957	0.9922

なる。

たとえば〔例題3.19〕にも示すように，間隙比1.0の砂質土が，飽和している水だけによる凍結膨張ならば，その凍結量は4.5％にすぎないが，透水性と毛管作用の適度なシルト質の土では，この十数倍に達することがある。

凍上の起こりやすい地盤を調べると，次のようなことがわかる。
1. 土の毛管作用が大きく，かつ透水性がよい。
2. 毛管作用による下層からの水の供給が十分である。
3. 凍結温度の継続時間が長い。

このうち1.は土の粒度構成に関するもので，これがシルトやシルト分の多い砂質土に凍上を起こさせる原因となっている。図3.35に凍害を受けやすい粒度を示した。これに反し，砂や礫では透水性は大きいが毛管上昇高が小さいため凍上は起こらず，また粘土では毛管上昇高は大きいが透水性が小さいため，凍結が長時間にわたって連続しないと凍上は起こりにくい。

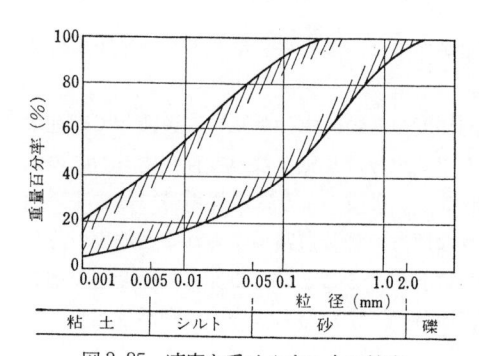

図3.35　凍害を受けやすい土の粒度

凍上およびその融解被害に対する対策としては，
1. 不良な土層を凍害の少ない材料と置換する。0.02mm以下の粒径が3％以下であるような材料は凍上に対し安全である。
2. 地下水位を低下させる。路面から地下水位までの鉛直距離を2m以上にさせるのも一方法である。
3. 毛管作用を遮断するために下層に20〜30cmの粗砂層か炭殻層を設ける。

などが考えられる。

〔例題 3.18〕　有効径 $D_{10}=0.35$mm の土がある。間隙比 $e=0.32$ として，その毛管上昇高を求めよ。

〔解〕 $D_{10}=0.35$mm で $e=0.32$ であるから砂と考えて (3.27) 式を適用する。$T=0.075$ N/m とすると，最大の毛管上昇高は，

$$h_{\max}=\frac{20\times 0.075}{1\times 10\times 10^3\times 0.035\times 10^{-2}}=0.428\text{m}=42.8\text{cm}$$

また (3.28) 式によると，

$$h_c=\frac{C}{eD_{10}}=\frac{0.1\sim 0.5}{0.32\times 0.035}=8.93\sim 44.6\text{cm}$$

〔例題 3.19〕 間隙比 1.0 の砂質土が水で完全に飽和されている。この間隙水だけが凍結して，土の体積が鉛直方向だけに膨張するとすれば，その体積の膨張割合はいくらか。また土の厚さが50cmとすれば，凍上量はいくらになるか。

〔解〕 間隙比 $e=V_v/V_s$ であるから，$e=1.0$ ということは $V_v=V_s$ にほかならない。したがって飽和しているとき，水の凍結による膨張率9％として，土全体の凍結による膨張割合は

$$\frac{1.09V_v+V_s}{V_v+V_s}=\frac{2.09V_v}{2.0V_v}=1.045$$

すなわち4.5％の膨張率となる。したがって土の厚さ50cmとすると

$$50\text{cm}\times 0.045=2.25\text{cm}$$

だけ持ち上がることになる。

〔類題 3.16〕 直径が 0.03mm の毛管における毛管上昇高を計算せよ。ただし水の表面張力を 0.075N/m，水とガラスの接触角を0°とする ($h=100$cm)。

3.7.4 サクション (pF)

土とかかわる水分は，その結びつきの強さによって自由水，水蒸気から吸着水まであることは本章の初めに説明した。しかし現在使われている含水比だけでは，これらの各種水分を定量的に区分することはできない。主として物理的な力で土に結びつく水分を定量的に分類するため，水柱の高さ (H：cm) の常用

表3.5 土のpFとその状態

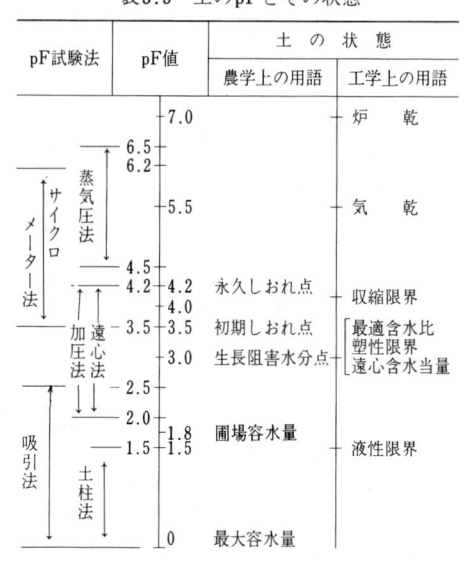

（土質工学会：土質試験の方法と解説より）

対数 $pF=\log_{10}H$ でその吸引力（サクション）を規定しようという考え方が農学方面にはあった。表3.5はこれら土中の水を pF の値で分類した表である。この表には液性限界，塑性限界，締固め含水比など土の特性値で保持される水分の pF も併せて示してある。

　土の凍上は土中の水分が凍結することも一原因であるが，水分が凍結して氷になるためその範囲内の土粒子間の自由水が減少して毛細管のメニスカスの半径が小さくなり，結果的には土が乾燥したのと同じ状態になり，そのため土のサクションが大きくなり，地盤の下部から水を吸い上げることが大きな原因である。吸い上げられた水は凍結線に達すると，また凍結し，下から水を吸い上げる作用が繰り返される。この水分による霜柱の成長が凍上現象の実態である。したがって土のサクションの大きさと透水度の良否が凍上には大きな影響を与えている。

　土の pF を測定する試験法は，pF の広い範囲にわたって統一的に利用できる方法がなく，吸引力の強さによって多くの試験法（表3.5参照）を使い分けて用いている。このうち現在，日本工業規格の土質試験法に規格化されているのは遠心法（遠心含水当量試験）だけである。

〔演習問題〕

(1) 変水位透水試験装置を用いて，土の透水試験を行った。試料の直径は 10cm，長さ 12.7cm でスタンドパイプの内径が 10mm であった。5分間にスタンドパイプの水頭は 200cm から 150cm に降下した。そのときの水温が 8℃として，この土の 15℃における透水係数を求めよ。（$k_{15}=1.48\times10^{-4}$cm/s）

(2) 定水位透水試験装置により，高さ17.5cm，断面積180cm² の砂の透水試験を行った。40cmの水頭差で，その流量は21秒間に200ccであった。この砂の透水係数はいくらか。（$k=2.32\times10^{-2}$cm/s）

(3) 図3.7に示す要領で揚水試験を行った。観測井は8本設け，その位置は不透水性基盤に達した揚水井（深さ21m）から同心円上に 5m および 30m 離れている。揚水開始後15時間を経て，ほぼ地下水位は定常になった。くみ上げ水量を 50m³/h とするとき

　　　(i) 帯水層が厚さ10mの被圧層である場合
　　　(ii) 帯水層が被圧されていない自由帯水層である場合

の二つについて，帯水層の平均透水係数を求めよ。ただし，観測井の水位は表3.6のごとくである。また揚水開始前の地下水位は，等しく地表より 1m の深さにあった。（$k=0.162$cm/s, $k=8.57\times10^{-2}$cm/s）

(4) 同じ厚さの3層から成る水平砂層がある。各層の透水係数は，それぞれ，2.3×10^{-4}cm

3 水の透水と毛管現象　97

表3.6　観測井までの距離とその定常地下水位

観測井記号	A_1	A_2	A_3	A_4	B_1	B_2	B_3	B_4
揚水井からの距離　(m)	5	5	5	5	30	30	30	30
地表からはかったくみ上げ後の地下水位までの深さ　(m)	2.210	2.150	2.110	2.155	1.970	1.910	1.870	1.900

/s, 9.8×10^{-3}cm/s, 4.7×10^{-4}cm/s である。この砂層全体の水平方向の平均透水係数と鉛直方向の平均透水係数を求め，その比を計算せよ。（$k_h=3.50\times10^{-3}$cm/s, $k_v=4.56\times10^{-4}$cm/s, $k_h:k_v=7.7:1$）

（5）図3.36に示すような，均一の土から成るアースダムの断面内に浸潤線を描き，これをもとにして，堤体幅1m当りの1日の漏水量を計算せよ。ただし，この土の平均透水係数は2.3×10^{-5}cm/sとし，基礎は不透水性の岩盤から成るものとする。（ヒント：排水面との交角 $\alpha=180°$ とせよ）（$q=9.17$ m³/d)

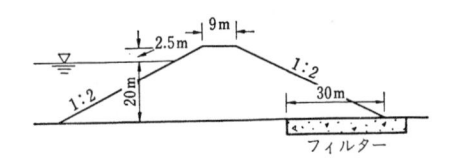

図3.36

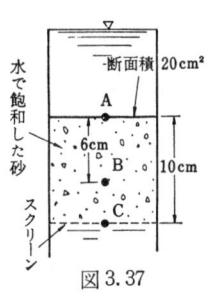

（6）図3.37において，水が静止しているとき，A, B, Cの3点における有効応力を求めよ。また下向きに0.06cm³/sの流量が流れている場合に，有効応力はどう変化するか。ただし，砂の間隙比は0.6で砂粒子の比重は2.70，砂の透水係数は2×10^{-3}cm/sとする。また，この場合，限界動水勾配を与える上向きの流量はいくらか。（$\sigma_A'=0$, $\sigma_B'=0.0638$N/cm², $\sigma_C'=0.106$N/cm², $\sigma_A'=0$, $\sigma_B'=0.154$N/cm², $\sigma_C'=0.256$N/cm², $Q_c=4.24\times10^{-2}$cm³/s)

図3.37

（7）図3.38のような河川敷きの洗掘された個所から，洪水時に堤内地へ伏流して湧き出す1日の漏水量を，堤防の幅1m当りについて計算せよ。洪水位と堤内地地表面との水頭差は5mであり，洗掘地点から漏水地点までの距離は40mとする。なお透水性砂層の平均厚さは1.5mで，その透水係数は3.8×10^{-3}cm/sであることがわかっている。（$q=0.615$m³/d)

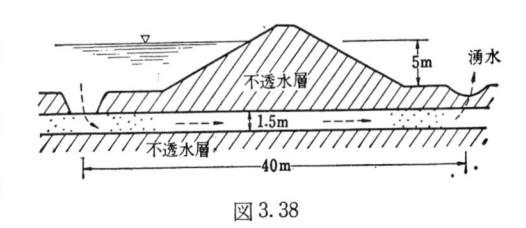

図3.38

（8）厚さ15mの一様な砂の中に，垂直な矢板を5m打ち込んだときの流線網を描け。

矢板の片側で砂面より12m上に水位があり，もう一方の側で2mの水位があるとすれば，矢板幅1m当りの漏水量はいくらか。ただし，この砂層の透水係数は$k=0.03$cm/sとする。($N_f=8$, $N_d=12$, $q=7.2$m^3/h)

4 圧　　密

　土木建築の構造物や基礎地盤の長期間にわたる沈下は，数世紀にもわたって建設技術者を悩ませ続けてきた。ピサの斜塔は，その不同沈下のために有名になった一つの例である。わが国でも地下水の過剰くみ上げによる東京都江東地区の地盤沈下ならびに新潟市の地盤沈下などは，いずれも地盤の圧密による沈下現象として問題になったものである。

　他の弾性的な土木材料と異なって土は圧縮量が大きくまた荷重による変形に時間的な要素が複雑に関係するという特性がある。1925年にテルツァギ（Terzaghi）が土の圧密機構を基本的に解明するまでは，地盤の沈下は，ばく然と構造物荷重によるやわらかい土の圧縮現象として考えられていた。しかし土質力学の進歩と採取試料の検討とが進むにつれて，これらの圧密沈下は，主として土を構成する水と空気の脱出に原因するものであることが明らかになり，まず水で飽和した土の圧密解析から問題解決の糸口が見つけられた。

4.1　土の圧縮と一次元圧密

　一般に土は固体である土粒子で骨組を作り，その間隙にガスおよび水を含んでいることはすでに述べた。これに荷重が加わると容積が減少するが，それに関係があると考えられる三つの要素がある。
　（a）　間隙中のガスおよび水の圧縮
　（b）　水およびガスが間隙から脱出するための変形
　（c）　土粒子の骨組自体の圧縮変形
　土に加わる普通の荷重のもとでは，土粒子と間隙中の水は非圧縮性と考えてもよいから，土が水で完全に飽和していれば，間隙から水が脱出することによる容積の減少はかなり正確に推定できる。
　しかし部分的にしか飽和していない土では，圧縮によってガスが水中に溶け込むことや，荷重によるガス自体の圧縮率も考慮しなければならないので，問題はかなり複雑になる。現在のところ，不飽和土の圧密に関する妥当な解析法はまだ確立されていない。

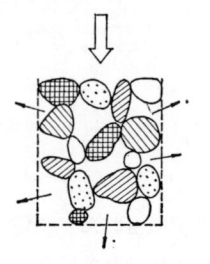

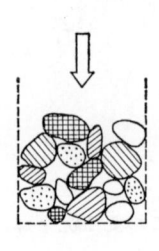

(a) 水とガスの脱出
(b) 土粒子構造の変形

図4.1 土の圧密

圧密荷重によって生じた容積変化は，その荷重を取りさると，わずかながら容積の膨張回復があるから，ごく少ない量ではあるが弾性があることになる。しかし一般には，図4.1に示すように，すべりや転移が生ずることによる塑性変形がかなり大きいものと考えられている。したがって，綿毛構造やはちの巣構造のような，間隙率が大きく接触点が少ない構造では，粒状土からなる単粒構造のものよりは圧縮性が大である。

また土は，岩石やコンクリートのような土木材料にくらべ大きな間隙を持っているため，普通の大きさの荷重によっても，しばしばいちじるしい容積の減少をきたし，地盤や構造物の圧密沈下をまねくことがある。土や岩石などの圧縮率の一例を示すと表4.1のごとくである。

また表4.1から砂は粘土にくらべて圧縮性が数分の一に過ぎないこともわかる。一般的に砂は載荷後すみやかに沈下が進行し，沈下量も小さいなど粘土に比べ構造物に与える影響は少ない。したがって砂だけの地盤では圧密変形に対する考慮は省略することがあり，砂質土と粘性土から成る地盤では，通常，砂質土の沈下量は考えないことが多い。しかしオイルタンクなどのように大きな荷重が作用する場合には，砂地盤の圧密沈下も慎重に検討することが必要である。本章ではおもに粘性土に対する圧密の諸現象について記述し，砂質土を含む地盤の沈下については"8 基礎"にゆずることとする。

表4.1 各物質の圧縮率

物　質	圧縮率($\times 10^{-2} \text{m}^2/\text{kN}$) $\dfrac{\Delta V}{V \cdot \Delta \sigma'}$
鋼	1.6×10^{-6}
花崗岩	7.5×10^{-6}
大理石	17.5×10^{-6}
コンクリート	20×10^{-6}
砂	$(1.8 \sim 9) \times 10^{-3}$
粘土	$(7.5 \sim 60) \times 10^{-3}$
水	48×10^{-6}

V：有効圧 σ' のもとで試料が占める体積
ΔV：有効圧が $\Delta \sigma'$ 増加したために生ずる体積減少

一般に基礎地盤上に構造物がのるときの変形は，上下方向にも側面方向にも生ずるが，図4.2(a)のように，広い範囲にわたって一様な盛土が行われる場合には，側面の変位は近傍の土も同じく鉛直方向の圧力によって拘束されるので無視できる程度のものである。これに反し図4.2(b)のごとく有限な幅の荷重がのる

場合は，粘土骨組のせん断変形による早期沈下（側方移動による沈下）および側方への排水による圧密時間の促進などは無視できなくなる。前者は変位が上下方向のみに生ずる，いわゆる一次元圧密であり，後者は，三次元圧密といわれるものである。

圧密現象を正しく解明するための三次元圧密の解析理論については，多くの考え方が提唱されており，まだ定説があるとはいえないので，本章では主として上

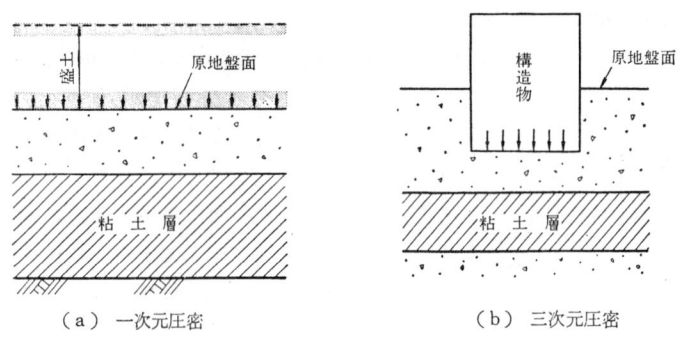

図4.2 粘土層の圧密沈下

(a) 一次元圧密　　(b) 三次元圧密

下方向にのみ変形の生ずる場合（一次元圧密）について説明することにする。

土は水平方向に一様に堆積していると考えられることが少なくないから，一次元的な考え方は実際問題の適用に当たって十分有用なものである。

4.2　圧密の機構と間隙水圧

土の圧密は数多くの現象を含み，それらが複雑に組み合わさっているが，大きく分けて，間隙水の排出や土粒子の破壊に原因する非可逆的な現象と，土粒子の弾性変形や電荷反発による主として弾性的な可逆的現象とから構成されていると考えられる。

このうち，間隙水の排出に伴う間隙水圧の変化は，圧密の進行やその圧縮量の大きさに深い関係のあることは，前節の記述から推察できるであろう。この間隙水圧は，単に圧密現象だけにとどまらず，圧密を仲だちとして土の強度，斜面の安定ならびに基礎地盤の安定などにも大きな影響を持っているので，とくに詳しく説明したい。

4.2.1 間隙水圧と有効応力

間隙水圧の一種である"浸透水圧"についてはすでに"3.3 浸透水圧とボイリング"で述べたが，ここではわかりやすくするため，水が静止している場合の間隙水圧とその働きから説明しよう。

(1) 水が静止している場合　図 4.3(a) の B-B′ 断面では単位面積当りそれぞれ次の水圧 u_w および土粒子の水浸重量による接触圧力 σ' が働く。

$$u_w = (h_1 + h_2)\gamma_w$$

$$\sigma' = h_2\gamma'$$

γ_w, γ'：それぞれ水の単位体積重量，および土の水中単位体積重量

σ' は土の間隙比を減少させたり，土の強度を増加させる働きをする応力なので，有効応力という。図 4.3(c) 中で有効応力は陰影を施して示してある。これに反し，間隙水圧は直接，土の力学的性質に影響を与えないことから中立応力ともいわれる。また土粒子と水の応力を合わせて考えた場合，B-B′ 断面での応力は全応力 σ といい次式で表わす。

$$\sigma = h_1\gamma_w + h_2\gamma_{sat}$$

γ_{sat}：飽和土の単位体積重量

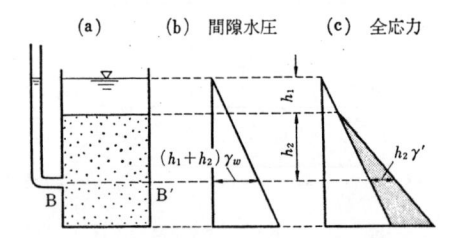

図 4.3　水が静止している場合の間隙水圧と全応力

したがって，前述の二つの応力と全応力との間には (4.1) 式の関係が成立する。

$$\sigma = \sigma' + u_w \tag{4.1}$$

(2) 下向き透水の場合　A-A′ 断面から B-B′ 断面に達するまでの間に水頭損失 h が生じているから B-B′ 断面では

$$u_w = (h_1 + h_2 - h)\gamma_w$$

の間隙水圧が働き，全応力は水が静止している場合と同じく次式のように

$$\sigma = h_1\gamma_w + h_2\gamma_{sat}$$

になるから，有効応力は (4.1) 式より次のように与えられる。

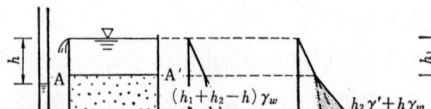

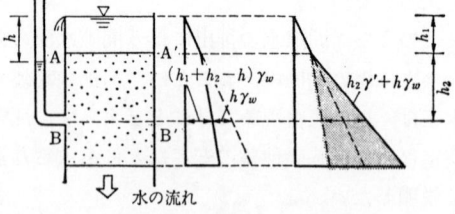

図 4.4　下向き流れの場合

$$\sigma' = \sigma - u_w = h_2\gamma' + h\gamma_w$$

　この浸透水によって生じた水圧 $h\gamma_w$ は,土粒子の骨組に転嫁され有効応力の増分にもなっているが,すでに 3.5.2 で説明した浸透水圧である。下向き透水の生じている場合は B-B′ 断面の位置で $h\gamma_w$ だけ間隙水圧の減少が生じていること,またその分だけ有効応力が大きくなり土粒子の安定が増すことがわかる。水が流れる場合の有効応力は土粒子の水浸重量によるものだけでないことに注意されたい。

（3）上向き透水の場合　　B-B′ 断面では h だけ水頭が増しているから,

$$u_w = (h_1 + h_2 + h)\gamma_w$$

の間隙水圧となり,全応力は下向き透水の場合と変わらないから有効応力は,

$$\sigma' = \sigma - u_w = h_2\gamma' - h\gamma_w$$

となり,上向き流れの場合は B-B′ 面で $h\gamma_w$ だけ間隙水圧の増加を生じ,その分が有効応力の減少につながり "3.3.2 ボイリング" で明らかにしたような地盤中の土粒子の不安定化を導く。水の流れをひき起こす浸透水圧 $h\gamma_w$ は静水圧よりも大きいから過剰水圧とも呼ばれるが,まとめると次式のようになる。

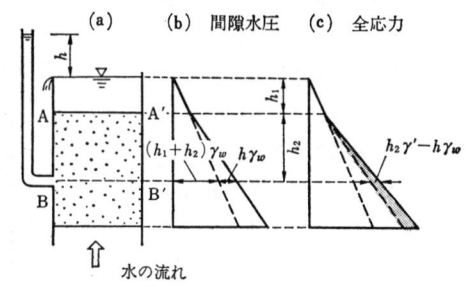

図 4.5　上向き流れの場合

　　　　間隙水圧＝（静水圧）＋（過剰水圧）

過剰水圧は圧密過程や,土のせん断中などにも発生し圧密現象に深い関係がある。圧密が終了すると過剰水圧はゼロになる。

〔**例題 4.1**〕　図 4.6 のような砂層と粘土層との境界の A 点における間隙水圧および有効応力を求めよ。ただし粘土の単位体積重量は $\gamma = 16 \text{kN/m}^3$ とする。

〔**解**〕　A 点の地表からの深さは 5.0m であるから全応力 σ は,

$$\sigma = \gamma h = 16 \times 5 = 80 (\text{kN/m}^2)$$

また,A 点は地下水面下 7.0m の深さにあるから,その間隙水圧 u_w は,

$$u_w = \gamma_w h' = 10 \times 7 = 70 (\text{kN/m}^2)$$

よって,有効応力は $\sigma' = \sigma - u_w = 10 (\text{kN/m}^2)$ となる。

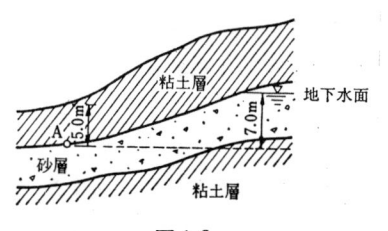

図 4.6

この場合,A 点まで孔をあければ水が流れ出

図4.7

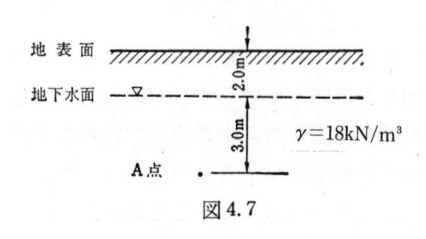

すから，$u_w=70\,(\mathrm{kN/m^2})$ のうち 20 $(\mathrm{kN/m^2})$ は過剰水圧に相当する。

〔類題 4.1〕 図4.7のような地盤で地下水面下 3.0m の位置にある A 点の有効応力を求めよ。ただし地下水面より上では，土は毛管作用によって飽和しているものとし，飽和土の単位体積重量は $\gamma=18\mathrm{kN/m^3}$ とする。（$\sigma'=60\mathrm{kN/m^2}$）

4.2.2 間隙水圧の測定

間隙水圧を測定するには，ふつう間隙水圧計を用いる。間隙水圧計には開放型と閉鎖型の2通りあるが，図4.8に簡単な間隙水圧測定装置の一例であるマノメーター型間隙水圧計（閉鎖型）を示す。

コック 1，2 を開いて，脱気水をポンプでパイプの中に流入せしめる。この際パイプ中の空気は水と一緒に脱気孔から排出させるようにする。次にコック 1，2 をしめて，マノメーターおよびパイプの中に，空気の入っていないことを確認する。この操作は，土中の水分状態を乱さないように，なるべくすみやか

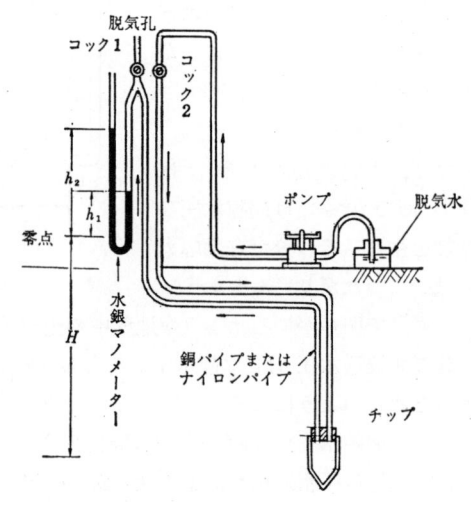

図4.8 間隙水圧の測定

に行う。水銀マノメーターが落ち着いたのち，マノメーターの h_1，h_2 を読み，チップからマノメーター零点までの高さを H とすると，間隙水圧および過剰水圧は次式から求められる。

$$間隙水圧 = \{13.6(h_2-h_1)+h_1+H\}\gamma_w\,(\mathrm{kN/m^2})$$
$$過剰水圧 = (間隙水圧) - \{(地下水面標高)-(チップ標高)\}$$
$$\times (水の単位体積重量)$$

4.2.3 圧密の機構

圧密の時間とともに進む割合は，間隙から水が排出される速度によって決まる。水は土に加えられた外力によって押し出されるので，この外力は土中の間隙

4 圧　密

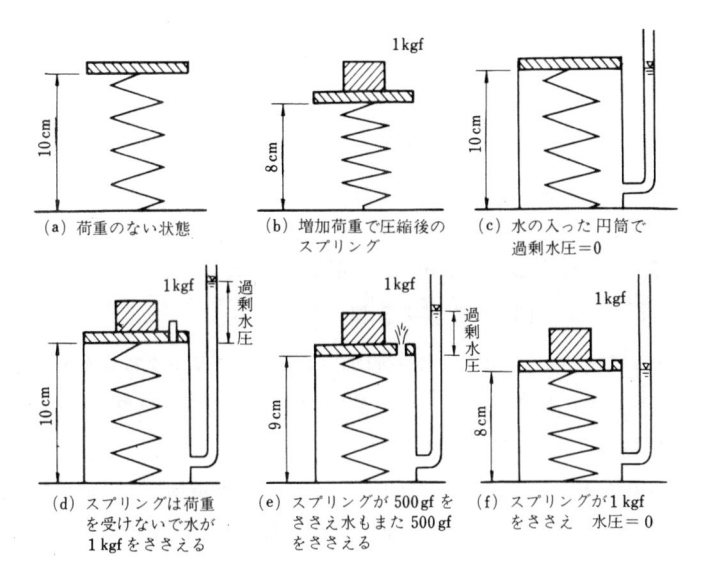

図4.9 ピストンとスプリングの模型

(a) 荷重のない状態
(b) 増加荷重で圧縮後のスプリング
(c) 水の入った円筒で過剰水圧＝0
(d) スプリングは荷重を受けないで水が1kgfをささえる
(e) スプリングが500gfをささえ水もまた500gfをささえる
(f) スプリングが1kgfをささえ　水圧＝0

水圧を静水圧以上に高め，過剰水圧を作り出す。このような土の圧密のからくりは，スプリング，ピストンおよびシリンダーを組み合わせた模型によって説明できる。

　図4.9(a)のスプリングは，断面積10cm^{2}で重さのないピストンを頂部につけたものである。この状態でスプリングは10cmの長さにある。ピストンの上に1kgfの荷重をのせると（図4.9(b)）スプリングは8cmの長さに圧縮される強さのものとする。そして圧縮は荷重が加わると瞬間的に起こる。このようなピストンとスプリングを図4.9(c)のようにぴったりとはまるシリンダーに入れる。シリンダーの中は水で満たされているものとする。スプリングおよびシリンダー内の水には少しも圧力が加わっていない。

　いま図4.9(d)のように，ピストンの上に1kgfのおもりをのせても，シリンダー内の水が逃げないようにしておけばスプリングは圧縮されない。スプリングに重さが少しも加わらないから，1kgfの重さは水圧によってささえられているのである。この水圧が過剰水圧である。したがって一般には次の関係式が成立する。

　　　　全荷重＝(スプリングに加わる荷重)＋(過剰水圧)

この式は前出の (4.1) 式 $\sigma=\sigma'+u_w$ に対応するものである。

ピストンにおもりをのせた図 4.9(d) の状態を上式にあてはめると，

$t=0$ ；　　　　$10N=0+10N$

つぎにピストンについている栓をゆるめたとする。排水が行われ 10cm³ の水量（シリンダー内の全水量の 10%）が排出した場合には，スプリングは 9cm の長さに圧縮される。このときスプリングは 5N をささえ，シリンダー内の水をささえる圧力も 5N に減少し，図 4.9(e) に示すように，

$t=t_i$ ；　　　　$10N=5N+5N$

となる。さらに続いて 10cm³ の水が排出されるとスプリングは全荷重 10N をささえることになり，過剰水圧は 0 になる（図 4.9(f)）。すなわち

$t=\infty$ ；　　　　$10N=10N+0$

土の圧密現象は，上に述べたピストン，スプリング模型によく似ている。土粒子の骨組構造はスプリングで表わされ，水で満たされた間隙はシリンダー内の空

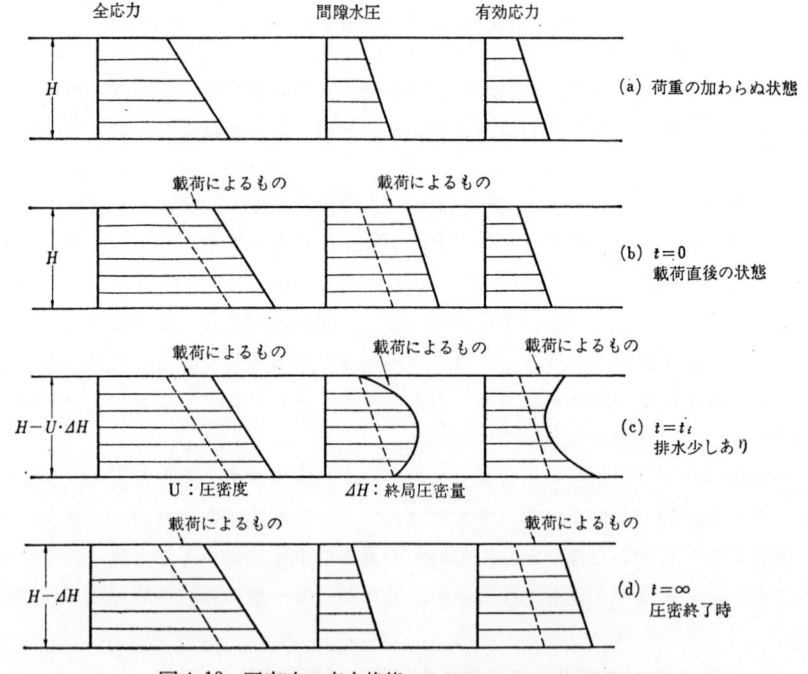

図 4.10 圧密時の応力状態（粘土層の上下に排水層がある）

4 圧　　密　　107

間で表わされる。荷重が土層の上におかれても，圧縮現象が即座に起こるわけではないから，土粒子の骨組構造が直ちに荷重をささえるには至らず，間隙内の水がそれを受け持つ（図4.10(b)）。水が抜け出すにつれて土は圧縮され，土粒子構造は荷重を負担し（図4.10(c)），最終的には過剰水圧が0になり，荷重はすべて骨組構造でささえられるようになる（図4.10(d)）。図4.10は上下に排水層を有する土層に応力が伝えられる過程を示したものである。

4.2.4 圧密圧力と間隙比の関係

飽和したやわらかい粘土を十分圧密したときの圧力と間隙比の関係は通常e-p曲線あるいはe-$\log p$曲線で示される（図4.11参照）。図4.11(a)からe-p曲線①-②-④-⑤では下に凸の形で圧力が増加すると間隙比の変化量は減少することがわかる。この関係は横軸を対数にすると良い直線性を示す（図4.11(b)）。

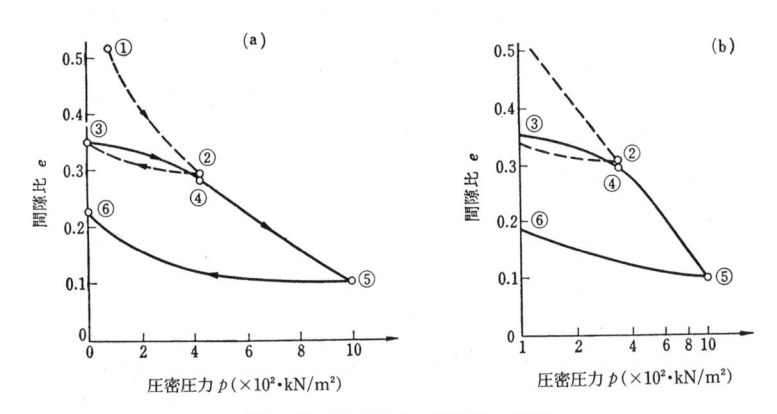

図4.11　圧密圧力と間隙比の関係

②まで圧力を加えた後，除荷しても間隙比は③まで回復するだけでもとへは戻らない。②-③の曲線は比較的平たんな下に凸の曲線である。したがって，③の除荷された状態にある土に新たに圧力を加えると，②の圧力に至るまで変形量は小さく，②を越えてから本来の変形曲線e-$\log p$曲線では直線にのることになる。自然状態の地盤には，かつて大きな圧力を受けて現在はゼロにもどっているものがあるため，この現象は圧密沈下量の計算にとって注意すべきことなので②の圧力 p_c を圧密降伏応力という。曲線の傾きは土の圧縮性の物指となるものであるが，次の二つの係数が定義されている。

圧縮係数　　$a_v = \dfrac{-\Delta e}{\Delta p}$

$$\text{体積圧縮係数} \quad m_v = \frac{\varDelta \varepsilon}{\varDelta p} = \frac{-1}{\varDelta p} \frac{\varDelta e}{1+e_0} = \frac{a_v}{1+e_0} \tag{4.2}$$

$\varDelta e$：応力増 $\varDelta p$ に対する間隙比の変化量

$\varDelta \varepsilon$：応力増 $\varDelta p$ による土のひずみ

e_0：初めの間隙比

　これらの両係数はすでに述べたように，また図 4.11 でも見るように圧力が大きくなると値が少しずつ減少する傾向にある。

4.3　圧密沈下量と圧密時間の計算

　テルツァギによって提案された圧密理論を用いると，荷重増加によって軟弱土層に引き起こされる圧密沈下量と圧密時間を合理的に計算することができる。しかし，土は必ずしも前記模型のような構成ではなく，また現在の圧密理論も次のような多くの仮定にもとづいて組み立てられているので，計算の結果が，実際の場合と十分正確に一致しないこともある。とくに，その誤差は沈下量の計算におけるものより，圧密時間の算定においていちじるしい。

　テルツァギの理論の中で用いられるおもな仮定は，

1. 土は均質である。
2. 土の間隙は完全に水で飽和されている。
3. 土中の水は一軸的に排水され，その排水状況はダルシーの法則に従う。
4. 土の圧縮も一軸的である。
5. 土の圧密特性は土の受ける圧力の大小にかかわらず変わらないものとする。
6. ある荷重範囲内で e–p 曲線はほぼ直線関係にある。

4.3.1　圧密沈下量の算定

　図 4.12(a) に示すような単位体積の土の試料の圧縮を，図 4.12(b) に示す土層と対比しながら考えることにする。

　試料の高さは 1 であるから，土粒子部分を V_s，初めの間隙水の部分を V_{w_0} とすると，$V_{w_0}/V_s = e_0$ として，

$$1 = (V_{w_0} + V_s) = \left(1 + \frac{V_{w_0}}{V_s}\right) V_s = (1+e_0) V_s$$

圧密後の沈下量を v' とすれば，$V_w/V_s = e_1$ として，

$$1 - v' = (V_w + V_s) = \left(1 + \frac{V_w}{V_s}\right) V_s = (1+e_1) V_s$$

4 圧 密

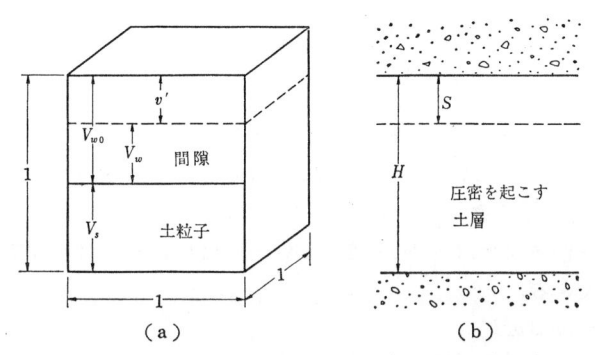

(a) (b)

図4.12 厚さHの土層の沈下量と高さ 1 の土の試料の沈下量の対比

$$\therefore v' = 1-(1+e_1)V_s = (1+e_0)V_s-(1+e_1)V_s = (e_0-e_1)V_s$$

いま、土層の全厚をHとすると、沈下量Sは、

$$S = H \times \frac{v'}{1} = (e_0-e_1)V_s H = \frac{e_0-e_1}{1+e_0}H \tag{4.3}$$

一方、図4.13(b)からe-$\log p$ 曲線の直線部分の勾配を (4.4) 式のように定義すると、

$$C_c = \frac{e_0-e_1}{\log_{10} p_1 - \log_{10} p_0} = \frac{e_0-e_1}{\log_{10}\frac{p_1}{p_0}} \tag{4.4}$$

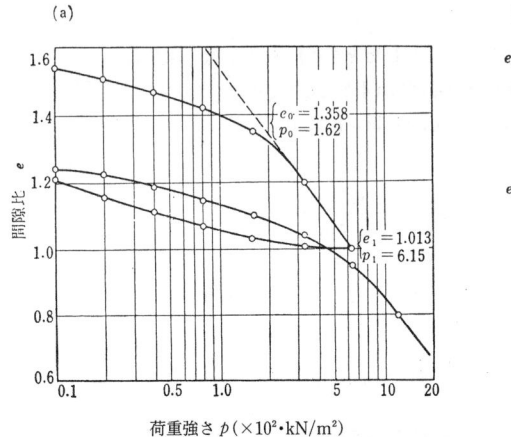

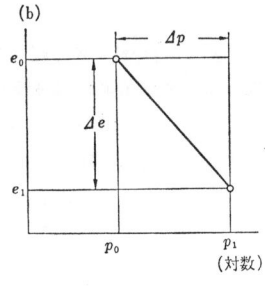

図4.13 圧密圧力―間隙比曲線

(4.4) 式を (4.3) 式に代入すると，

$$S = H\frac{C_c}{1+e_0}\log_{10}\frac{p_0+\Delta p}{p_0} \tag{4.5}$$

C_c：圧縮指数（圧密試験から求める）[1]

e_0, p_0：それぞれ載荷前の間隙比および圧力 (kN/m²)

Δp：構造物による増加荷重 (kN/m²)

また体積圧縮係数 m_v（(4.2)式）を (4.3) 式に代入すると，圧密沈下量は次のようにも表現できる。

$$S = m_v \Delta p H \tag{4.6}$$

〔例題 4.2〕 軟弱粘土層から採取した試料の圧縮指数が $C_c=0.45$，および間隙比 $e_0=1.38$ である。この粘土層上に構造物が築造され，有効応力が 100kN/m² から 185kN/m² に増加することが予想される。軟弱粘土層の厚さを 4.0m として，構造物によって生ずる圧密沈下量を計算せよ。

〔解〕 (4.5)式を用いて

$$S = H\frac{C_c}{1+e_0}\log_{10}\frac{p_0+\Delta p}{p_0}$$

$$= \frac{4\times 0.45}{1+1.38}\log_{10}\frac{185}{100} = 0.756\times 0.267 = 0.202(\text{m}) \fallingdotseq 20\,(\text{cm})$$

〔例題 4.3〕 鋭敏比の小さい正規圧密粘土層から採取した乱さない試料の液性限界が40％で，90 kN/m² の応力のもとで，その間隙比は 1.04 である。

（1） もし，土の応力が 150kN/m² まで増加するなら，その間隙比はいくらになるか。

（2） (1)で粘土層の厚さを 5.0m としたときの圧密沈下量を求めよ。

〔解〕 液性限界から圧縮指数を求めるには (4.7) 式を使う。

$$C_c = 0.009(w_L-10) = 0.009(40-10) = 0.27$$

（1） (4.4) 式を利用して

$$C_c = \frac{e_0 - e_1}{\log_{10}\frac{p_1}{p_0}} = \frac{1.04 - e_1}{\log_{10}\frac{150}{90}} = \frac{1.04 - e_1}{0.222} = 0.27$$

$$\therefore\ 1.04 - e_1 = 0.27\times 0.222 = 0.06 \qquad \therefore\ e_1 = 0.98$$

（2） 圧密沈下量は (4.5) 式を用いる。

$$S = H\frac{C_c}{1+e_0}\log_{10}\frac{p_0+\Delta p}{p_0} = \frac{500\times 0.27}{1+1.04}\log_{10}\frac{150}{90} = 14.7\,(\text{cm})$$

---

[1] スケンプトン (Skempton) によると，圧縮指数 C_c は経験的に液性限界 (w_L) からも求めることができる。

$$\left.\begin{array}{l}\text{鋭敏比} <4 \text{の乱さない正規圧密試料} \quad C_c = 0.009\,(w_L-10) \\ \text{鋭敏比の高いねり返した試料} \quad C_c = 0.007\,(w_L-10)\end{array}\right\} \tag{4.7}$$

〔類題 4.2〕 乱さない粘性土の液性限界が60%，その間隙比が1.40で土層の厚さは4.5mである。土層上の有効な載荷圧力が，100kN/m²から152kN/m²に増加するときの圧密沈下量を求めよ。(S=15.4cm)

4.3.2 圧密時間の計算

圧密の機構で述べたように，圧密は間隙水の排出にしたがって進行すると考えられるから，圧密量の時間的な進行度を知るには土層中の間隙水圧の時間的な変化を調べねばならない。

図4.14に示すような飽和粘土層の間隙水が，上下に排水されるものとして，粘土層の上端からzの位置にある微小立方体の一軸的な排水を考える。任意時刻tにおける間隙水圧をu_wとして方程式をたてると，次式のようになる。

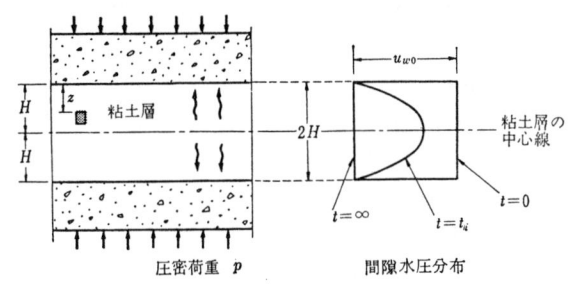

図4.14 間隙水圧の分布

$$\frac{\partial u_w}{\partial t}=c_v\frac{\partial^2 u_w}{\partial z^2} \tag{4.8}$$

c_v：圧密係数 (cm²/s)

この方程式を解くと，間隙水圧は

$$u_w=\sum_{n=1}^{n=\infty}\left(\frac{1}{H}\int_0^{2H}u_{w0}\sin\frac{n\pi z}{2H}dz\right)\left(\sin\frac{n\pi z}{2H}\right)e^{-\frac{n^2\pi^2}{4}\frac{c_v t}{H^2}} \tag{4.9}$$

n：整数
u_{w0}：$t=0$ における間隙水圧 (kN/m²)
H：飽和粘土層の最大排水長 (cm)

ここで，任意時刻tにおける圧密の進行割合を

$$U=\frac{e_0-e}{e_0-e_1}=1-\frac{u_w}{u_{w0}} \tag{4.10}$$

e_0, e_1, e：それぞれ初め，終りおよび時刻tにおける間隙比

と定義すると，Uは圧密による終局沈下量と圧密開始後t時間における沈下量との比（圧密比）であり，百分率になおして圧密度ともいわれる。圧密度は次の諸

要素によって決まると推定される。
(1) 間隙水の流速を左右する土の透水係数
(2) 土層の厚さ，および土から排出する水量
(3) 土から排水する面の数，および排水距離の長さ
(4) 間隙比，および応力に伴う間隙比変化の割合

いま (4.9) 式の u_w を (4.10) 式に代入すると

$$U = f\left(\frac{c_v t}{H^2}\right)$$

ここで

$$\frac{c_v t}{H^2} = T_v \tag{4.11}$$

とおくと

$$U = f(T_v) \tag{4.12}$$

U：圧密度

T_v：時間係数

(4.11) 式および (4.12) 式を利用すれば，時刻 t における圧密度 U を求めることができるし，逆に圧密度 U に達する時間 t を求めることも可能である。(4.12) 式はその都度計算するのは厄介であるから図表にして利用すると便利である。

図 4.15(a) は T_v と土層全体を通じての平均圧密度 U との関係を示した曲線である。また図 4.15(b) は土層中の任意点の圧密度が時間と共に変化していく

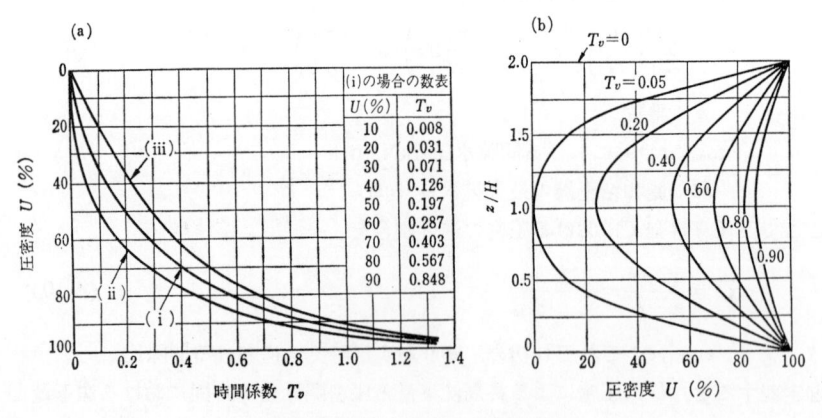

図 4.15　U-T_v 曲線と等時曲線

有様を時間係数 T_v を用いて表現しており，等時曲線と呼ばれる。この等時曲線は図4.15(a)中の曲線(i)に関するもので，上下に排水層がある場合は，圧密圧力が加わって間もなく排水層に接する部分は過剰水圧がゼロになるが，圧密土層の中央部は容易に過剰水圧がなくならないことを示している。図4.15(a)の曲線(i),(ii),(iii)はそれぞれ図4.16の等時曲線(i),(ii),(iii)の荷重状態に対応するものである。なお図4.16では等時曲線を90度だけ回転し，

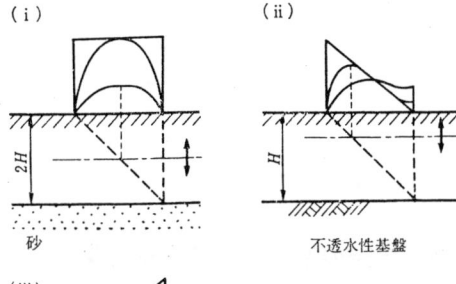

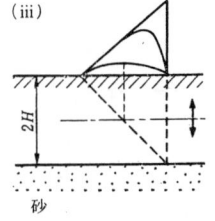

(i) 表面から底部まで均等に圧密圧力を受ける場合
(ii) 圧密土層が荷重面積の幅にくらべて非常に厚く，底部は不透水性基盤の場合
(iii) 水締め盛土層の圧密の場合

図4.16 いろいろな荷重状態の等時曲線

排水状態もあわせて図示してある。土層と一緒に示したこれら等時曲線の形の違いは土層の排水状態，土層の厚さおよび応力の分布が変わるために生ずる。

〔例題 4.4〕次のような土層において，50%圧密を終えるに必要な時間を計算せよ。ただし排水層は上下にあるものとする。

　　　　土層の厚さ　900cm，　　圧密係数　$c_v = 2.41 \times 10^{-3}$ cm²/s

〔解〕図4.15から $U=50\%$ に対しては $T_v=0.197$

900cmの厚さで上下に排水層のある場合は，

$$H = \frac{900}{2} = 450 \text{ (cm)}$$

よって (4.11) 式から

$$\frac{c_v t}{H^2} = T_v \quad \therefore \quad t = \frac{450^2 \times 0.197}{2.41 \times 10^{-3}} = 1.66 \times 10^7 \text{(s)} \fallingdotseq 192 \text{ (日)}$$

〔例題 4.5〕厚さ 3.0m の飽和粘土層があり，その上面は透水性の砂層であるが，下層は不透水性と考えられる土丹である。圧密係数 $c_v=3.72\times10^{-3}$cm²/s として，200 日経過後の粘土層の圧密度を推定せよ。

〔解〕片面排水なることを考慮しながら (4.11) 式を用いると

$$T_v = \frac{c_v t}{H^2} = \frac{3.72 \times 10^{-3} \times 200 \times 86\,400}{(300)^2} = \frac{3.72 \times 1.728}{9} = 0.714$$

時間係数 $T_v=0.714$ となったから，図4.15により，200日経過後の圧密度は，およ

そ86～87%まで進行することがわかる。

〔類題 4.3〕 厚さ5.0mの飽和粘土層の上下が砂層になっているとき，この粘土層の最終沈下量の½の沈下を生じるまでに要する日数を求めよ。ただし，圧密係数 $c_v=6.4\times 10^{-4}$cm^2/s とする。($t_{50}=223$日)

〔類題 4.4〕 厚さ6.0mの飽和粘土層の上下面が透水性砂層からなり，粘土の圧密係数は 2.0×10^{-3}cm^2/s である。半年（180日）たてば，この粘土層の圧密度は何パーセントまで進行するか。($U=67\%$)

4.4 実際の基礎地盤の圧密計算

自然地盤では"3 土の透水と毛管現象"にも述べたように，各種の土層が堆積して構成されることが多く，その場合，各土層の圧縮性や間隙比は深さとともに変化しているのが普通である。圧密特性の異なった軟弱土層がいく層も重なる場合の圧密時間の算定は一般に計算が厄介である。また圧密荷重に関しても施工の進行につれて荷重が漸増するので，瞬間的に構造物が加わるわけではなく，この点についても圧密度の補正が必要になる。

4.4.1 多層地盤の圧密沈下量の算定

多くの軟弱土層の圧密沈下量を $S=(e_0-e_1/1+e_0)H$ を用いて機械的に計算するもので，計算方針としては次の順序によって進める。

1. 各土層に加わっている現在の土被り圧および構造物荷重によって加えられる応力増分を求める。
2. 各土層から採取した試料に関する e-p 曲線を求める。

（1）現在の有効垂直応力および構造物による応力増分の計算 図4.17(a)のようなボーリング柱状図によって各土層の単位体積重量および地下水位がわかると，構造物が作られる前の有効垂直応力は

$$p=\gamma_1 z_1+(\gamma_1'-1)(z_2-z_1)+(\gamma_2'-1)(z_3-z_2)+\cdots \quad (4.13)$$

図4.17(a)のボーリングデータを用いて求められた有効垂直

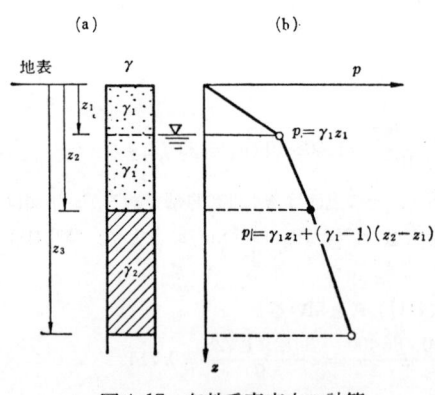

図4.17 有効垂直応力の計算

応力の深さに伴う変化を図4.17(b)に示してある。また構造物によって各土層に加えられる応力の増分 Δp の求め方は "8 基礎" にくわしく説明されるのでそれを参考にされたい[2]。

(2) 深さ－$(e_0-e_1/1+e_0)$ 曲線の決定 この計算法では圧密沈下量を (4.3) 式によって求める。そこで z なる深さの試料の $e-p$ 曲線から (図4.19参照)，現在の有効垂直応力 p に対応する間隙比 e_0 および施工完了後の応力 $p+\Delta p$ に対応する間隙比 e_1 を読みとり，$e_0-e_1/1+e_0$ を計算し深さ z に対して図4.20のようにプロットする。これらの点は多少散らばるのが普通であるが，連続した傾向をとるので最もよく適合する曲線を描く。

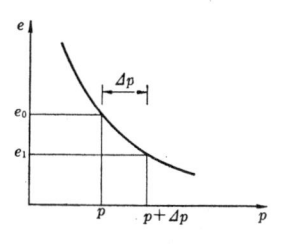

図4.19　$e-p$ 曲線

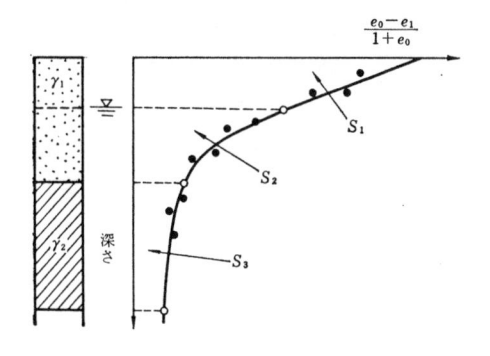

図4.20　深さ－$\dfrac{e_0-e_1}{1+e_0}$ 曲線

(3) 圧密沈下量の計算　沈下量は $S=(e_0-e_1/1+e_0)H$ であるから $e_0-e_1/1+e_0$ が深さに応じて変わるものなら全沈下量は，

$$S = S_1 + S_2 + \cdots + S_i + \cdots$$
$$\fallingdotseq \sum_{i=1}^{n} \frac{e_{0i}-e_{1i}}{1+e_{0i}} H_i \tag{4.14}$$

すなわち，図4.20で縦軸と（深さ－$(e_0-e_1/1+e_0)$ 曲線）との間に囲まれる面積を合計すればよい。

---

[2] 最も簡単な応力増分 Δp の近似計算法（図4.18参照）の一つとして，深さ z の土層面には，z だけ拡大されて伝達される方法が使われる。すなわち

$$\Delta p = \frac{p \cdot b}{b+z} \quad \text{(盛土のような二次元荷重の場合)}$$

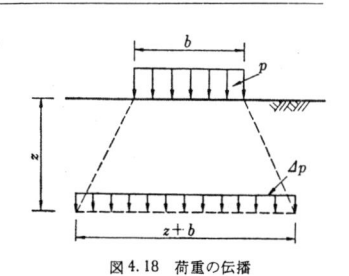

図4.18　荷重の伝播

4.4.2 多層地盤の圧密時間の算定

異なる圧密係数をもつ数層の土から構成される軟弱地盤では "4.3.2 圧密時間の算定"で述べた方法を単純にくり返すだけで軟弱地盤全体の所定圧密度に達する時間を推定することは容易でない。このような場合は構成土層をすべてある圧密特性を有する一つの仮定土層に置き換えて計算するのがよい。

いま軟弱地盤中に圧密係数 c_{vi}, 厚さ $z_i(=\sqrt{c_{vi}t/T_v})$ の土層があったとする。この土層を圧密係数 c_v' の仮定層に置き換えて計算するが, ただし土層の厚さもそれに応じて変え, 同一時間 t で同じ圧密度 U に達するように工夫しなければならない。すなわち土層の厚さは $z_i'(=\sqrt{c_v't/T_v})$ に換算すればよい。その結果, 仮定層に置き換えられた場合の厚さと, もとの土層の厚さとの間には $z_i'=z_i\sqrt{c_v'/c_{vi}}$ の関係が成立する。要約すると表4.2のような置換えをすればよいことになる。

表4.2 多層地盤を均一地盤に換算するための変換

	換算前	換算後
圧密係数	c_{vi}	c_v'
土層の厚さ	z_i	$z_i'\left(=z_i\sqrt{\dfrac{c_v'}{c_{vi}}}\right)$

いま圧密を起こす軟弱地盤の全厚さを Z, 各土層の厚さとそれに対応する圧密係数をそれぞれ $z_1, z_2, z_3, \cdots\cdots, c_{v1}c_{v2}, c_{v3}\cdots\cdots$ とすると,

$$Z=z_1+z_2+z_3+\cdots\cdots$$

となり, 置き換えを行って均一な仮定層に換算した後の厚さを Z' とすれば,

$$Z'=z_1'+z_2'+z_3'+\cdots\cdots$$
$$=z_1\sqrt{\frac{c_v'}{c_{v1}}}+z_2\sqrt{\frac{c_v'}{c_{v2}}}+z_3\sqrt{\frac{c_v'}{c_{v3}}}+\cdots\cdots \tag{4.15}$$

となる。よって圧密係数 c_v' で土層厚 Z' の軟弱地盤について圧密時間を計算すれば, 多くの圧縮性土層からなる地盤全体の所定の圧密度に達する時間を求めることができる。

〔例題 4.6〕 圧密係数がそれぞれ $3.84\times10^{-3}\text{cm}^2/\text{s}$, $8.65\times10^{-4}\text{cm}^2/\text{s}$, $2.13\times10^{-3}\text{cm}^2/\text{s}$ の三種の圧縮性粘土から構成される図4.21のような軟弱地盤がある。この地盤を $c_v'=2.13\times10^{-3}\text{cm}^2/\text{s}$ の均一層に換算し, 90%圧密を終えるに要する日数を計算せよ。ただし上下の両面排水が可能である。

〔解〕 (4.15)式を用いて

$$Z'=z_1\sqrt{\frac{c_v'}{c_{v1}}}+z_2\sqrt{\frac{c_v'}{c_{v2}}}+z_3\sqrt{\frac{c_v'}{c_{v3}}}+\cdots\cdots$$

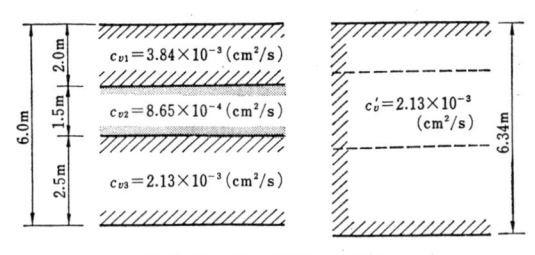

図4.21 均一地盤への換算

$$= 2.0 \times \sqrt{\frac{2.13}{3.84}} + 1.5 \times \sqrt{\frac{2.13}{0.865}} + 2.5 \times \sqrt{\frac{2.13}{2.13}} = 1.488 + 2.355 + 2.50$$
$$= 6.34 \text{ (m)}$$

よって90%圧密を終えるに要する日数は，$H=Z'/2$ として，

$$t = \frac{T_v H^2}{c_v} = \frac{0.848 \times (317)^2}{2.13 \times 10^{-3} \times 86\,400} = \frac{0.848 \times 100\,488}{184} = 463 \text{ (日)}$$

〔類題 4.5〕〔例題4.6〕において $c_v' = 1.00 \times 10^{-3} \text{cm}^2/\text{s}$ として均一層の換算厚さを求め，かつ90%圧密に要する時間を計算せよ。
($Z'=4.34$m)

4.4.3 施工荷重の漸増による圧密度の補正

いままでの圧密時間の計算には，$t=0$ から直ちに荷重が一定の値に飛躍的増加をする，いわば瞬間的な載荷として取り扱ってきた。しかし盛土工事その他の一般構造物の建設では，荷重が一定になる前に，図4.22(a)にみるように時間と共にだんだん増加していく過渡的な時期があるから，圧密の進行状況は瞬間載荷の場合とは違ってくるはずである。

この場合の圧密度は次のような作図法で近似的に求める。完了荷

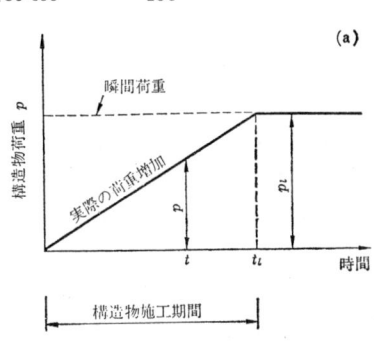

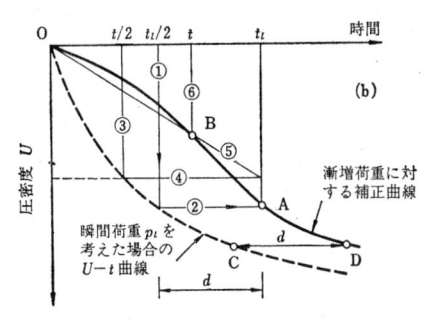

図4.22 漸増載荷に関する補正作図法

重を p_l および施工完了時間を t_l とすると，図 4.22(b) を参考にして
  (i) $t_l \to t_l/2 \to ① \to ② \to$ A点を求める。
  (ii) 任意の t では
      $t \to t/2 \to ③ \to ④ \to ⑤ \to 0(原点) \to t \to ⑥ \to$ B点を求める。
  (iii) $t > t_l$ では CD=d をとってプロットしD点を求める。

この作図法は構造物荷重が図 4.22 のように漸増する場合，時間 t ($0<t<t_l$) における圧密度は，t における荷重 p が $t/2$ に相当する時間だけ載荷された圧密状況と同一であるという仮定に基づいている。荷重 p_l が $t/2$ 時間だけ載荷してえられる圧密度を U' とすると，任意荷重 p で $t/2$ 時間だけ圧密したときの圧密度は $U' \times (p/p_l)$ で与えられる。なお載荷終了時間 t_l 以後は，最終荷重 p_l が時刻 $t_l/2$ に瞬間載荷されたとして圧密が進行すると考えている。

4.5 自然地盤における圧密の諸現象

すでに述べたところの圧密に関する諸現象は，主としてテルツァギ理論に基づく飽和粘土の圧密についての基本的なものであって，自然地盤として存在する各種の土で観測される圧密現象は，次にあげるような諸要因などによってさらに複雑な挙動を示すことが知られている。
  a) 二次圧密
  b) 過圧密と正規圧密

4.5.1 二 次 圧 密

過剰水圧が0になった後も，土層の圧密がまったくやむわけではない。非常にゆっくりした圧密が速度を減少しながら，無限に続くことが多い。これは二次圧密と呼ばれており，土粒子相互の結合が徐々に破損するため，土粒子構造の塑性的な再調整が行われる結果生ずるものと信じられている。

二次圧密量の大きさは，土の層厚，載荷時間，また，とくに圧密試験における試験器の側面摩擦および一次元圧密における応力の異方性などにも関係することが明らかにされている。すなわち，土層の厚い実際の基礎地盤では二次圧密は一次圧密の中にほとんど含まれてしまうし，ゆっくり段階的に載荷した場合と一気に全荷重を加えた場合とでは前者の二次圧密量が大きいことなどがわかっているが，まだ未知の部分も少なくない。

二次圧密は沈下の様子を $e - \log t$ 曲線にプロットすると図 4.23 の形になる。

4 圧 密　119

すなわち、曲線 a b のように、徐々に下降する比較的平たんな直線に近いものとして表わされる。一次圧密の最終点である間隙比 e_f は、図 4.23 に見るように一次圧密曲線の接線と、二次圧密曲線の始点方向への接線との交点として得られる。二次圧密の進行度は、増加荷重の Δp と土の圧縮特性によって決まる。

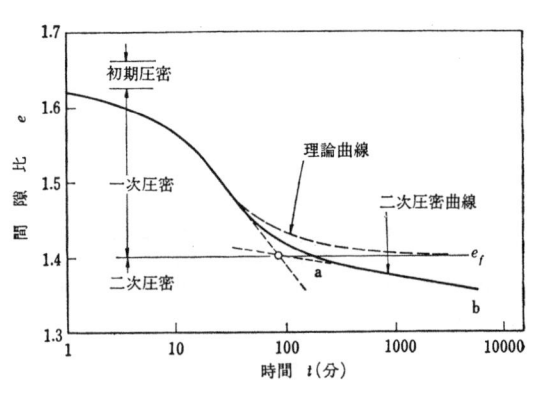

図 4.23　二次圧密（e-log t 曲線）

二次圧密の進行割合は時間を対数にとるとほぼ直線関係になるので、次式で表わすことができる。

$$\Delta e = -\alpha \log_{10} \frac{t_2}{t_1} \tag{4.16}$$

$$S = \frac{\Delta e}{1+e_0} H = -C_\alpha H \log_{10} \frac{t_2}{t_1} \tag{4.17}$$

　α：二次圧密の進行割合を表わす係数

　t_1, t_2：それぞれ一次圧密が終了するまでの時間およびそれから測った時間

　$C_\alpha (=\alpha/1+e_0)$：二次圧密係数（図 4.24 参照）

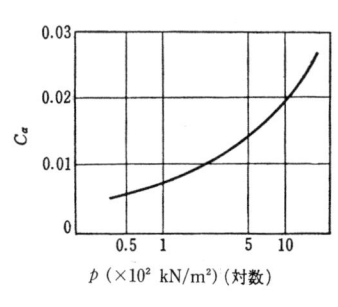

図 4.24　二次圧密係数と圧密圧力

一般に低圧縮性〜中圧縮性の無機質土では、二次圧密量は圧密量全体にくらべて非常に小さく、また非常にゆっくり起こるので、普通は考えなくてよい。これに反し高圧縮性の粘土・雲母を多く含む土、および有機質土の場合は、二次圧密量はかなり大きなものとなり、圧密の時間的な進行を圧密理論で推定するのはむずかしい。

4.5.2 過圧密土および乱された土の圧密

過去に大きな土被り圧によって圧密されたが，その後その圧力の一部が浸食などで取り除かれた状態にある土がある。このような土は過圧密土または先行圧密を受けた土と呼んでいる（図4.25参照）。

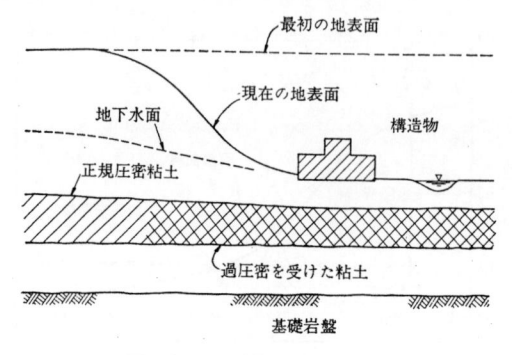

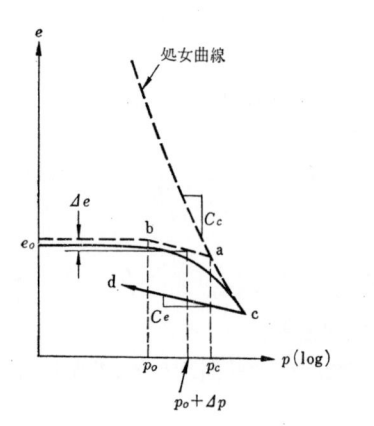

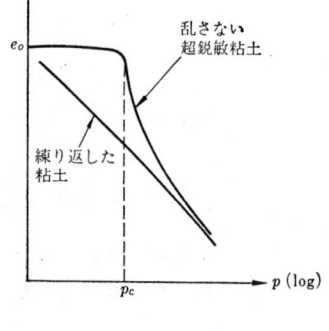

図4.25 過圧密を受けた一例

図4.26 圧密圧力-間隙比曲線

(a) 過圧密粘土　　(b) 超鋭敏粘土と乱した粘土

これを "4.2.4" に示したような e-$\log p$ 曲線（図4.26(a)）でながめた場合，a点が最初の土被り圧（圧密降伏応力 p_c）を示し，その後b点に変化しているものとする。このような過圧密土の増加荷重 Δp による圧密沈下量を求めるには次の諸式を用いる。

$$p_0 + \Delta p < p_c \qquad S = \frac{C_e}{1+e} H \log \frac{p_0 + \Delta p}{p_0} \qquad (4.18)$$

$$p_0 + \Delta p \geqq p_c \qquad S = \frac{H}{1+e_0}\left(C_e \log \frac{p_c}{p_0} + C_c \log \frac{p_c + \Delta p}{p_c}\right) \qquad (4.19)$$

C_e：再圧縮曲線または除荷曲線の傾斜 $((C_e)_{ba} \fallingdotseq (C_e)_{cd})$

C_c：正規圧密曲線の圧縮指数
e_0, p_0：それぞれ載荷前の間隙比と土被り圧 (kN/m^2)
H：圧密土層の厚さ（cm）

したがって，すでに示した(4.5)式は原則的に正規圧密土に適用する計算式であることがわかる。正規圧密土は $p_0 \fallingdotseq p_c$ で，かつ現在の土被り圧では圧密が完了している土をいう。

ある種の粘土では，練り返したり土の構造を破壊したりすると乱さない自然状態の土に比べていちじるしくその強度が低下するものがある。このような粘土を鋭敏粘土という。非常に鋭敏な粘土を圧密試験すると図4.26(b)の曲線がえられる。荷重が圧密降伏応力 p_c に達するまでは間隙比はほとんど変わらないが，荷重が p_c をこえると土の構造が破壊し，ほぼ垂直に近い傾斜をとりつつ間隙比が急激に低下し，土の構造が新しい増加応力に対応しながら正規圧密曲線に接近していくことがわかる。一方，同じ試料を完全に練り返したときの曲線を対比のため同図に示したが，自然土の構造的特性が失われ $e\text{-}\log p$ の関係でほぼ直線となる。したがって練り返した土から圧密降伏応力は求められないことはもちろん，試料採取時に乱れの生じた恐れがあるサンプルから得られた圧密降伏応力の値は精度が低い。試料採取に当たって慎重な配慮が要求されること，また乱された土については，そのつど圧密試験を行って，それぞれの特性を確かめる必要のあることがわかる。

4.6 圧密試験

一次元的な圧密を受けている土の圧密の速さと，その他の圧密特性を明らかにするため図4.27のような装置が用いられる。この装置は，圧密試験機といわれる。

2枚の多孔板にはさまれた土の試料（厚さ20mm，直径60mmの円板形）に，通常8段階で倍増する圧力 (0.1, 0.2, 0.4, ……12.8 $(\times 98.1 kN/m^2)$)を加え，それぞれ

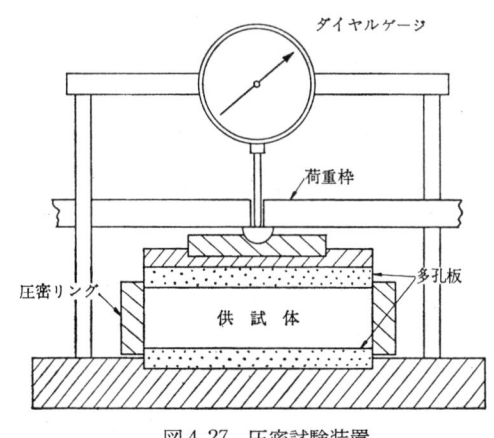

図4.27 圧密試験装置

24時間の圧密を行い，経過時間と圧密沈下量との関係を求める．こうして得られたデータは，次のようにして解析する．

- 各荷重段階
  - 時間—圧密量曲線を作成……圧密係数 c_v を求める（飽和粘性土のみ）
  - 荷重増分—圧縮ひずみの関係……体積圧縮係数 m_v および一次圧密比 r（飽和粘性土のみ）を求める
- 全荷重段階
  - 間隙比—圧密圧力曲線（または 体積比—圧密圧力曲線）を作成
    - 圧縮指数 C_c
    - 圧密降伏応力 p_c を求める

4.6.1 各荷重段階での圧密定数

（1）圧密係数 c_v の決定

時間—圧密量曲線から圧密係数を求める方法は次の2通りあるが，原則として飽和粘性土の場合にのみ用いる．

（a）$\sqrt{t}$ 法　縦軸に圧密量 d，横軸に時間 (min) $\sqrt{t}$ をとり，図4.28のようにプロットし，初期の直線部分を始点方向に延長して補正初期点 d_0 とする．補正初期点を通り，初期直線部分の傾斜の1.15倍の直線を引く．この直線と $d-\sqrt{t}$ 曲線の交点が圧密度90%に対する t_{90}，d_{90} であるから，第 n 段階の圧密係数は

$$c_{vn}=\frac{0.848(\bar{h}_n/2)^2 \times 1440}{t_{90n}}(\text{cm}^2/\text{d}) \tag{4.20}$$

$\bar{h}_n$：第 n 段階の圧密終了時の平均供試体の高さ（cm）

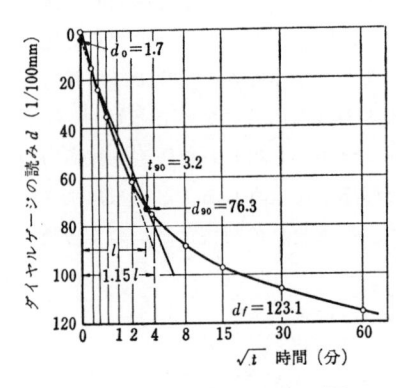

図4.28　時間—圧密量曲線（$\sqrt{t}$ 法）

なお60分以後の圧密量は $\log t$ に対してプロットする．

（b）曲線定規法　縦軸に圧密量 d，横軸に時間 (min) の対数 $\log t$ をとり，図4.29(a)のようにプロットする．ほかに曲線定規（図4.29(b)）は，測定結果のプロットに用いたものと同じ半対数紙に描いたものを用いる．$d-\log t$ 曲線と曲線定規を重ね，両者を上下左右に平行移動させて $d-\log t$ 曲線に最も長い範囲で一致する曲線をえらび，曲線定規の圧密度ゼロにあたるダイヤルゲージを読み初期補正値 d_0 とする．曲線定規の t_{50} 線にあたる時間を t_{50}，理論圧縮終了時間を t_{100} とすると，第 n 段階の圧密係数は，

$$c_{vn}=\frac{0.197(\bar{h}_n/2)^2 \times 1440}{t_{50n}}(\text{cm}^2/\text{d}) \tag{4.21}$$

4　圧　密　123

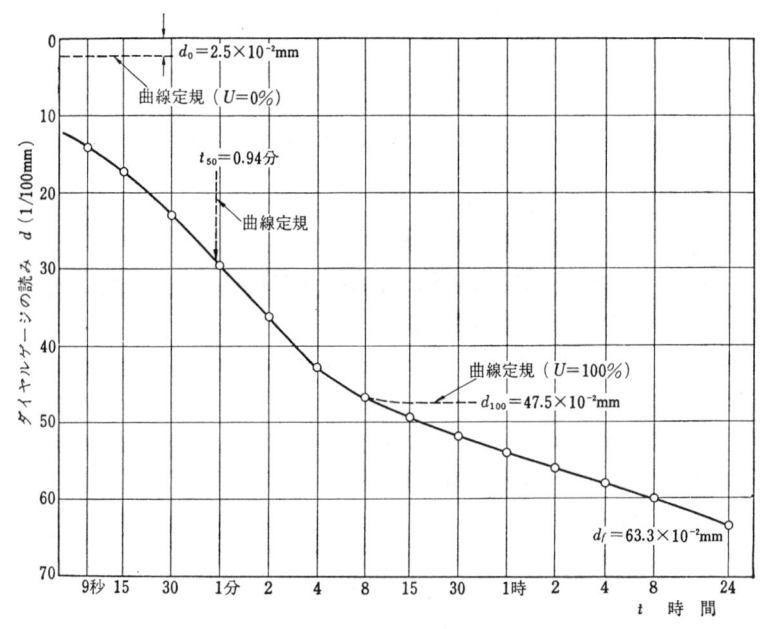

(a) 時間―圧密量曲線（曲線定規法）

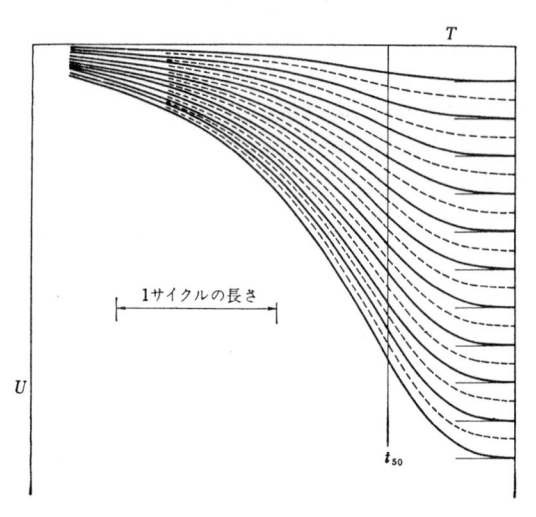

$d_0 = 2.5 \times 10^{-2}$ mm
曲線定規（$U = 0\%$）
$t_{50} = 0.94$ 分
曲線定規
曲線定規（$U = 100\%$）
$d_{100} = 47.5 \times 10^{-2}$ mm
$d_f = 63.3 \times 10^{-2}$ mm

ダイヤルゲージの読み d (1/100mm)

9秒　15　30　1分　2　4　8　15　30　1時　2　4　8　24
t　時　間

(b) 曲線定規

T
1サイクルの長さ
U
t_{50}

図 4.29

(4.20) および (4.21) 式からもわかるように，圧密係数 c_v は圧密の進行速度に影響を与える係数で，c_v の大きいほど圧密は速く終了する。

（２） 体積圧縮係数 m_v および一次圧密比 r の決定

（a） **体積圧縮係数 m_v**　　第 n 段階における体積圧縮係数は，

$$m_{vn} = \frac{\varepsilon_n}{\Delta p_n} = \frac{\Delta d_n}{\bar{h}_n} \frac{1}{\Delta p_n} \,(\text{m}^2/\text{kN}) \tag{4.22}$$

　　ε_n：第 n 段階における圧縮ひずみ

　　Δp_n：第 n 段階における圧密圧力増分 (kN/m²)

　　Δd_n：第 n 段階における全圧密量（cm）

m_v は圧密圧力の増加に対する土の体積減少の割合を示すもので，m_v の大きい土ほど圧密沈下量は増大する。

（b） **一次圧密比 r の計算**　　一次圧密比は飽和した粘性土の場合にのみ求める。各荷重段階における一次圧密比は，

$$r_n = \frac{\Delta d_n'}{\Delta d_n} \tag{4.23}$$

　　$\Delta d_n'$：第 n 段階における一次圧密量（cm）

　　Δd_n：第 n 段階における全圧密量（cm）

一次圧密比は圧密理論によって求められる変形量とその荷重による24時間圧密中に生じた変形量との比である。

〔例題 4.7〕 時間—圧密量曲線（$\sqrt{t}$ 法）図4.28および時間—圧密量曲線（曲線定規法）図4.29(a)のデータを用いて，一次圧密比を計算せよ。

〔解〕 一次圧密比は $\Delta d_n'/\Delta d_n$ で与えられるから

（１） 図4.28の場合には，

$$\frac{\Delta d_n'}{\Delta d_n} = \frac{10(d_{90}-d_0)/9}{\Delta d_n} = \frac{10 \times (76.3-1.7) \times 10^{-3}}{9 \times (123.1-1.7) \times 10^{-3}} = 0.683$$

（２） 図4.29の場合には，

$$\frac{\Delta d_n'}{\Delta d_n} = \frac{d_{100}-d_0}{\Delta d_n} = \frac{(47.5-2.5) \times 10^{-3}}{(63.3-2.5) \times 10^{-3}} = 0.740$$

〔例題 4.8〕 時間—圧密量曲線（$\sqrt{t}$ 法）図4.28に与えられたデータを用いて c_v を求めよ。ただし供試体の平均高さは 1.904cm とする。

〔解〕 図4.28は $\sqrt{t}$ 法による解析図であるから，(4.20) 式を利用する。

$$c_v = \frac{0.848 \left(\dfrac{\bar{h}_n}{2}\right)^2 \times 1440}{t_{90}} = \frac{0.848 \times 0.952^2 \times 1440}{3.2} = 3.45 \times 10^2 \,(\text{cm}^2/\text{d})$$

〔例題 4.9〕 ある粘土の供試体に加わる圧密圧力が 320kN/m² から 640kN/m² に増加

した時，その圧密量は 80.5×10^{-3}cm と測定された。この粘土の体積圧縮係数を求めよ。ただし，供試体の平均高さは，1.980cm とする。

〔解〕 (4.22)式を用いて

$$m_{vn}=\frac{\varDelta d_n}{\bar{h}_n}\cdot\frac{1}{\varDelta p_n}=\frac{80.5\times10^{-3}}{1.980}\cdot\frac{1}{640-320}=1.27\times10^{-4} \text{ (m}^2\text{/kN)}$$

この体積圧縮係数は，$320\sim640$kN/m^2 の圧密圧力範囲での m_{vn} なので，荷重段階が変ると体積圧縮係数も多少変化することに注意されたい。

〔類題 4.6〕 図 4.29(a),(b)のデータを用いて圧密係数 c_v を求めよ。ただし，供試体の平均高さは 1.978cm とする ($c_v=2.95\times10^2$cm^2/d)。

〔類題 4.7〕 圧密圧力 160kN/m^2 から 320kN/m^2 の間における圧密量が 44.9×10^{-3}cm である粘土がある。この粘土の体積圧縮係数を求めよ。ただし，供試体の平均高さは 1.904cm とする ($m_v=1.47\times10^{-4}$m^2/kN)。

4.6.2 間隙比—圧密圧力曲線

各圧密荷重とその荷重を加えたときの最終間隙比の関係をグラフの上にプロットすると図 4.11 のような $e-p$ 曲線または e-log p 曲線になることはすでに述べた。この場合，間隙比の代わりに体積比 f もまたよく用いられる。

(1) 間隙比と体積比

土の間隙比を e とすると，土全体の体積比 f は次のように表わせる（図 4.30 参照）。

$$f=\frac{V}{V_s}=1+e$$

したがって一次元圧密の場合の圧縮ひずみを，間隙比の変化および体積比の変化で表現すると，

$$\varepsilon=-\frac{\varDelta V_v}{V}=-\frac{\varDelta e}{1+e}=-\frac{\varDelta V_v/V_s}{V/V_s}=-\frac{\varDelta f}{f}$$

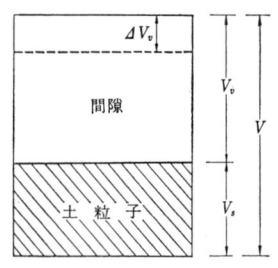

図 4.30 間隙比と体積比

V：供試体の全容積 (cm^3)

V_s, V_v：それぞれ供試体の土粒子容積および間隙容積 (cm^3)

$\varDelta V_v$：供試体の容積変化 (cm^3)

このように，体積比で表わすと直観的に理解しやすい面もあるので，圧密圧力—間隙比（e-p）曲線とともに，圧密圧力—体積比（f-p）曲線もよく用いられる。

また同じく図 4.11(b)の説明の際も述べたが，土は応力による塑性変形が大きく残るため，かつて受けたことのある応力（圧密降伏応力）以下の力に対しては変形が少ない。したがって地盤の正確な圧密沈下量を求めるには e-log p(e-log f) 曲線から圧密降伏応力の大きさを確かめておかねばならない。

（2）圧密降伏応力 p_c

試料が地中から採取されたとき，上にのった土の重さで圧縮されていたため，その土はわずかにふくらむ。圧密試験で再圧縮されると，この圧縮曲線は図4.11で説明したように，その土が地中でささえていたときに達した荷重 p_c までは比較的平たんである。この荷重は圧密降伏応力と名付けられる。これと同じことが自然でも起こりうる。たとえば図4.25でみるように，掘削や浸食で地表部の土が一部取り除かれたあと，またその上に構造物がのるような場合がそれである。以前に一度圧密されたことのある土は，圧密降伏応力に達するまでは比較的圧縮性が低く，構造物で考えると沈下量が比較的少ないことになる。

圧密降伏応力を求めるには図4.31にみるように e-$\log p$ 曲線（または f-$\log p$ 曲線）の最大曲率の点Oを決め，この点から水平線OCおよび曲線への接線OBを引く。この二つの直線のなす角 α の二等分線ODと e-$\log p$ 曲線（f-$\log p$ 曲線）の最急傾斜の直線部分の延長との交点Eの横座標 p_c を求めれば p_c が圧密降伏応力である。

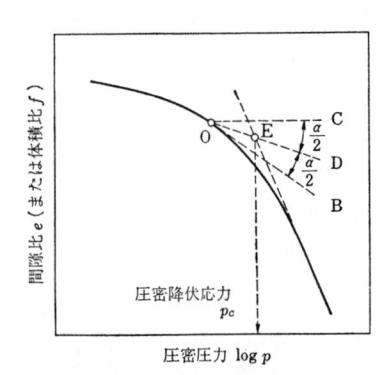

図4.31　圧密降伏応力の求め方

〔例題 4.10〕　図4.13(a)の圧密圧力—間隙比曲線（e-$\log p$ 曲線）に示されたデータを用いて，圧縮指数を間隙比および体積比の両方の場合について計算せよ。

〔解〕　間隙比の場合は(4.4)式を用いて，

$$C_c = \frac{e_0 - e_1}{\log_{10}(p_1/p_0)} = \frac{1.358 - 1.013}{\log_{10}(615/162)} = \frac{0.345}{0.579}$$
$$= 0.596$$

体積比の場合は

$$C_c = \frac{f_0 - f_1}{\log_{10}(p_1/p_0)} = \frac{(1+e_0) - (1+e_1)}{\log_{10}(615/162)} = 0.596$$

表 4.3

p ($\times$98.1kN/m²)	e
0.1	0.755
0.2	0.754
0.4	0.753
0.8	0.750
1.6	0.740
3.2	0.724
6.4	0.704
12.8	0.684

〔例題 4.11〕　圧密試験を行って，表4.3の結果を得た。
　（1）　半対数座標で，圧密圧力—間隙比曲線（e-$\log p$ 曲線）を描け。
　（2）　圧縮指数 C_c を計算せよ。
　（3）　もし，初めの土の圧力が560kN/m²で，土の厚さが

4 圧　　　密　　127

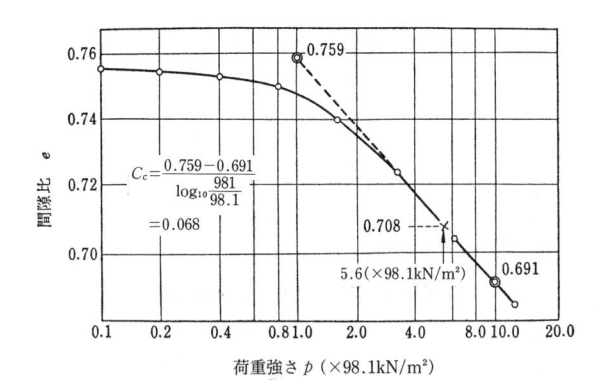

図 4.32　圧密圧力―間隙比曲線

2.5m ならば，最終沈下量が 2cm であるような最終圧力はどれくらいの大きさになるか。

〔解〕（1）半対数座標で，e-$\log p$ 曲線を描くと，図4.32のようになる。

（2）圧縮指数 C_c を求めるには，曲線の直線部分の対数目盛1サイクル間の間隙比を読むのが計算には便利である。$p=98.1\,\text{kN/m}^2$ および $981\,\text{kN/m}^2$ の間隙比をグラフから読み計算すると，図4.32中に示すように $C_c=0.068$ となる。

（3）所望の最終圧力を求めるには，(4.5)式を用いて

$$S=H\frac{C_c}{1+e_0}\log_{10}\frac{p_0+\Delta p}{p_0} \qquad \therefore\ 2=250\times\frac{0.068}{1+0.708}\log_{10}\frac{x}{5.6\times 98.1}$$

$$\therefore\ \log_{10}\frac{x}{5.6\times 98.1}=0.201 \qquad \therefore\ x=889\,\text{kN/m}^2$$

〔類題 4.8〕ある土層から採取した供試体の圧密時間から，もとの土層が同じ圧密度に達するまでの時間を推定する公式(4.24)を証明せよ。ただし排水条件は同じものとする。

$$t_f=t_e\frac{H_f{}^2}{H_e{}^2} \tag{4.24}$$

t_e, H_e：それぞれ供試体の圧密時間および厚さ

t_f, H_f：それぞれ実際の土層の圧密時間および厚さ

〔類題 4.9〕圧密試験を行って，表4.4の結果を得た。

（1）半対数座標で，圧密圧力―体積比曲線を描け。

（2）圧縮指数 C_c および圧密降伏応力 p_c を求めよ。

（3）初め土の受けている圧力が $500\,\text{kN/m}^2$ で，土層の厚さは3mとする。構造物による最終圧力が $1\,000\,\text{kN/m}^2$ と

表 4.4

p ($\times 98.1\,\text{kN/m}^2$)	e
0.1	1.678
0.2	1.645
0.4	1.599
0.8	1.541
1.6	1.453
3.2	1.305
6.4	1.119
12.8	0.926

なるときの沈下量を計算せよ．($C_c=0.640$, $p_c=162\text{kN/m}^2$, $S=26.4\text{cm}$)

〔演習問題〕
(1) ある粘土の供試体の圧密試験を行い，100%圧密を終えたところで，表4.5のようなデータが得られた。

表4.5

p ($\times 98.1\text{kN/m}^2$)	e
0.05	1.85
0.2	1.82
0.4	1.77
0.8	1.68
1.6	1.56
3.2	1.39
6.4	1.22
12.8	1.05
3.2	1.10
0.8	1.20
0.2	1.28
0.05	1.38

(a) 圧密圧力―間隙比曲線を，算術目盛および半対数目盛の両グラフに描け．
(b) 圧縮指数 C_c を計算せよ．
(c) 土の応力が 600kN/m^2 から 1100kN/m^2 まで上がったときの間隙比の変化を見いだせ．
(d) (c)において，土層の厚さが 2.0m としたときの沈下量を計算せよ．
(e) (d)において，$c_v=1.13\times 10^1 \text{cm}^2/\text{d}$ で，土層が上下両方に排水されるとき，25%，50% および 75% 圧密に要する時間を計算せよ．

((b) $C_c=0.565$ (c) $e=0.149$ の減少 (d) $S=13.2\text{cm}$ (e) $t_{25}=45.1$日, $t_{50}=174$日, $t_{75}=429$日)

(2) 〔例題4.3〕のような粘土層において，圧密係数 $c_v=1.07\times 10^2 \text{cm}^2/\text{d}$ としたとき，上下に排水層を持つものとして，全沈下量の50%圧密を生ずるに要する時間を計算せよ．
($t_{50}=115$日)

(3) (2)において，粘土層の下はかたい岩盤で，排水は上向きにしか行われないものとし，他の条件はすべて同じであると仮定する．圧密50%がに達するまでの時間はどうなるか．また，その場合，圧密沈下量はどうなるか．（排水路の長さが2倍になるから，経過時間は4倍になる．沈下量は変わらない．）

(4) 厚さ7.0mの粘土地盤上に作られた構造物の沈下を測定したところ，沈下量が3.5cmに達したとき沈下が終了した．構造物が粘土地盤に与える平均増加荷重が 100kN/m^2 であるとすれば，この粘土層の体積圧縮係数 m_v はいくらであるか．
($m_v=5.0\times 10^{-5}\text{m}^2/\text{kN}$)

(5) 図4.33のような地盤を，3.0m掘削して構造物を作ることになった．粘土層に

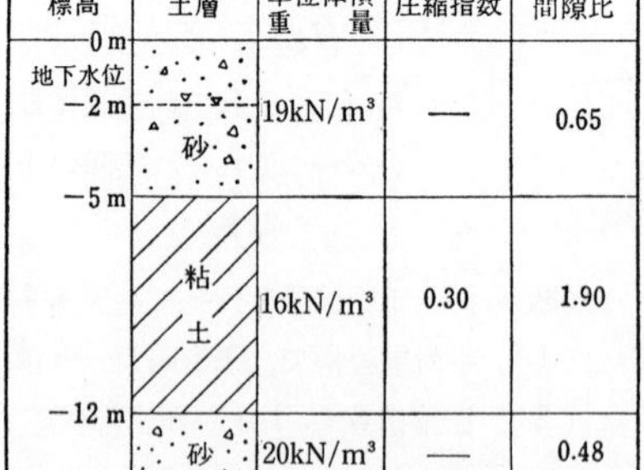

標高	土層	単位体積重量	圧縮指数	間隙比
－0 m 地下水位 －2 m	砂	19kN/m^3	—	0.65
－5 m	粘土	16kN/m^3	0.30	1.90
－12 m	砂	20kN/m^3	—	0.48

図4.33 地盤断面図

よる構造物の最終沈下量を，次の順序で計算してみよ。ただし，構造物の規模は $8\mathrm{m}\times 8\mathrm{m}$ で，荷重強さは $180\mathrm{kN/m^2}$ とする。

(a) 粘土層中央での初期圧力 p_0 の計算
(b) 同じ深さでの最終圧力 $(p_0+\Delta p)$ の計算
(c) 粘土層全体の最終沈下量

　　　($p_0=86\mathrm{kN/m^2}$, $p_0+\Delta p=102\mathrm{kN/m^2}$, $S=5.37\mathrm{cm}$)

(6) 圧縮指数 C_c が 0.270 の土がある。$120\mathrm{kN/m^2}$ の応力が加わったときの間隙比が 1.04 であることがわかっている。

(a) 土に加わる応力が $180\mathrm{kN/m^2}$ に増加したとき，その間隙比はいくらになるか。
(b) また(a)で，土層の厚さが $5.0\mathrm{m}$ であれば，その沈下量はいくらになるか。
　　　($e=0.992$, $S=11.7\mathrm{cm}$)

(7) $1.60\mathrm{m}$ の厚さを有する正規圧密粘土層の垂直有効応力が構造物の荷重のために $75\mathrm{kN/m^2}$ から $125\mathrm{kN/m^2}$ に増加した。側方は拘束されているため，粘土層は一次元圧密のみ可能である。$C_c=0.15$, $c_v=1.55\times10^{-3}\mathrm{cm^2/s}$, $e_0=0.80$ とする。ただし排水は上層のみからとする。

(a) 圧密沈下量を求めよ。
(b) 70%圧密を起こすに必要な時間を求めよ。
(c) (b)で計算した時刻における粘土層底部の間隙水圧と有効応力はいくらか。
(d) (c)の底部における圧密度は何故70%に等しくならないのか。
(e) 室内試験が厚さ $20\mathrm{mm}$ の供試体で行われると（両側排水），70%圧密を終えるには，どれくらいの時間が必要か。

　　　($S=2.98\mathrm{cm}$, $t_{70}=77.1$ 日, $u_w=23.5\mathrm{kN/m^2}$, $\sigma'=102\mathrm{kN/m^2}$, $t_{70}=4$ 分 20 秒)

5 土の強さ

　土の強さは，擁壁の設計，斜面の安定の検討および構造物基礎の設計などを実施するに当たって必要欠くべからざる要素である。しかしすでに述べてきたように，土は他の土木材料と違って空気，水および土粒子からなる三相構造をしていることや，さらに同一地盤でも外的条件によって含水比や密度が変化することなどのため，外力が働いたときの土構造内部の応力やそれに起因する変形の反応が複雑である。そのため便宜上

　　砂質土……土粒子の強度と土粒子のかみ合せで強さが決まるもの
　　粘性土……土粒子の粘着力によって強さが決まるもの

に大別して土の強さを論ずることが多い。
　また鋼やコンクリートなどの構造設計では，一方向だけに圧縮や引張りの力が働く場合も少なくないが，地盤の解析では土の自重が荷重の大部分を占めるので多くは三次元の場における検討が必要となる。

5.1　土中の応力とモールの円
5.1.1　組合せ応力

　土に加わる応力 S は一般に面に垂直な応力 σ と，面に沿って働くせん断応力 τ の二つに分解される（図5.1(a)参照）。平面に働く応力が単に垂直応力だけで $\tau=0$ のときは，この垂直応力を主応力という（図5.1(b)）。岩石やモルタルの供試

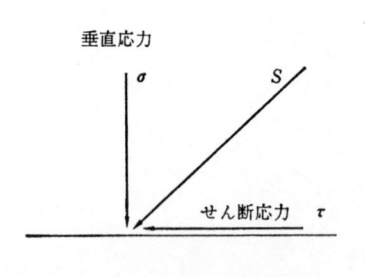

（a）垂直応力とせん断応力 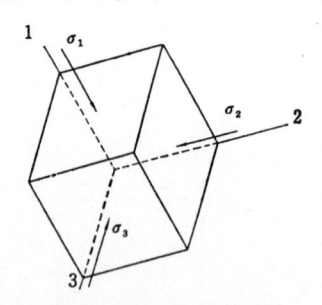　　　（b）立方体に加わる主応力

図5.1　せん断応力，垂直応力および主応力

体の上下面に，ゆっくり増加する圧縮力が加えられるとき，これらの圧縮応力は主応力になる．主応力の働く面を主応力面という．一般に供試体のすべての面に圧縮応力が加わるとき，これらの互いに独立な直角をなす主応力を，大きい順に最大主応力 σ_1，中間主応力 σ_2，最小主応力 σ_3 という．

図5.2(a)のような単位寸法の立方体を斜面で切ると，力の釣合いから，この面に働くせん断応力と垂直応力を計算することができる．

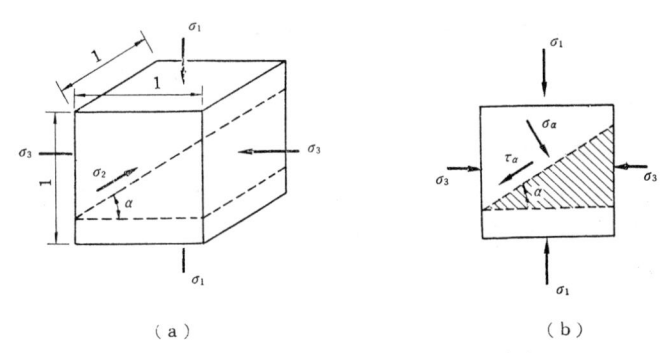

(a)　　　　　　　　　　(b)

図5.2　最大主応力面と α をなす面の応力

ここで問題を簡単にして，二次元で考えると，

上下方向に加わる力　　$P_1 = \sigma_1 \times 1 \times 1$

水平方向に加わる力　　$P_3 = \sigma_3 \times 1 \times \tan \alpha$

よって，斜面に垂直に働く力 P_n を P_1, P_3 を用いて表わすと（図5.3参照），

$$P_n = P_1 \cos \alpha + P_3 \sin \alpha$$
$$= \sigma_1 \cos \alpha + \sigma_3 \tan \alpha \cdot \sin \alpha$$

斜面に平行な P_1, P_3 成分の合計は，

$$P_t = \sigma_1 \sin \alpha - \sigma_3 \tan \alpha \cdot \cos \alpha$$

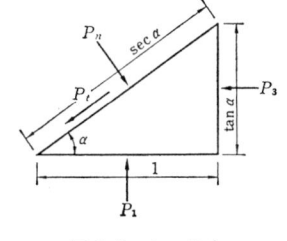

図5.3　力の釣合い

斜面の面積は $1 \times \sec \alpha$ であるから，その面に働く垂直応力 σ_α およびせん断応力 τ_α は，

$$\sigma_\alpha = \frac{\sigma_1 \cos \alpha + \sigma_3 \tan \alpha \cdot \sin \alpha}{\sec \alpha} = \sigma_1 \cos^2 \alpha + \sigma_3 \sin^2 \alpha$$

$$= \frac{\sigma_1 + \sigma_3}{2} + \frac{\sigma_1 - \sigma_3}{2} \cos 2\alpha \tag{5.1}$$

同じようにして，

$$\tau_\alpha = \frac{\sigma_1 - \sigma_3}{2} \sin 2\alpha \tag{5.2}$$

この二つの式で，最大主応力面と α の傾きをなす面の応力が計算できる。またこれらの式から，次の重要な結論がえられる。

（ i ） $\tau_{\max}$ は $\sin 2\alpha = 1$ （$\alpha = 45°$ および $135°$）でおこり，その大きさは $\frac{\sigma_1 - \sigma_3}{2}$ に等しい。

（ ii ） $\sigma_{\max}$ は $\cos 2\alpha = 1$ （$\alpha = 0°$）のときに生ずる。

（iii） $\sigma_{\min}$ は $\cos 2\alpha = -1$ （$\alpha = 90°$）のときに生じ，$\sigma_{\min}$ の働く面は最小主応力面に平行である。

5.1.2 モールの応力円

モール (Mohr) は，土の任意面に働く応力を図解で求める方法を考案した。図 5.4（a）のように x 軸に垂直応力 σ，y 軸にせん断応力 τ をとることにする。土質力学では引張力の現われることはめったにないから，x 軸の（＋）を圧縮力にとるのが普通である。

この図の上に主応力 σ_1, σ_3 の座標をプロットすると，主応力面では $\tau = 0$ であ

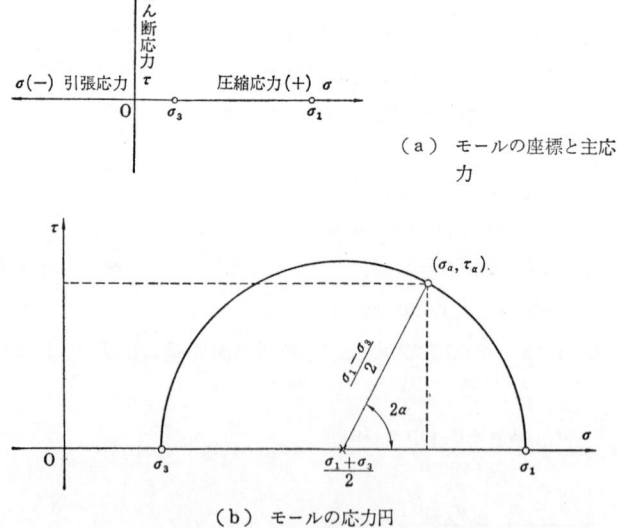

（a） モールの座標と主応力

（b） モールの応力円

図5.4 モールの座標とモールの円

るから共にx軸上にある。これらの点を通り中心が$\left(\dfrac{\sigma_1+\sigma_3}{2},\ 0\right)$にある円を描くと，半径は$\dfrac{\sigma_1-\sigma_3}{2}$に等しい（図5.4(b)）。この円をモールの応力円という。

σ軸から反時計まわりに2αはかって半径を引くと，円周との交点は

x座標　　$\sigma_\alpha = \dfrac{\sigma_1+\sigma_3}{2} + \dfrac{\sigma_1-\sigma_3}{2}\cos 2\alpha$

y座標　　$\tau_\alpha = \dfrac{\sigma_1-\sigma_3}{2}\sin 2\alpha$

となり，それぞれ最大主応力面とαの傾きをなす面上に働く垂直応力およびせん断応力を表わす。これらの値は前記の(5.1),(5.2)式と全く同じで，図5.2と図5.4のモールの円との間には次の対応のあることがわかる。

　　　任意面の応力……モールの円周上の座標
　　　面の方向……モールの円の中心角の半分

さて，モールの円について初めの三次元にもどって考えなおすと，$\sigma_1 \sim \sigma_3$の応力円のほかに$\sigma_1 \sim \sigma_2$, $\sigma_2 \sim \sigma_3$の合計三つの応力円があることがわかる。これらの応力円は図5.5に示すような関係となり，陰影を施した各応力円の間の領域は三つの主応力面に傾斜する面上の組合せ応力を表わしている。図に見るようにτ_{max}は$\sigma_1 \sim \sigma_3$の応力円で決まるから，実際の土の強さおよび土の破壊に関する問題を処理する場合$\sigma_1 \sim \sigma_3$の応力円が最も重要である。

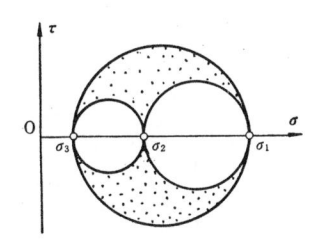

図5.5　三次元の場合のモールの応力円

〔例題 5.1〕　$\sigma_1 = 100\,\mathrm{kN/m^2}$および$\sigma_3 = 20\,\mathrm{kN/m^2}$を与えて，最大主応力面と$30°$の傾きをなす面に働く$\sigma, \tau$を求めよ。

〔解〕　解析的には(5.1)および(5.2)式を用いて計算すればよい。すなわち，

$\sigma = \dfrac{\sigma_1+\sigma_3}{2} + \dfrac{\sigma_1-\sigma_3}{2}\cos 2\alpha$

$ = \dfrac{100+20}{2} + \dfrac{100-20}{2}\cos 60°$

$ = 60 + 40 \times \dfrac{1}{2} = 80\ (\mathrm{kN/m^2})$

$\tau = \dfrac{\sigma_1-\sigma_3}{2}\sin 2\alpha$

図5.6　モールの円

$$= \frac{100-20}{2}\sin 60° = 34.6 \text{ (kN/m}^2\text{)}$$

またモールの円を利用する図解法では、まず σ 軸上に σ_1, σ_3 をプロットする。これらを通り、中心が σ 軸上にある半円を描く。$2\alpha=60°$ の半径を σ_1 の側より反時計まわりにとり、円周との交点を求める。図から交点の座標 σ, τ を読むと、$\sigma=80$ kN/m²、$\tau=34.6$ kN/m² となる。

〔類題 5.1〕 ある面に働く $\sigma=160$ kN/m²、$\tau=40$ kN/m² であり、第2の面に働く $\sigma=10$ kN/m²、$\tau=30$ kN/m² であることがわかっている。最大と最小の主応力を計算し、この二つの面の角を求めよ。($\sigma_1=170$ kN/m²、$\sigma_3=5.0$ kN/m²、二つの面の間の角 $=65°$)

5.1.3 ポ ー ル（極）

複雑な応力状態にある場合にモールの円から、（i）任意面に働く応力を見いだす、（ii）任意応力の働く面を見いだす、にはポールを利用するのがよい。図5.7(a)(b)を参考にしてモールの円周上の任意点（たとえば σ_1 点）から、その座標が示す応力（σ_1）の働く面 $\overline{AB}$ に平行に線 $\overline{\sigma_1 P_0}$ を引くと、モールの円周上にポール（P_0）が求まる。

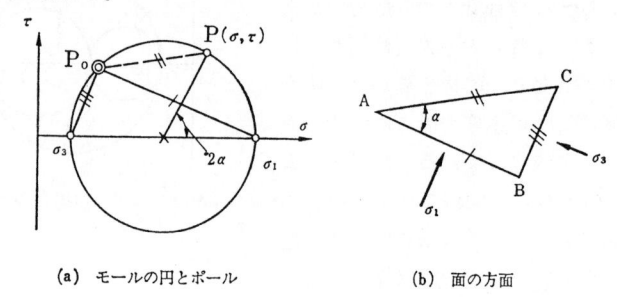

（a）モールの円とポール　　　（b）面の方面

図5.7　ポールによる応力図解法

このポール（P_0）から応力を見いだしたいと考える任意傾斜面 $\overline{AC}$ に平行に直線 $\overline{P_0 P}$ を引くとこの線が円周と交わる点Pは $\overline{AC}$ 面に働く応力を表わしている。図5.7(a)からPの座標は次のようになる。

$$\sigma = \frac{\sigma_1+\sigma_3}{2} + \frac{\sigma_1-\sigma_3}{2}\cos 2\alpha$$

$$\tau = \frac{\sigma_1-\sigma_3}{2}\sin 2\alpha$$

〔例題 5.2〕 図5.8(b)のように、供試体に $\sigma_1=70$ kN/m²、$\sigma_3=-20$ kN/m² の主応力が作用している。最大主応力面と50°をなす面に働く σ、τ およびこの供試体に働く

図 5.8

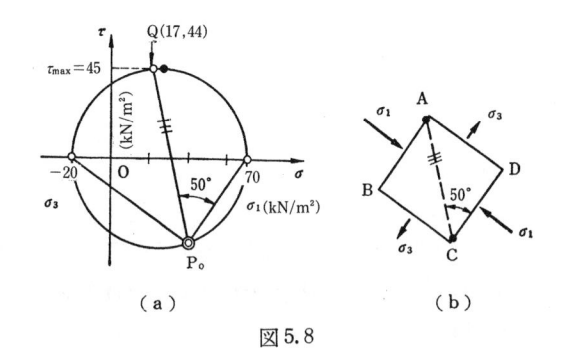

最大せん断応力 τ_{max} を求めよ。

〔解〕 1) モールの座標上に σ_1, σ_3 をとり，モールの応力円を描く。

2) $\sigma_1(70,0)$ 座標から $\overline{AB}$ あるいは $\overline{CD}$ に平行に $\overline{\sigma_1 P_0}$ を引く。円周上に P_0 (極) が求まる。

3) P_0 から $\overline{\sigma_1 P_0}$ と 50 度の傾きをなす $\overline{P_0 Q}$ を引く。

Q の座標 $\begin{cases} \sigma = 17 \mathrm{kN/m^2} \\ \tau = 44 \mathrm{kN/m^2} \end{cases}$ は求める値である。

4) モールの応力円から $\tau_{max} = 45 \mathrm{kN/m^2}$ が求まる。

〔類題 5.2〕 a～a 面に $\sigma_a = 12.5 \mathrm{kN/m^2}$, $\tau_a = 23.5 \mathrm{kN/m^2}$, また b～b 面に $\sigma_b = 12.5 \mathrm{kN/m^2}$, $\tau_b = -10.0 \mathrm{kN/m^2}$ の応力が働いている。a～a 面の方向だけは図5.9 のように与えられているが，供試体の外形（点線の部分）はわかっていない。最大主応力 σ_1 および最小主応力 σ_3 の大きさ，また b～b 面の方向を図5.9 の上に定めよ。($\sigma_1 = 87 \mathrm{kN/m^2}$, $\sigma_3 = 10.5 \mathrm{kN/m^2}$)

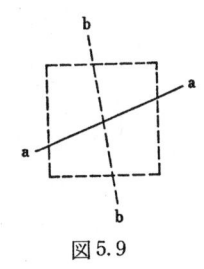

図 5.9

5.2 土の強度と変形

土も金属その他の材料と同じく外力が加わるとまず変形を生ずるが，その変形の起こり方は土に加わる力の大きさとそれに対応する土の抵抗との組合せで決まる。等しい大きさの外力が加わっても，土の密度の高い場合は土の抵抗が大きいから一般に変形は小さい。そして応力がさらに増加すると，変形が増しやがて土は力を支えきれなくなって，部分的な破壊を生じ全体的な破壊へ近づいていく。土は土粒子・水・空気の三相構造であるから，破壊点付近でもまた金属やコンク

リートのようなより均質な材料とは違う反応を示す。すなわち，ある部分は破断するが，ある部分は応力が連続的に増し，またある部分は応力の増すこともなくただ移動をする。さらにむずかしい問題は土の破壊点を指摘しにくい場合がしばしば起こることである。これらをまとめると土の変形は応力と土質特性（含水比，密度など）および載荷時間（間隙水圧）などによって左右されると考えてよい。

土と一般の建設材料との間には，このような大きな差異があるにもかかわらず弾性係数，ポアソン比およびモールの破壊理論のような応用力学の理想概念が土質工学にもまた利用されている。これらの諸特性とその考え方は適用限界さえ誤らなければ実際問題を解くに当たって有用なものである。

5.2.1 弾性係数とポアソン比

垂直応力 σ_z を受けていた地盤中の土の微小立方体に図 5.10(a) のような垂直応力の増分 $\Delta\sigma_z$ が加わり，応力の方向に ΔH だけ変化したとすると，垂直方向の

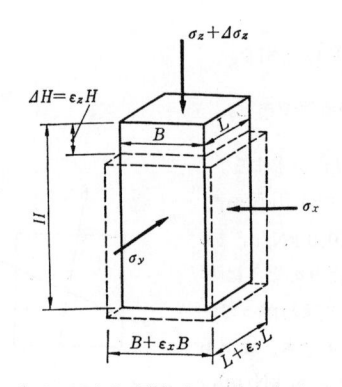

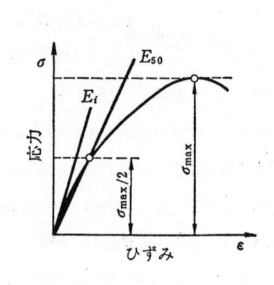

（a）軸応力が増加するときの変形
　　　（$\sigma_x = \sigma_y = $ 一定）

（b）土の応力—ひずみ曲線

図 5.10　土の変形と応力—ひずみ曲線

ひずみ ε_z は (5.3) 式で表わされる。

$$\varepsilon_z = \Delta H / H \tag{5.3}$$

また，ひずみに対する応力の比を弾性係数といい，一般に (5.4) 式のように書くが，E は図 5.10(b) に見るように幾何学的には $\sigma - \varepsilon$ 曲線の傾きである。

$$E = \Delta\sigma / \Delta\varepsilon \tag{5.4}$$

多くの土の弾性係数は，その応力レベルによって変わるのみならず，同じ応力でも荷重をふやす場合と除荷する場合とでは異なった値をとる。そのため，この

弾性係数と同じ方法で定義されたものをとくに変形係数と名づけて土の非弾性特性を区別するようにしている。土の変形係数の値はピートでは見掛け上ゼロで，かたい土では岩に近い値にまで近づくので一概に推定することは困難である。ごく小さいひずみにおける E_i は初期接線係数，また応力一ひずみ曲線上で応力が最大値の 1/2 になる点と原点と結ぶ直線の傾きをとり，変形係数 E_{50} と定義する。E_{50} は即時沈下など地盤沈下の計算に用いられるが，一軸圧縮試験の通常の方法で求められた E_{50} は供試体成形時の乱れ，試験時の誤差などのため最小の値となる可能性さえあり，しばしば計算沈下量は実際の沈下量より過大な数値を得ることが多い。供試体の中央部にペーパーゲージを接着するなどの工夫をして，正しい E_{50} を求めねばならない。

また変形係数の値はその応力によって少しずつ変わり一定ではないから，設計に使う値は載荷応力とか実際問題に必要な応力の範囲に注目した E を採用して使うことを心掛けねばならない。

応力増分 $\Delta\sigma_z$ は変形 ΔH のほかに横方向のふくらみ ΔB，ΔL を生じ，それに対応して横ひずみ ε_x，ε_y が定義される。ε_z に対する横ひずみの比をポアソン比 μ といい次式で表わす。

$$\mu = \frac{-\varepsilon_x}{\varepsilon_z} = \frac{-\varepsilon_y}{\varepsilon_z} \tag{5.5}$$

理想的な弾性材料ではポアソン比は $0\sim0.5$ の間にある。$\mu=0.5$ という値は，荷重が加わったとき形は変わるが全体としての体積変化はないことを意味する。また $\mu=0$ はコルクやスポンジなどのように外力を加えてもふくらまない材料のポアソン比を示している。土のポアソン比はこの間にあり，およそ $0.25\sim0.3$ と考えられている。

5.2.2 土の破壊と破壊規準

土は圧縮，引張り，ねじりなどにも強度を示すが基礎地盤の破壊，山くずれなど土の破壊を生ずる主な原因はせん断抵抗の不足によるものと考えられているので，土の強度はせん断強さで代表されている。

土のせん断強さを求めるに当たって，実際問題で生ずる種々の条件に対応した室内試験を行うことは不可能である。そこで標準条件でせん断試験を実施して粘着力 c および内部まさつ角 ϕ を求めて，その関数としてせん断強さを計算するのが普通である。

またモールは材料の降伏や破壊は垂直応力やせん断応力が単独で破壊点に達し

(a) モールの破壊包絡線

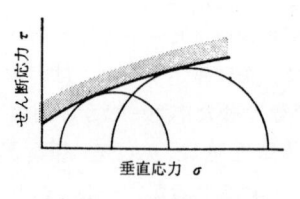

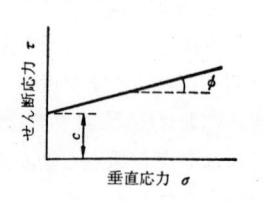

(b) クーロンの破壊規準

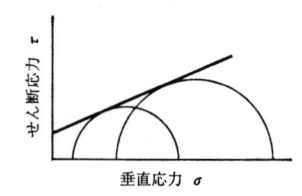

(c) モール・クーロンの破壊規準

図5.11 モール・クーロンの破壊規準

て生ずるのではなく，垂直応力とせん断応力が危険な組合せになると起こるものと推定した。つまり破壊はせん断によって生ずるが限界せん断応力は破壊可能な面に働く垂直応力に支配されると考えたのである。この理論はとくに岩石や土の破壊によく適合することが知られている。垂直応力とせん断応力の危険な組合せを座標にプロットすると，これは図5.11(a)のようにモールの応力円を包絡する形の線となるからモールの破壊包絡線といわれ(5.6a)式のように表現できる。

$$\tau_f = f(\sigma) \tag{5.6a}$$

　　τ_f：土のせん断強さ
　　σ：垂直応力

図5.11(a)の陰影を施した領域，すなわち任意の垂直応力でτが包絡線をこえる領域に入ると土に破壊が起こる。

これより以前にクーロン(Coulomb)は土のせん断強さが粘着力cとまさつ力$\sigma\tan\phi$を加え合わせたものであると提唱し次式を示した（図5.7(b)参照）。

$$\tau_f = c + \sigma \tan\phi \tag{5.6b}$$

(5.6a)式および(5.6b)式のような土のせん断強さを表わす式を破壊規準といい，またこの規準に含まれるcやϕを強度定数と呼んでいる。モールの破壊規

5 土の強さ 139

準とクーロンの破壊規準とを組み合わせて破壊規準を直線と仮定したものが，土のせん断強さを最もよく表わすと考えられるので，両方の名称をとり(5.6b)式をモール・クーロンの破壊規準と呼んでいる（図5.11(c)参照)。(5.6b) 式は有効応力および全応力のいずれの場合でも用いられるから，せん断時の条件が異なると同一の土でも異なる強度定数がえられることに注意すべきである。

5.2.3 粘着力と内部摩擦角

破壊規準に含まれる強度定数である粘着力 c，および内部摩擦角 ϕ は長い間土の定数と考えられていたが，有効応力が環境条件で変化することを考え合わせると，土に固有の特性であるとは言いきれないことになる。したがって現在はそれぞれの場合における破壊規準に対応する c を τ 軸の切片，ϕ を破壊規準の傾斜角という意味で，ボシュレフが定義した有効粘着力 (c_e) および有効せん断抵抗角 (ϕ_e) と区別して，見掛けの粘着力およびせん断抵抗角と呼ぶのが良いとされている。しかし本書ではとくに区別する必要のある場合以外は，慣用的によく使われている粘着力 c および内部摩擦角 ϕ の呼び方を使いたいと思う。

粘着力は鉱物粒子の間に働く物理化学的な力および鉱物粒子相互の接触点における凝結作用で構成されているので，土の間隙比や土粒子の間隙で決まる。したがって圧縮されると，接触点もふえるし粒子の間隔もせばまるので粘着力は増加し，逆に荷重の除去や土の膨潤などによって体積が増加すると粘着力は減少する。たとえばスケンプトン（Skempton）は，正規圧密された粘性土においては，非排水状態の粘着力 c_u と圧密圧力 p との間には (5.7) 式の関係があると報告している。

$$\frac{c_u}{p}=0.11+0.0037\,I_p \tag{5.7}$$

ここに I_p：塑性指数

内部摩擦角は鉱物粒子の接触点におけるかみ合わせ，ころがり摩擦およびすべり摩擦で生ずるものである。したがって，鉱物粒子の強度，形および密度や粒度組成などの詰まり方で変わってくる。乾いた砂を図5.12のように，じょうごで落とすと砂の山ができる。

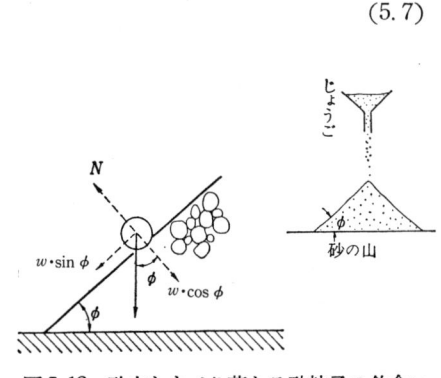

図5.12 砂山をすべり落ちる砂粒子の釣合い

その砂粒子が砂山の砂面を，まさにすべり落ちようとするときの粒子に働く力の釣合いを調べると，砂粒子の重さw，砂山からの反力Nおよび砂粒子相互の摩擦係数をμとして

斜面に平行な方向の力の釣合い　　$w \cdot \sin\phi - \mu N = 0$

斜面に垂直な方向の力の釣合い　　$w \cdot \cos\phi - N = 0$

これら2式からNを消去すると　　$\mu = \tan\phi$

この角ϕを砂の安息角といい，乾いた砂の内部摩擦角に対応するものである。この角度以上の急傾斜になると摩擦抵抗は，すべり落ちようとする力に耐えきれず，砂粒子はすべり落ちることになる。

5.3 せん断試験

土のせん断強さは，その密度，含水比および圧密度などによって変化するから，できるだけ実際の破壊を起こす状態に近づけるか，または標準条件のもとでの強度定数を求めるようにする。

せん断試験の方法を大別すると，次のようになる（図5.13参照）。

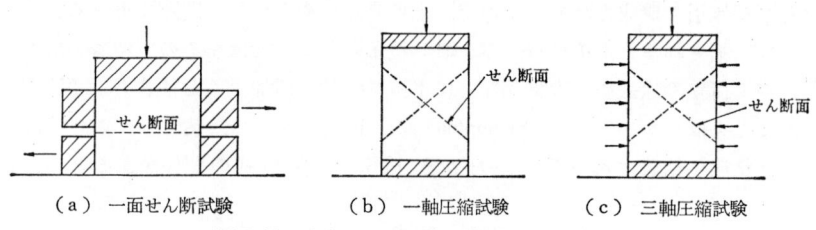

（a）一面せん断試験　　（b）一軸圧縮試験　　（c）三軸圧縮試験

図5.13　室内せん断試験の種類（概念図）

室内試験 ｛ 直接せん断試験……一面せん断試験
　　　　　 間接せん断試験 ｛ 一軸圧縮試験
　　　　　　　　　　　　　　三軸圧縮試験

現場試験……ベーンせん断試験

また室内せん断試験を実施するには，せん断力の加え方によって次の二つの方法に分かれる。

（a）変位制御型　　変位の速さを一定にしてせん断を行い，変位と応力の関係を調べる方式。

（b）応力制御型　　応力を段階的に一定の速さで増加させて，せん断を行い応力と変位の関係を調べる方式。

変位制御型は機構上，試験を実施しやすく，応力一変位図の極大値その他の記録を忠実に表現してくれるなどの利点が多いため，現在は，この方式がよく用いられている。

また粘性土では，試験中の垂直応力やせん断応力の加え方によって，供試体内に発生する間隙水圧が変化し，そのためせん断強さが変わってくるから，供試体の排水条件によって試験方法を次のように分類している。

（ⅰ）非排水せん断試験（UU試験）　試料を圧密することなく，せん断試験中も間隙水の排出を許さないもの。

（ⅱ）圧密非排水せん断試験（CU試験，$\overline{CU}$試験）　試料を圧密したのち，せん断試験中は供試体から間隙水の排出を許さず試験する。$\overline{CU}$試験はせん断中に供試体に発生する間隙水圧の測定を行い，試験結果の有効応力解析ができるよう配慮したもの。

（ⅲ）排水せん断試験（CD試験）試料を圧密したのち，せん断試験中もゆっくり力を加え自由に間隙水の排出を許すもの。

5.3.1　一面せん断試験

図5.14に示すような上下に分かれたせん断箱に試料を入れ，一定の垂直応力のもとで上箱または下箱にせん断力を加える。そのとき試料に生ずるせん断抵抗を，力計で測定できるようになっている。また圧密過程で間隙水の排出を容易にするため，歯形のついた透水板および水抜き孔が下についている。

供試体は直径 60mm，厚さ 20mm の円板形のものを標準とする。垂直荷重は試料が現場で受ける応力の範囲を含んで，4段階以上に変えて試験する。改良型一面せん断試験機では，CU 試験に当る圧密定体積せん断，および CD 試験に当る圧密定圧せん

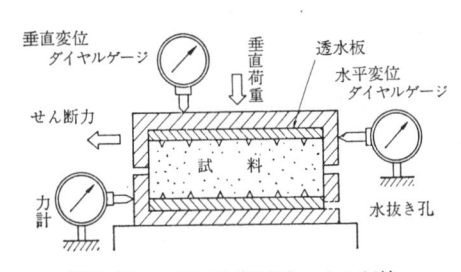

図5.14　一面せん断試験・せん断箱

図5.15　改良型一面せん断試験装置

断試験の両方（表5.1参照）が行えるが，その場合のせん断速度の一例を表5.2に示す。

表5.1 一面せん断試験と強度定数

試験名	強度定数
圧密定体積せん断試験（一面CU試験）	C_{cu}, ϕ_{cu} C', ϕ'
圧密定圧せん断試験（一面CD試験）	C_d, ϕ_d

表5.2 標準的なせん断速度（変位制御の場合）

排水条件	定圧せん断		定体積せん断	
土の種類	粘土	砂	粘土	砂
せん断変位速度(mm/min)	0.02	0.25	0.10	0.25

＊応力制御，変位制御切替え方式の場合については，『土質試験法』（第2回改訂版）第6編を参照のこと。

せん断中のせん断力，水平変位および垂直変位測定用ダイヤルゲージの読みとりは，連続した応力変位曲線（図5.16参照）が描けるような間隔で行う。せん断はせん断応力がピークをこえて，0.2mmまであるいはせん断変位が7mmに達するまで続けられる。

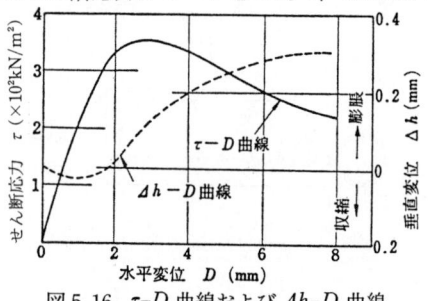

これらの試験結果をそれぞれの垂直応力について，図5.16のように水平変位—せん断応力曲線（τ-D曲線），および水平変位—垂直変位曲線（Δh-D曲線）にまとめる。せん断強さτ_fは，せん断変位7mmまでのτの最大値とする。

図5.16 τ-D曲線およびΔh-D曲線

また図5.17のように，横軸に垂直応力，縦軸にせん断強さを，それぞれ1：1にとって整理し，各段階の垂直応力とせん断強さとの直線関係から，土の内部摩擦角ϕと粘着力cを求める。

ここで垂直応力σおよびせん断応力τは次式で求められる。

$$\sigma = \frac{P}{A}, \quad \tau = \frac{S}{A}$$

P：垂直荷重（kN）
A：供試体の断面積（m²）
S：せん断力（kN）

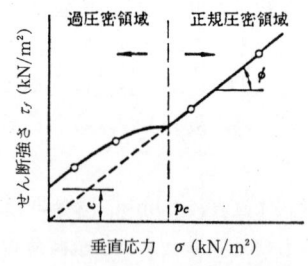

図5.17 c, ϕを求める図

一面せん断試験機は間隙水圧が測定できない，せん断が進むにつれてせん断面積が変るなどの問題点があるが，試験の操作が簡単であること，粘性土および砂質土の両方について試験ができることなどのため広く用いられている。

5 土の強さ 143

〔例題 5.3〕 ある乾燥砂について一面せん断試験を行い，垂直応力が300および450 kN/m²のとき，それぞれ173, 260 kN/m²のせん断強さを示した。この砂の内部摩擦角を求めよ。

〔解〕 砂は粘着力＝0 と考えてよいから，モール・クーロンの破壊規準は次式のようになる。

$$\tau_f = \sigma \cdot \tan\phi$$

$$\therefore \tan\phi = \frac{\tau_f}{\sigma} = \frac{173}{300} = 0.577$$

また $\tan\phi = \frac{260}{450} = 0.578$

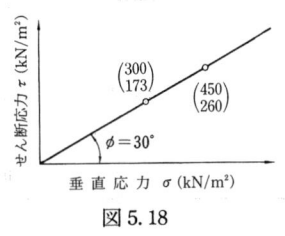

図 5.18

ゆえに砂の内部摩擦角 $\phi \fallingdotseq 30°$ となる。最小二乗直線を引いて，図5.18のように図解法で求めることもできる。

〔類題 5.3〕 垂直応力が100および180kN/m² の時，せん断強さが，それぞれ120, 140 kN/m²の粘性土がある。内部摩擦角と粘着力を求めよ。($\phi = 14°$, $c = 95$kN/m²)

5.3.2 一軸圧縮試験

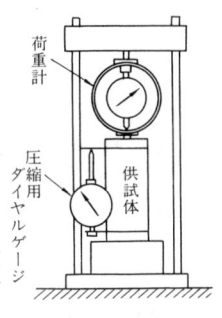

圧縮試験をして間接にせん断強さを求めるもので，図5.19に示すような直径3.5cmまたは5 cm，高さは直径の1.8〜2.5倍の円柱形の供試体を，上下方向から加圧する。加圧速度は，ひずみ制御型の場合，毎分1％の圧縮ひずみを生ずるような速さで加える。ピークをこえるまでは圧縮量0.20mmごとに，時間，荷重計，および圧縮量測定用ダイヤルゲージの読みを記録し，それ以後は0.50mmごとに記録する。荷重計の読みが最大となってから，引続き2％以上圧縮を続ける。ただしひずみが15％に達したらやめる。これらの結果から図5.20のような応力―ひずみ曲線を描き，最大圧縮応力を求めて，これを一軸圧縮強さ q_u とする。

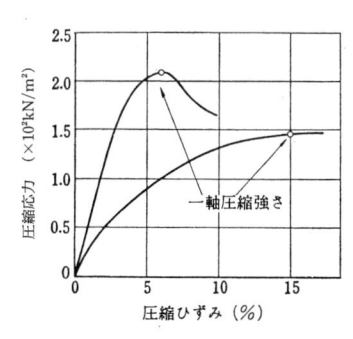

図 5.19 一軸圧縮試験機

図 5.20 応力―ひずみ曲線

一軸圧縮試験は主として乱さない飽和粘性土の試験に用いられるが，とくに $\phi \fallingdotseq 0$ の場合は，図5.21のようにモール・クーロンの破壊規準は水平となる。また一軸圧縮のため側

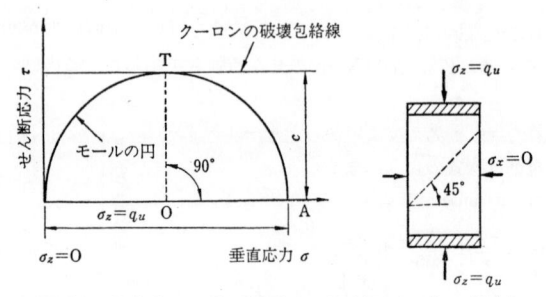

図 5.21 粘着力と一軸圧縮強さの関係（$\phi=0$ の場合）

圧 $\sigma_x=0$ であるから，モールの円も図 5.21 のように直径の一端は座標原点を通ることになり，(5.8)式が成立し，粘着力は一軸圧縮強さの半分に等しい。

$$c_u = q_u/2 \tag{5.8}$$

また "5.1" でも述べたように（図 5.4 参照）モール・クーロンの破壊規準とモールの円との接点Tをのぞむ角 $\angle \text{TOA}=90°$ の半分が，供試体における破壊すべり面の傾斜角に相当するから，$\phi_u=0°$ のときの供試体の破壊は理論的には x 軸（水平線）に対して約 $45°$ の傾きで起こる。

〔例題 5.4〕 ある土の供試体について一軸圧縮試験を実施したところ，その圧縮強さは $280\,\text{kN/m}^2$ であり，その供試体の破壊面の水平に対する角度が $50°$ であることがわかった。この土の粘着力と内部摩擦角を決定せよ。

〔解〕 供試体のすべり面（破壊面）の傾きは，モールの円と供試体との対応から，圧縮力の働く面に対し $45°+\dfrac{\phi_u}{2}$ の傾斜をなしている。したがって $45°+\dfrac{\phi_u}{2}=50°$，よって内部摩擦角 $\phi_u=10°$ である。

また供試体が破壊するときの応力円とモール・クーロンの破壊規準との関係は，図 5.22 のとおりであるから，幾何学的関係より，

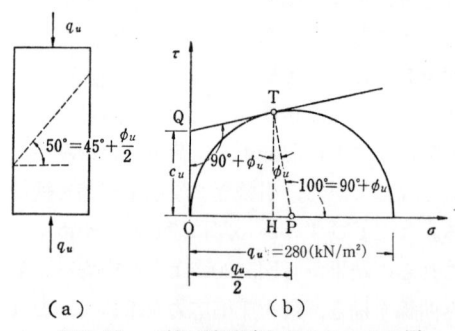

図 5.22 一軸圧縮試験とそのモールの円

$$\overline{\text{OP}}\left(=\frac{q_u}{2}\right)=\overline{\text{OH}}+\overline{\text{HP}}=\overline{\text{QT}}\cos\phi_u+\frac{q_u}{2}\sin\phi_u=c_u\cos\phi_u+\frac{q_u}{2}\sin\phi_u$$

$$\therefore c_u=\frac{q_u}{2}\times\frac{1-\sin\phi_u}{\cos\phi_u}=\frac{280}{2}\times\frac{1-\sin 10°}{\cos 10°}=\frac{140\times 0.826}{0.985}=117\ (\text{kN/m}^2)$$

〔類題 5.4〕 内部摩擦角 $\phi_u=0$ の粘土の供試体で，一軸圧縮試験を実施したところ，その圧縮強さは $360kN/m^2$ であった。この土の粘着力を求めよ。また，このときの応力円とモール・クーロンの破壊規準を図に描け。($c_u=180kN/m^2$)

5.3.3 三軸圧縮試験

圧縮試験を行って，間接的に土のせん断強さを求める試験であるが，供試体のあらゆる部分に一様な応力が加わるから，現在のところ最も正確に土のせん断強さを決定することができる試験と考えられている。

試験装置の主要部分は次の三つに大別できる（図5.23参照）。

(a) 三軸圧力室　供試体を入れ圧縮する部分。

(b) 載荷装置・定圧装置　荷重を加えたり，その荷重を一定に保つ装置。

(c) 間隙水圧測定装置・体積変化測定装置　供試体内の間隙水圧および供試体の体積を測定する装置。

図5.23　三軸圧縮試験装置

このうち，とくに重要な三軸圧力室の構造略図を図5.24に示す。底盤，上盤および透明プラスチック円筒よりなるが，上盤とプラスチック円筒は供試体を出し入れする際，底盤から取りはずすことができるようになっている。

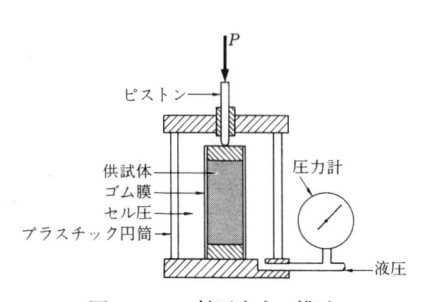

図5.24　三軸圧力室の構造

供試体は直径3.5～5cm，高さは直径の1.8～2.5倍の円柱形のものがよく用いられる。セル圧および軸圧を変えて3個以上試験するのが普通であるが，特殊な成形わくを用いると，砂および砂質土の試験もできる。

供試体は薄いゴム膜で包み，圧力室内にセットする。水で一定の側圧をかけて圧密した後，軸方向の力を加えて

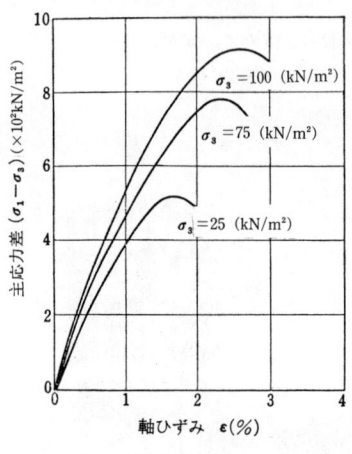

図5.25 主応力差―軸ひずみ曲線

少しずつ圧縮する（CU試験およびCD試験）。

一般の変位制御型，圧密非排水試験の場合，軸方向荷重の圧縮速度は毎分，供試体の高さの1％のひずみを生ずるように加え，読みはピークをこえるまでは圧縮量0.20mmごとに，それ以後は0.5mmごとに記録するのが標準である。圧縮は荷重計の読みが最大になってから，さらに軸ひずみが3％以上になるまで続ける。ただし，ひずみが15％に達したらやめる。

以上の試験結果を，横軸に軸方向の圧縮ひずみ，縦軸に主応力差をとって，図5.25のような主応力差―軸ひずみ曲線を描く。これから主応力差の最大値 $(\sigma_1-\sigma_3)_f$ を決める。軸方向ひずみ ε (％)および主応力差 $(\sigma_1-\sigma_3)$ kN/m^2 は(5.9)，(5.10)式から求められる。

$$\varepsilon = \frac{\Delta H}{H_0} \times 100 \tag{5.9}$$

$$\sigma_1 - \sigma_3 = \frac{P}{A_0}\left(1 - \frac{\varepsilon}{100}\right) \tag{5.10}$$

ΔH：軸圧縮量（cm）
H_0：供試体の最初の平均高さ（cm）
σ_1：供試体に作用する軸方向応力（kN/m^2）
σ_3：供試体に作用する側方向応力（kN/m^2）
P：軸ひずみ ε (％)のときに供試体に加えられた軸圧縮力（kN）
A_0：試験前の供試体断面積（m^2）

軸方向の全圧縮応力 $\sigma_1\left(=\left(\frac{Q}{A}\right)+\sigma_3\right)$ と，そのときの側圧 σ_3 を一組として横軸にとり，これらを直径とする3個以上のモールの円を図5.26のように描く。これらの円に共通接線を引くとき，この直線と縦軸との交点が粘着力 c_{cu} を与え，直線の傾きが内部摩擦角 ϕ_{cu} を与えることになる。

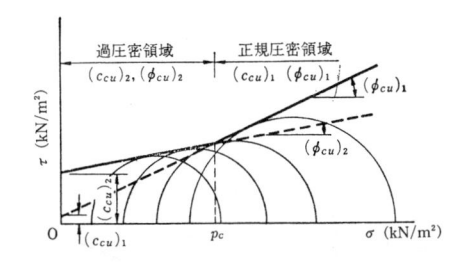

図5.26 c, ϕ の求め方（CU試験）

供試体の粘着力，および内部摩擦角を求めるには，次のような方法もある。すなわち横軸に側圧 σ_3 を，縦軸に最大主応力差 $(\sigma_1-\sigma_3)_f$ をとり，実験値を結ぶ直線を決定する。この直線の傾きを m_0，縦軸を切る長さを f_0 とすると（図5.27参照），粘着力 c と内部摩擦角 ϕ は，(5.11) 式および (5.12) 式で与えられる。

$$c = \frac{f_0}{2\sqrt{1+m_0}} \quad (5.11)$$

$$\sin \phi = \frac{m_0}{2+m_0} \quad (5.12)$$

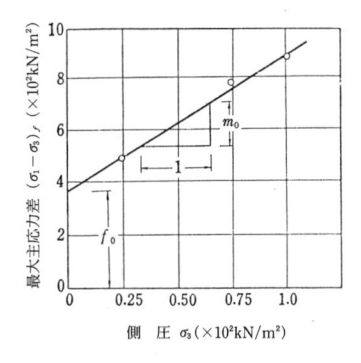

図5.27 $(\sigma_1-\sigma_3)_f$ と σ_3 による c, ϕ の求め方

〔例題 5.5〕 土の三軸圧縮試験（CU試験）を行い，正規圧密領域で表5.3のような結果を得た。この土の粘着力と内部摩擦角を，上記の図解法と計算法の2方法により決定せよ。

表5.3

側　圧 $\sigma_3 (\times 10^2 \mathrm{kN/m^2})$	最大主応力差 $(\sigma_1-\sigma_3)_f (\times 10^2 \mathrm{kN/m^2})$
0.5	0.75
1.0	1.32
1.5	1.95

〔解〕（a） モールの応力円を利用するには，表5.3を整理して表5.4を作成し，σ_1 と σ_3 とを求める。これを用いて図5.28を描く。これから

表5.4 σ_1 と σ_3 の関係

側　圧 $\sigma_3(\times 10^2 \text{kN/m}^2)$	最大主応力差 $(\sigma_1-\sigma_3)_f(\times 10^2 \text{kN/m}^2)$	$\sigma_1(\times 10^2 \text{kN/m}^2)$
0.5	0.75	1.25
1.0	1.32	2.32
1.5	1.95	3.45

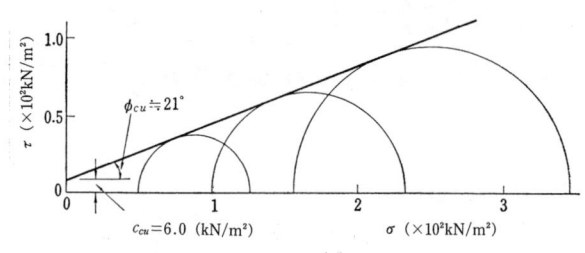

図5.28 モールの円から c, ϕ を求める図

$c_{cu} = 6.0 \ (\text{kN/m}^2)$

$\phi_{cu} = 21$ 度

が求まる。

(b) 表5.3から図5.29を作り、最小二乗法によって f_0, m_0 を求めると、

$f_0 = 14 \ (\text{kN/m}^2)$

$m_0 = 1.2$

が求まる。

(5.11) および (5.12) 式から

$$c_{cu} = \frac{f_0}{2\sqrt{1+m_0}} = \frac{14}{2\sqrt{1+1.2}} = \frac{14}{2.97}$$

$= 4.7 \ (\text{kN/m}^2)$

$\sin \phi_{cu} = \dfrac{m_0}{2+m_0} = \dfrac{1.2}{3.2} = 0.375$

$\phi_{cu} ≒ 22°$

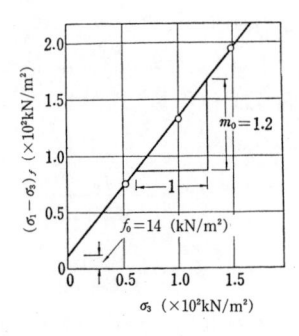

図5.29 σ_1, σ_3 から c, ϕ を求める図

表5.5

側　圧 $\sigma_3(\times 10^2 \text{kN/m}^2)$	最大主応力差 $(\sigma_1-\sigma_3)_f(\times 10^2 \text{kN/m}^2)$
0.5	0.75
1.0	1.16
1.5	1.50

〔類題 5.5〕 正規圧密領域で土の三軸圧縮試験（CU試験）を行い、表5.5のような結果が得られた。この土の粘着力と内部摩擦角を求めよ。

（モールの円を利用して、$c_{cu} = 14 \ \text{kN/m}^2, \phi_{cu} = 16.5°$）

5.3.4 ベーンせん断試験

現場で試験機をそのまま土中にそう入して，土のせん断強さを求めようとする原位置試験の一種で，調査しようとする土を乱さずに試験できる点がすぐれている。そのため試料採取が困難なやわらかい粘土や，試料成形がむずかしい土に適用して便利である。また最近は試料採取管内の軟粘土について室内試験のできる装置も開発されている。

図5.30のような4枚の直交した羽根を静かに粘土地盤に圧入し，これを回転せしめるような力を与える。土は回転モーメントのための円筒形の上下面，および円周面ですべるが，そのまさに破壊せんとするときの回転モーメントを M_{max} とすると，粘土の粘着力 c_u(kN/m²) は（摩擦抵抗＝0として）(5.13)式で求められる。

$$c_u = \frac{3M_{max}}{2\pi R^2(2R+3H)} \quad (5.13)$$

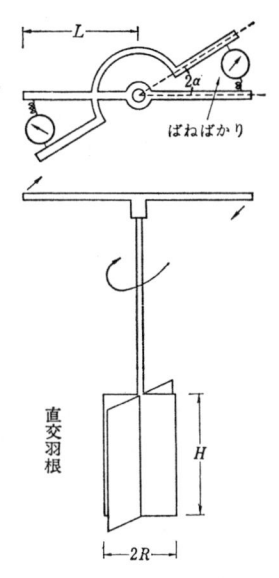

図5.30 ベーンせん断試験装置

R：ベーンの幅（半径）（cm）
H：ベーンの高さ（cm）
$M_{max} = (P_1+P_2)L\cos\alpha$：最大回転モーメント (kN・cm)
P_1, P_2：それぞれ左右のばねばかりの最大読み (kN)
L：トルクバーの長さ（cm）
α：回転角

〔例題 5.6〕 ある粘土地盤においてベーンせん断試験を行ったところ，最大回転モーメントが1.8kN・cmであった。この粘土地盤の粘着力を計算せよ。ただしベーンの高さ12.5cm，およびベーンの全幅を6.3cmとする。

〔解〕 (5.13)式において，$2R=6.3$cm, $H=12.5$cm, $M_{max}=1.8$kN・cm であるから，

$$c_u = \frac{3M_{max}}{2\pi R^2(2R+3H)} = \frac{3\times1.8}{2\times3.14\times\left(\frac{6.3}{2}\right)^2\times(6.3+12.5\times3)}$$

$$= \frac{5.4}{62.3\times43.8} = 1.98\times10^{-3} \text{ (kN/cm}^2) = 19.8 \text{ (kN/m}^2)$$

〔類題 5.6〕 〔例題 5.6〕で，最大回転モーメントが1.0kN・cmであったとすれば，この地盤の粘着力はいくらか。($c_u=11.0$kN/m²)

5.4 砂質土のせん断特性
5.4.1 乾いた砂質土のせん断特性

砂質土は主として石英粒子のような丸い粒子と角ばった粒子とから構成されている。図5.31のような垂直力Pとせん断力Sを受けている砂質土は平均して

垂直応力　　　$\sigma = P/A$　　　　　　　　　　　　(5.14 a)

せん断応力　　$\tau = S/A$　　　　　　　　　　　　(5.14 b)

　　　　A：全体としての断面積

の応力を受けていることになるが、実際には断面積Aは図5.31に見るごとく小さな点接触の面積に過ぎないから、その応力は(5.14)式の値よりはるかに大きなものである。せん断応力が増加すると弾性変形に続いて、弱いもろい粒子や粒子の角などは破砕する。一部が破砕すると抵抗のゆるみにつれて回転したり、すべりを起こす粒子も生まれてくるが、

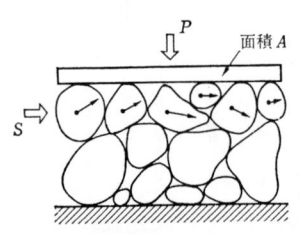

図5.31　砂質土のせん断

これらの運動に対する抵抗は垂直応力σの大きさに比例する。せん断応力τがさらに大きくなり破壊に近づくと、粒子の変形、破砕、回転、すべりは連続的に起こるようになり、その結果せん断応力が増さないのに変形が進みせん断破壊状態となる。

工学的にはこれらの破壊の一つ一つの機構の定量的把握はあまり重要でなく、組合せ効果として認識される"応力—ひずみ曲線"のような統計的な挙動の方が重要である。また多くの砂質土では応力が大きくなると、水分子は接触面に介在しなくなるから含水量はこの破壊機構には直接影響を及ぼさない。しかし間隙の多い火山灰とか滑石のような特殊な土では粒子が水による軟弱化を起こす可能性があるから十分注意すべきである。

(1) 応力—ひずみ関係

三軸圧縮試験で側圧$\sigma_3 = $一定 で、主応力差$(\sigma_1 - \sigma_3)$を増大したときの"応力—ひずみ曲線"

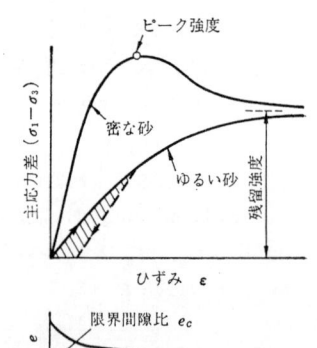

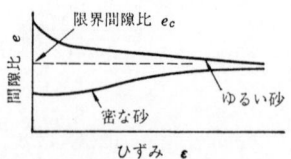

図5.32　砂質土の応力—ひずみ曲線　($\sigma_3 = $一定)

を密度のゆるい場合と，密度の大きい場合の両方について図5.32(a)に示す。

$\sigma_1-\sigma_3$ が小さい間はひずみが応力に比例し，かなり弾性変形の様相が明瞭である。したがってこの段階では応力をとり去れば比較的小さい応力履歴が残るだけで，ほぼ載荷曲線に近い回復曲線をたどる。このループに囲まれる斜線面積は土粒子の破砕とか土粒子の小さい移動によるものと考えられる。間隙の大きいゆるい砂質土の場合の方がこの斜線面積は大きい。

圧縮応力に従ってせん断応力が増加すると土粒子の破砕や移動も大きくなるからひずみは大きくなる。高い応力になると，ひずみの関数である間隙比は，ある標準の間隙比（限界間隙比 e_c）にだんだん近づく。すなわち密な土は多少膨張し，ゆるい土は収縮することになる（図5.33(b)参照）。このことは図5.33に示

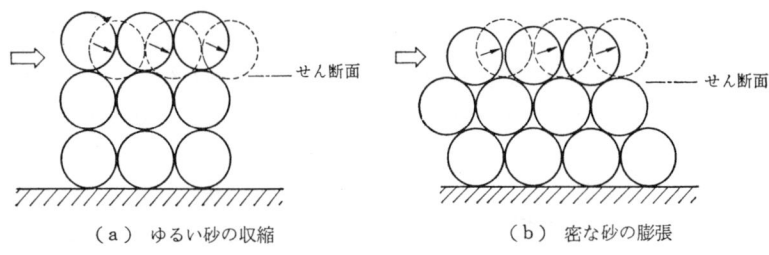

(a) ゆるい砂の収縮　　　　(b) 密な砂の膨張

図5.33 せん断中にけおる砂の体積変化

すような模型でみると，ゆるい砂はせん断により間隙比は小さくなるが，密な砂はせん断によって間隙比を増大するという理由によるものであることが推定できる。

(2) 弾性

図5.32からせん断応力が小さい間は，弾性係数 E はほぼ一定に近いが（傾きが直線に近い），せん断応力が大きくなると E はだんだん小さくなることがわかる。また弾性係数 E は拘束力の大小によっても変わる。同一土層で同じせん断力が働くとして地表より深い位置にある土は，浅い深さにある場合にくらべて E は大きくなる。

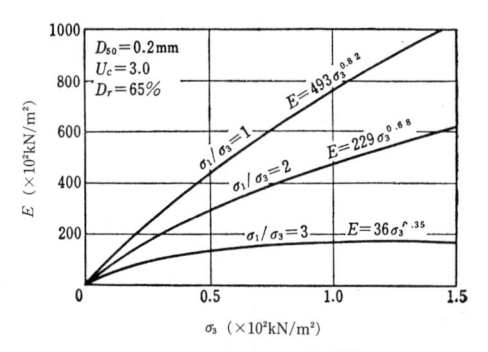

図5.34 海砂の弾性係数

その一例を図5.34に示す。拘束応力を σ_3 でせん断応力を σ_1/σ_3 の形で表現してあり、これらの曲線を (5.15) 式で近似してある。

$$E = C\sigma_3{}^n \tag{5.15}$$

ここに C および $n = f(\sigma_1/\sigma_3, D_r)$

実際の工学上の問題では n は $0.5 \sim 0.8$ の間にある。E は土の種類や応力状態で広い範囲に変わるから、簡単な室内試験で推定することはむずかしく、当面する構造物の応力の範囲やひずみの大きさから決めなければならない。

（3） ポアソン比

ポアソン比 μ も弾性係数 E に似て一定でないが、工学上で実際に起こる程度の応力範囲では $\mu = 0.25 \sim 0.40$ の間にある。

（4） 強度

乾いた砂質土に関する多くのせん断試験を行った結果、破壊時のせん断応力すなわちせん断強さ τ_f は破壊面上の垂直応力 σ にほぼ比例することがわかる。これは 5.2.2 で述べたようにモール・クーロンの破壊規準の $c = 0$ の場合であるから、理論的には原点を通り σ 軸に ϕ の傾きをなす直線で (5.16) 式で示される（図5.35参照）。ϕ は二つの土粒子間の摩擦角に似たものである。

$$\tau_f = \sigma \tan \phi \tag{5.16}$$

ϕ：内部摩擦角

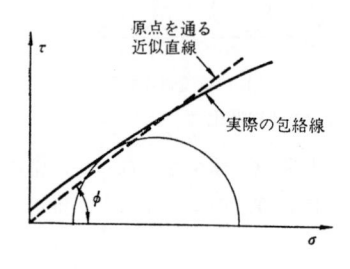

図5.35 乾燥砂の破壊規準

しかし実際は、すべりに対する抵抗は垂直応力 σ がなくても存在するし、またσが大きくなると鉱物粒子の破壊に伴うすべり抵抗の減少があるため、この破壊規準は図5.35のように縦軸を切る上に凸の曲線となる。たとえば石英砂やかたい岩石破片では $\sigma_3 = 35 \sim 100 (\times 10^2 \mathrm{kN/m^2})$ の場合には直線から離れ平たん化することが知られているが、火山灰や風化の進んだ礫では、もっと小さい応力で上に凸の形となる。またこのときの供試体の破壊面の角度は図5.22 (b) に示す破壊時のモール円の図解から次のようになる。

$$\alpha = 45° + \phi/2$$

すでに述べたように砂質土の破壊の主な要素は土粒子の回転とすべりであるから、そのときの土粒子の内部摩擦角 ϕ は粒形、粒度および相対密度などによって変わり、粘土鉱物間の摩擦角よりは大き目な値をとる。典型的な ϕ の値は表5.6

表5.6 砂の内部摩擦角

	球形の粒子		角ばった粒子	
	均等な粒度	粒度配合よい	均等な粒度	粒度配合よい
ゆるい場合 ($D_r \fallingdotseq 20\%$)	29°	32°	35°	37°
密な場合 ($D_r \fallingdotseq 70\%$)	35°	38°	43°	45°

のようなものである。

5.4.2 湿った砂質土のせん断特性

湿った砂質土に加わる全応力は土粒子間の有効応力 σ' と間隙圧 u とによって支えられるから、既述のごとく次式で表わされる。

$$\sigma = \sigma' + u$$

また、せん断抵抗は摩擦現象であるから粒子間有効応力で決まることになり、湿った砂質土のせん断強さ τ_f は (5.17) 式のようになる。

$$\tau_f = \sigma' \tan \phi = (\sigma - u) \tan \phi \tag{5.17}$$

実験によって砂は湿っても内部摩擦角はほとんど変わらないことが確かめられており、そのせん断強さは有効応力の大きさによって左右されることになる。

いま飽和砂質土の湿潤単体位積重量を γ_t として深さ z における間隙水圧を u_w とすると、その深さでの有効応力は $\sigma' = \gamma_t z - u_w$ だから、せん断強さは

$$\tau_f = (\gamma_t z - u_w) \tan \phi$$

であるが、間隙水圧 u_w が $\gamma_t z$ をこえるほど大きくなると $\tau_f = 0$ となり破壊する。地すべりは間隙水圧が増大して土のせん断強さが外力を支持しきれなくなった場合に起こると考えられている。また、ある地点間で間隙水圧に差があると地下水は流れを生じ、過剰水圧≧地盤の有効応力 になれば $\sigma' = 0$ となり地盤は強度を失い液体状となる。この状態は 3.3.2 でも説明したボイリングである。

ゆるい詰まり方をしている飽和砂が、体積変化を拘束された早い非排水せん断を受けると u_w が大きくなり、砂粒子間の σ' は減少し τ_f は排水せん断の場合に比べ小さくなる。これに反し密に詰まった飽和砂が非排水せん断を受けると、せん断面における粒子の移動によって試料は膨張するから負圧(毛管張力)が働き排水せん断の場合にくらべせん断強さは増大する。このときの砂質土の膨張をダイレイタンシーと言っている。この二つの間隙比の中間に図5.36に示すようなせん断時の排水条件がせん断抵抗に影響を与えない中間の間隙比がある。この間隙

比はすでに述べた限界間隙比 e_c である。e_c は砂の流動化に関係があり，$e > e_c$ の場合は地震や爆破のような急激な衝撃に対して不安定であり，せん断抵抗が瞬間的に減少したり消失したりする恐れがある。急激なせん断に対し体積の減少が起こるため，間隙に過剰水圧が発生しせん断抵抗が減少して流動化するのである。

せん断によって生ずる間隙水圧の変化は，初めはせん断領域に限られているからそれは局部的なものと考えてよい。しかし間隙水圧の伝播の要因である透水係数の大きさ，および破壊領域の広さ・長さなどによって地盤全体への影響は必ずしも局部にとどまらない。間隙水圧の伝播が地盤全体をゆるやかに不安定化せしめ災害の引金となる場合がそれで，1970年のアンデス山脈における土石流の始まりは飽和した風化岩盤の部分的なせん断から始まったものと信じられている。

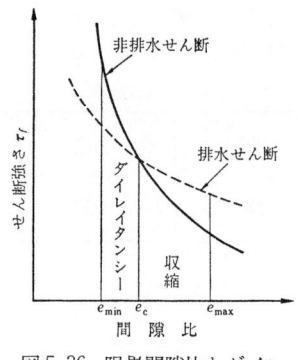

図5.36 限界間隙比とダイレイタンシー

破壊をリードする間隙水圧の増大は小さい荷重の繰返し載荷でも生ずる。細粒土が主体の十分な広さの地盤にたび重なる荷重が作用すると，そのたびに生ずる小さいひずみが重なり，透水性の良いことも相まって間隙水圧が危険な大きさにまで発達する。その結果，地盤は軟弱化し大きな変形と大きな体積変化が生じ結局破壊にたち至る。1963年の新潟地震における砂層地盤の液状化は大きなアパートを突然沈下せしめ，しかも30度も傾斜させたことはまだ記憶に新しいところである。砂質地盤に液状化を起こす荷重の反復回数は，地盤の初めの相対密度，応力の増加，透水係数ならびに水みちの形に関係するが，一般に応力の増加分が大きく土がゆるいほど少ない反復回数で液状化する。$D_r > 70\%$ 程度の密度なら荷重増の大きさや反復回数のいかんにかかわらず液状化は起きにくい。非常にゆるい砂や粘性のないシルトの地盤では掘削機械の繰返し衝撃や，爆破などの振動で間隙水圧が容易に大きくなるため，突然液状化し破壊することがあるのはすでに述べたとおりである。

部分的に水を保持している不飽和砂では，強度に影響を与える水分の働きは大変複雑である。それらの水分の多くは毛管現象によって土粒子の間に入っているが，毛管張力は負の中立応力の働きをするから土のせん断強さを増すし，湿った砂では土粒子間の薄い水膜によって土体としての形を保持したり，土の締固め能

力を増す働きを発揮する．いずれも図5.37に示すような表面張力が作る大きい曲率がかたい粒子の接触点に大きな引張力を働かせるためである．実際に地下水位より上の毛管領域にある細砂やシルトの地盤の強度は毛管張力の影響を大きく受けている．深い掘削をした場合，この種の土は見掛けの強度によってかなり急な傾斜でも施工できるが，完全に乾燥したり逆に飽和したりすると毛管張力が消失し，その強度が急に減少する．そのため思わざる事故が発生することも珍しくない．

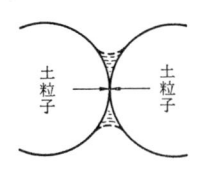

図5.37 土粒子間に圧縮をひき起こす表面張力

5.5 粘性土のせん断特性
5.5.1 飽和粘性土のせん断特性
飽和粘土も互いに分離した粘土鉱物で構成されているから，砂と同じくせん断に伴いすべりや回転を生ずるが，次のような幾つかの重要な相違点があるため，その破壊機構は砂よりも複雑である．
1. 粘土は間隙が多く圧縮されやすいから飽和粘土に外力が加わると，荷重は初めその大部分が間隙水圧で支えられ直接土粒子に伝わらない．
2. 粘土の透水度は低いから載荷重によって生じた過剰水圧はその減少がのろく，有効応力として土粒子の構造に荷重が加わるまでに長時間を要する．
3. 粘土粒子間に粘土鉱物特有の引力と反発力に起因する物理化学的な力が働く．

（1） 排水せん断

飽和した粘土のせん断は，過剰水圧＝0 になるようにせん断が進行するから，全応力＝有効応力で，土の間隙比および含水比はともに減少する．したがって，この場合の土の圧密は次の二つの段階の両方で進行することになる．
1. 側圧が加わる段階
2. せん断が生ずるような軸圧の加わる段階

せん断試験時の圧密の進行は，圧密試験の場合の単純な一次元圧密と少し異なる．普通の圧密試験では一次元圧密なので $\sigma_x = \sigma_y = K\sigma_z$（$K$は比例定数）であり，$\varepsilon_x = \varepsilon_y = 0$ となる．この場合の二次元表示によるモールの応力円は図5.38(a)のように増大していく．この図で 1—2—3 は圧密応力が漸増するときの最大せん断応力の応力径路である．

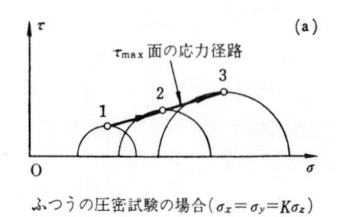

しかし排水せん断の場合は応力径路は図5.38(b)のようになる。初め $\sigma_z=\sigma_x=\sigma_y$（等方圧密）あるいは $\sigma_z>\sigma_x(=\sigma_y)$（異方圧密）で圧密し，側圧 $K\sigma_c=$ 一定（$K\sigma_c=\sigma_x=\sigma_y$）にして軸圧を増加させるから最大せん断応力の応力径路は 1—2—4 となり，単純な一次元圧密とは違ってくる。

三次元圧密の結果は図5.39に示すような応力―沈下曲線（$\sigma_z-\Delta H/H$ 曲線）あるいは砂質土の応力―ひずみ曲線（σ_z-ε_z 曲線）に似た方法で図示される。ここでひずみは土の弾性変形と間隙比変化の両方を含んでいる。

単純な一次元圧密試験の場合は，比較的薄い粘土試料が2枚の硬い圧力板の間で圧縮されつつ荷重が増加するから図5.38(a)のような特殊な応力径路をとることになる。しかし厚い圧縮性土層の圧密進行に伴う応力径路は，むしろ図5.38(b)に似ており，応力―沈下曲線は図5.39(a)の実線に近くなる。すなわち，普通の室内試験の応力径路と自然地盤の受ける荷重のもとでの応力径路は違うので，室内試験の結果をもって直ちに現場沈下量の正確な推定をする訳にはいかない。応力履歴の異なる粘性土は，そのせん断強さも変形量も同じにはならないことがわ

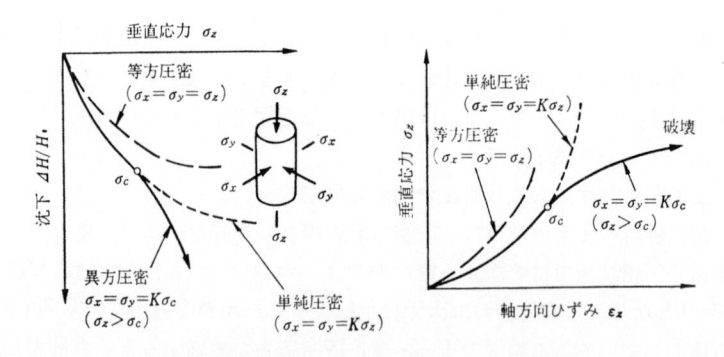

図5.38 最大せん断応力に関する応力径路

(a) ふつうの圧密試験の場合（$\sigma_x=\sigma_y=K\sigma_z$）
τ_{max} 面の応力径路

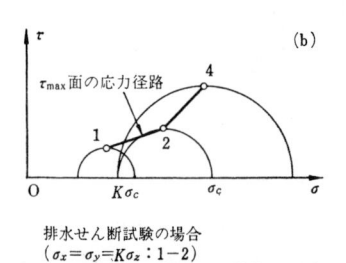

(b) 排水せん断試験の場合
（$\sigma_x=\sigma_y=K\sigma_z$：1—2）
（$K\sigma_c=\sigma_x=\sigma_y$ 一定で，σ_z 増大：2—4）
τ_{max} 面の応力径路

図5.39 排水せん断試験の応力―ひずみ関係

かる。

(2) 応力径路

土は弾性体ではないから，その時の応力の大きさだけでひずみが決まらない。その力学的特性を明らかにするには，それまでの応力履歴も考慮する必要がある。せん断中の供試体のある面上（たとえば破壊面あるいは最大せん断応力面など）の破壊に至るまでの垂直応力とせん断応力の組合せを図上にプロットした軌跡を応力径路という。現場の土の挙動との関連を考えやすくするため応力径路が考え出された。

(3) 排水せん断強度

圧密降伏応力 p_c より大きい荷重で圧密すると含水比は減少し土粒子の間隔は接近するから，土粒子間の付着力も増加することになる。したがって強度は有効側圧に比例して増し，逆延長すると（点線）モール円に対する包絡線は座標原点を通る直線となる（図5.40参照）。

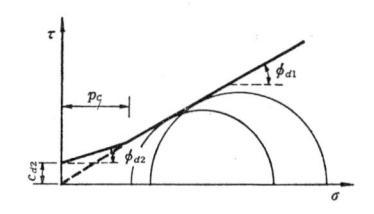

図5.40 排水せん断試験の破壊包絡線

この破壊包絡線（破壊規準）の傾斜角 ϕ は内部摩擦角（せん断抵抗角）と呼ばれ ϕ_d で表わされる。実験によると $\phi_d=12\sim30$ 度の間にあり塑性指数 $PI=5\sim10$ を持つ粘土では，このうちの比較的大きい値をとり，$PI=50\sim100$ のようなコンシステンシーの高い粘土は小さい方の値をとることがわかっている。塑性指数の大きい粘土は土粒子の吸着水膜が厚く電荷による反発力が大きいため，粒子間隔が広くなり土粒子の引力が小さいものと考えられている。

すでに大きな荷重で圧密されたことのある過圧密粘土では荷重を除去しても簡単には以前の間隙比にはもどらない。圧密降伏応力より小さい応力では，土の強度は拘束圧に単純に比例するのではなく多小大きい値を持つ。したがってせん断強さ τ_f は，

$$\sigma' \geqq p_c \quad \tau_f = \sigma' \tan \phi_{d1}$$
$$\sigma' < p_c \quad \tau_f = c_{d2} + \sigma' \tan \phi_{d2}$$

σ'：有効垂直応力

p_c：圧密降伏応力

ϕ_{d1}：排水せん断試験の内部摩擦角

ϕ_{d2}, c_{d2}：$\sigma' < p_c$ で求められた排水せん断試験の強度定数

排水せん断強度は長期間にわたる応力変化の後，土が持つ強度を表わしており有効応力 σ' を決めることができれば，飽和粘土の破壊に関する大抵の問題に用いることができる。とくに荷重状態や間隙水圧が複雑に変化する場合の解析に有用である。排水せん断試験を行うには長時間を要するので，しばしば間隙水圧を測定した圧密非排水試験結果から求めた強度定数を近似値として利用する。

（4）圧密非排水せん断

側圧による圧密段階で圧密荷重がゆっくり加えられると，間隙比は減少し含水比も低下するので，荷重はすべて有効応力として働く。しかし軸圧増加の段階では荷重が急速に加えられるから，ほとんどが間隙水圧となる。いま側圧を σ_3，破壊時の最大主応力 $\sigma_1 = \sigma_3 + \Delta\sigma_1$ とすると，軸圧の増分（主応力差）$\Delta\sigma_1$ は間隙水圧に変わり $\Delta\sigma_1 = \Delta u_w$ となる。これは間隙水圧の増加であるから，すべての方向に同じく働く。したがって破壊時の有効応力は

$$\sigma_1' = \sigma_1 - \Delta u_w = \sigma_3 + \Delta\sigma_1 - \Delta\sigma_1 = \sigma_3$$
$$\sigma_3' = \sigma_3 - \Delta u_w = \sigma_3 - \Delta\sigma_1$$

これらの有効応力に関するモール円の包絡線（破線）から図 5.41 の破壊規準が得られる。この破壊包絡線は p_c 以下を除いて圧密排水せん断の包絡線とほとんど同じものである。しかし同じ応力状態を全応力で描けば実線のようになり，有効応力で

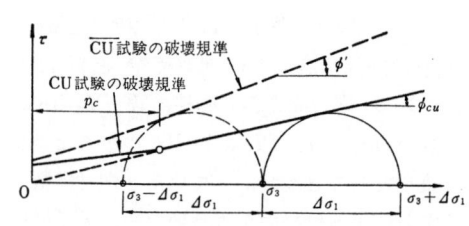

図 5.41　圧密非排水せん断試験の破壊包絡線

示す破壊規準とは違ったものとなる。圧密降伏応力より大きい所では，全応力の破壊規準は (5.18) 式のように書ける。

$$\tau_f = \sigma \tan \phi_{cu} \quad \text{ここで} \quad \phi_{cu} \fallingdotseq \phi'/2 \tag{5.18}$$

圧密非排水試験はすでに述べたように全応力で表わすより有効応力に換算して ϕ' を得るのによく使われる。こうして得られた ϕ' は ϕ_d とほとんど差がない。また全応力で表現される強度は，十分圧密された粘性土が突然地震のような動荷重を受けた場合，また降雨によって有効応力が変化する場合の安定解析に有用である。

（5）間隙圧と間隙圧係数

前述の有効応力解析は，$\Delta\sigma_1$ が間隙水圧変化 Δu_w に完全に依存すると仮定して

いる。これは土に荷重を加えたとき，水の体積変化は土構造の変化にくらべると省略できることを意味している。しかし，ある種の土やある種の荷重状態ではこの考え方は正しくない。σ_3 の変化も考え合わせて間隙水圧の変化 Δu_w は (5.19) 式で表わせる。

$$\Delta u_w = B\{\Delta\sigma_3 + A(\Delta\sigma_1 - \Delta\sigma_3)\} \tag{5.19}$$

ここで A, B は間隙圧係数と呼ばれるもので次の式で表現される。A 係数は

$$A = \frac{1}{1+(2m_e/m_c)}, \quad B = \frac{1}{1+(m_n/3m_c)} \tag{5.20}$$

m_e, m_c：それぞれ土の体積膨張率および体積圧縮率
m_n：水の圧縮率

主応力差の効果を示すもので，過圧密粘土では $A<1.0$，多くの正規圧密飽和粘土および鋭敏比の低い粘土で $A \fallingdotseq 1.0$，鋭敏な粘土で $A>1.0$ といわれる。B 係数は等方的な圧力変化による Δu_w の変化を示すもので飽和度が 0％，100％ に対応して $B=0$，$B=1$ の値をとる。

（6）非排水せん断

非排水せん断では側圧およびせん断応力（主応力差）ともに急速に加えられるから土に圧密は起こらないと考えてよい。したがって原則的に間隙比，含水比とも変わらず間隙水圧がすべての荷重を受け持つ。しかし過圧密土では，荷重が働くと土粒子は土被り圧 p_c までその構造で支え（p_c から生ずる強度は有効応力の破壊包絡線を引いて求められる），それ以上に側圧 $\Delta\sigma_3$ および軸圧 $\Delta\sigma_1$ が増しても，すべて間隙水圧となってしまう。これらをまとめると表5.7および図5.42のようになる。

これでわかるように有効最小主応力は側圧の増分 $\Delta\sigma_3$ に無関係であり，破壊す

表5.7

	全応力	間隙水圧	有効応力
土 被 り 圧	$\sigma_1 = p_c*$ $\sigma_3 = p_c*$	$u_w = 0$ $u_w = 0$	$\sigma_1' = p_c$ $\sigma_3' = p_c*$
側圧増分 $\Delta\sigma_3$	$\sigma_1 = p_c + \Delta\sigma_3$ $\sigma_3 = p_c + \Delta\sigma_3$	$u_w = \Delta\sigma_3$ $u_w = \Delta\sigma_3$	$\sigma_1' = p_c$ $\sigma_3' = p_c$
軸圧増分 $\Delta\sigma_1$	$\sigma_1 = p_c + \Delta\sigma_3 + \Delta\sigma_1$ $\sigma_3 = p_c + \Delta\sigma_3$	$u_w = \Delta\sigma_1 + \Delta\sigma_3$ $u_w = \Delta\sigma_1 + \Delta\sigma_3$	$\sigma_1' = p_c$ $\sigma_3' = p_c - \Delta\sigma_1$

* 土被り圧によって決まる最小主応力 σ_3 は，多くの場合，最大主応力 σ_1 より小さいものであるが，表に示される間隙水圧の効果には変化がない。

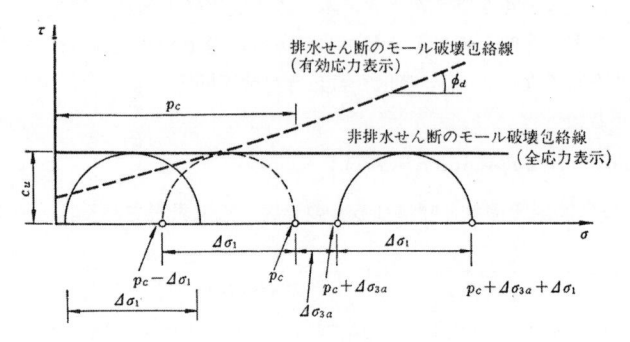

図5.42 非排水せん断試験の破壊包絡線

るときの有効最大主応力と強度は土被り圧と有効応力による破壊規準（破線）で決まる。他方，全応力で表わすと全域にわたってモールの円は同じ直径 $\Delta\sigma_1$ をもつから図5.42の実線のように破壊包絡線は水平な直線となる。この直線の τ 軸における切片は，この土の本来の状態（土被り圧 p_c で圧密された状態）におけるせん断強さに等しい。したがって非排水せん断における土の強度定数は (5.21) 式で表わされる。

$$\tau_f = c_u = \frac{\sigma_1 - \sigma_3}{2} \tag{5.21 a}$$

$$\phi_u = 0 \tag{5.21 b}$$

非排水強度は自然土のそのままでの強度を表わしている。多くの建設工事は地盤の圧密を考慮せず進められるから大抵の設計には非排水強度が用いられる。工事の進行がゆっくりしている場合（圧密の進行を念頭においている場合）でも非排水強度は安全側の強度として重要な意味を持っている。しかし最終の応力が初めの土被り圧より小さくなる場合，たとえば土の掘削の設計や地すべりの検討などでは十分注意しなければならない。荷重除去や間隙水圧の上昇による応力緩和があり，それが短期間であれば非排水強度を用いてよいが，長期間にわたって応力のゆるみが継続するようなら，土粒子の間隔は離れ，土の強度は低下するから，非排水強度は安全でなくなる。

〔例題 5.7〕 地表面に荷重が加わると，粘土層のA点に加わる応力が，$\Delta\sigma_1 = 200\text{kN/m}^2$，$\Delta\sigma = 100\text{kN/m}^2 (=\Delta\sigma_2)$ だけ増加する。（図5.43参照）
 (i) 載荷前のA点における間隙水圧はいくらか。
 (ii) 載荷直後の間隙水圧はいくらになるか。また，そのときマノメーターは地表面よ

りどれくらい上まで上昇するか。ただし、粘土の
A係数，B係数はそれぞれ 0.714, 1.000 とする。

〔解〕（ⅰ） 静水圧だから 45kN/m²

（ⅱ） 載荷によって，間隙水圧の変化は

$$\Delta u_w = B\{\Delta\sigma_3 + A(\Delta\sigma_1 - \Delta\sigma_3)\}$$
$$= 1.0 \times \{100 + 0.714 \times 100\}$$
$$= 171.4 \text{kN/m}^2$$

よって載荷直後は，171.4+45=216kN/m²

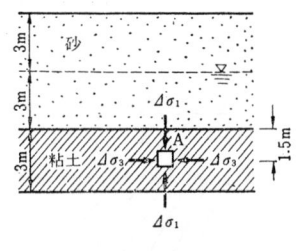

図 5.43

したがって地表面をこえる間隙水圧は $216 - 75 = 141 \text{kN/m}^2$，すなわち地表面より 14.1m だけマノメーターは上昇する。

5.5.2 飽和粘性土の強度の特殊な性質

（1） 鋭敏比

粘土の乱さない試料とこの土の含水比を変えないようにしてよく練り返した試料とでは，せん断強さが異なることが知られており，一般に練り返すと強度が低下する。これは土の構造および土粒子の吸着水膜の破壊，付着力の低下などが原因であると考えられている。このことは分散構造を持つ粘土の強度低下は小さいが，高度な綿毛構造を持つ粘土では強度の減少が大きいことからも裏づけられる（表5.8参照）。

表5.8 代表的な鋭敏比の値

正規圧密の中塑性粘土	2～8
綿毛化の高い海底粘土	10～80
過圧密の低塑性粘土	1～4
ひび割れ粘土，薄い砂層の入った粘土	0.5～2

乱さない粘土の一軸圧縮強さ q_u と，これを練り返したときの一軸圧縮強さ q_{ur} との比を鋭敏比と定義している。

$$S_t = \frac{q_u}{q_{ur}} \qquad (5.22)$$

乱さない鋭敏な粘土は図5.44のような密な砂の応力―ひずみ曲線に似たピーク強度に達した後，ひずみの増加と共に強度が低下する。大きなひずみを過ぎた後に残る強度は残留強度といい，ほぼ練り返し強度に等しい。非排水せん断で求められるこの応力―ひずみ関係はほとんど体積変化を伴わず変形が起こるだけであるが，図5.44の曲線の形は土の

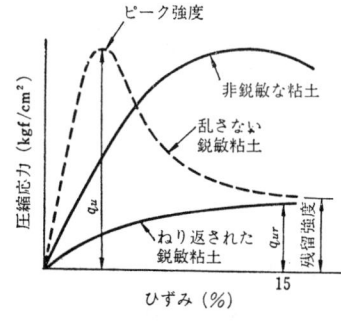

図 5.44 粘土の応力―ひずみ関係（非排水試験）

構造や先行圧密で生じた土粒子間の付着で決まる。乱さない粘土なら応力—ひずみ曲線の初期部分は直線となり，土粒子の付着が破壊するにつれて平たん化するが，練り返した土は同じ含水比でもより緩やかな応力—ひずみ曲線となる。したがって土が練り返された場合，その弾性係数はもとの値の数分の一に低下してしまう。

わが国の軟弱地盤の粘土では S_t が大きく（たとえば $S_t>20$）供試体の成形ができなくて，練り返した試料の一軸圧縮強さ q_{ur} が求められぬこともしばしばあるので，この場合は非排水強度 c_u と液性指数 I_L から図 5.45 を用いて鋭敏比 S_t を求めることが提案されている。

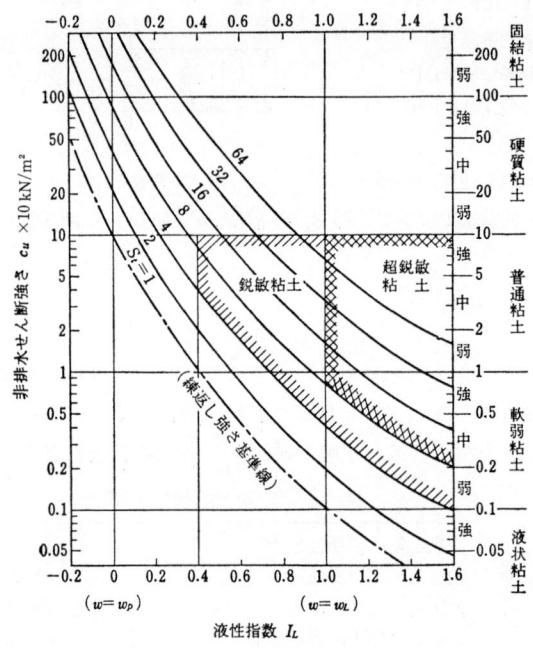

図 5.45　c_u と I_L から鋭敏比を求める図（三笠）

(2) 方向性が強度に及ぼす影響

多くの土は粘土鉱物の層化や鉱物自身の方向性のため，ある特定方向に強くかつ高い剛性を示すものである。この方向性は弾性や強度などを考えて評価されるから，試験は層化に平行な方向と直角な方向の両方でせん断して行うことが必要である。二つの破壊包絡線から求められる強度は層化に平行な場合のせん断で最小値を示し，層化に垂直な場合に最大値をとる。層化方向に任意の傾きをなす供試体の強度は，一般にこれら二つの強度の中間に入る。

(3) 粘土のひび割れ

過圧密粘土などある種の自然粘土には，物理的および化学的作用による風化や強い乾燥によって，しばしばひび割れが存在する。一般にひび割れは強度の弱点となるし，また水の通過する道ともなるから土質材料としてその存在には注意し

なければならぬ。粘土から大きな試料を採取した場合，ひび割れが含まれていることが多いが，ひび割れがあることを認識していると否とでは設計値に大きな食い違いを生ずるから慎重な取扱いが必要である。たとえば，サンプリングした小さい試料に，ひび割れが含まれなかったとすると，その強度はひび割れを含む地盤全体の強度よりは大きめの数値となる可能性がある。ひび割れの存在が懸念される地盤では大きい供試体について強度を確かめるのがよい。普通の寸法の供試体で求めた強度は割引きして設計に使用すべきである。またひび割れがある特殊な方向にそろって存在する場合の土の強度は，方向性のある土の破壊規準の推定の場合と同じく，強度の最大のモール円に対する包絡線と最小の場合の包絡線とを確かめて検討すべきである。

5.5.3 不飽和粘性土のせん断特性

道路やアースダムの盛土のように人工的に作る土構造物は一般に不飽和土から成るが，不飽和土の強さを支配する間隙圧は，毛管張力や間隙空気圧の影響を受けること，またこれらの張力や圧力は土の飽和度や間隙の大きさによって左右されること，さらに土の層化も影響するから不飽和土の間隙圧は単純には決まらない。したがって不飽和土のせん断強さを有効応力で処理するのはむずかしく，全応力解析によることが多い。

非排水試験をすると，不飽和土に関するモールの破壊包絡線は τ 軸の切片を通り，垂直応力の増加に伴い傾斜が漸減する上に凸の曲線となる（図5.46参照）。切片の粘着力は土の間隙における毛管張力や先行圧密による土粒子の付着力から構成されている。曲線の傾きが初め急であるのは側圧が増加して圧密が効果的に進んだ結果であり，この傾斜はほぼ排水試験で得られる角度に匹敵する。しかしさらに側圧を増し続けると土の飽和度は高まり表面張

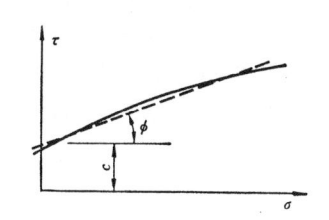

図5.46 不飽和粘土の破壊包絡線
（全応力表示）

力は小さくなり，また空気が水に溶け込み間隙水圧が少しずつ増すことになり，結果として破壊包絡線はゆるやかになる。不飽和土の強度は設計に必要な応力範囲において破壊包絡線を (5.22) 式のような直線に近似させ，この直線から強度定数 c，ϕ を決めている。したがってこれらの強度定数は，土の本質的特性によるものでなく便宜的な値と理解すべきである。

$$\tau_f = c + \sigma \tan \phi \tag{5.22}$$

不飽和土はしばしば豪雨や，その他の理由による地下水位の上昇によって飽和土となるから，不飽和の状態が確実に持続する場合でなければその状態の強度を解析に使用すべきでない。これらの事情も考慮して，不飽和土では供試体を水に浸して飽和土の状態にしてから試験し設計データを得ることも行われている。飽和の操作は供試体内の間隙水圧（バックプレッシャー）を加えると同時に液圧も増加させる方法で行われる。

5.6 土のクリープとレオロジー

土の強さやひずみに関して，われわれが入手できるデータの大部分は，数分あるいは数時間という比較的短い時間に行われた室内試験によって得られたものである。しかし実際の地盤は数年とか数世紀という長期間の応力が作用している場合がほとんどである。このような長期間の荷重は値としては大きくなくても連続的な変形を生ずるため，累積された変形量はかなり大きなものとなる。この現象はクリープと呼ばれている。

5.6.1 クリープ

クリープという現象は，高い応力が加わる場合は土に限らず一般の建設材料にも存在する性質である。特に高温度で使用される金属などでは，設計に当たって決定的な要素となる。土は素材そのものがクリープを生じやすい特性を持っているが，一方ではまたクリープを発生しやすい環境条件の中におかれているので，設計に当たっては十分これらのことを考慮せねばならない。

土のひずみの進み具合の代表的な例を時間の関数として図5.47(a)に示した。

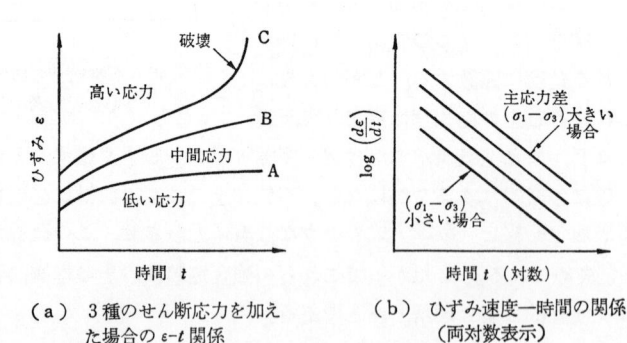

（a）3種のせん断応力を加えた場合の ε-t 関係

（b）ひずみ速度―時間の関係（両対数表示）

図5.47 土のクリープ

5 土の強さ　165

低いせん断応力の範囲では曲線Aのように，その変形速度を減少しつつひずみは進行してある極限値に近づく。したがって，普通の室内試験で測定されたひずみは，その極限値に近づく途中の値であることが多い。そのため，多くの材料試験で得られた弾性係数Eは弾性係数の終局値E_uより大きいことになる。A曲線より応力の高い中間の応力範囲では，曲線Bのように変形速度は減少するが変形は増してゆく。この関係は横軸を $\log t$ にとり，縦軸を変形速度の対数 $\log(d\varepsilon/dt)$ にとって図示すると図5.47(b)のようになり，それぞれの応力段階で近似的に直線になることがわかる。また破壊応力に近いような高い応力範囲では，時間の増加に伴って，初め変形速度は減少するが，さらに時間が経過すると変形速度は急激に増しC曲線のように破壊する。クリープの影響を受ける応力 τ_c は多くの粘土について調べた結果，近似的に次の範囲にあることが認められている。

$$\tau_c > 0.3\tau_f$$

ここで τ_f は通常の三軸圧縮試験で求められるせん断強度である。一般に基礎の設計に用いられる応力は $0.3\tau_f$ 付近であるから普通の基礎設計ではクリープはほとんど問題にならない。しかし擁壁や根切り工事の矢板に働く土圧，および堤体内部の応力などの範囲ではクリープによる変形量は無視できない。土に与える応力がほぼ $\tau < 0.7\tau_f$ におさまっていればクリープ量は許容できるという報告もあり，少なくとも安全率 $F_s(=\tau_f/\tau) \geq 1.5$ で設計することが望ましいとされている。

5.6.2　レオロジー

本節の初めにも述べたように，地盤に荷重が働いたときの変形は $1:1$ の対応を示さず時間的な効果を考えなければならぬことが少なくない。土のクリープ，圧密および膨潤などはその好例である。このような土の挙動に対する時間の解析的取扱いをレオロジーという。

理論的レオロジーの最も簡単な模型としてあげられるものは図5.48である。荷重が作用したとき，荷重に比例する瞬間的かつ弾性的な対応をするものはフック物質と呼ばれるスプリングで表わされる（図5.48(a)）。変形速度が荷重に比例する場合は液体の粘性流動に類似している。それは層流が起こるような小さい孔の出口を持つ水の入ったシリンダーなどで模型化される。このような挙動の模型をダッシュポットあるいはニュートン物質という（図5.48(b)）。ある応力レベルに達したとき，瞬間的に破壊するものは応力連鎖あるいはサンブナン物質で表現される（図5.48(c)）。

(a) 弾性スプリング
(変形は応力の関数である)

(b) ダッシュポット
(変形速度は応力の関数である)

(c) 応力連鎖
(変形の始まりは応力の関数である)

図5.48 レオロジーの要素

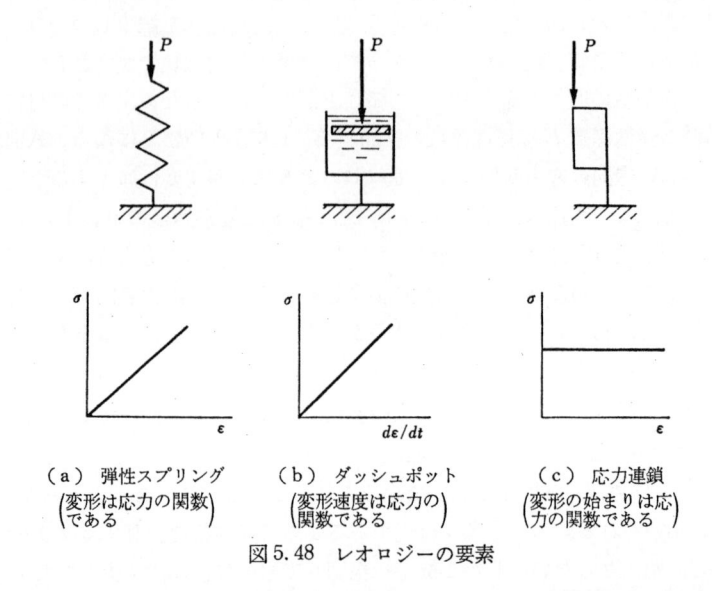

荷重が加わったときの簡単な土の挙動を表わすこれらの模型要素の特性は，すべて数学的に記述することが可能である。レオロジー理論は前記の各要素を実際の土の挙動に合致するように組み合わせて作られている。理論をよい近似をもって作り上げるには，単純な荷重状態で観察される土の働きをわかりやすい数学表現でとらえること，要素の組合せを数回くり返し試み，実際の地盤の挙動に合わせることなどが重要である。

土質力学で実際に用いられるレオロジー模型の数例を示すと図5.49のごとくである。土に荷重が加わって間隙内の空気が追い出される過程は図5.49(a)に示されるスプリングとダッシュポットを直列に連結したマックスウェル模型に単純化される。また，圧密理論の基礎となっているテルツァギの理論は図5.49(b)に見るようにスプリングとダッシュポットが平行に組み合わされているケルビン模型で表現される。図5.49(c)のケルビン模型とマックスウェル模型との組合せはブルガー模型といわれており，不飽和粘土の初期圧密と一次圧密の両現象をよく近似化している。

レオロジー模型は実際の土の挙動を測定しにくい場合や，これに複雑な荷重変動が生じた場合の土の働きを表現する場合に有効である。しかし模型は単純な荷重状態を想定して組み立てられているので，複雑な荷重が加わって土質特性が変

5 土の強さ 167

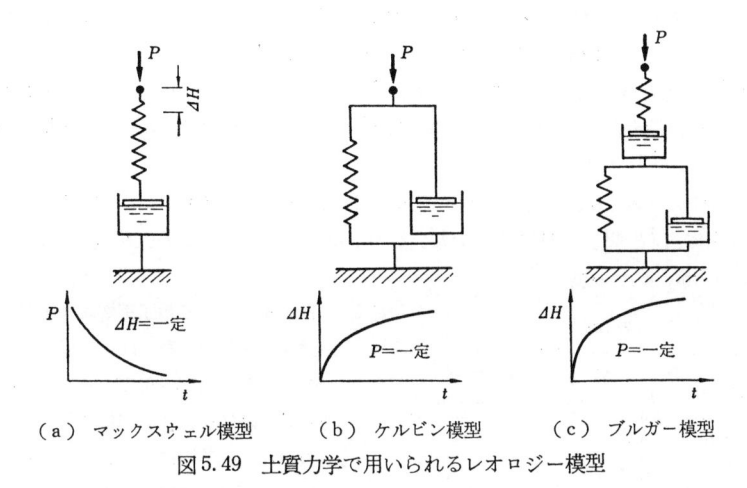

(a) マックスウェル模型　(b) ケルビン模型　(c) ブルガー模型
図5.49 土質力学で用いられるレオロジー模型

わると予想される場合は，その模型は土の挙動を正しく表現しないから結果の評価は十分慎重にしなければならない．

〔演習問題〕

(1) $\sigma_1=300\mathrm{kN/m^2}$, $\sigma_3=0\ \mathrm{kN/m^2}$が与えられているとき，最大主応力面と30°の傾きをなす面に作用する垂直応力およびせん断力を解析的方法ならびに図解法で求めよ．
($\sigma=225\mathrm{kN/m^2}$, $\tau=130\mathrm{kN/m^2}$)

(2) 演習問題(1)と全く同じ主応力のとき，最大主応力面と120°の傾きをなす面に働く垂直応力およびせん断応力を求め，(1)の解と比較せよ．($\sigma=75\mathrm{kN/m^2}$, $\tau=-130\mathrm{kN/m^2}$)

(3) シルト質の砂について直接せん断試験を行って表5.9の結果が得られた．
　(a) この砂の強度定数を決定せよ．
　(b) また，この砂に表5.10の組合せ応力が働くとしたら，いずれの場合にせん断破壊が生ずるか．($c=0$, $\phi=20°$, (Ⅰ)の場合)

(4) $\phi=30$度で $c=0\ \mathrm{kN/m^2}$ の砂質土がある．

表5.9

垂直応力 ($\times 10^2\mathrm{kN/m^2}$)	破壊時のせん断応力 ($\times 10^2\mathrm{kN/m^2}$)
1.0	0.40
2.0	0.70
3.0	1.22

表5.10

組 応力	(Ⅰ)	(Ⅱ)	(Ⅲ)
$\sigma(\times 10^2\mathrm{kN/m^2})$	0.25	4.00	1.00
$\tau(\times 10^2\mathrm{kN/m^2})$	0.20	1.00	0.20

(a) 土の供試体がそれぞれ $\sigma_3 = 150 \text{ kN/m}^2$, $\sigma_1 = 200 \text{ kN/m}^2$ の主応力を受けるとすると，その供試体は破壊するか。それは何故か。

(b) 側圧 $\sigma_3 = 100 \text{ kN/m}^2$ を一定にして，σ_1 を少しずつ増加していく。その供試体は最大主応力 400 kN/m^2 まで支えられるか。それは何故か。（破壊しない，支えられない）

(5) 粘性土の一軸圧縮試験を行ったところ，圧縮強さは 200 kN/m^2 で，供試体のクラックは，水平面と $48°$ の傾斜をしていた。この土の粘着力と内部摩擦角を推定せよ。($c_u = 90 \text{ kN/m}^2$, $\phi_u = 6$ 度)

(6) 正規圧密土の三軸圧縮試験（圧密非排水試験）を行い，表5.11の関係を得た。この土の粘着力と内部摩擦角を求めよ。($c_{cu} = 18 \text{ kN/m}^2$, $\phi_{cu} = 19°$)

表5.11

側 圧 $\sigma_3 (\times 10^2 \text{kN/m}^2)$	最大主応力差 $(\sigma_1 - \sigma_3)_f (\times 10^2 \text{kN/m}^2)$
0.5	1.00
1.0	1.50
1.5	2.00

(7) 次の用語を簡単に説明せよ。
　　(a) ダイレイタンシー
　　(b) 鋭敏比　(c) 有効応力
　　(d) モールの応力円　(e) 間隙圧係数　(f) 応力径路

(8) 圧密非排水の三軸圧縮試験で，二つの供試体がそれぞれ2.0 kN/cm^2, 4.0 kN/cm^2の圧力で等方圧密された後，軸圧が急速に加えられ破壊した。その結果は表5.12の通りである。次の値を求めよ。
　　(a) 全応力状態での強度定数
　　(b) 有効応力状態での強度定数
　　(c) 供試体 No.2 の破壊面上のせん断応力と垂直応力
　　　　($c_{cu}=0$, $\phi_{cu}=16°$; $c'=0$, $\phi'=33°$; $\sigma'=185 \text{kN/m}^2$, $\tau=130 \text{kN/m}^2$

表5.12

供試体 No.	σ_3 $(\times 10^2 \text{kN/m}^2)$	破壊時の σ_1 $(\times 10^2 \text{kN/m}^2)$	破壊時の u_w $(\times 10^2 \text{kN/m}^2)$
1	2.0	3.5	1.4
2	4.0	7.0	2.8

(9) 正規圧密状態にある粘土堆積層の非排水強度を求めたところ 100 kN/m^2 であった。実験室でさらに試験を行い，有効応力表示の強度定数が $\phi'=30$度，$c'=0$ であることを確認した。もし非排水状態で破壊するなら，そのときの有効主応力はそれぞれいくらであるか。($\sigma_1' = 300 \text{kN/m}^2$, $\sigma_3' = 100 \text{kN/m}^2$)

(10) 飽和粘土の供試体について圧密非排水試験を行った。$\sigma_3 = 200 \text{kN/m}^2$ で破壊時の

$\sigma_1-\sigma_3=280\mathrm{kN/m^2}$, $u_w=180\mathrm{kN/m^2}$ である。

(a) 供試体の破壊面が水平と 57° の傾きをしていたとすれば，この破壊面における垂直応力，せん断応力および供試体の最大せん断応力を求めよ。

(b) 破壊面のせん断応力と最大せん断応力は同じ値になるか。なぜ最大せん断応力の働く面に破壊が起こらぬのか。

($\sigma'=103\mathrm{kN/m^2}$, $\tau=128\mathrm{kN/m^2}$, $\tau_{max}=140\mathrm{kN/m^2}$)

6 土　　　圧

　擁壁・隔壁・山止め板および地下埋設管などの構造物は，土を一定の位置にささえておくという機能を持っている。これらの構造物の背面に加わる地山，または盛土の圧力は一般に土圧と呼ばれ，その設計にあたっては，土圧を確かめなければならない。

　土質力学の最も初期の理論のいくつかは，擁壁に働く土圧を取り扱っている。残念なことに，その土圧算定式を用いる技術者は，必ずしも，その誘導にあたっての諸仮定を十分理解していないことが多かった。そのため多くの失敗がおこり，ひいては，土の設計施工に当たる技術者の中に，土質力学に不信の念をいだく原因を作り出したことも少なくなかった。

6.1　ランキン土圧論

　ランキン(Rankine)は表面が水平に広がった正規圧密土中の微小立方体に働く応力の釣合いを考えた。土が均質である場合，任意の深さ z における垂直応力 σ_z は次のようになる。

　　　地下水面より上　　$\sigma_z = \gamma z$

　　　地下水面より下　　$\sigma_z' = \gamma z - u_w$

　　　　　　　　γ：土の単位体積重量
　　　　　　　　u_w：間隙水圧

6.1.1　静止土圧

　土中の深さ z での応力状態が図 6.1(a) に示してある。土被り圧によって鉛直方向には変形するが，水平方向には同じ状態の土が存在するため変形ができない。この応力状態は摩擦のない移動できない壁がおかれている場合も同じであるとする。これらの土は塑性平衡状態にあると言われ，ポアソン比を μ とすると水平方向の応力変化 $\Delta \sigma_h$ は，ひずみと応力の関係から次式で与えられる。

$$\Delta \sigma_h = \frac{\mu}{1-\mu} \Delta \sigma_z$$

　土が静止の状態にある横方向の圧力を p_0 とすると，乾燥した土では p_0 は次式

6 土 圧

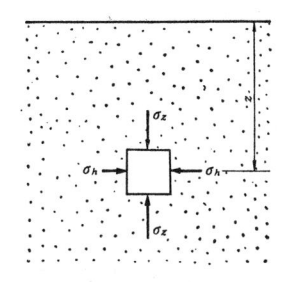

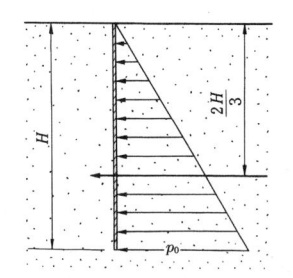

(a) 深さ z の微小立方体に働く応力
(b) 高さ H の壁に働く静止土圧

図6.1 静止土圧

のようになる。

$$\sigma_h = \sigma_z \frac{\mu}{1-\mu} = p_0$$

$$p_0 = \gamma z \left(\frac{\mu}{1-\mu}\right) = K_0 \gamma z \quad (乾いた土) \tag{6.1}$$

K_0：静止土圧係数

地下水面より下では，静止土圧は有効応力成分および間隙水圧によって次のようになる。

$$p_0' = (\gamma z - u_w) K_0' \quad (湿った土，土だけの圧力) \tag{6.1a}$$

$$p_0 = (\gamma z - u_w) K_0' + u_w \quad (湿った土，全圧力) \tag{6.1b}$$

K_0'：有効静止土圧係数（$=1-\sin\phi$）

ϕ：土の内部摩擦角

飽和粘土の場合，静止土圧係数は非排水載荷状態になることが多いので，表6.1の K_0 の数値が用いられる。

高さ H の擁壁の正面幅1m当りに働く全圧力 P_0 は (6.1) 式を積分して (6.2) 式のようになり，乾いた土では図6.1 (b) のような三角形分布となる。

$$P_0 = \frac{K_0 \gamma H^2}{2} \tag{6.2}$$

(6.2) 式は非排水状態の飽和

表6.1 静止土圧係数 K_0 の値

	K_0' (排水状態，有効応力に関する係数)	K_{0u} (非排水状態，全応力に関する係数)
やわらかい粘土	0.6	1.0
かたい粘土	0.5	0.8
ゆるい砂・礫	0.6	—
密な砂・礫	0.4	—
過圧密粘土	0.6〜1.0以上	—
締め固めた不飽和土	0.4〜0.7	—

粘土でも同時に使える。また合力の作用点は次式のようになる。

$$z = \frac{2}{3}H$$

擁壁の途中で地下水が現われる場合の有効応力の分布図，またそのときの合力の作用点については別々に求めるのがよい。

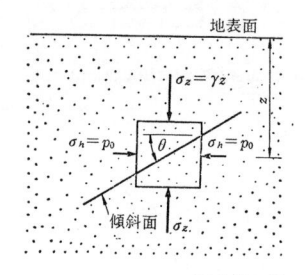

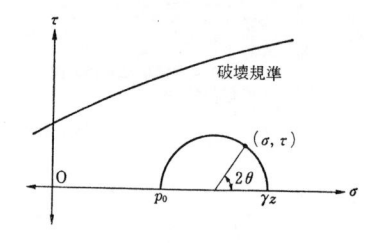

図6.2 静止土圧状態のモールの円

表6.2 土の定数の表（国鉄の設計基準集より）

種別	状態	単位体積重量 ($\times 10 \text{kN/m}^3$)	水中の単位体積重量 ($\times 10 \text{kN/m}^3$)	内部摩擦角（度）	備考
砕石		1.6〜1.9	1.0〜1.3	35〜45	1.6は石灰岩または砂岩
砂利		1.6〜2.0	1.0〜1.2	30〜40	2.0は切込砂利
炭がら		0.9〜1.2	0.4〜0.7	30〜40	1.2は，よく締め固まったもの
砂	しまったもの	1.7〜2.0	1.0	35〜40	ゆるい細砂，シルト質細砂は除く
	ややゆるいもの	1.6〜1.9	0.9	30〜35	
	ゆるいもの	1.5〜1.8	0.8	25〜30	
普通土	かたいもの	1.7〜1.9	1.0	25〜35	砂質ローム，ロームおよび砂質粘土を含む
	やや，やわらかいもの	1.6〜1.8	0.8〜1.0	20〜30	
	やわらかいもの	1.5〜1.7	0.6〜0.9	15〜25	1.5は関東ローム
粘土	かたいもの	1.6〜1.9	0.6〜0.9	20〜30	粘土ローム・シルト質粘土を含む
	やや，やわらかいもの	1.5〜1.8	0.5〜0.8	10〜20	
	やわらかいもの	1.4〜1.7	0.4〜0.7	0〜10	
シルト	かたいもの	1.6〜1.8	1.0	10〜20	シルトロームを含む
	やわらかいもの	1.4〜1.7	0.5〜0.7	0	1.4はへどろ状のもの

土が静止しているときの応力状態は土の破壊とは関係がなく，モール円と破壊規準とは離れており，微小立方体の任意の傾斜面に働く応力は図6.2の通りである。また土の単位体積重量 γ，内部摩擦角 ϕ の値については正しくは試験によって求めるが，概略設計の場合など表6.2の使用も便利である。

6.1.2 主働土圧

図6.1の壁の左側にある土を取去り，その代りに右側の土圧に等しい反力で置きかえると壁は動かない。しかし反力が小さくなると，土は弾性的な変形をして壁体はわずかに左方に傾く。いいかえると擁壁が土によってたわみ移動するようなら，この土圧は静止土圧 $K_0 \gamma z$ より小さくなる。

土圧が $K_0 \gamma z$ より減少するにしたがい（図6.3(a)参照），モールの円の直径は円が破壊包絡線に接するまで増大する。そして擁壁の後ろの土は，塑性平衡あるいは，せん断破壊の状態になる。

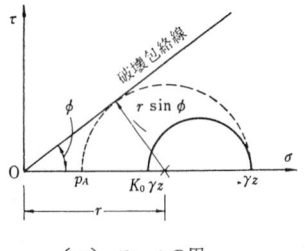

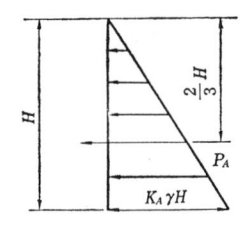

（a）モールの円　　　　（b）土圧分布と合力 P_A の位置

図6.3　粘着性のない砂・礫の主働土圧

任意の深さにおける最小水平圧力 p_A は破壊状態のモールの円から

$$\frac{p_A}{\gamma z} = \frac{r - r \sin\phi}{r + r \sin\phi} = \tan^2\left(45° - \frac{\phi}{2}\right) \tag{6.3}$$

ϕ：砂の内部摩擦角（表6.2）

$\tan^2(45° - \phi/2)$ は，主働土圧係数と呼ばれ K_A の記号で表わす。最小の土圧で，せん断破壊にはいる状態は，主働状態といわれる。高さ H の壁に関する単位幅当りの主働土圧 P_A は (6.4) 式で与えられる。

$$P_A = \int_0^H p_A \, dz = \frac{\gamma H^2}{2} \tan^2\left(45° - \frac{\phi}{2}\right) = \frac{K_A \gamma H^2}{2} \tag{6.4}$$

P_A の合力は圧力分布図の重心を通るから，$(2/3)H$ の深さに働く（図6.3(b)参照）。地下水面より下では間隙水圧を考慮しなければならない。有効主働土圧は

有効応力と K_A から計算し，次式のようになる．

$$p'_A = (\gamma z - u_w) K_A \tag{6.5a}$$

$$p_A = (\gamma z - u_w) K_A + u_w \tag{6.5b}$$

乾燥した砂質土が地下水位の上昇などで水浸したとき，有効応力は元の値の約 1/2 になる．しかし水圧も加えた全土圧はその3倍にもなることがあり排水には注意しなければならない．この場合も合力の大きさおよび位置は有効応力と間隙水圧の分布図を組み合わせて求めることが必要である．

擁壁背後の裏込めが，粘着力 c の粘土の場合，主働土圧の強さ p_A はモールの円から図6.4(a)を参考にして，次のように求められる．

$$p_A = \gamma z - 2c \tag{6.6}$$

したがって，この場合主働土圧 P_A は

$$P_A = \frac{\gamma H^2}{2} - 2cH \tag{6.7}$$

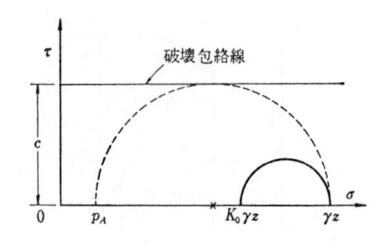

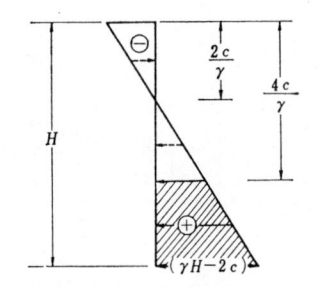

（a）モールの円　　　　　　（b）土圧の分布

図6.4　飽和粘土による主働土圧

粘着力 c が不明の場合は，表6.3の地山の粘着力を参考にして求めればよい．(6.7)式から，高さ $4c/\gamma$ の深さで $P_A = 0$ なることがわかる．これが粘土地盤の掘削において，ささえがなくても，ある程度はくずれずに立っている理由であ

表6.3　地山の粘着力（国鉄の設計基準集より）

状　　　　　　　　　　態	粘着力（×10kN/m²）
きわめてかたいもの（指で押してもツメあと以外はつかない）	12
かたいもの（指で強く押し多少凹ができる）	6
やや，やわらかいもの（指の中程度の力で貫入する）	3
やわらかいもの（指が容易に貫入する）	1.5
きわめてやわらかいもの（握りこぶしが容易に貫入する）	0

る。また，図6.4(b)は，深さ $2c/\gamma$ まで引張力の働くことを示している。しかし，乾燥その他の現象により，擁壁と粘土表面にクラックが生ずると引張力は 0 になり，このクラックに水がたまると，表面水圧が働くなどして土圧の合理的解析は複雑になる。

〔例題 6.1〕 内部摩擦角 $\phi=38°$，単位体積重量 $\gamma=18\text{kN/m}^3$ の乾燥した砂が，高さ 5 m の擁壁におよぼす主働土圧を求めよ。また，地下水位が地表と同じ高さまで上がったとき，同じ高さの擁壁におよぼす全圧力を計算せよ。

〔解〕 1) 乾燥砂の場合，(6.3) および (6.4) 式を用いて

$$p_A = \gamma z \tan^2\left(45° - \frac{\phi}{2}\right) = 18 \times 5 \times 0.488^2 = 21.4 \ (\text{kN/m}^2)$$

$$P_A = \frac{p_A z}{2} = \frac{21.4 \times 5}{2} = 53.5 \ (\text{kN/m})$$

2) 裏込め砂が地表まで飽和した場合 (6.5) 式を用いて，

$$p_A = (\gamma z - u_w) \tan^2\left(45° - \frac{\phi}{2}\right) = (18 \times 5 - 10 \times 5) \times 0.488^2 = 9.53 \ (\text{kN/m}^2)$$

$$\therefore \ p'_A = p_A + u_w = 9.53 + 10 \times 5 = 59.5 \ (\text{kN/m}^2)$$

$$\therefore \ P_A = \frac{p'_A z}{2} = \frac{59.5 \times 5}{2} = 149 \ (\text{kN/m})$$

〔類題 6.1〕 高さ 3 m の鉛直な壁の後ろに，表面が水平に自然に堆積した密な砂がある。砂の単位体積重量 $\gamma=18\text{kN/m}^2$ 内部摩擦角 $\phi=30°$ として，擁壁に加わる主働土圧を求めよ。($P_A=27\text{kN/m}$)

〔類題 6.2〕 〔類題6.1〕において，擁壁が全く働かないように作られているとしたら，その静止土圧はいくらになるか。($P_0=32.4\text{kN/m}$)

6.1.3 受働土圧

もし，壁体が裏込めの土の方向に押し込むように移動するなら，壁の圧力は増加し受働土圧となる。

このときモールの応力円において，p は垂直応力 $=\gamma z$ の右の方へ増加し，γz は最小主応力になる。そして擁壁に働く最大圧力は壁の後ろの土が，せん断破壊状態になるまで大きくなる（図6.5(a)）。

裏込めが乾燥した砂であるとき，任意深さの受働土圧の強さ p_P はモールの円から求められ，

$$p_P = \gamma z \tan^2\left(45° + \frac{\phi}{2}\right) \tag{6.8}$$

ここで，$\tan^2\left(45° + \frac{\phi}{2}\right)$ は受働土圧係数と呼ばれ，K_P の記号で与えられる。し

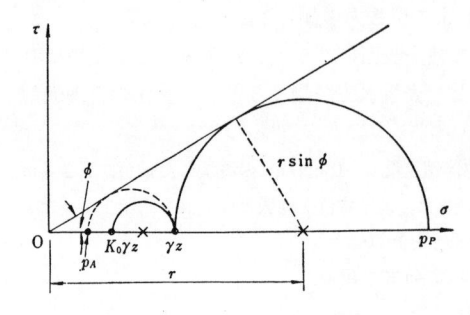

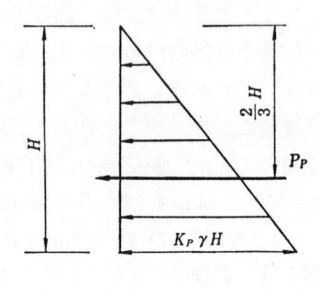

(a) モールの円　　　　　　　　　　（b）土圧分布と合力 P_P の位置

図6.5　粘着性のない砂・礫の受働土圧

たがって，高さ H の擁壁に加わる単位幅当りの受働土圧 P_P は

$$P_P=\int_0^H p_P\,dz=\frac{\gamma H^2}{2}\tan^2\left(45°+\frac{\phi}{2}\right)=\frac{K_P\gamma H^2}{2} \tag{6.9}$$

$\tan^2\left(45°+\dfrac{\phi}{2}\right)$ は 45° を超すと急激に増大するから，K_P は内部摩擦角 ϕ の大きい場合，非常に大きくなる可能性がある．合力の作用線は水平で，地表より $(2/3)H$ の深さに働く（図6.5(b)）．

もし，裏込めの土が飽和した粘土であると，図6.6のモールの円から，任意の深さにおける土圧の強さ p_P は

$$p_P=\gamma z+2c \tag{6.10}$$

よってこの場合，擁壁に加わる単位幅当りの受働土圧 P_P は（図6.6(b)）

$$P_P=\int_0^H p_P\,dz=\frac{\gamma H^2}{2}+2cH \tag{6.11}$$

また，せん断抵抗が $\tau_f=c+\sigma\tan\phi$ で決まるような砂まじり粘性土では，モー

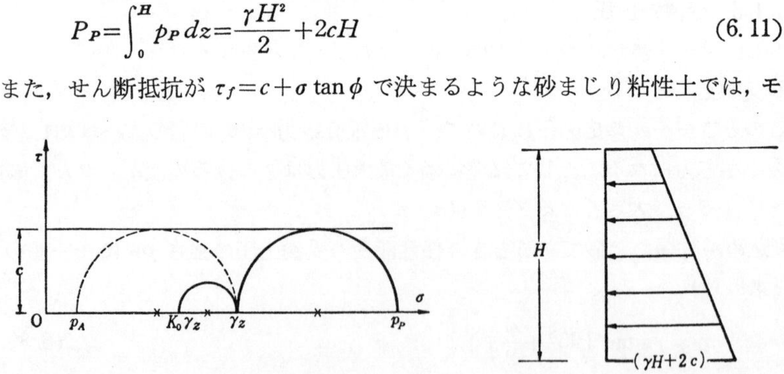

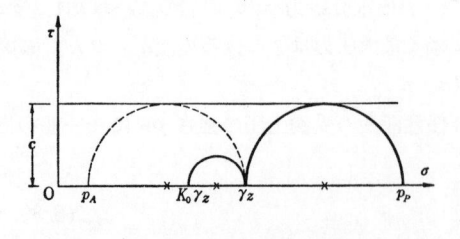

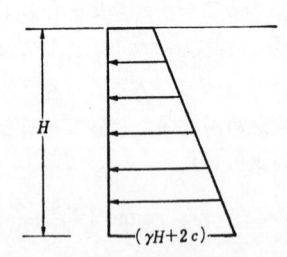

(a) モールの円　　　　　　　　　　（b）土圧の分布

図6.6　飽和粘土の受働土圧

6　土　圧　177

ルの円から，次の諸式が得られる。主働状態では，

$$p_A = \gamma z \tan^2\left(45° - \frac{\phi}{2}\right) - 2c\tan\left(45° - \frac{\phi}{2}\right) \tag{6.12}$$

$$P_A = \frac{\gamma H^2}{2}\tan^2\left(45° - \frac{\phi}{2}\right) - 2cH\tan\left(45° - \frac{\phi}{2}\right) \tag{6.13}$$

受働状態では，

$$p_P = \gamma z \tan^2\left(45° + \frac{\phi}{2}\right) + 2c\tan\left(45° + \frac{\phi}{2}\right) \tag{6.14}$$

$$P_P = \frac{\gamma H^2}{2}\tan^2\left(45° + \frac{\phi}{2}\right) + 2cH\tan\left(45° + \frac{\phi}{2}\right) \tag{6.15}$$

これらの圧力分布図は飽和粘土の圧力分布図によく似ている。

〔例題 6.2〕 図 6.7 のような高さ 5.0m の鉛直な擁壁が，粘着力 $c=10\text{ kN/m}^2$，単位体積重量 $\gamma=18\text{ kN/m}^3$，内部摩擦角 $\phi=10°$ の背面水平な粘性土をささえている。この擁壁に加わる主働土圧および圧力作用点の位置を計算せよ。

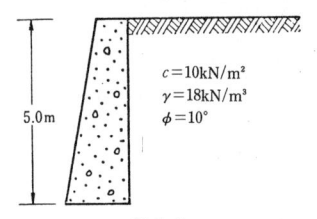

〔解〕 粘性土の主働土圧を求めるには，(6.13)式を適用すればよい。土の粘着力 $c=10\text{ kN/m}^2$ であるから，

図 6.7

$$P_A = \frac{\gamma H^2}{2}\tan^2\left(45° - \frac{\phi}{2}\right) - 2cH\tan\left(45° - \frac{\phi}{2}\right)$$

$$= \frac{18\times 5^2}{2}\tan^2(45° - 5°) - 2\times 10 \times 5 \times \tan(45° - 5°) = 74.5 \text{ (kN/m)}$$

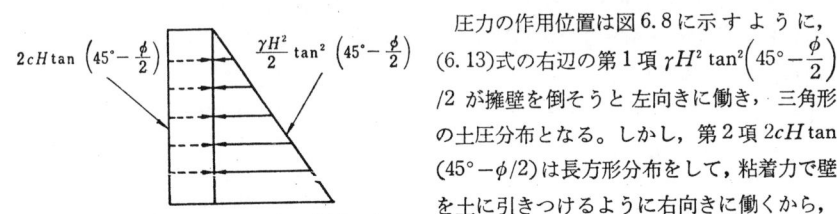

図 6.8　粘性土における圧力の作用状態

圧力の作用位置は図 6.8 に示すように，(6.13)式の右辺の第 1 項 $\gamma H^2\tan^2\left(45° - \frac{\phi}{2}\right)/2$ が擁壁を倒そうと左向きに働き，三角形の土圧分布となる。しかし，第 2 項 $2cH\tan(45° - \phi/2)$ は長方形分布をして，粘着力で壁を土に引きつけるように右向きに働くから，擁壁の下端から P_A までの距離を x とすると，

$$x = \frac{1}{P_A}\left\{\frac{\gamma H^2}{2}\tan^2\left(45° - \frac{\phi}{2}\right)\times\frac{H}{3} - 2cH\tan\left(45° - \frac{\phi}{2}\right)\times\frac{H}{2}\right\}$$

$$= \frac{1}{74.5}\left(158.5\times\frac{5}{3} - 83.9\times\frac{5}{2}\right) = 0.73 \text{ (m)}$$

すなわち，擁壁の下端から 0.73m の点に左向き水平に合力が働く。

〔類題 6.3〕〔例題 6.2〕で，土の単位体積重量および擁壁の高さは変わらないが，飽和粘土であり，粘着力が $c=15\,\mathrm{kN/m^2}$，内部摩擦角 $\phi=0°$ であったとすると，その主働土圧および合力の作用点はいくらになるか。($P_A=75\,\mathrm{kN/m}$，作用点は擁壁の下端)

〔類題 6.4〕〔類題 6.3〕で粘着力のため，主働土圧が働かない限界の高さを計算せよ。(限界高さは，地表から 3.33m)

6.1.4 変形と境界の条件

主働および受働の両方の状態で，せん断破壊状態あるいは塑性平衡状態にある壁体付近の土は，図 6.9 のようなくさび形の破壊を形成する。"5. 土の強さ" でも説明したように，破壊面が最小主応力となす角は $\alpha=45°+\dfrac{\phi}{2}$ であるから，主働状態では水平面と α の角をなし，受働状態では鉛直面と α をなすように破壊のくさびが生ずる。

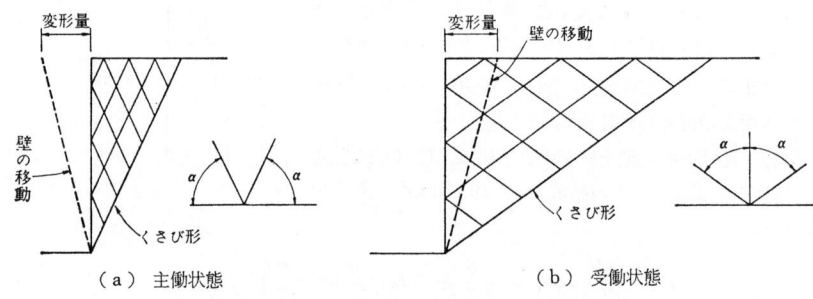

（a）主働状態　　　　　　　　　（b）受働状態

図 6.9　摩擦のない壁の裏で変形する破壊平面

主働状態および受働状態となるに必要な壁の 1 点の水平移動量は，土の性質（砂・粘土とか，それがゆるくつまっている，密であるなど），壁の高さ H などによって変わるものと考えられるが，最小変形量は表 6.4 のようである。

表 6.4　主働および受働状態に入るに必要な代表的最小変形量

土　　質	主働状態	受働状態
密 な 砂 質 土	$0.0005H$	$0.005H$
ゆ る い 砂 質 土	$0.002H$	$0.01H$
か た い 粘 土	$0.01H$	$0.02H$
やわらかい粘土	$0.02H$	$0.04H$

$\phi\fallingdotseq 0$ のやわらかい粘土では，主働状態および受働状態はあまり続かず間もなく静止状態に移行する。たとえば主働土圧を受けるよう設計された擁壁でも，粘土のクリープのような数か月にも及ぶのろい外側への土および壁体の移動があった後だんだんに移動量は微小となり，やがて無視できるほどになってしまう。

壁体の動きとこれに働く土圧の関係は図 6.10 に示すようなものである。弾性

領域およびそれから主働および受働状態に至る遷移領域の土圧を求めるには有限要素法が用いられる。この解析には応力-ひずみ関係を示すパラメーター(たとえば弾性係数など)の正確な評価が重要である。壁体が土の主働状態および受働状態よりもっと大きく移動する場合、通常の土では、それぞれの主働土圧および

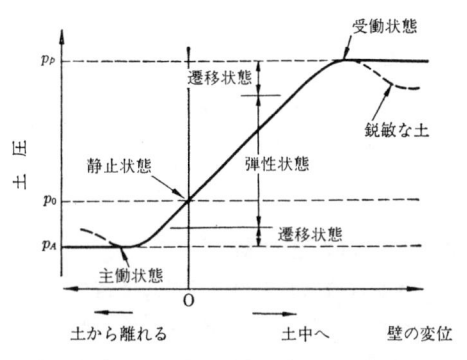

図6.10 壁の変位と土圧の関係

受働土圧は変わらないが、鋭敏な土では連続的なせん断のため、土の強度は減少して土圧は変化し静止土圧の方へ近づく。

図6.11(b)のように、山止め板の一部が部分的に外側へ変形するとき土も一緒に動くが、隣接する土のせん断抵抗のため、応力の再配分によるアーチ作用が

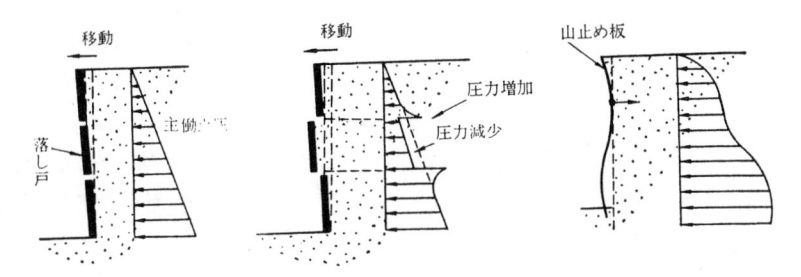

(a) 一様な移動の場合　　(b) 不規則な移動(変形)による圧力の再配分

図6.11 壁が不規則な変形をするときの土圧分布

働き、静水圧状の土圧分布とは異なってくる。落し戸のような場合に限らず連続的な変形の場合もこれに似ており、同図にみるように山止め板のささえ材のある箇所では変形が少ないので、擁壁の土圧よりやや大きめの圧力分布となるが、変形の大きい箇所は少なめの圧力分布となる。

今まで述べてきたことにより、壁体の移動と主働および受働状態とは関係のあることがわかった。実際に設計する場合には、土に対してどのような構造物が、主働状態および受働状態にあるのであろうか。表6.5は、その二三の例である。

表6.5 構造物に加わる土圧

主 働 土 圧	主働土圧～静止土圧	静 止 土 圧	静止土圧～受働土圧	受働土圧
土の上に作られた擁壁，鉛直杭の基礎をもつ擁壁	掘削溝中の支持ばり，斜杭基礎をもつ擁壁	橋　　　台　地　下　壁　岩盤上の擁壁	アンカー	アンカー

6.2 クーロン土圧論

クーロンは擁壁背面の土砂が，くさび形をして移動する場合の，壁体と土塊の釣合いから土圧を求める方法を考案した。この考えをもとにして，その後，改良・工夫が行われ，多くの計算法があみ出されたが，大きく分けると図解法と計算法の二つになる。このうち，図解法はかなり複雑な条件のもとでも，比較的簡単に土圧を求めることができるので非常に便利である。

6.2.1 ポンスレの図解法

ポンスレ(Poncelet)は，擁壁背面の土砂状態が簡単な場合，土圧三角形を図解により求め，その面積から土圧の大きさを知ろうとした。図解法の手順は次のごとくである。

〔主働土圧〕(図6.12参照)

(1) 壁底Aから水平に対し反時計まわりにϕ線(ϕ：土の内部摩擦角)を引く。壁の背部の地表面との交点をBとする。

(2) ABを直径とする半円を描く。

(3) 壁頂Cより準線に平行にCDを引き，ABとの交点をDとする。(準線：壁裏に垂線を立て，壁と土との摩擦角δ[1]を反時計まわりにとり，この線と鉛直線とのはさむ角をαとする。この角αをϕ線より時計まわりにはかって引いた線を準線という)。

(4) DよりABに垂直線を立て，円周$\overarc{AB}$との交点をHとする。

(5) Aを中心として半径AHで円を描き，ABとの交点をIとする。

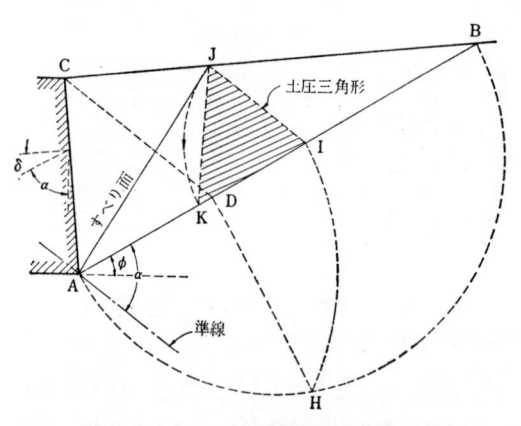

図6.12 ポンスレの図解法(主働土圧)

---

[1] δ(壁裏と土の摩擦角)は実験で求めるべきであるが，不明のときは，近似的に $\delta = 1/2\phi \sim 2/3\phi$ を用いる。

6 土　　圧　　181

(6)　Iから準線に平行にIJを引き，地表面CBとの交点をJとする。
(7)　Iを中心としIJを半径とする円を，ABのA側交点をKとするとき，
　　　△IJK……土圧三角形（△IJKの面積×土の単位体積重量＝擁壁の単位幅当りのクーロン土圧）
　　　JA　………すべり面
土圧の作用線は壁底より AC/3 の点で，壁の法線に δ だけ傾いて働く。

〔受働土圧〕（図6.13参照）

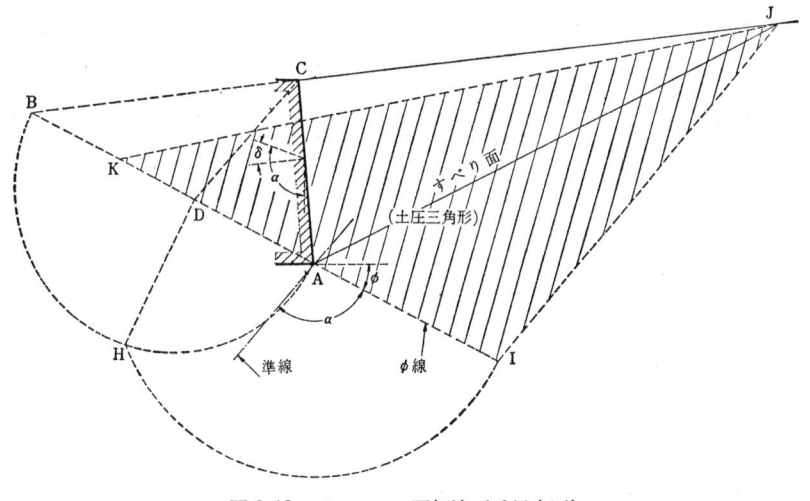

図6.13　ポンスレの図解法（受働土圧）

(1)　壁底Aから水平に対し時計まわりに ϕ 線を引く。壁体背部の地表面の逆延長との交点をBとする。
(2)　ABを直径とする半円を描く。
(3)　壁頂Cより準線に平行にCDを引き，ABとの交点をDとする（準線：壁裏に垂線を立て，壁と土の摩擦角 δ を時計まわりにとり，この線と鉛直線とのはさむ角を α とする。この角 α を(1)の ϕ 線より時間まわりにはかって引いた線を準線という）。
(4)　DよりABに垂直線をたて，円周$\widehat{AB}$との交点をHとする。
(5)　Aを中心として，半径AHで円を描き，ABの延長との交点をIとする。
(6)　Iから準線に平行にIJを引き，地表面との交点をJとする。
(7)　Iを中心としIJを半径とする円と，ABあるいは，その延長との交点

をKとするとき

△IJK……土圧三角形

JA………すべり面

土圧の作用線は壁底より $\overline{AC}/3$ の点で，壁の法線に δ だけ傾いて働く。

〔例題 6.3〕 背面が水平な砂礫で構成される土層に，高さ 2.0m の鉛直な擁壁を築造した。土の内部摩擦角は35°，土と壁の摩擦角は15°として，

(1) ポンスレの図解法により主働土圧を求めよ。

(2) ランキン公式による主働土圧を求め，(1)の値と比較せよ。ただし土の単位体積重量 $\gamma=16\,\mathrm{kN/m^3}$ とする。

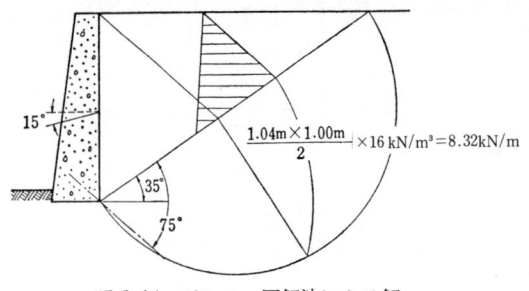

図 6.14 ポンスレ図解法による解

〔解〕(1) ポンスレの図解法では

$P_A = 8.32$ （kN/m）

(2) ランキン公式による場合は，(6.4)式を用いて

$$P_A = \frac{\gamma H^2}{2}\tan^2\left(45°-\frac{\phi}{2}\right) = \frac{16\times 2^2}{2}\tan^2\left(45°-\frac{35°}{2}\right)$$

$$= 32\times 0.521^2 = 8.67 \text{（kN/m）}$$

約5％程度の誤差が認められる。

〔類題 6.5〕 〔例題6.3〕について，ポンスレの図解法により受働土圧を求めよ。（$P_P = 211\,\mathrm{kN/m}$）

6.2.2 クルマンの図解法

ポンスレの図解法のように，一度の作図で直ちに解が得られはしないが，ポンスレ図解法におけるAB線が紙上で地表面と交わらぬ場合，背面の土砂の形が不規則であったり載荷重があるような一般の複雑な場合に適した解法である。

〔主働土圧〕（図6.15参照）

(1) 壁底Aから水平に対し，反時計まわりに ϕ 線を引く。

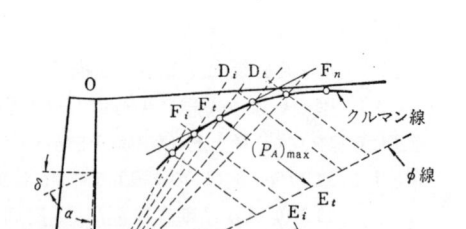

図6.15 クルマンの図解法（主働土圧）

(2) φ線から時計まわりにαをとり準線を引く。

(3) 任意のすべり線 AD_i を引き，($\triangle AOD_i$の面積)×(単位奥行)×(土の単位体積重量)＝W_i とする（背面に載荷があれば，($\triangle AOD_i$の面積)×(単位奥行)×(土の単位体積重量)+(載荷重)＝W_i となる）。

(4) φ線上に W_i に等しく AE_i をとり，準線に平行に E_iF_i を引き，AD_i 線との交点を F_i とする。

(5) このような線 AD_1, AD_2, ……AD_n を引き，(3)，(4)と同じようにして F_1, F_2, ……F_n をきめる。この F_1, F_2……F_n を結ぶ線をクルマン（Culmann）線という。

(6) クルマン線に対し，φ線に平行な接線を引く。接点を F_t とすると，AF_t はすべり面，E_tF_t はそのときの主働土圧を与える。土圧の作用線は，壁底より $\overline{AO}/3$ の点で壁の法線に δ だけ傾いて働く。

〔受働土圧〕（図6.16参照）

(1) 壁底Aから水平に対し，時計まわりにφ線を引く。

(2) φ線から時計まわりにαをとり準線を引く。

(3) 任意のすべり線 AD_i を引き，($\triangle AOD_i$の面積)×(単位奥行)×(土の単位体積重量)＝W_i とする（背面に載荷重があれば（$\triangle AOD_i$の面積)×(単位奥行)×(土の単位体積重量)+(載荷重)＝W_i となる）。

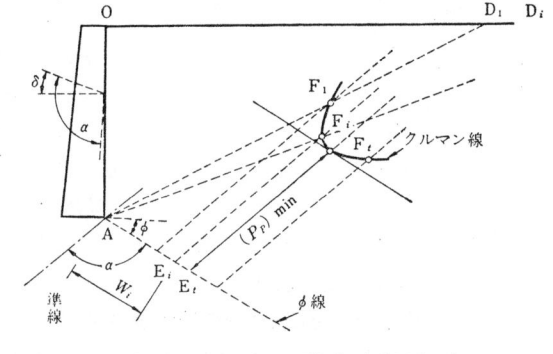

図6.16 クルマンの図解法（受働土圧）

(4) φ線上に W_i に等しく AE_i をとり，準線に平行に E_iF_i を引き AD_i 線との交点を F_i とする。

(5) このような線 AD_1, AD_2, ……AD_n を引き，(3)，(4)と同じようにして F_1, F_2……F_n をきめる。この F_1, F_2……F_n を結ぶ線をクルマン線という。

(6) クルマン線に対し，φ線に平行な接線を引く。この接点を F_t とすると，AF_t はすべり面，E_tF_t はそのときの受働土圧を与える。土圧の作用線は，壁底より $\overline{AO}/3$ の点で壁の法線に δ だけ傾いて働く。

表6.6 クルマンの図解法における計算

OAの長さ (m)	D_iH_iの長さ (m)	$OA \times D_iH_i$ (m^2)	△OAD_iの面積 (m^2)	奥行1m当りの体積OAD_iの重さ W_i (×10kN/m)
3.05	1.50	4.57	2.28	4.10
3.05	1.85	5.64	2.82	5.08
3.05	2.25	6.86	3.43	6.17
3.05	2.70	8.24	4.12	7.42
3.05	3.05	9.30	4.65	8.37

〔例題 6.4〕 図6.17のような高さ3.0mの擁壁がある。土の内部摩擦角は30°, 土と壁の摩擦角は10°として, クルマンの図解法により主働土圧を求めよ。ただし, 土の単位体積重量は18kN/m³とする。

〔解〕 クルマンの図解法の手順により, △AOD_1, △AOD_2……を描き, それぞれの値を計算すると表6.6のごとくなる。この値を図6.17に書き入れてクルマン線を求め, 接線を引くと主働土圧=32.0kN/mが求められる(図6.17)。

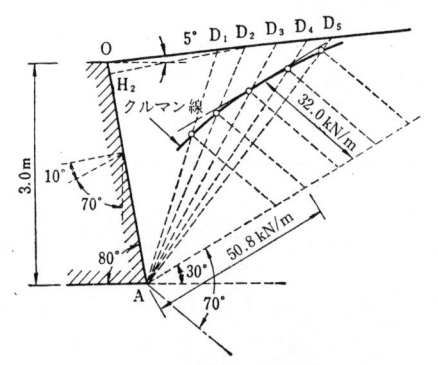

図6.17 クルマン図解法による解

〔類題 6.6〕 〔例題6.3〕をクルマンの図解法で求めよ。(P_A=8.4kN/m)

6.2.3 クーロンの土圧公式

土のくさび理論をもとにして土圧三角形を求め, これを解析的に公式で表わしたものである。壁体の裏面が粗である場合あるいは裏面が鉛直でない場合は, 土圧の作用線は壁体と斜交するから, 正確にはランキン公式では求められない。そのような場合はクーロンの次の公式を用いるとよい(図6.18参照)。

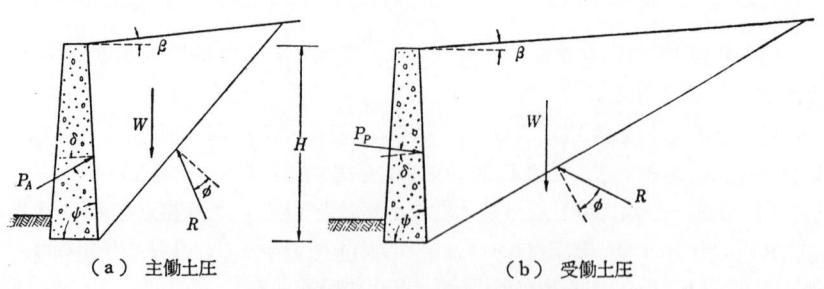

(a) 主働土圧　　　　　(b) 受働土圧

図6.18 クーロンの解析公式説明図

6　土　　圧　　185

主働土圧

$$P_A = \frac{\gamma H^2}{2} \frac{\sin^2(\psi+\phi)}{\sin^2\psi \cdot \sin(\psi-\delta)\left[1+\sqrt{\dfrac{\sin(\phi+\delta)\cdot\sin(\phi-\beta)}{\sin(\psi-\delta)\cdot\sin(\psi+\beta)}}\right]^2}$$

(6.16)

受働土圧

$$P_P = \frac{\gamma H^2}{2} \frac{\sin^2(\psi-\phi)}{\sin^2\psi \cdot \sin(\psi+\delta)\left[1-\sqrt{\dfrac{\sin(\phi+\delta)\cdot\sin(\phi+\beta)}{\sin(\psi+\delta)\cdot\sin(\psi+\beta)}}\right]^2}$$

(6.17)

H：擁壁の高さ（m）　　　　δ：土と壁との摩擦角（度）
γ：土の単位体積重量（kN/m³）　β：裏込め表面の傾斜角（度）
ψ：壁体背面の傾斜角（度）　　ϕ：土の内部摩擦角（度）

〔**例題 6.5**〕　水平な裏込め土砂をささえている高さ4.0mの図6.19(a),(b)のような二つの擁壁がある。これらの擁壁に加わる主働土圧を求めよ。ただし土の単位体積重量 $\gamma=18\,\mathrm{kN/m^3}$、内部摩擦角 $\phi=30°$ および土と壁との摩擦角 $\delta=20°$ とする。

〔**解**〕　(a)の場合、(6.16)式を適用すると、$\phi=30°$、$\delta=20°$、$\psi=\tan^{-1}4=75°58'$、$\beta=0°$ であるから

図6.19

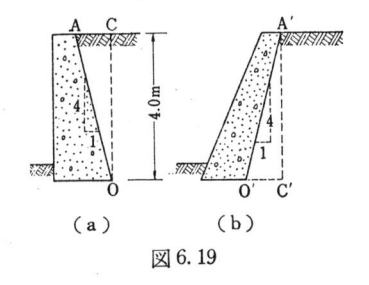

$$\sin^2(\psi+\phi)=\sin^2 105°58'=0.961^2=0.924$$
$$\sin^2\psi=\sin^2 75°58'=0.970^2=0.941$$
$$\sin(\psi-\delta)=\sin 55°58'=0.829$$
$$\sin(\phi+\delta)=\sin 50°=0.766$$
$$\sin(\phi-\beta)=\sin 30°=0.500$$
$$\sin(\psi+\beta)=\sin 75°58'=0.970$$

$$\therefore P_A = \frac{\gamma H^2}{2} \frac{\sin^2(\psi+\phi)}{\sin^2\psi \cdot \sin(\psi-\delta)\left[1+\sqrt{\dfrac{\sin(\phi+\delta)\cdot\sin(\phi-\beta)}{\sin(\psi-\delta)\cdot\sin(\psi+\beta)}}\right]^2}$$

$$= \frac{18\times 4^2}{2} \frac{0.924}{0.941\times 0.829\left(1+\sqrt{\dfrac{0.766\times 0.5}{0.829\times 0.97}}\right)^2}$$

$$= \frac{144 \times 0.924}{0.780 \times 1.69^2} = \frac{133}{2.23} = 59.6 \text{ (kN/m)}$$

（b）の場合，$\phi=30°$, $\delta=20°$, $\psi=90°+14°02'=104°02'$, $\beta=0°$ であるから

$\sin^2(\psi+\phi) = \sin^2 134°02' = 0.719^2 = 0.517$

$\sin^2 \psi = \sin^2 104°02' = 0.970^2 = 0.941$

$\sin(\psi-\delta) = \sin 85°02' = 0.995$

$\sin(\phi+\delta) = \sin 50° = 0.766$

$\sin(\phi-\beta) = \sin 30° = 0.500$

$\sin(\psi+\beta) = \sin 104°02' = 0.970$

$$\therefore P_A = \frac{\gamma H^2}{2} \cdot \frac{\sin^2(\psi+\phi)}{\sin^2\psi \cdot \sin(\psi-\delta)\left[1+\sqrt{\frac{\sin(\phi+\delta)\cdot\sin(\phi-\beta)}{\sin(\psi-\delta)\cdot\sin(\psi+\beta)}}\right]^2}$$

$$= \frac{18 \times 4^2}{2} \cdot \frac{0.517}{0.941 \times 0.995\left(1+\sqrt{\frac{0.766 \times 0.5}{0.995 \times 0.97}}\right)^2}$$

$$= \frac{144 \times 0.517}{0.936 \times 1.63^2} = \frac{74.4}{2.49} = 29.9 \text{ (kN/m)}$$

これらの土圧は（6.16）式からもわかるように三角形分布をしているから，合力はともに壁頂より2.67mの点に働く。また，作用方向は図6.18(a)のごとく壁裏の法線に対して20°だけ上から働くことになる。

同じ高さの擁壁でもこのように土圧が1/2にもなるのは，（a）の場合は壁体の裏面が△OACの土をささえるように傾斜しているのに対し，（b）の場合はこの逆の傾斜をして，△O'A'C'の土による圧力を減殺しているからである。したがって壁体の裏面が鉛直な場合の土圧は，59.6kN/mと29.9kN/mの間にはいるはずである。

〔**類題 6.7**〕〔例題6.5〕において，擁壁の背面が鉛直な場合の主働土圧をクーロンの公式によって求めよ。（$P_A = 42.7$kN/m）

6.3 擁壁の設計

土をささえる擁壁は，その形式によって次のように分類される（図6.20参照）。

（a）重力式擁壁　基礎地盤が良好な場合に採用され，高さ約4m以下のことが多い。

| 重力式擁壁　壁体の自重により土圧に対抗し安定を保つ形式，無筋コンクリートで作るのが普通である。

| 半重力式擁壁　重力式擁壁と片持ばり式擁壁の中間形式で鉄筋コンクリート構造となる。

(a) 重力式擁壁　(b) 逆T型擁壁　(c) 控え壁式擁壁

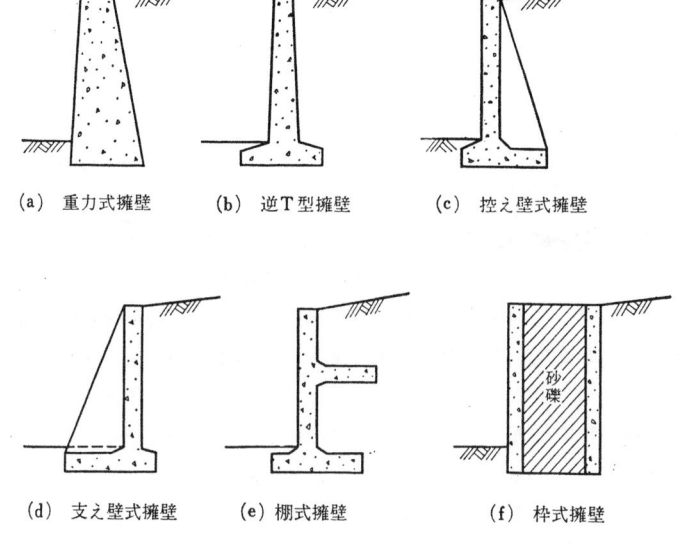

(d) 支え壁式擁壁　(e) 棚式擁壁　(f) 枠式擁壁

図6.20　擁壁の各形式

（b）片持ばり式擁壁　壁体断面および用地幅が制限される場合に適し，高さは3～7mのものが多い。鉄筋コンクリートで作る。

　控え壁式擁壁　境界線の限度まで用地が利用できる。
　支え壁式擁壁　土圧，地震力など壁体の安定上から有利な形式である。
　逆T型擁壁　控え壁式擁壁と支え壁式擁壁の中間形式のもの。

（c）その他の形式　現地で材料を調達したり，特殊な用途に使われるものとして棚式擁壁，枠式擁壁などがある。

擁壁の設計は次節に詳述するが，およそ次のような手順で進められる。

1. 経験をもとにして擁壁の断面を試的に仮定する。
2. その擁壁が土圧に対して安定か不安定かを解析する。不安定なら断面を選びなおす。なお安定な場合でも断面が不経済ではないかをチェックする。

6.3.1　擁壁設計の手順

設計の最初の目安となる擁壁の断面寸法の一例を，高さに対する比で示すと表6.7のようである。

擁壁の高さが5mを越すようになれば経済的な観点からみても慎重な設計をする価値があるといわれている。

表6.7 擁壁の断面

形　式	高さ (h)	底幅 (b)	壁底の厚さ (t_2)	壁頂の幅 (t_1)
重力式擁壁	1.0	0.4～0.6	—	0.06～0.15
逆 T 型擁壁 控え壁式擁壁 }	1.0	0.45～0.60	0.10～0.15	0.05～0.10

また擁壁の安定を確かめるには，

（a） 土圧の算定　前述のようなランキン土圧あるいはクーロン土圧によって土圧を求めるが，特別な構造でない限り擁壁は多少の傾斜・滑動は可能なものとして土圧公式を適用する。なお排水は十分行われるものとして裏込めの水圧は無視するのがふつうである。

（b） 基礎地盤の調査　擁壁を設置する基礎地盤が強固でないと壁体は不安定になり破壊する。基礎地盤を調べるには，擁壁の高さとほぼ同じ深さまでボーリングすることが必要である。支持層が地表面近くに存在しその下に圧密を起こすような軟弱層がなければ，擁壁を直接その支持層に置くことができる。支持層が地表面下深く存在する場合は支持層まで杭を打つか底面積の広い型の擁壁を採用する。また枠式擁壁を採用して接地圧を地山の強度以下に低下させるのも一方法である。

（c） 壁体の安定　壁体の力学的安定は擁壁の転倒，すべり出し，および沈下の三つの条件について検討することが必要である。その実例を重力式擁壁の安定計算として次節に記述する。

6.3.2 重力式擁壁の設計

設計にあたっては次のような諸力を考え，これらが釣り合うよう，かつ安定条件を満足せしめるように壁体の諸寸法を決定する。

（a） 外力（図6.21）

$$\begin{cases} Q_V = W + P_v - P_{pv} & (6.18) \\ Q_H = P_h - P_{ph} & (6.19) \end{cases}$$

Q_V：鉛直力の合計 (kN/m)
Q_H：水平力の合計 (kN/m)
W：擁壁の自重 (kN/m)

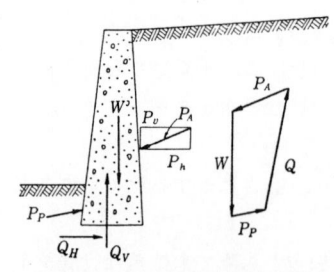

図6.21 重力式擁壁に働く力

P_v, P_h：それぞれ，主働土圧の鉛直方向ならびに水平方向成分 (kN/m)

P_{pv}, P_{ph}：それぞれ，受働土圧の鉛直方向ならびに水平方向成分 (kN/m)

（b） すべり出しに対する安定の検討

$$F_s = \frac{Q_V \cdot \tan \phi''}{Q_H} \geqq 1.5 \tag{6.20}$$

　　F_s：壁体のすべり出しに対する安全率

　　ϕ''：土と壁底との摩擦角

表6.8 壁体底面と基礎との摩擦係数 ($\tan \phi''$)

	場所打ち	場所打ちでないもの
土とコンクリート	$\tan \phi$	$\tan \frac{2}{3} \phi$
玉石とコンクリート	0.5	0.5
割石とコンクリート	0.6	0.6
岩とコンクリート	0.6	—

（ここに ϕ：土の内部摩擦角）

（c） 基礎地盤の支持力に対する検討

$$F_s = \frac{地盤の許容支持力}{p_t} \geqq 1.0 \tag{6.21}$$

　　p_t：荷重強度の最大値 (kN/m²)

　　F_s：基礎地盤の支持力に対する安全率

p_t はその鉛直方向の合力が底部のどの点に働くかにより，図6.22に示すように次の二つの場合に分かれる。

壁底部の 2/3 以内にあれば，

$$p_t = \frac{Q_V}{b}\left(1 + \frac{6e}{b}\right) \tag{6.22}$$

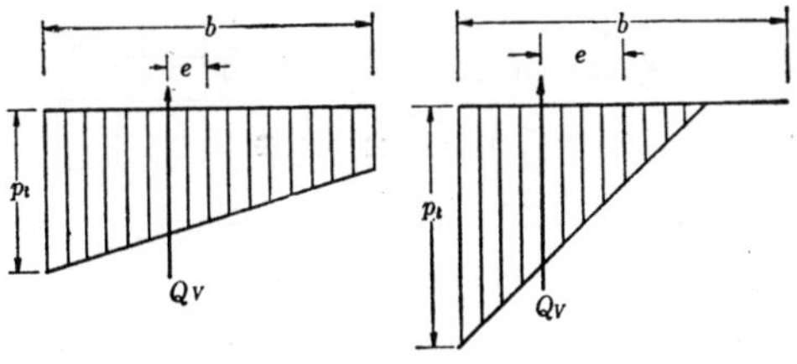

(a) 2/3 以内　　(b) 2/3 を逸脱

図6.22 基礎地盤の支持力に対する検討

壁底部の 2/3 を逸脱すると

$$p_t = \frac{4}{3} \frac{Q_V}{b - 2e} \tag{6.23}$$

　　b：擁壁底部の幅 (m)

　　e：壁底の中心から合力の働く位置までの距離 (m)

（d）転倒に対する安定の検討（図6.23参照）

Q_V と Q_H の合力が A 点より外に出なければ安全である。その安全率 F_s は

$$F_s = \frac{\text{抵抗モーメント}}{\text{転倒モーメント}} = \frac{Q_V v}{Q_H h} \geq 1.5 \quad (6.24)$$

v：鉛直力の作用点からの壁底先端までの距離（m）

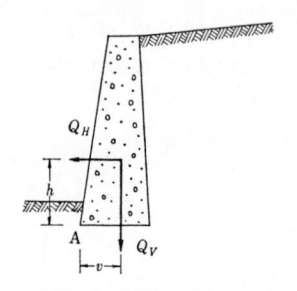

図6.23 転倒に対する安定

h：水平力の作用点から壁底までの距離（m）

6.3.3 逆T型擁壁および控え壁式擁壁の設計

逆T型擁壁および控え壁式擁壁などの鉄筋コンクリート底部が擁壁の背面より突出した形式の壁体では，擁壁背面のポケット部分の土体の取扱いによって土圧の働き方および壁体の安定計算が少し変わってくるが，設計の方針としては重力式擁壁とほぼ同様である。二つのよく利用されている土圧の計算方法にしたがって説明する。

（1）壁底右端を通る鉛直面にランキン土圧が働くと考える計算法
図6.24(a)に示すような鉛直面 ED を背面と考え，下から $H/3$ の高さに裏込め表面の傾斜に平行にランキン土圧を作用させる。この場合，実際の擁壁背面との間の土□ABCD は壁体の一部と考えて安定計算を行う。

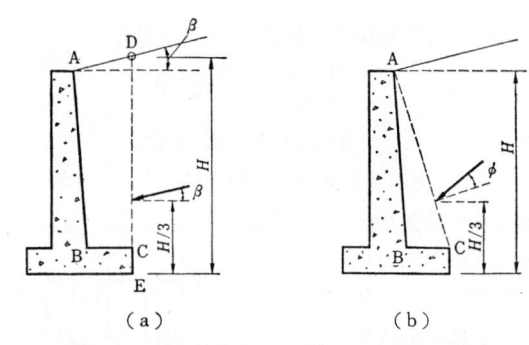

図6.24 逆T型擁壁および控え壁式擁壁の設計

（2）擁壁の頂部と壁底右端を通る控え壁に土圧が働くと考える計算法　図6.24(b)に示すような控え壁 AC を擁壁の背面と考え，この面にクーロン土圧を作用させる。ただし裏込めと AC との摩擦角は土の内部摩擦角 ϕ に等しいと考える。この場合 △ABC の土は擁壁の一部とみなして安定計算を行う。

なお逆T型擁壁では鉛直壁と底部とは片持ばりとして設計し，土圧や擁壁重量などの荷重によって生ずる応力が壁体各部で許容応力を越えないようにする。また控え壁式擁壁では控え壁をT型ばりとし，鉛直壁および底部は控え壁を支点と

6 土圧

する連続板として設計する。

〔**例題 6.6**〕 背面が水平な内部摩擦角 $\phi=30°$ の土砂から成る高さ 3.5m のがけがある。これに図 6.25 のような鉛直な裏面を有する重力式擁壁をつくりたい。土の単位体積重量 $\gamma=18\text{kN/m}^3$，地盤の許容支持力は 200kN/m^2 として，擁壁を設計せよ。ただし壁底の地盤に対する摩擦係数は 0.6 とし，土と壁体裏面との摩擦角 $\delta=0°$ とする。

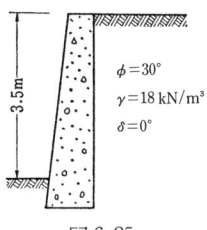

図 6.25

〔**解**〕 がけは高さが 3.5m あるから，擁壁の根入りを 50cm 見込んで，表 6.7 によって壁底と壁頂の寸法を検討すると，

$$b=(0.4\sim 0.6)\ h=(0.4\sim 0.6)\times 4=1.6\sim 2.4\ (\text{m})$$
$$t_1=(0.06\sim 0.15)\ h=(0.06\sim 0.15)\times 4=0.24\sim 0.6\ (\text{m})$$

よって壁底の幅は 2m，壁頂の幅を 60cm に仮定し壁体の安定を検討する。

(1) 力としては，擁壁の正面幅 1m 当り次のものが働く。

壁体の重量 $\quad W=\dfrac{b+t_1}{2}H\gamma_0=\dfrac{2+0.6}{2}\times(3.5+0.5)\times 22$
$\qquad\qquad\qquad =114\ (\text{kN/m})$

（γ_0：コンクリートの単位体積重量）

土による主働土圧は，ランキンの公式 (6.4) 式を適用して

$$P_A=\dfrac{\gamma H^2}{2}\tan^2\left(45°-\dfrac{\phi}{2}\right)=\dfrac{18\times 4^2}{2}\ \tan^2\left(45°-\dfrac{30°}{2}\right)$$
$$=\dfrac{18\times 16}{2\times 3}=48\ (\text{kN/m})$$

擁壁根入りの受働土圧を計算に入れることもあるが，50cm 程度の根入りで，しかも埋めもどしのため，よく締め固まっていない場合は省略することが多い。裏込め地表面が水平であるから

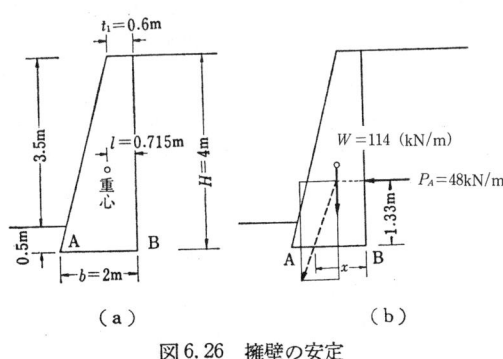

主働土圧の水平成分
$\qquad P_h=48\ (\text{kN/m})$

主働土圧の鉛直成分
$\qquad P_v=0$

よって，(6.18) および (6.19) 式により

$\qquad Q_V=114\ (\text{kN/m})$
$\qquad Q_H=48\ (\text{kN/m})$

また，擁壁の重心は，壁底Bより左方 l m にあるとすると，図

図 6.26 擁壁の安定

6.26(a)を参照して，B点でモーメントをとると，

$$l = \frac{2}{(t_1+b)H}\left\{\frac{t_1^2 H}{2} + \frac{b-t_1}{2}H\left(t_1 + \frac{b-t_1}{3}\right)\right\}$$

$$= \frac{2}{(0.6+2)4}\left\{\frac{0.6^2 \times 4}{2} + \frac{2-0.6}{2}\times 4\times\left(0.6 + \frac{2-0.6}{3}\right)\right\}$$

$$= \frac{1}{5.2}\{0.72 + 2.8(0.6+0.47)\} = \frac{3.72}{5.2} = 0.715 \text{ (m)}$$

（2） すべり出しに対する安定の検討　擁壁底部の地盤に対する摩擦係数は $\tan\phi'' = 0.6$ であるから，

$$Q_V \cdot \tan\phi'' = 114 \times 0.6 = 68.4 \text{ (kN/m)}$$

よって，すべり出しに対する安全率は (6.20) 式を用いて計算すると，

$$F_s = \frac{Q_V \tan\phi''}{Q_H} = \frac{68.4}{48} = 1.43 < 1.5$$

となるから安全率が少し不足する。

（3） 転倒に対する安定の検討　主働土圧は三角形分布をしているから，図6.26(b) のように，壁底より $H/3 = 1.33$ m の高さに水平に働く。また擁壁の重量 W が働くBよりの水平距離 l は求めてあるから，P と W の合力の作用点および方向が決まる。したがって，この合力が底面と交わる位置と方向も図6.26(b)のように容易に求められる。B点より，この交点までの距離を x m とすると，

$$x = \frac{H}{3}\frac{Q_H}{Q_V} + l = \frac{4\times 48}{3\times 114} + 0.715 = \frac{19.2}{34.2} + 0.715 = 1.28 \text{ (m)}$$

底面の幅は2mであるから，1.28m＜2m ゆえに転倒に対しては安全である。また，その安全率は (6.24) 式より

$$F_s = \frac{Q_V \cdot v}{Q_H \cdot h} = \frac{114\times(b-l)}{48\times\frac{H}{3}} = \frac{114\times 1.28}{48\times 1.33} = \frac{146}{64} = 2.28 > 1.5$$

（4） 基礎地盤の支持力に対する検討　上記の合力の作用線は底面を切ることがわかったが，これがB点よりはかって底面の2/3以外に逸脱すると，B点側には図6.22(b)のように反力が働かない部分が生じ，A点側にはきわめて大きな荷重が加わる。いま底面の中央から合力の作用線までの距離を e とすると，

$$e = x - \frac{b}{2} = 1.28 - 1 = 0.28 < \frac{b}{6}\ (=0.33)$$

よって，合力は2/3以内にあり，A点における最大垂直圧力 p_t は (6.22) 式により，

$$p_t = \frac{Q_V}{b}\left(1 + \frac{6e}{b}\right) = \frac{114}{2}\left(1 + \frac{0.28\times 6}{2}\right)$$

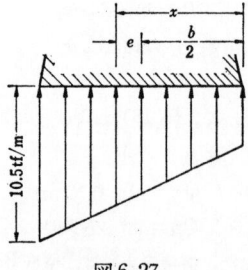

図6.27

$$=105 \ (\text{kN/m}^2)$$

$$\therefore F_s = \frac{\text{地盤の許容支持力}}{p_t} = \frac{200}{105} = 1.90 > 1.0$$

よって，最初に仮定した擁壁はすべり出しの点で不安であり，Q_V を大きくするとか底面に突起を設けて $\tan\phi''$ を大きくするなど工夫が必要である。

〔類題 6.8〕〔例題6.6〕で壁底先端Aの部分の根入り受働土圧を考えて，$H=4.0\text{m}$，$b=2.0\text{m}$，$t_1=0.6\text{m}$ の擁壁の安定を検討せよ。（安定）

6.3.4 裏込めと排水設備

（a）**裏込め** 擁壁に働く土圧は，かなりその裏込めによって影響されるから，裏込めの設計はきわめて大切である。理想的なことをいえば，土圧の計算に用いられる仮定と一致した材料がよい。すなわち，内部摩擦角が大きく粘着力のない，たとえば川砂，礫，砕いた岩および鉱さいなどが好ましい。粘土やシルトを含んだ砂，礫などの粘着性材料も他に材料のない場合は使用するが，入念な排水設備が必要である。

適当な裏込め材料のないときは粘土も使用するが，そのときは壁体が長年月にわたって多少動きうるようにしておくか，または静止土圧にたえうるように設計しなければならない。表6.9は統一分類法を手掛りにして裏込め材料としての土の適否をまとめたものである。

表6.9 裏込め材料としての土の適否

GW. SW. GP. SP	優．排水良好。
GM. GC. SM. SC	排水は必要だが，乾燥状態では良好な材料。多少，凍結作用を受ける可能性ある。
ML	排水は必要だが，乾燥状態では満足できる。凍結作用受ける。設計に当たっては $c=0$ でよい。
CL. MH. OL	可，常に乾燥状態にあるよう注意する。壁体のたわみ大，静止土圧を考えて設計せよ。
CH. OH	膨潤性があるので裏込めとしての使用不可。
Pt	使用不可。

（b）**排水設備** 裏込めの設計に重要なもう一つの条件は，土を乾燥状態におくことである。そのためには，一般に二つの方法が考えられる。すなわち，

（i）裏込めを水に浸さぬこと。

（ii）裏込めに水がはいったら，これを除去すること。

自然に浸透する水を防ぐのは，なかなか困難であるから，ほとんどの場合（ii）法を用いるが，（i），（ii）の両法を併用することも少なくない。図6.28(a)の

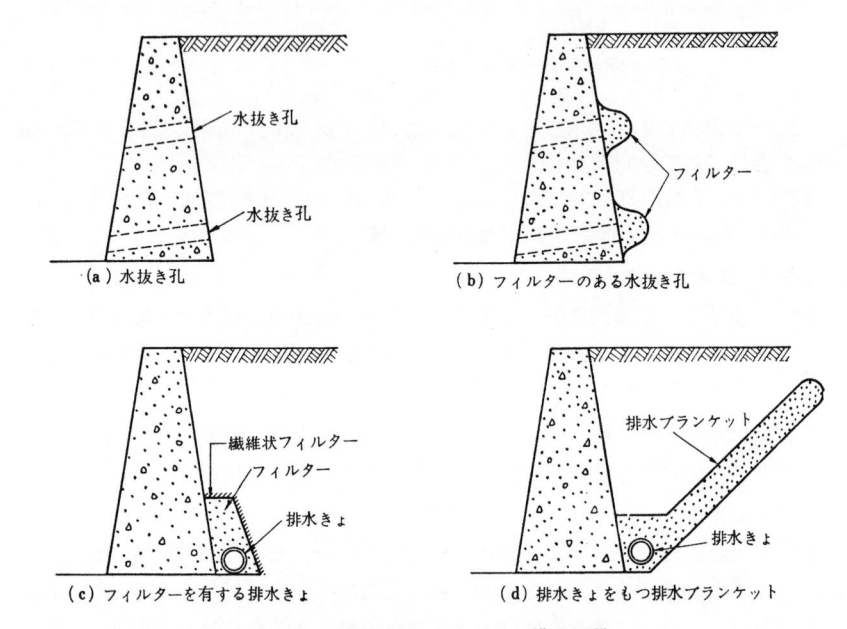

図6.28 擁壁の裏込めに対する排水設備

(a) 水抜き孔
(b) フィルターのある水抜き孔
(c) フィルターを有する排水きょ
(d) 排水きょをもつ排水ブランケット

ような水抜き孔は水平および鉛直に1.2～2mの間隔で設け，掃除ができるように少なくとも5cm以上の直径のものを用いる。もし裏込めが粗砂であれば，図6.28(b)のように砂で孔がつまらないように，各水抜き孔の入口に玉砂利をショベル数杯分置くのがよい。しかし，水抜き孔は基礎の圧力が最も大きくなる壁体の底部に水を供給するという欠点を持っているので，多少費用は高くなるが擁壁の背部に排水きょを設ける方法も利用されている。壁体に平行に直径15～20cmの多孔管をフィルターで取り巻いて設置するが（図6.28(c)），掃除のできるように多孔管の末端にマンホールを設けることもある。シルト質の砂とかシルトのような，比較的透水性の低い土には入念な排水施設が必要である。図6.28(d)のような傾斜した排水ブランケットと排水きょの組合せは，裏込め全体を考慮した排水設備の一例である。いずれにせよ適切な排水設備を設けることは，擁壁に働く水圧を減殺しうるのみでなく基礎の安定にも重要な影響を与えるから，土圧の正確な計算と同じくらい大切であることをよく認識しなくてはならない。

（c）凍結作用の防止　寒い地方とか山岳地帯では凍結作用がしばしば擁壁を破壊する原因となる。石およびコンクリートは比較的よい熱伝導体であるから

壁の裏面に沿う温度は気温近くまで低下する。凍結温度が続き条件が整うと (3.7 毛管現象と土の凍上参照)，氷は壁体に平行にレンズ状に発達する。水抜き孔付近によく見られるが，排水が凍って大量の凍結レンズに成長すると壁体は連続的に外側に押されるため移動が起こる。また，この氷がとけると，ゆるんだ水は裏込め土を軟弱化させ，その土圧は過大なものとなることがある。凍結作用を防ぐには，壁に隣接する裏込めの一部を凍結深度と同じくらいの厚さに，砂・礫のような比較的あらい粘着力のない土で置換して防ぐのがよい。

　最終的に凍結を防ぐ鍵は裏込め土の排水をよくすることであるから，排水を凍結によって閉塞されないよう，たとえば深い横方向の排水管を用い低温でも着実に排水できるように配慮するなど一つの方法である。

6.4 山止め板に働く土圧

　深い掘削をしたとき，土がくずれないように支える支保工の一部として働く山止め板は変形を起こしやすい組立て構造物であるから，擁壁のような剛性構造物に作用する土圧と分布や強さが異なる。都市の建設工事が増加している昨今，設計が不十分なため工事周辺の地盤に沈下を生じたり，付近の建物が変形を起こしたりする例は珍しくない。これらの事後対策としては，切ばりなど支保工の数をふやして密に組む，薬液注入を行って地盤を硬化せしめる，山止め板を埋め殺しにして工事を完了するなどの手段がとられているが，何よりも事前に十分な調査を行い，あらかじめ万全の措置を講ずることが重要である。

6.4.1 山止め工の構造

　山止め工の最も簡単なものは腹起しを鉛直掘削面にあてがい，これを切ばりで支持する方法で（図6.29参照），主として粘性土の浅い切取りに用いられる。土圧は経験によって推定し，使用する切ばりの断面寸法や間隔を決定すればよいが，ふつうは 10×15 cm の断面の木材を水平間隔 2.5 m，鉛直間隔 1～2 m に設置する。深い掘削に用いる山止め板の構造の一例は図6.29(b)のようなものである。山止め矢板を

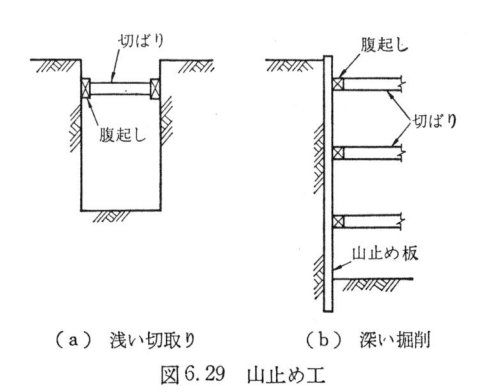

(a) 浅い切取り　　(b) 深い掘削

図 6.29　山止め工

含め山止め工は一般に仮設構造物なので，工事が完成したときは取り払われる性質のものであり，必ずしも，洗練された厳密な土圧計算が最良であるとは限らない。経験的な設計で十分なことも多い。また，たわみ性でしかも施工中にも土をささえなければならない矢板は，構造的に剛性で築造後に土圧が加わる擁壁と異なり，理論だけで土圧を推定することが困難である。一般に山止め板に働く土圧は土の性質と矢板の変形量とによって決まると考えられている。

6.4.2 深い切取りの山止め板に働く側圧

たわみ性の壁に働く土圧はテルツァギ・ペック，チェボタリオフなど多くの研究者によって検討されたが，日本建築学会ではこれらの資料を参考にし，わが国における測定データも考慮して，同学会の基礎構造設計指針に下記の(1)および(2)のように制定している。

（1）山止めの設計に際しては，壁の背面に作用する側圧は深さに比例して増大するものとし，側圧係数は土質および地下水位に応じて次の値をとることができる（図6.30および表6.10参照）。

$$p = K\gamma_t H \tag{6.25}$$

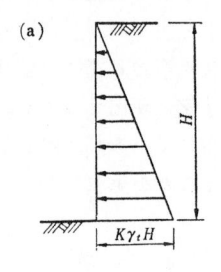

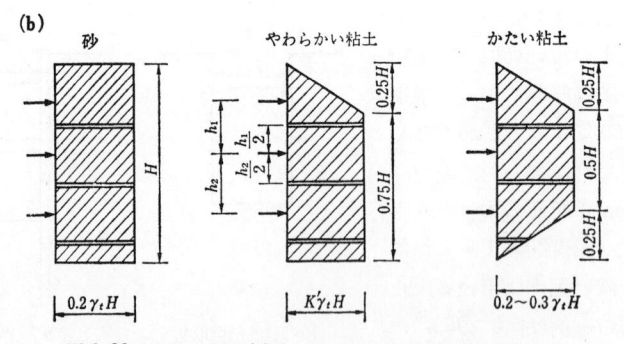

図6.30 山止め板の側圧 （日本建築学会：建築基礎構造設計指針）

p：深さHにおける側圧(kN/m^2)

K：側圧係数

γ_t：土の湿潤単位体積重量(kN/m^3)

H：地表面からの深さ(m)

表6.10 側圧係数

地盤		側圧係数(K)
砂地盤	地下水位の浅い場合	0.3～0.7
	地下水位の深い場合	0.2～0.4
粘土地盤	やわらかい粘土	0.5～0.8
	かたい粘土	0.2～0.5

(日本建築学会：建築基礎構造設計指針)

（2）切ばりおよび腹起しの断面算定に用いる側圧は，（1）項によらない場合，図6.30(b)に示す分布形によることができる。ただし，図中の側圧係数K'は(6.26)式によって求める。

$$K' = 1 - \frac{4c_u}{\gamma_t H} \quad (\text{ただし } K' \geqq 0.3) \tag{6.26}$$

$c_u = q_u/2$：非排水せん断強さ(kN/m^2)

q_u：土の一軸圧縮強さ(kN/m^2)

6.4.3 山止め工事に伴う諸現象とヒービング

深い掘削を行って山止め工を行うと周辺の地盤にき裂，傾斜，かん没などの変形を生じたり，それに伴う構造物の不同沈下や破壊が起こることが多いのは前にも述べた。このほか，道路の下に埋設されている水道管，およびガス管などの公共施設も破損することがあるので注意しなくてはならない。これらは①山止め工の変形によることが多く，支保工がたわみ性であるほど，また掘削が深いほど沈下，変形量は大きくなる。②地下水位が高いと，掘削による水位低下が土の単位体積重量を$(\gamma_t-\gamma_w)$からγ_tへと増加せしめるため自然発生的に地盤の圧密をひき起こし，基礎地盤の沈下を招くものである。このような沈下・変形は粘性土や有機質土であるほど量的に大きく，また山止め板に近づくほど大きくなる。

ペックは多くの掘削工事における測定結果から，掘削深さ，沈下量，および変形の影響範囲を土質および掘削底部の状態に関して，図6.31のように示した。また工事の危険性を示す指標として(6.27)式で表わされるような安定数Nを用いることを提案している。

$$N = \frac{\gamma_t H}{c_u} \tag{6.27}$$

γ_t：土の湿潤単位体積重量(kN/m^3)

H：掘削深さ(m)

c_u：土の非排水せん断強さ(kN/m^2)

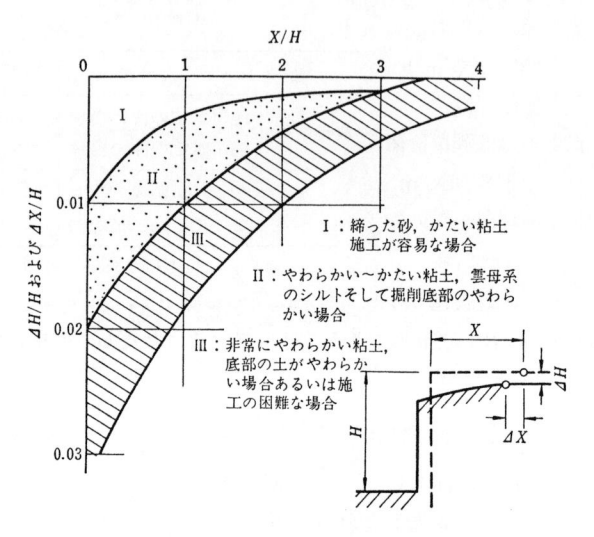

図6.31 掘削付近の地盤の変形

安定数Nが3～4に近づくと山止め板の動きや地表面の沈下が目立つようになり，6～7になると周囲の地盤の応力は塑性平衡状態に入り掘削底面の破壊に近づく危険があるとしている。

やわらかい粘土地盤では，せん断強度が自重をささえることができず，図6.32のように掘削底部へ回り込んで破壊することがある。これをヒービングと言うが，回り込みに対する安定は(6.28)式を用いて検討する。

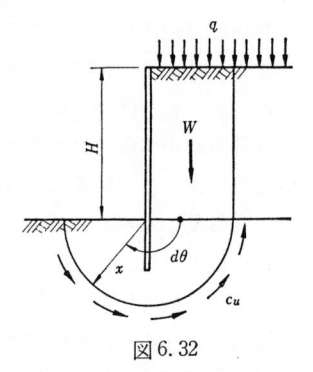

図6.32

$$F_s = \frac{抵抗モーメント}{回転モーメント} = \frac{x\int_0^\pi c_u(x\,d\theta)}{Wx/2} \tag{6.28}$$

ただし，根切り底より下の地層が一様である場合は下式を用いる。

$$F_s = \frac{抵抗モーメント}{回転モーメント} = \frac{2\pi c_u}{\gamma_t H + q} \tag{6.29}$$

F_s：安全率（1.2以上をとることが提唱されている）
W：$(\gamma_t H+q)x$ (kN/m)
γ_t：土の湿潤単位体積重量 (kN/m³)

H：掘削深さ (m)

x：矢板からはかった任意の半径 (m)

c_u：粘土の非排水せん断強度 (kN/m²)

q：地表面に働く等分布荷重 (kN/m²)

　掘削地盤が砂あるいは砂質土で構成されている場合には，水によるボイリングが起こって破壊することが少なくない。ボイリングによる破壊の安定計算については，"3.3 浸透水圧とボイリング"を参考にして検討されたい。

〔例題 6.7〕 やわらかい粘土地盤を掘削して下水管を埋設する。幅2.0m，深さ3.0mの溝を掘り，これに山止め矢板をあてるが，この矢板に加わる土圧を求め，掘削底の回り込みに対する安定を検討せよ。ただし，粘土の単位体積重量 $\gamma_t=17$ kN/m³，土の粘着力は $c_u=20$ kN/m² とする。

〔解〕 図6.30および表6.10によって土圧は，

$$P = \frac{H \times K\gamma_t H}{2} = \frac{(0.5 \sim 0.8) \times 17 \times 3^2}{2} = 38.2 \sim 61.2 \text{ (kN/m)}$$

したがって矢板1枚に加わる全土圧は

$(38.2 \sim 61.2) \times 2 = 76.5 \sim 122$ (kN)

また回り込みに対する安全率は，(6.28)式を用いて計算すると，粘土のせん断強度は粘着力20kN/m²のみであるから，

$$F_s = \frac{x\int_0^\pi c_u(xd\theta)}{\frac{Wx}{2}} = \frac{x^2 c_u \pi}{\frac{\gamma H x^2}{2}} = \frac{2c_u\pi}{\gamma H} = \frac{2 \times 20 \times 3.14}{17 \times 3}$$

$$= \frac{125.6}{51} = 2.46 > 1.2$$

十分安全である。

〔類題 6.9〕 〔例題 6.7〕で掘削地盤がかたい粘土から構成されているとして，山止め矢板に加わる土圧を求めよ。また，この場合，回り込みに対する危険はあるか。（矢板に加わる全土圧30.6〜76.5 kN/m，回り込みの危険はない）

6.5 地震時の土圧

　地震のときに擁壁に加わる土圧は，静止時の土圧に地震力（最大加速度が働くときの値）が静的に加算されるとして求めている。土をささえている擁壁は，地震によって上下左右にゆすられるが，図6.33(b)のように左に傾き，かつ上方に浮いているときが最も不安定である。

　k_h, k_vを，それぞれ地震の水平震度および鉛直震度とすると，図6.33(a)に

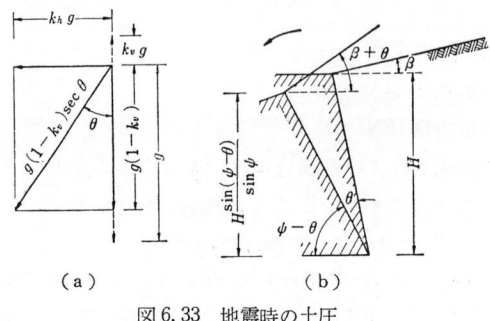

図 6.33　地震時の土圧

示すごとく鉛直方向には $(1-k_v)g$, 水平方向には $k_h g$ の力が働き, 土をゆすることになるから, 合成地震力は $(1-k_v)g \cdot \sec\theta$ で, 鉛直に対し θ だけ傾いて働く。したがって, クーロンの土圧理論を用いるとすると, 図 6.33 を参考にして表 6.11 のような変換を行えばよい。

表 6.11　地震時土圧式をクーロン式より誘導するための変換

名　　　称	常　　時	地　震　時
壁　　高	H (m)	$\dfrac{\sin(\phi-\theta)}{\sin\phi} H$ (m)
裏込め土砂の単位体積重量	γ (kN/m³)	$(1-k_v)\,\gamma \cdot \sec\theta$ (kN/m³)
等分布載荷強度	q (kN/m²)	$(1-k_v)\,q \cdot \sec\theta$ (kN/m²)
壁の背面が水平面に対する角度	ψ (度)	$\psi-\theta$ (度)
裏込め土砂の水平面に対する角度	β (度)	$\beta+\theta$ (度)

主働土圧

$$P'_A = \frac{\gamma H^2}{2} \cdot \frac{(1-k_v)}{\cos\theta \cdot \sin^2\psi \cdot \sin(\psi-\theta-\delta)} \cdot \frac{\sin^2(\psi-\theta+\phi)}{\left[1+\sqrt{\dfrac{\sin(\phi+\delta)\cdot\sin(\phi-\beta-\theta)}{\sin(\psi-\theta-\delta)\cdot\sin(\psi+\beta)}}\right]^2} \quad (6.30)$$

受働土圧

$$P'_P = \frac{\gamma H^2}{2} \cdot \frac{(1-k_v)}{\cos\theta \cdot \sin^2\psi \cdot \sin(\psi-\theta+\delta)} \cdot \frac{\sin^2(\psi-\theta-\phi)}{\left[1-\sqrt{\dfrac{\sin(\phi+\delta)\cdot\sin(\phi+\beta+\theta)}{\sin(\psi-\theta+\delta)\cdot\sin(\psi+\beta)}}\right]^2} \quad (6.31)$$

H：擁壁の高さ (m)
γ：土の単位体積重量 (kN/m³)
$\theta = \tan^{-1}\dfrac{k_h}{1-k_v}$：地震合成角 (度)

ϕ：土の内部摩擦角（度）
δ：土の壁との摩擦角（度）
ψ：擁壁背面の傾斜角（度）
β：背部地表面の傾斜角（度）

土圧は擁壁背面の法線に対してδなる角度をなして，壁の下端より$\dfrac{H}{3}\dfrac{\sin(\psi-\theta)}{\sin\psi}$の点に作用する。

なお上式の使用にあたっては，次の注意が必要である。

（1）一般には，水平震度k_hのみ計算に取り入れて，鉛直震度$k_v=0$とすることが多い。

（2）$\psi>\theta+\delta$，$\phi\geqq\beta+\theta$の場合にのみ使用すべきであって，$\phi<\beta+\theta$の場合は$\phi-\theta-\beta=0$として計算する。

〔例題 6.8〕 図6.34のような背面の鉛直な，高さ2.0mの擁壁に加わる常時の主働土圧と，地震時の主働土圧を計算し比較せよ。ただし，裏込め土砂の内部摩擦角$\phi=20°$，単位体積重量$\gamma=20\,\mathrm{kN/m^3}$，土と壁との摩擦角$\delta=10°$とし，地震時における鉛直震度$k_v=0$，および水平震度$k_h=0.3$とする。

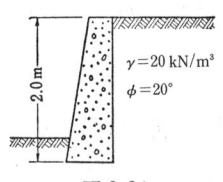

図6.34

〔解〕 題意により，擁壁背面の傾斜角$\psi=90°$，背部地表面の傾斜$\beta=0$であるから，

（1）常時の主働土圧はクーロンの公式（6.16）を用いると，

$$\sin^2(\psi+\phi)=\sin^2 110°=0.940^2=0.884, \quad \sin^2\psi=\sin^2 90°=1$$
$$\sin(\psi-\delta)=\sin 80°=0.985, \quad \sin(\phi+\delta)=\sin 30°=0.5$$
$$\sin(\phi-\beta)=\sin 20°=0.342, \quad \sin(\psi+\beta)=\sin 90°=1$$

$$\therefore P_A=\frac{\gamma H^2}{2}\frac{\sin^2(\psi+\phi)}{\sin^2\psi\cdot\sin(\psi-\delta)\left[1+\sqrt{\dfrac{\sin(\phi+\delta)\cdot\sin(\phi-\beta)}{\sin(\psi-\delta)\cdot\sin(\psi+\beta)}}\right]^2}$$

$$=\frac{20\times 2^2}{2}\frac{0.884}{1\times 0.985\times\left[1+\sqrt{\dfrac{0.5\times 0.342}{0.985\times 1}}\right]^2}$$

$$=\frac{40\times 0.884}{0.985\times(1+0.417)^2}=\frac{35.4}{1.98}=17.9\ (\mathrm{kN/m})$$

（2）地震時の主働土圧は，（6.30）式を用いて計算する。まず，地震合成角$\theta=\tan^{-1}\dfrac{k_h}{1-k_v}=\tan^{-1}0.3=16°42'$となり，

$$\left.\begin{array}{l}\phi(=90°)>\theta+\delta(=26°42')\\ \phi(=20°)>\beta+\theta(=16°42')\end{array}\right\}$$

の条件を満足しているから，（6.30）式はそのまま用いてよろしい。

$$\sin^2(\phi-\theta+\phi)=\sin^2 93°18'=0.998^2=0.996,$$
$$\cos\theta=\cos 16°42'=0.958, \quad \sin(\phi-\theta-\delta)=\sin 63°18'=0.893,$$
$$\sin(\phi-\theta-\beta)=\sin 3°18'=0.058$$

$$\therefore P'_A = \frac{\gamma H^2}{2} \frac{(1-k_v)\sin^2(\phi-\theta+\phi)}{\cos\theta\cdot\sin^2\phi\cdot\sin(\phi-\theta-\delta)\left[1+\sqrt{\frac{\sin(\phi+\delta)\cdot\sin(\phi-\theta-\beta)}{\sin(\phi-\theta-\delta)\cdot\sin(\phi+\beta)}}\right]^2}$$

$$=\frac{20\times 2^2}{2}\frac{1\times 0.996}{0.958\times 0.893\times\left[1+\sqrt{\frac{0.5\times 0.058}{0.893\times 1}}\right]^2}$$

$$=\frac{40\times 0.996}{0.855(1+\sqrt{0.0325})^2}=\frac{39.8}{1.19}=33.4 \text{ (kN/m)}$$

この場合，地震時の主働土圧は，常時のそれにくらべて約1.8倍の大きさになっており，地震の与える影響はかなり大きいことがわかる。

〔類題 6.10〕〔例題 6.8〕で裏込め土砂の内部摩擦角 $\phi=30°$，土と壁との摩擦角 $\delta=15°$ とすると，地震時の主働土圧はいくらになるか。($P'_A=22.4$kN/m)

6.6 地下埋設物に働く土圧

共同溝，カルバートなど地下埋設物に加わる土圧は，最近パイプラインの設置など大型プロジェクトの計画とも相まって，重要な問題となりつつある。

一般には図 6.35 のような土圧が作用するものと推定されるが，深い埋設物では土の掘削壁面に働くアーチアクション（土のせん断抵抗によって生ずる）があるため，深さに比較しそれほど土圧は増加しない。そしてその土圧は次の諸条件の影響を受ける。

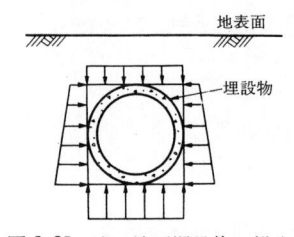

図 6.35 浅い地下埋設物に働く土圧

（i） 埋設物の材料（剛性材料か，たわみ性材料か）
（ii） 埋設条件（掘削孔に埋設したか，盛土をかぶせたか）
（iii） 荷重条件（土の自重，上載荷重，振動荷重など）

6.6.1 鉛直土圧の応力解析

図 6.36 のように溝を掘って剛性の埋設物を設置し，土を埋めもどしたものとする。埋めもどし土は締め固まってないので下方に沈下し，周囲の沈下しない原地盤との間にせん断帯が発達する。沈下する土のせん断応力と周囲の原地盤のせん断抵抗が等しいなら，土の単位体積重量を γ として，埋めもどし土 LMOP の

6　土　圧　203

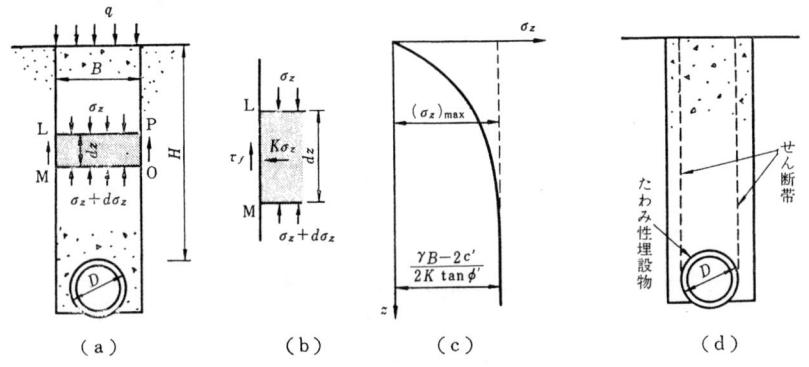

図6.36　埋設物の上に働く鉛直土圧

重さは　　$dW = \gamma B dz$

したがって塑性平衡状態では次の式が成立する。

$$dW + B\sigma_z = B(\sigma_z + d\sigma_z) + 2\tau_f dz$$

また原地盤と埋めもどし土との間に働く土の強さは $\tau_f = c' + \sigma \tan \phi'$ だから，土圧係数をKとすると，LM面を押す力は $\sigma = K\sigma_z$ となり，$\tau_f = c' + K\sigma_z \tan \phi'$ である。

$$\therefore \frac{d\sigma_z}{\gamma B - 2c' - 2\sigma_z K \tan \phi'} = \frac{dz}{B}$$

積分して

$$z = \frac{-B}{2K \tan \phi'} \log_e (\gamma B - 2c' - 2\sigma_z K \tan \phi') + C_1$$

地表面では載荷重がないものとすると

$$C_1 = \frac{B}{2K \tan \phi'} \log_e (\gamma B - 2c')$$

$$\therefore \sigma_z = \frac{\gamma B - 2c'}{2K \tan \phi'} (1 - e^{-\frac{z}{B} 2K \tan \phi'})$$

したがって深さHにおける単位面積当りの垂直土圧を σ_H とすると，埋設物に働く全垂直土圧は，

$$P = \sigma_H B = \frac{B(\gamma B - 2c')}{2K \tan \phi'} (1 - e^{-\frac{H}{B} 2K \tan \phi'}) \qquad (6.32\text{ a})$$

σ_z の式で深さzが増すと $e^{-\frac{z}{B} 2K \tan \phi'}$ は0に近づき，σ_zは深さに関係なく一定値 $(\gamma B - 2c')/2K \tan \phi'$ となる（図6.36(c)参照）。

また埋めもどし土は砂であることが多いので，粘着力＝0 とすると(6.32 a)式は次式のようになる。

$$P=\frac{\gamma B^2}{2K\tan\phi'}(1-e^{-\frac{H}{B}2K\tan\phi'}) \qquad (6.32\text{ b})$$

ϕ', c'：埋めもどし土と原地盤との間に働く強度定数
B：溝の幅 (m)
K：土圧係数 ($\fallingdotseq K_A$)
γ：土の単位体積重量 (kN/m³)
H：地表面から埋設物頂部までの深さ (m)

掘削溝に埋設物を設置したときの土圧係数は，現場における多くの経験から主働土圧係数 K_A に近いといわれている。恐らく埋めもどし土の締固めが不十分で，溝の側壁が主働状態を生じやすいためと考えられている（表6.12参照）。

表6.12 溝を埋めもどした場合の $K\tan\phi'$

埋めもどし土	$K\tan\phi'$
砂・礫（最大値）	0.19
砂・礫（最小値）	0.16
湿ったシルト，粘土	0.13
飽　和　粘　土	0.11

埋設物がたわみ性の材料で作られている場合は，せん断帯が図6.36(d)のように埋設物の外周に沿って埋めもどし土内に生ずるので(6.32 a)式は次式のようになる。

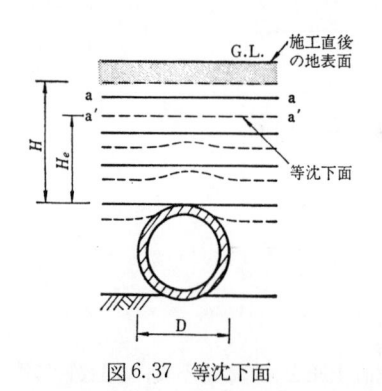

$$P=\frac{D(\gamma B-2c')}{2K\tan\phi'}(1-e^{-\frac{H}{B}2K\tan\phi'}) \qquad (6.33)$$

ここに　D：埋設物の直径 (m)

また自然地盤上に埋設物を設置し，その上に盛土をした場合も，埋設物の沈下量と盛土材料の沈下量との相対関係によって埋設物に働く垂直土圧が変わってくる。図6.37に見るように埋設物の存在による沈下の凹凸が表われない面 a′a′（等沈下面という）

図6.37 等沈下面

が盛土内にあれば，埋設物に加わる全垂直土圧は次のようになる。

埋設物が剛性の場合

$$P=\frac{D(\gamma D+2c)}{2K\tan\phi}(e^{\frac{2KH_e\tan\phi}{D}}-1)+\gamma D(H-H_e)e^{\frac{2KH_e\tan\phi}{D}} \qquad (6.34\text{ a})$$

埋設物がたわみ性の場合

$$P = \frac{D(\gamma D - 2c)}{2K \tan \phi}(1 - e^{-\frac{2KH_e \tan \phi}{D}}) + \gamma D(H - H_e)e^{-\frac{2KH_e \tan \phi}{D}}$$

(6.34 b)

ここに　c, ϕ：盛土材料の強度定数

　　　　H_e：等沈下面から埋設物頂部までの深さ (m)

盛土厚が薄くて等沈下面が地表面以上になる場合（$H \leqq H_e$），(6.34) の両式は第2項がなくなる．また盛土材料の粘着力＝0の場合は第1項のcが消える．

6.6.2 水平土圧

ランキンの塑性平衡の考え方に従うと，高さH_Tで幅Dのたわみ性埋設物に加わる水平土圧は（図6.38参照），せん断面が水平に対して $45° + \dfrac{\phi}{2}$ の傾きとなる．したがって，せん断帯の幅bは埋設物の頂部において，片面で次のようになる．

$$b = \frac{H_T}{\tan(45° + \phi/2)} = H_T \tan\left(45° - \frac{\phi}{2}\right)$$

このため埋設物に作用する水平土圧は載荷重$b\gamma H$をもった壁体に働く主働土圧に

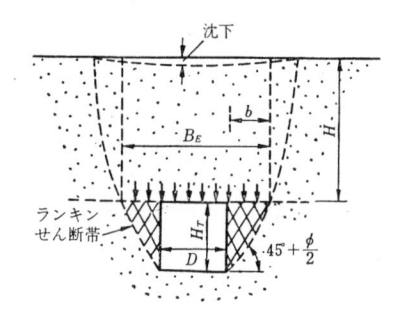

図6.38　たわみ性埋設物に働く水平土圧

等しいものとなる．しかし図6.39(a)のように，埋設物がフレキシブルで埋めもどし土が十分よく締め固められていれば水平土圧は鉛直土圧の値に接近する．また埋設物が剛性の場合は，水平土圧は原則として静止土圧の計算によって求められ，埋めもどし土の締固めが不十分であれば，図6.39(b)のように，水平土圧は鉛直土圧に比較し小さい値にとどまるものと考えられている．

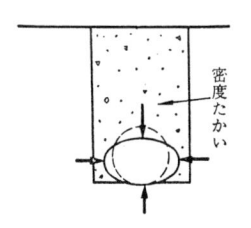

(a) たわみ性の埋設物
水平土圧
≒鉛直土圧

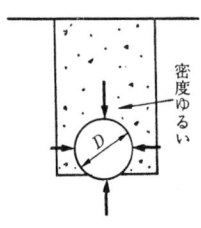

(b) 剛性の埋設物
鉛直土圧は大きく
水平土圧は小さい

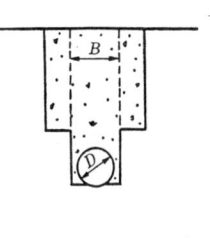

(c) 補助溝

図6.39　埋設物に働く水平土圧

埋設物を内部に有する地盤の地表面の沈下域 B_E は上記の考え方で，盛土などの場合は (6.35) 式のようになる。

$$B_E = D + 2H_T \tan\left(45° - \frac{\phi}{2}\right) \qquad (6.35)$$

実際の地表面の沈下は B_E より多少広い範囲まで波及するので，載荷重は $b\gamma H$ よりも大きくなるし，溝を掘削して埋めもどした場合は b の値は溝幅によって決まることになる。よって他の条件が同じなら，埋めもどしの溝幅は狭いほど土圧は小さい。この考え方を利用して図6.39(c)のような補助溝を設けて土圧を小さくすることができる。

〔例題 6.9〕 外径 900mm のたわみ性埋設管を，幅 1.2m の溝を掘って設置し，その上に単位体積重量 $\gamma = 18\,\text{kN/m}^3$ の砂質土で $H = 5.0\,\text{m}$ の深さに埋めもどした。この埋設管に加わる垂直土圧を求めよ。ただし埋めもどし土と溝側壁との間に働く強度定数は $\phi' = 30$ 度，$c' = 0$ であり，土圧係数は $K = 0.4$ である。地表面に載荷はないものとする。

〔解〕 (6.33) 式の計算の複雑な部分を最初に求めておく。

$$2K \tan \phi' = 2 \times 0.4 \times \tan 30° = 0.8 \times 0.577 = 0.462$$

$$-\frac{H}{B} 2K \tan \phi' = -\frac{5.0}{1.2} \times 0.462 = -1.93$$

$$e^{-\frac{H}{B} 2K \tan \phi'} = e^{-1.93} = 0.145$$

よって，埋設管に加わる垂直土圧 P を (6.33) 式により求めると，

$$P = \frac{D(\gamma B - 2c')}{2K \tan \phi'}\left(1 - e^{-\frac{H}{B} 2K \tan \phi'}\right) = \frac{0.9 \times 18 \times 1.2}{0.462}(1 - 0.145) = 36.0\,\text{kN/m}$$

〔類題 6.11〕 自然地盤上に直径 D の剛性の埋設物を置き，その上に単位体積重量 γ で強度定数が c, ϕ の土で盛土をした。施工後の盛土の沈下状況は $H_e < H$ であるとして (6.34 a) 式を誘導せよ。

〔演習問題〕

(1) 高さ 5.0m の垂直な壁の後ろに，表面が水平な自然に堆積した砂がある。砂の単位体積重量 $\gamma = 19\,\text{kN/m}^3$，内部摩擦角 $\phi = 30°$ として，次の場合の主働土圧の大きさ，および土圧の作用点を求めよ。

 (i) 壁が全く動かぬ橋台のような場合。
 (ii) 壁が変位しうる普通の主働状態の場合。
 (iii) 地表から2mの深さまで地下水位上昇して，ランキンの主働土圧と同時に水圧も働く場合。ただし，砂の水中の単位体積重量 $\gamma' = 11\,\text{kN/m}^3$ とし，内部摩擦角は変わら

ないものとする。
(iv) (ii),(iii) の場合の土圧の合力の作用位置
((i) 95～143kN/m　(ii) 79.2kN/m　(iii) 112kN/m　(iv) 地表より3.3m および地表より3.53m)

(2) 図6.40のような，高さ3.0mのなめらかな鉛直面を持つ擁壁が，単位重量 $\gamma=18$ kN/m³，内部摩擦角 $\phi=30°$ の砂をささえている。この擁壁に加わるランキンの受働土圧を求めよ。243kN/m

(3) 〔例題6.5〕を，ランキンの主働土圧公式およびクーロンの主働土圧公式で解き，その土圧を比較せよ。(ヒント：ランキン公式では，(a)の場合，△AOC の部分は鉛直下方に働き，ランキン土圧は OC に水平に働くと考える。(b)では逆に △A′O′C′ が鉛直上方に働くとする。 ((a) 60kN/m と59.6kN/m　(b) 60 kN/m と29.9kN/m)

図6.40

(4) 高さ3.0mのなめらかな鉛直面をもつ擁壁が，粘着力 $c=10$ kN/m²，単位体積重量 $\gamma=17.6$ kN/m³，内部摩擦角 $\phi=0°$ の土をささえている。この擁壁に加わるランキン主働土圧を求め，合力の作用点および土圧の強さが0になる深さを計算せよ。(19.2kN/m, 地表より3.56m, 地表より1.14m)

(5) やわらかい粘土の中に，幅2.0m，深さ6.0m の長い溝を一時的に掘削するとき，この山止め板に加わる土圧を求めよ。ただし，粘土の単位体積重量16kN/m³，粘着力30 kN/m²とする。(掘削底で48～76.8kN/m²の土圧を示す三角形分布をなし，全土圧は，壁の幅1m当り144～230kN)

(6) 〔例題6.8〕において，裏込め土砂の単位体積重量が $\gamma=18$ kN/m³ になるほかは条件が全く同じとして，常時の主働土圧と地震時の主働土圧を計算せよ。($P_A=16.1$ kN/m, $P_A′=30.1$ kN/m)

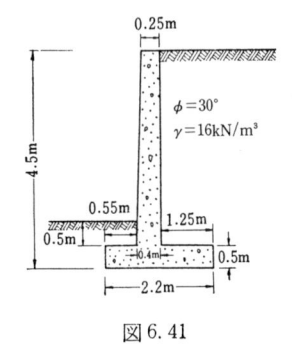

(7) 図6.41に示す高さ4.5mの逆T型の鉄筋コンクリート擁壁の安定を確かめよ。また，土の単位体積重量は裏込め，基礎地盤とも $\gamma=16$ kN/m³として，内部摩擦角は，裏込め土砂の場合 $\phi=32°$，基礎地盤の土に対しては $\phi′=25°$ とする。擁壁前面の受働土圧は計算に入れるものとし，壁底と土の摩擦係数は0.6，基礎地盤の許容支持力を200kN/m²とする。(すべり出し，基礎地盤の支持力および転倒のすべてに対し安定)

図6.41

(8) 高さ6.0mの垂直な擁壁が，$\phi=39°$，$e=0.43$，$G_s=2.67$の砂の裏込めをささえている。

(a) 裏込めが乾燥しているものとして，主働土圧を計算せよ。
(b) 地下水位が地表面まで上がったものと仮定したときの，壁に加わる全圧力を計算し，(a)の値と比較せよ。((a) 76.7kN/m, (b) 227.7kN/m, 水圧が加わると約3倍に増加する)

(9) 高さ4.0mの垂直な擁壁が，かわいた砂をささえている。この砂は，ゆるい状態で $e=0.67$, $\phi=34°$ の値を示し，密な状態で $e=0.41$, $\phi=42°$ となることがわかっている。
(a) ゆるい状態と密の状態とでは，どちらが主働土圧を小さくするか。
(b) また，どちらの状態が大きな受働土圧を与えるか。
　　両方の状態に関し，圧力にどれくらいの差があるか検討せよ。ただし，土粒子の比重 $G_s=2.65$ とする。((a) 密な方が小さい。$P_A=35.9$kN/m, $P_A'=29.8$kN/m, (b) 密な状態が大きい。$P_P=449$kN/m, $P_P'=755$kN/m)

7 斜面の安定

　土の斜面が破壊して動くとき，その結果はきわめて壮観である。しかし住民に与える影響は，はなはだ悲惨なものであることが多い。巨大な地すべりは村落を埋め，鉄道線路や道路を押し流し，川をせき止めることさえある。河川の堤防は水位が高くなるとのり面の崩壊を生じて，その結果，貴重な農地を洪水状態におとしいれ，人々の生活を根こそぎ破壊せしめる。またアースダムが破壊すると，その多量の泥流は渓谷を侵食し人々や家畜に大きな死傷をもたらし，被害は測り知れないものとなる。

　土が一様でないこと，破壊の様相が千差万別であること，さらには地質工学の助けを借りなければならないなどの理由があい重なって，土の斜面の安定解析は非常にむずかしい。

7.1 安定解析

　土塊の移動や破壊に対する安定の検討を安定解析という。安定解析は土構造物の設計・施工の際に必要なだけでなく，破壊した後の補修に当たっても考慮しなければならない。オープンカットののり面，堤防・盛土およびアースダム断面の設計は，主として安定解析の結果をもとに行われている。一方，地すべり・山くずれなど自然斜面の破壊が起こったとき，その原因をつきとめて適切な対策をたてるため，また将来の安全を確保するためにも安定解析が必要とされる。

7.1.1 土塊の移動の原因

　土の斜面の破壊は，すべりの第一段階ではそのままの形で下方に移動するが，すべりの進行につれて結局は形がゆがみこわれてしまうことが多い。一般のすべりでは移動に先立ってクラックができたり，わずかな沈下を生じたりするなどの前駆現象があり，時間的余裕のあることが多いが，なかにはほとんど警告なしに突然破壊する例もあって一様ではない。

　広い連続した面で，せん断応力が土のせん断強さを超えるようになるとすべりが起こる。したがって土体中の任意の一点における破壊が，必ずしも斜面全体の不安定ということにはならない。不安定状態というのは，すべりが起こりうると

考えられる面の各点に，せん断破壊が生じたときにのみ生ずる。数多くある破壊の原因をつきとめることはむずかしいが，実際には土の強さを減少させる原因，および土の応力を増加させる原因などのすべてが不安定に寄与すると推察されるから，土構造物の設計にあたっては，これらを前もって十分考慮すべきである。安定解析の手引として参考のため表7.1を掲げる。

表7.1 不安定に寄与する原因

応 力 増 加 の 原 因	強 度 減 少 の 原 因
1. 建物・水・雪のような外力	1. 水分増加による粘土の膨潤
2. 含水比増加による単位重量の増加	2. 間隙水圧の増加
3. 掘削による土体の一部の移動	3. 湿潤・収縮作用によるヘヤクラックの発生,
4. 透水侵食その他による地下孔の形成	引張りによるヘヤクラックの発生
5. 地震や爆破による衝撃	4. 凍結土および氷結レンズの融解
6. 引張りに起因するクラックの発生	5. 粘結材料の軟弱化
7. クラック内における水圧	6. ゆるい粒状土の振動による液状化

　人命や財産に被害を与えるような破壊が起こった場合には，その原因を確かめるために技術者がしばしば呼び出されるが，多くの場合，同時にたくさんの原因が存在するものである。その中から，最終的に一つの原因にしぼることは困難であるのみならず，かえって正しくないとさえ考えられる。なぜなら，そのしぼられた一つの原因が，破壊地区の土体の運動にセットされた引金にすぎないことが多いからである。すなわち破壊を起こす多くの条件が，それだけ十分にそろっていれば，すべりは他の引金でも容易に起こる可能性があるからである。

7.1.2 安定解析の考え方

　安定問題の解析は，一般に仮定した設計の安全率を決めるための試行錯誤の計算を行う方法である。起こりそうな破壊面を仮定し，ついでその面に沿ったせん断抵抗が計算される。破壊面で区切られた土塊に働く力が決まると，その土塊の安全率は次のように求められる。

　回転に対する安全率

$$F_s = \frac{\text{抵抗モーメント}}{\text{破壊を起こそうとするモーメント}} \tag{7.1}$$

平行移動に対する安全率（平面すべりのとき）

$$F_s = \frac{\text{移動に対抗する力}}{\text{移動を起こそうとする力}} \tag{7.2}$$

7 斜面の安定

起こりそうなすべり面は数多く考えられるが，安全率が最小になるすべり面を合理的な破壊面とし，その時の安全率をその斜面の安全率とするのが一般的である。しかし実用上は経験的に選ばれた幾つかのすべり面について安定解析を行って，安全率の最小なすべり面を採用して十分な成果をあげている。

＜安定解析に用いるせん断強度＞

自然斜面でも盛土のり面でも，斜面を形作る土の状態はそれぞれに複雑であるから，その安定解析に使用する土のせん断強さは慎重に決めなければならない。土のせん断強さは環境によって変わり，特に飽和度，有効応力およびひずみの進行具合によって大きく影響される。たとえば，土は飽和すると毛管張力がなくなり，それに荷重が加わるとすぐに間隙水圧が発生する。したがって周囲の状況から考えて飽和が近づいている場合は飽和時のせん断強度を採用すべきである。

土中の有効応力は載荷の速さとそれに伴う排水の良否との兼ね合いで決まる。大きな盛土を急速に施工する場合は非排水せん断強度を用いるのがよいが，ゆっくり施工する場合は間隙水圧を考慮した排水せん断強度を使う方が経済的に好ましい結果をもたらす。長期間，空気中に露出している自然斜面に侵食や掘削などの除荷が行われた場合，有効応力が減少し，せん断強度も減るから，安定解析には排水せん断強度を用いることが必要である。掘削斜面で施工後日数が経過してからの，また新しい掘削を行うときの安定解析も同じ取扱いとなる。

圧密非排水せん断強度は斜面のせん断破壊時の土の強度の一つの典型的なモデルといえる。斜面は初め死荷重のもとで平衡しているが，これに洪水や豪雨のような急激な環境変化と外的荷重の変化が見舞って破壊するからである。この場合，間隙水圧の変化を十分追跡できるなら圧密非排水せん断試験の強度定数を適用するのがより適当である。

斜面の安定解析にどのような強度を用いるか，また室内試験によって得られた結果をどのように解釈するかということは長い経験と賢明な判断が必要である。設計に使う最適のせん断強度を見つけるには現地の土に破壊を起こさせて解析するのがよいといわれており，特に破壊事故現場の修復工事に対する安定計算などにはこの方法が正しい。盛土やダムの新しい設計を試みるときは，現寸の模型を作って実験的に人工すべりを生ぜしめ，注意深い観測や実験管理を行ってデータを集め，さらにその他の資料を参考にして検討を行い，合理的な強度を採用すべきである。

<斜面内の応力>

破壊を起こすほど差し迫った状態になってない斜面内の応力は，弾性論や二次元の有限要素法で解析がなされている。破壊時の応力とは違うが，その解析結果から次のことがわかる。

1. 応力分布は施工時の状態と関係があり，その斜面が切土であるか盛土であるかに大きく影響される。

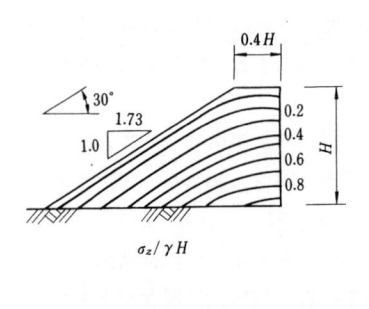

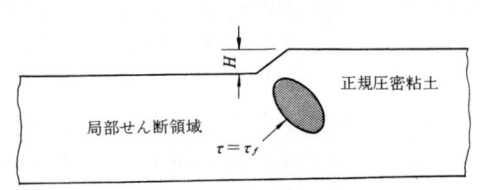

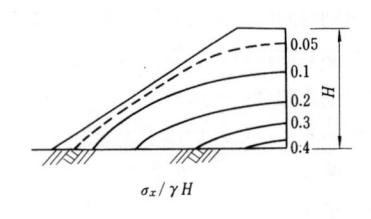

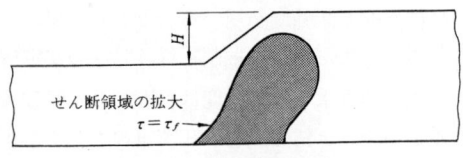

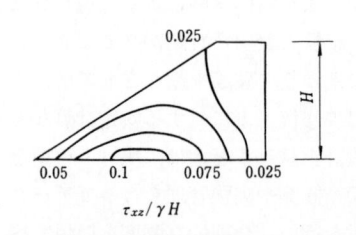

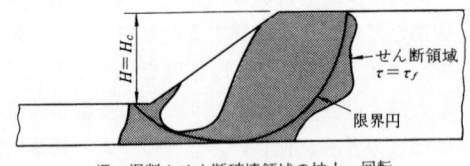

（a）かたい基盤上の弾性体斜面内の応力　　（b）飽和粘土斜面の掘削に伴う弾性状態から塑性状態への移り変わり

図7.1　斜面内の応力と破壊領域の伝播

2. 斜面内の最大せん断応力および最大引張応力の働く位置, したがって破壊が発生する位置などがわかる.

図7.1(a)はそのような解析例である. 剛性で表面があらい基盤の上におかれた均質な等方性斜面の内部の鉛直方向の垂直応力 σ_z, 水平方向の垂直応力 σ_x, およびせん断応力 τ_{xz} を γH で割った形の応力分布図である. 近似的に斜面内のどこでも鉛直方向の $\sigma_z \doteqdot \gamma z$ である. 水平方向のせん断応力は斜面頂部の下で実質的にゼロとなり, 頂部とのり先の, ほぼ中間の基盤に沿った位置で最大となる. せん断応力はまた斜面の中央部で最大となる.

この結果を適用して深い掘削を進める場合の均一弾性体斜面内の最大せん断応力の伝播を示したのが図7.1(b)である. せん断強さは非排水せん断における正規圧密飽和粘土の挙動と同じく初めの深さで決まるが, 掘削期間中は変わらないものとする.

掘削が進むにつれて最大せん断応力はせん断強さ τ_f になるまで増大する. 斜面近くに部分的な破壊があるが斜面はまだ安定している. 掘削がより深くなると, 塑性平衡帯は増大する. 結局, 塑性平衡帯は破壊連続面が斜面移動と一致するほどに十分大きくなる. この時点ですべりが発生し斜面は破壊する. もし軟弱な土層とかはっきりした方向性の強い面があれば, せん断応力はその面に集中する. 塑性帯はねじれ, 破壊面は連続する弱い材料に波及していく.

7.1.3 やわらかい粘土斜面の破壊の型とその安定

斜面破壊の最も普通の型は, やわらかい粘土斜面で見ることができる. 多くの場合, 曲面に沿う地すべりのような回転によって破壊が生ずる. 代表的なものとして図7.2のような三つの破壊の型がある. そして, このいずれの型になるかは土の性質と, 傾斜角および斜面の高さによって決まる.

底部破壊は, 斜面が比較的ゆるい傾斜面に生ずる. すべりの先端におけるふく

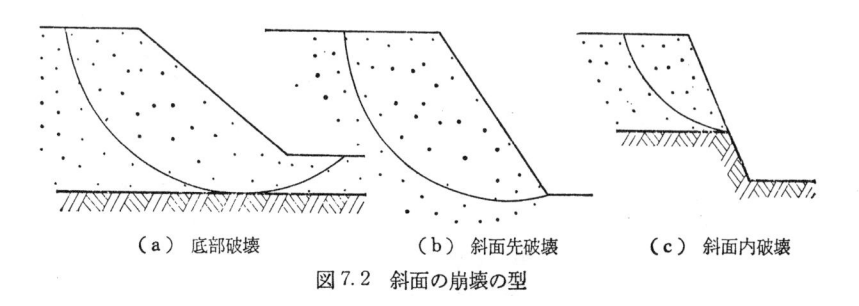

(a) 底部破壊　　　(b) 斜面先破壊　　　(c) 斜面内破壊

図7.2　斜面の崩壊の型

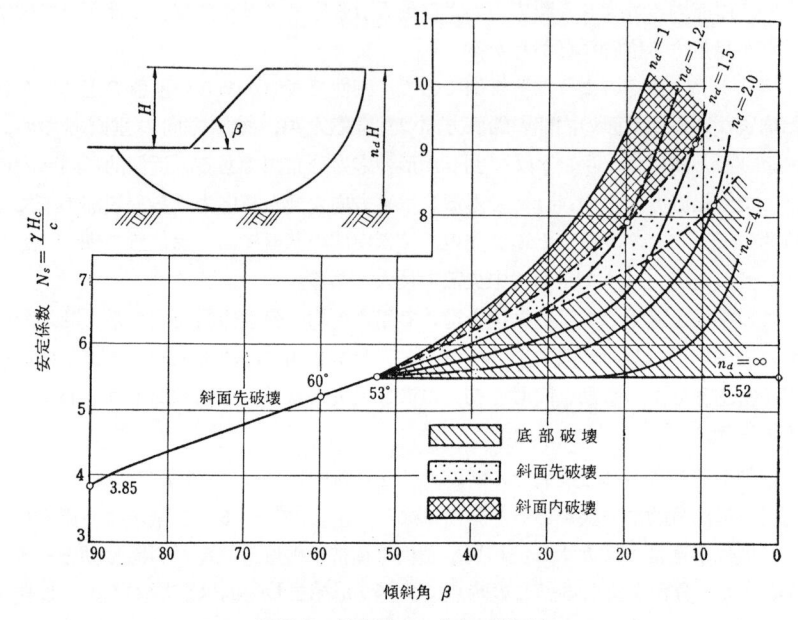

図7.3 粘土斜面の安定係数図表

れ上がりは，しばしば斜面から離れたところにでき，すべり面は斜面の中点鉛直上にすべり円の中心を持ち基盤に接してこわれる。斜面先破壊は53度以上の急斜面に生ずることが多く，すべり面が斜面のり先を通るのが特長である。斜面内破壊は斜面先破壊の特殊なもので，すべり面は基盤に接して斜面を切る。

すべりの型が図7.2の3種のいずれになるかは，図7.3を参考にして判定す

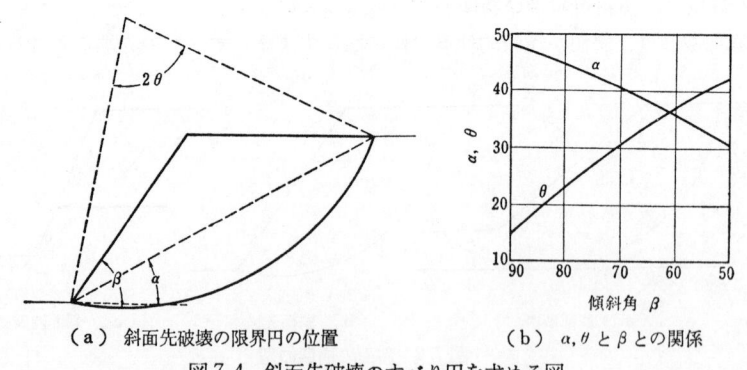

（a）斜面先破壊の限界円の位置　　　（b）α, θとβとの関係

図7.4 斜面先破壊のすべり円を求める図

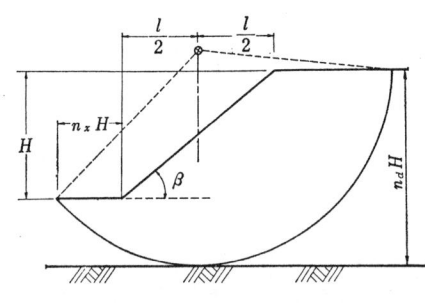

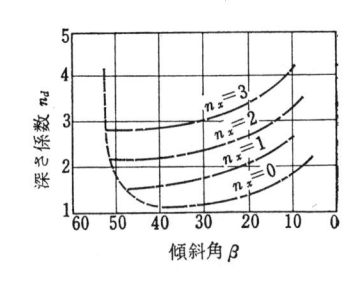

(a) 底部破壊のすべり円の位置　　　（b）底部破壊の n_d, n_x, β の関係

図7.5　底部破壊のすべり円を求める図

る。この図表から，53度より急な傾斜では斜面先破壊が起こることがわかる。53度以下の傾斜角では，深さ係数 n_d の値によって3種類の破壊面が生ずる可能性がある。$n_d \geqq 3$ のときは底部破壊が生ずる。$n_d = 1 \sim 3$ の値では，その斜面の傾き具合で底部破壊，斜面先破壊および斜面内破壊のいずれかが起こり，$n_d < 1$ では斜面内破壊のみが起こる。

斜面先破壊のすべり円を描くには，図7.4によって，すべり面の傾き角 α およびすべり円の中心角 2θ を求めて決定すればよい。また底部破壊のすべり円は基盤が水平であるなら，図7.5(a)によって中心が斜面の中点を通る鉛直線上にあり，かつすべり面の先端が斜面先から水平距離 $n_x H$ の点を通るという条件から，ただちに作図することができる。n_x の値は図7.5(b)によって深さ係数 n_d および斜面傾斜角 β から求められる。しかし底部破壊でも基盤が水平でない場合や，斜面内破壊の場合のすべり円は試行法によって見いださねばならない。

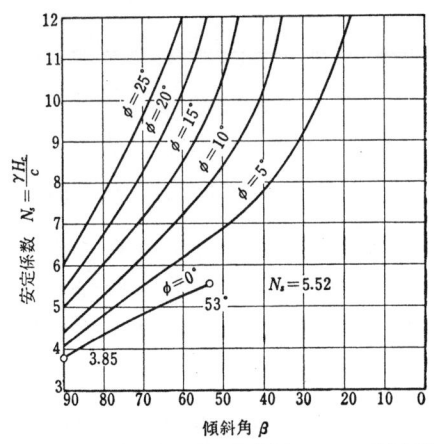

土が粘着力だけでなく内部摩擦角を持つような一般の粘性土の安定係数は，各種の傾斜角について図7.6から求められる。斜面のり先より上に基盤があらわれない場合は，すべりは斜面先破壊の型となる。

図7.6　安定係数と斜面傾斜角，および内部摩擦角の関係

またテイラー（Taylor）は，やわらかい粘土からなる斜面について，安定係数の考え方を用い，まさにすべりが起ころうとするときの限界高さ H_c を (7.3) 式のように求めた。

$$H_c = \frac{N_s \cdot c}{\gamma} \qquad (7.3)$$

N_s：安定係数
c：土の粘着力 (kN/m²)
γ：土の単位体積重量 (kN/m³)

そして，このとき斜面の安全率 F_s は次のように与えられる。

$$F_s = \frac{cN_s}{H\gamma} \qquad (7.4)$$

H：斜面の高さ (m)

〔例題 7.1〕 高さ20mの堤防で，底部より12mのところに基盤がある。この堤防の傾斜角を30度にして施工するとすれば，その安全率のいくらになるか。ただし土の単位体積重量は18 kN/m³で，土の粘着力は80 kN/m²とする。

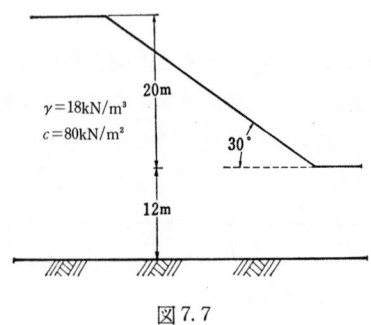

〔解〕 図7.3を参考にして，深さ係数 n_d を求めると，

$$n_d = \frac{20+12}{20} = 1.6$$

斜面の傾斜角 $\beta = 30°$ であるから，再び図7.3の助けを借りると，安定係数は，
$N_s = 6.1$

よって (7.4) 式を用いて，この堤防の安全率 F_s は

図7.7

$$F_s = \frac{cN_s}{H\gamma} = \frac{80 \times 6.1}{20 \times 18} = 1.36$$

〔例題 7.2〕 斜面の傾斜角 $\beta = 50°$ の場合，土の粘着力 $c = 15$kN/m²，単位体積重量 $\gamma = 21$kN/m³および土の内部摩擦角 $\phi = 15°$ として，この斜面の限界高さを求めよ。

〔解〕 $\beta = 50$，$\phi = 15°$ であるから，図7.6から安定係数を求めると，$N_s = 10.6$

$$\therefore N_s = \frac{\gamma H_c}{c} = 10.6$$

題意により，$\gamma = 21$kN/m³，および $c = 15$kN/m²が与えられているから，

$$H_c = \frac{10.6 \times c}{\gamma} = \frac{10.6 \times 15}{21} = 7.57 \text{ (m)}$$

安全率を1.0として7.57mの高さまで施工ができる。

〔例題 7.3〕 斜面の傾斜角20°, 土の単位体積重量17 kN/m³, 土の粘着力12 kN/m²のとき, 深さ係数1.0, 1.2および2.0の場合の, 斜面の破壊の形式と限界高さを計算せよ。

〔解〕 深さ係数1.0のとき, 図7.3から $N_s=9.3$ となり, 同時に斜面内破壊を起こすことがわかる。また, 限界高さ H_c は, (7.3)式を用いて計算すると,

$$H_c = \frac{N_s \cdot c}{\gamma} = \frac{9.3 \times 12}{17} = 6.56 \text{ (m)}$$

$n_d=1.2$ のとき, $N_s=7.8$ となり, 斜面先破壊を起こす。限界高さは

$$H_c = \frac{N_s \cdot c}{\gamma} = \frac{7.8 \times 12}{17} = 5.50 \text{ (m)}$$

$n_d=2.0$ のとき, $N_s=6.3$ となり, 底部破壊を起こす。また, 限界高さは

$$H_c = \frac{N_s \cdot c}{\gamma} = \frac{6.3 \times 12}{17} = 4.45 \text{ (m)}$$

〔類題 7.1〕 斜面の傾斜角20度, 土の粘着力10kN/m², 土の単位体積重量16kN/m³のとき, 深さ係数1.0, 1.2および4.0の場合の, 斜面の破壊の形式と限界高さを求めよ。(斜面内破壊 5.81m, 斜面先破壊 4.88m, 底部破壊 3.50m)

〔類題 7.2〕 斜面の傾斜50度の場合, 土の単位体積重量16kN/m³, 土の粘着力20kN/m²および内部摩擦角15度として, この斜面の限界高さを計算せよ。($H_c=13.1$m)

〔類題 7.3〕 高さ15mの堤防で, その底部より7.5mのところに, 岩盤があることがわかっている。斜傾角を30度にして, 盛土をしたときの安全率を求めよ。ただし土の単位体積重量は20kN/m³で, 土の粘着力は80kN/m²とする。($F_s=1.65$)

7.1.4 層化した粘土斜面の安定

斜面の土が図7.8のように相異なる数種の粘土の互層から成る場合は, 破壊面の大部分は最もやわらかい粘土層を通ってすべることが多い。図7.8は第3層目が最もやわらかい場合についてすべり面を描いたが, 第2層が最も軟弱であれば限界円は第3層の上面に接してすべるに違いない。したがって図7.8の土層構成では第3層をすべり円の大部分が通るように多くの試行円を描き, その円の中心でモーメントをとると, す

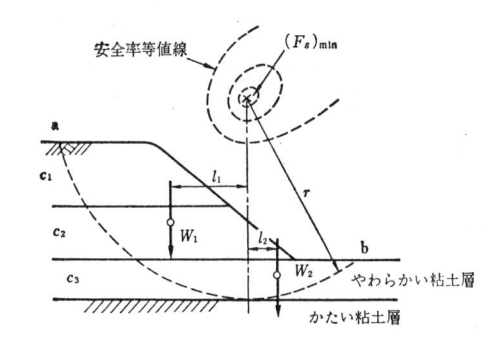

図7.8 互層粘土の斜面の安定

べり円に沿う平均せん断応力 τ は (7.1) 式により次のようになる。

$$\tau = \frac{W_1 l_1 - W_2 l_2}{r \times \widehat{ab}} \tag{7.5}$$

W_1, W_2：それぞれすべり円の中心を通る鉛直線より左側および右側の
すべり土塊の重量

l_1, l_2：それぞれすべり円の中心を通る鉛直線より W_1 および W_2 の
作用線までの距離

r：すべり円の半径

各層の粘着力 c_1, c_2, c_3 の平均を $\bar{c}$ とすると，試行円に対する安全率は次式のようになる。

$$F_s = \frac{\bar{c}}{\tau} \tag{7.6}$$

F_s の値をすべり円の中心に書き込んでおく。数個のすべり円について安全率を求め F_s の等高線を描き $(F_s)_{min}$ をその斜面の安全率とする。

7.1.5 引張りき裂

粘性土から成る斜面の地表に近い部分では，"6.1.2 主働土圧"で述べたように，引張り力が連続的に働いているので鉛直方向のクラックが生じやすい。そしてひとたび引張りき裂が生ずると，クラックの面上ではすべりに対する抵抗力が働かないから安定解析上きわめて不利となる。また雨が降ってこのクラックに水がたまると，せん断強さを低下せしめたり，クラックから始まるすべり面に浸透水圧を発達させることがあるので十分注意しなければならない。

クラックの発生する範囲を知るため引張り力の働く深さ z を確かめてみると，地表面が水平で斜面が鉛直な場合は (6.12) 式から次のようになる。

$$z = \frac{2c}{\gamma} \tan\left(45° + \frac{\phi_u}{2}\right) \tag{7.7}$$

粘性土では $\phi_u \fallingdotseq 0$ であるから上式を変形して

$$z = 2c/\gamma$$

とするのも一つの考え方である。一般に地表面は水平でもないし斜面が鉛直ということも少ないので，いずれにしろクラックの深さは (7.7) 式より小さいと考えてよい。均質な粘土斜面においては，斜面高の 1/2 以下，あるいは (7.7) 式の80%以下と考えて安定を検討することも行われている。日本道路公団では，クラックの深さは 2.5m を限度としている。

7.2 細片分割法

　細片分割法は内部摩擦角を有する一般の粘性土から成る斜面の安定解析に用いる比較的簡単な計算法である。斜面の土が均質でなく地表面が凹凸で不規則な場合や，間隙水圧が働く場合の斜面の安定を検討するのにも使える。

　（１）　いくつかの仮定すべり円（図7.3安定係数図表参照）について（２）以下の計算を行い，最も安全率の低い値を見つけ，それをこの斜面の安全率とする。

　（２）　すべり土塊を5～12等分して安定解析する。この分割線の一つはすべり円の中心Oの直下にくるように，また他の分割線は土層の境界にくるように分割するとよい（図7.9(a)参照）。

　（３）　各分割片に働く力は図7.9(b)のようである。一般に七つの力が働くが簡単化するため

$$P_i = P_{i+1} \qquad T_i = T_{i+1} \tag{7.8}$$

と仮定すると働く力は三つとなり，力学的に静定な問題となる。

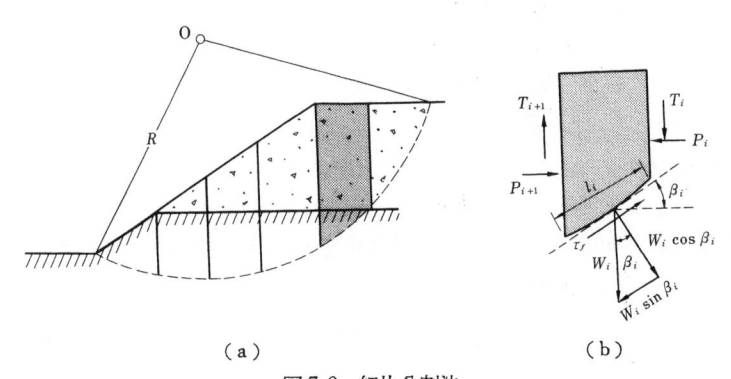

（a）　（b）

図7.9　細片分割法

　（４）　すべり円の中心Oで各力に対するモーメントをとり，すべりに対する安定を考えると，

すべりモーメント　　　$M_0 = R\sum W_i \sin \beta_i$

抵抗モーメント　　　　$M_r = R\sum \tau_f l_i$

安全率　　　　　　　　$F_s = \dfrac{M_r}{M_0} = \dfrac{\sum \tau_f l_i}{\sum W_i \sin \beta_i}$ 　　　(7.9)

　　　　R：すべり円の半径（m）

W_i：各分割細片の重量（kN）

β_i：円弧面と水平との傾き

τ_f：土のせん断強さ（kN/m²）

l_i：各分割細片の円弧の長さ（m）

この場合せん断強さ τ_f に間隙水圧を考慮しない場合と，間隙水圧を考慮する場合とで次の二つの解法に分かれる。

7.2.1　間隙水圧を考慮しない解法（全応力法）

非排水せん断試験によって得られた強度定数 c_u, ϕ_u を用いて，せん断強さを示すと，

$$\tau_f = c_u + \sigma \tan \phi_u$$
$$= c_u + (W_i \cos \beta_i \tan \phi_u)/l_i$$

この式を (7.9) 式に代入すると

$$F_s = \frac{\sum(c_u l_i + W_i \cos \beta_i \tan \phi_u)}{\sum W_i \sin \beta_i} \tag{7.10}$$

7.2.2　間隙水圧を考慮に入れた解法（有効応力法）

圧密非排水せん断試験によって求められた強度定数 c', ϕ' を用いて，せん断強さを表わすと次のようになる。

$$\tau_f = c' + \sigma' \tan \phi'$$

ここで安定計算の相違によって次の二つの方法がある。

（1）フェレニュウス法

有効垂直応力 σ' は全垂直応力から間隙水圧 u_w を減じたものであるから，

$$\sigma' = (W_i \cos \beta_i / l_i) - u_{wi}$$

$$F_s = \frac{\sum\{c' l_i + (W_i \cos \beta_i - u_{wi} l_i)\tan \phi'\}}{\sum W_i \sin \beta_i} \tag{7.11}$$

（2）ビショップ法

この方法では初めに (7.8) 式の仮定をしないで力の釣合いを考える。土塊 ABCD に働く力をすべて書き出すと図 7.10(a) のようで，垂直力 N は有効垂直力と間隙水圧になるから

$$N_i = N_i' + u_{wi} l_i$$

また，BC 面に沿って次のせん断抵抗が働く。したがって図 7.10(b) を参考にして，

$$\tau_f / F_s = (c' + \sigma' \tan \phi')/F_s$$

7 斜面の安定

(a)　　　　　　　　(b)

図7.10　ビショップ法

鉛直方向の力の釣合をとると次式のようになる。

$$W_i + T_i - T_{i+1} - u_{wi}l_i \cos \beta_i - (N_i - u_{wi}l_i)\cos \beta_i - c'l_i \sin \beta_i/F_s$$
$$- (N_i - u_{wi}l_i)\tan \phi' \sin \beta_i/F_s = 0$$

$$\therefore N_i - u_{wi}l_i = \frac{W_i - T_i - T_{i+1} - l_i(u_{wi} \cos \beta_i + c' \sin \beta_i/F_s)}{\cos \beta_i + (\tan \phi' \sin \beta_i/F_s)}$$

ここで，$T_i = T_{i+1}$ とおいて，この式の $N_i - u_{wi}l_i$ を (7.10) 式の右辺分子の $W_i \cos \beta_i$ に対応するものとして (7.10) 式相当の F_s を求めると次式のようになる。

$$F_s = \frac{1}{\sum W_i \sin \beta_i} \sum \left\{ \frac{c'l_i \cos \beta_i + (W_i - u_{wi}l_i \cos \beta_i)\tan \phi'}{\cos \beta_i + (\sin \beta_i \tan \phi'/F_s)} \right\}$$
(7.12)

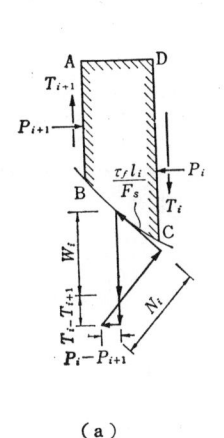

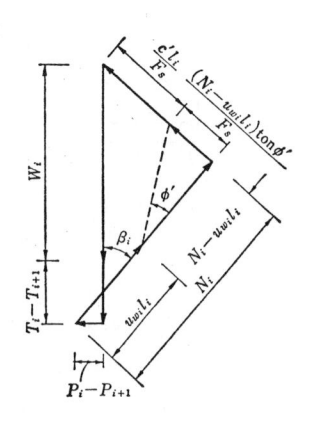

(7.12)式は左辺・右辺ともに安全率 F_s を含むので，計算に当たっては，ある F_s を仮定して右辺に代入し計算を行い左辺の F_s を求める。この両者を比較し互いに一致するまで計算を繰り返す。なおこの計算に当たって図7.11の図表を使用すると便利である。

以上の安定計算を円の中心を変えた幾つかのすべり円について試算するため，デジタルコンピューターがよく用いられる。図7.3の斜面破壊の型を参照し，ま

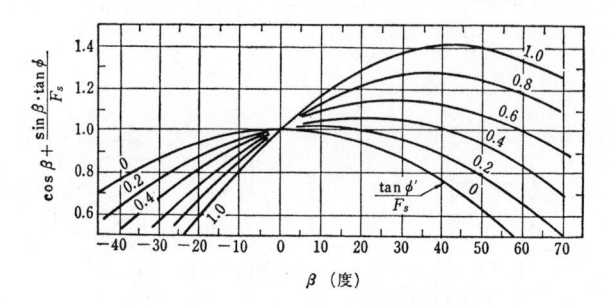

図7.11 ビショップ法の補助計算図表

た後述するようなすべり円の中心の存在可能範囲を参考にして適当な井桁格子を組み，各交点に円の中心を持つすべり円の安全率をコンピューターで求める。このようにして求められた安全率の数値群に対し図7.8のような等値線を作り，そのうちで最も安全率の低いものをその斜面の安全率とする。

すべりに対する限界円を求める手掛りとして，限界円の中心が存在する範囲をさがしてみると，

（i）砂の斜面では安息角以上の傾斜になると，砂は表面をすべってくずれるから，限界円は無限長の半径をもつ。したがって限界円の中心は図7.12の$\overline{PQ}$上にある

（ii）粘土斜面が深くまであり，傾斜がゆるやか（$\beta<53°$）な場合は，限界円の中心は斜面の中点を通る鉛直線$\overline{PR}$上にのる可能性が大きい

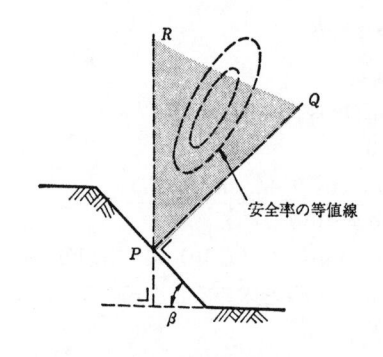

図7.12 限界円の中心のある領域

（iii）粘土斜面で$\beta\geqq53°$の場合でも極端な急傾斜でない限り，限界円の中心は近似的に$\overline{PR}$と$\overline{PQ}$にはさまれる範囲に中心を持つ斜面先破壊円になる

などの理由で限界円の中心は図7.12の陰影を施した領域に入る公算が大きい。

〔例題 7.4〕 図7.13のような1:2の勾配を持つ，高さ4.0mの堤防がある。地表より3.0mまでは粘土層で，それより下はシルト層になる。粘土層における粘着力 $c'=20$ kN/m^2，シルト層の内部摩擦角 $\phi'=30°$ とする。地表から1.0mの深さに水面および地下水面がある。土の状態は表7.2の通りとして，与えられたすべり面に関する，この

7 斜面の安定　223

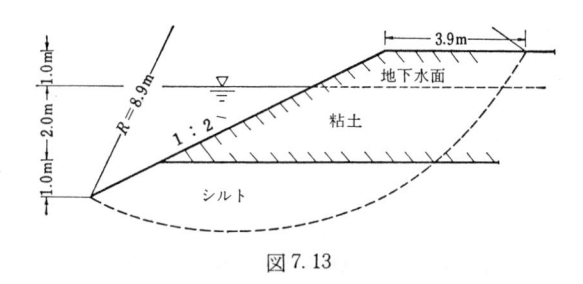

図 7.13

表 7.2

土 の 区 別	含 水 比	土粒子比重	間 隙 比
地下水位より上の粘土	40%	2.65	2.00
地下水位より下の粘土	—	2.65	2.00
シ　ル　ト	—	2.70	0.70

斜面の安定を確かめよ．

〔解〕（1）図7.14のように，分割線の1本が O 点を通り，土質の異なるところで区切られるように，七つに分割する．

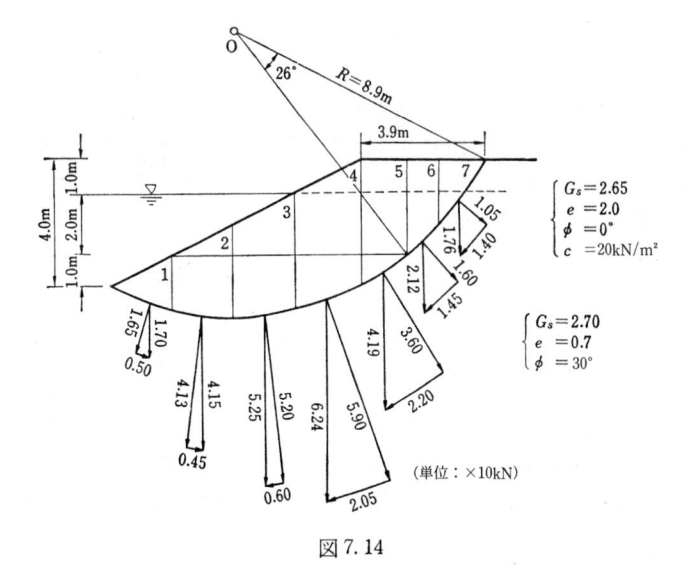

（2）土の単位体積重量 γ の算出　　飽和度は，$S_r = \dfrac{G_s w}{e}$（w：含水比）で表わせるから，

図 7.14

地下水位より上の粘土　　$\gamma = \dfrac{G_s + S_r e}{1+e}\gamma_w = \dfrac{1+w}{1+e}G_s\gamma_w$

$= \dfrac{1+0.4}{1+2} \times 2.65 \times 10 = 12.4 \ (\text{kN/m}^3)$

地下水位より下の粘土　　$\gamma = \dfrac{G_s - 1}{1+e}\gamma_w = \dfrac{2.65-1}{1+2} \times 10 = 5.5 \ (\text{kN/m}^3)$

シルト　　$\gamma = \dfrac{G_s - 1}{1+e}\gamma_w = \dfrac{2.7-1}{1+0.7} \times 10 = 10 \ (\text{kN/m}^3)$

(3) 各分割部分の土の重量 W_i の計算　　各分割部の幅を b, 中央部での高さ h, 土の単位体積重量を γ とすると, $W_i = bh\gamma$

b, h を図 7.14 から求めて, 表 7.3 のごとく計算すると便利である.

表 7.3　W_i の計算

No.	地下水位より上の粘土 $\gamma = 12.4(\text{kN/m}^3)$			地下水位より下の粘土 $\gamma = 5.5(\text{kN/m}^3)$			シルト $\gamma = 10(\text{kN/m}^3)$			全重量 W_i
	b (m)	h (m)	W ($\times 10\cdot$kN)	b (m)	h (m)	W ($\times 10\cdot$kN)	b (m)	h (m)	W ($\times 10\cdot$kN)	($\times 10\cdot$kN)
1	—	—	—	—	—	—	2.0	1.7	1.70△	1.70
2	—	—	—	2.0	1.0	0.55△	2.0	1.8	3.60	4.15
3	—	—	—	2.0	1.5	1.63	2.0	1.8	3.60	5.25
4	2.0	1.0	1.24△	2.0	2.0	2.20	2.0	1.4	2.80	6.24
5	1.5	1.0	1.86	1.5	2.0	1.65	1.5	0.9	0.68△	4.19
6	1.0	1.0	1.24	1.0	1.6	0.88	—	—	—	2.12
7	1.2	1.0	1.49	0.9	1.1	0.27△	—	—	—	1.76

△印は長方形以外の計算による

(4) すべりモーメントの算出　　表 7.3 の W_i を分割片の中央から, すべり面の鉛直下方に書き込み, 垂直成分 $W_i \cos \beta_i$ および接線成分 $W_i \sin \beta_i$ に分ける.

この場合の, すべり出す力の 0 点に関するモーメントは

$M_0 = R\sum W_i \sin \beta_i$

$= R\{\sum_{i=3}^{7} W_i \sin \beta_i - \sum_{i=1}^{2} W_i \sin \beta_i\}$

$= 8.9(77 - 9.5) = 600 \ (\text{kN} \cdot \text{m})$

表 7.4　W_i の分力

No.	$W_i \sin \beta_i$ ($\times 10\cdot$kN)	$W_i \cos \beta_i$ ($\times 10\cdot$kN)
1	−0.50	1.65
2	−0.45	4.13
3	+0.60	5.20
4	+2.05	5.90
5	+2.20	3.60
6	+1.45	(1.60)
7	+1.40	(1.05)

(5) 抵抗モーメントの算出　　粘土層では粘着力 ($c' = 20 \text{kN/m}^2$), シルト層では摩擦力 $W_i \cos \beta_i \tan \phi'$ が抵抗する力として働く, すべりに抵抗する力の, 0 点に関するモーメントは,

7 斜面の安定　225

$$M_r = R\sum c'l_i + R\sum W_i \cos\beta_i \tan\phi' = R\times 20\times \frac{26°}{180°}\times \pi R + R\times 205\times 0.577$$
$$= 8.9\times 80.8 + 8.9\times 118.3 = 1770 \text{ (kN·m)}$$

よって安全率は　　$F_s = \dfrac{M_r}{M_0} = \dfrac{1770}{600} = 2.95$

〔類題 7.4〕〔例題7.4〕で，シルト層が$\phi'=0$度，$c'=20\text{kN/m}^2$の粘土層に変えるほかは条件が全く同じものとして，このすべり面の安全率を求めよ。($F_s=4.1$)

7.3 摩擦円法

本法は，斜面が摩擦抵抗および粘着力のある均質な土で構成される場合に比較的よい精度を与える。すべり円の上方に摩擦円と呼ばれる半径 $R\sin\phi$ の円を描き，この助けを借りて解析を進めていくことから摩擦円法の名がある。

（a）いくつかのすべり面を仮定し，それらについて（b）以下の計算をくり返し同じように行い，安全率の最も低いものをその斜面のすべり面とする。すべり面の仮定に当たっては，"7.1.3　やわらかい粘土斜面の破壊の型とその安定"を参考にする。

（b）仮定すべり面に囲まれる土塊の全重量Wと，すべり面に働く中立力Uを求め，これらの合成力Bを決定する（図7.16参照）。

自重Wは図7.17(a)のように扇形OADB，△OACおよび△OBCに分けて考えると，その重量や重心が求めやすい。重量は実際の図形の寸法を測定するか，セクションペーパー（透写紙）をあてがってその覆う面積をはかり，土の単位体積重量をかけて求める。扇形OADBの重心G_1は，すべり円の中心Oから次の距離(y_0)にある。

$$y_0 = \frac{4R\cdot\sin(\theta/2)}{3\dot\theta} \quad (7.13)$$

R：すべり円の半径 (m)
θ：すべり円弧を含む中心角 (度)
$\dot\theta$：すべり円弧を含む中心角 (ラジアン)

中立力Uは，この斜面の流線網（3. 土の透

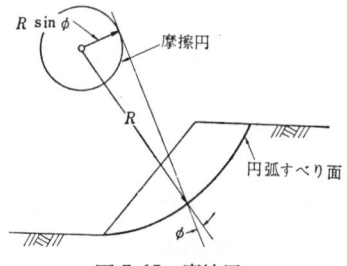

図 7.15　摩擦円

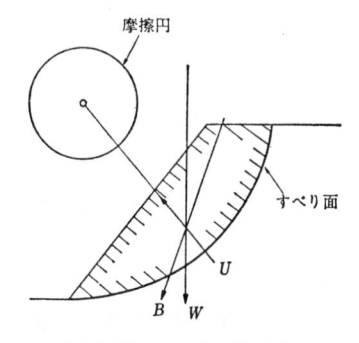

図 7.16　すべりに働く力

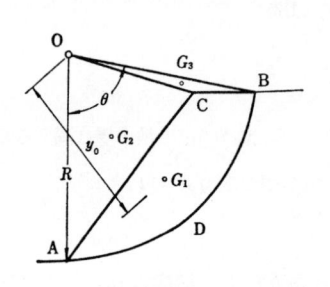

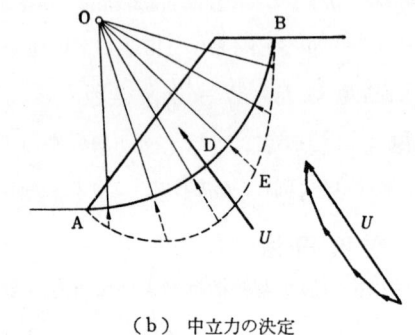

(a) 重量と重心の決定　　　　（b）中立力の決定

図7.17　重量と中立応力の決定

水と毛管現象　参照）から求められる。図7.17（b）のようにすべり円弧を5〜12等分し，各分割弧の中央における中立力を流線網から求めて，すべり面の外側にO点に向けて記入する。中立力はすべり面に直角に作用しすべり抵抗を減殺するように働くからである。このようにしてできた力の分布図 ADBE は，このすべり面に働く中立力の分布図である。この図から力の多角形を描き，全中立力Uを求める。Uもまた，すべり円の中心Oの方向に働く。

（c）合成力Bを図7.18のように，すべりに抵抗する粘着力Cと摩擦抵抗Pとに分ける。

図7.18　力の釣合

粘着力Cは図7.19（a）のように，すべり面 ADB にそう粘着力の総和であるが，これは弦 AB に平行に働く。なんとなれば図7.19（b）にみるように，すべり面の微小粘着力ds, ds'をとって，それぞれ弦 AB に平行な成分 $\Delta c_d, \Delta c_d'$ と，これに垂直な成分 $\Delta h, \Delta h'$ に

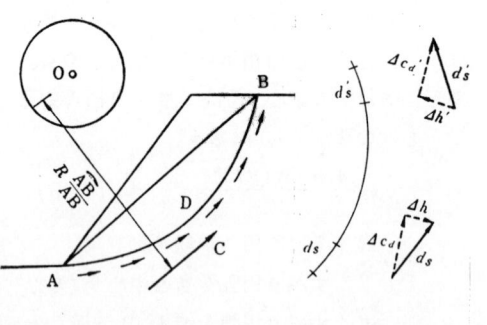

（a）　　　　　（b）

図7.19　粘着力の方向と位置

分けると，Δh と $\Delta h'$ は力の向きが逆であるから，$\sum \Delta h = 0$ となり，弦 AB に平行な成分のみが残る。

粘着力 C の働く位置は，O点についてモーメントをとると

$$\Delta c_d \cdot \widehat{\mathrm{AB}} \cdot R = \Delta c_d \cdot \overline{\mathrm{AB}} \cdot x$$

$$\therefore \quad x = \frac{\widehat{\mathrm{AB}}}{\overline{\mathrm{AB}}} R \tag{7.14}$$

$\widehat{\mathrm{AB}} > \overline{\mathrm{AB}}$ であるから，$x > R$ となり，粘着力 C は図 7.19(a) のごとく，すべり円の外側にくる。

また摩擦抵抗 P は，土に内部摩擦角 ϕ があるため，すべり面に垂直には働かず，ϕ に近い傾きをなして作用する（図 7.20 参照）。すなわち $KR\sin\phi_d$ の半径をもつ摩擦円 O に接するような傾きで働く。

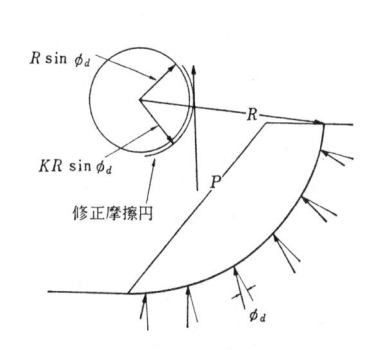

図 7.20 摩擦抵抗と摩擦円

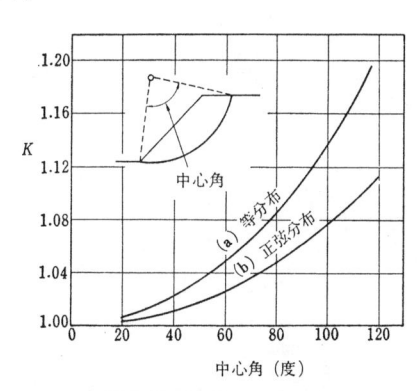

図 7.21 摩擦円の修正係数

これは，すべり面の各分割に働く摩擦抵抗のひとつひとつは単純な摩擦円（半径 $=R\sin\phi_d$）に接するけれど，それらの合力である P は多少これよりずれて働くという理由によるものである。この修正係数 K は反力の分布とその中心角によって変わるが，図 7.21 には反力が等分布および正弦分布の場合について示してある。このようにして摩擦円の半径を修正するのが正しいが，解析の精度を考え合せると，近似的に $K \fallingdotseq 1$ として取り扱って，ほとんど支障はない。

（d）以上のようにして合成力 B は一組の粘着力 C と摩擦抵抗 P とに分解された。すなわち一対の粘

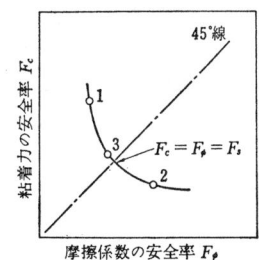

図 7.22 安全率の決定

着力 c_d と内部摩擦角 ϕ_d を選んだのである。合成力 B の分解の方法は図7.18 のようにいく通りも考えられるが，いま実際の試料を試験して求めた粘着力を c_e，内部摩擦角を ϕ_e とすると，粘着力の安全率 F_c および摩擦係数の安全率 F_ϕ は次のようになる。

$$F_c = \frac{c_e}{c_d}, \qquad F_\phi = \frac{\tan \phi_e}{\tan \phi_d} \tag{7.15}$$

一般の土のせん断強さは摩擦力と粘着力とからでき上がっているから，図7.22 のように $F_c = F_\phi$ となるような c_e と ϕ_e（すなわち C と P）を選択し，この時の安全率をこのすべり面に関する安全率とする。

〔例題 7.5〕 図7.23のように傾斜角56度，深さ12mの掘削をしたい。掘削完成後の，$\widehat{AB}$ なるすべり面に関する安全率を計算せよ。ただし，土の粘着力20 kN/m²，内部摩擦角20度，また土の水中単位体積重量10kN/m³とし，簡単のため地下水流動の影響は考えないものとする。

〔解〕（1） 斜面の勾配が $\tan \beta = 1.48$ （$\beta = 56°$）であるから，図7.3からすべり面は斜面先を通ることがわかる。また，そのときのすべり円は図7.4(a)，(b) から $\alpha = 34°$，$\theta = 39°$ なることがわかる。よって図7.24のようなすべり円が決まる。この場合は斜面先破壊であるから，このすべり円についてのみ安定を検討すればよい。

（2） すべり面内の重量は，△ABC と弓形 ADB に分けて考える計算法もある。

図7.24で実測して奥行1m当りの

$$\triangle ABC\,の重量 = \frac{21.7 \times 5.62}{2} \times 10 = 610 \ (\text{kN/m})$$

弓形 ADB の重量 = (扇形 OADB − △OAB) の重量

$$= \left(\frac{78°}{360°}\pi \times 17^2 - \frac{21.7 \times 13.3}{2}\right) \times 10 = 1\,960 - 1\,440 = 520 \ (\text{kN/m})$$

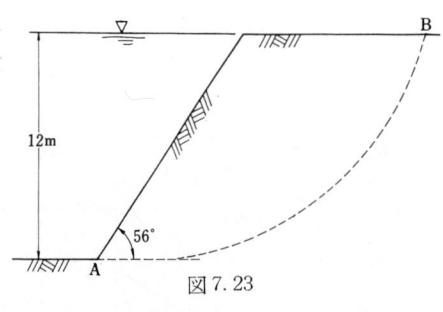

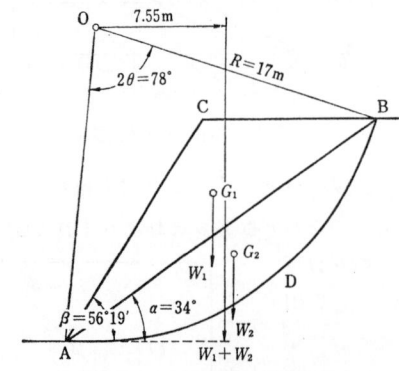

図7.23

図7.24 すべり面の決定

ついで，すべり土塊 CADB の重心を求める。△ABC の重心 G_1 は，図上で測定し，O点を通る鉛直線から 7.0m にある。弓形 ADB の重心 G_2 は，公式により，O点より

$$OG_2 = \frac{4R \cdot \sin^3 \theta}{3(2\theta - \sin 2\theta)} = \frac{4 \times 17 \times 0.629^3}{3(1.36 - 0.98)} = 14.8 \text{ (m)}$$

の位置にあり，しかも，弓形 ADB の左右対象の位置にあることから，G_2 が図上に決定される。よって，O点より W_2 までの距離は，図上で測定し 8.2m となることがわかり，図形（すべり土塊）ADBC の重心が，O点を通る鉛直線からの距離 x は，次のようにして与えられる。

$$\therefore (61+52)x = 61 \times 7 + 52 \times 8.2 = 853 \qquad \therefore x = 7.55 \text{ (m)}$$

(3) すべり土塊 ADBC の重量と重心 G が決まれば，G を通り 1130kN のベクトルを引く。また，(7.14) 式を用いて粘着力 C の働く O 点からの距離 x を求めると

$$x = \frac{\widehat{AB}}{\overline{AB}} R = \frac{23.2 \times 17}{21.7} = 18.2 \text{ (m)}$$

W と，この x の距離線との交点を Q とし，Q 点から O を中心として，$KR\sin\phi_d$ を半径とする摩擦円（$K ≒ 1.08$）に接線を引き，図 7.25 のように，すべり出す力 W を，粘着力 C および摩擦抵抗 P とに分解する。

(4) 摩擦円の半径 $KR\sin\phi_d$ の ϕ_d を，表 7.5 のように，いく通りか変化させて，それに対応して決まる粘着力 c から，F_c および F_ϕ を計算し，図 7.26 のようにプロットする。これらを結ぶ曲線と 45° 線との交点を見つけて，

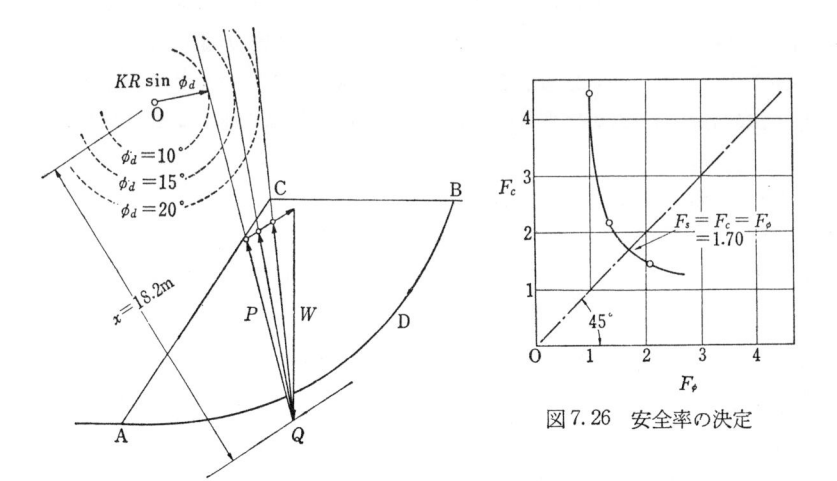

図 7.25 すべり出す力と抵抗力との釣合

図 7.26 安全率の決定

表7.5 安全率の計算

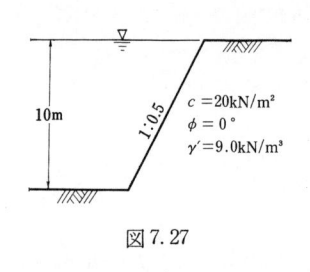

i	仮定内部摩擦角 ϕ_d	$\sin\phi_d$	$kR\sin\phi_d$(m)	C (×10kN/m)	$c_d=\dfrac{C}{AB}$ (×10kN/m²)	$\tan\phi_d$	$F_\phi=\dfrac{\tan\phi_e}{\tan\phi_d}$	$F_c=\dfrac{c_e}{c_d}$
1	20	0.342	6.28	9.8	0.45	0.364	1.0	4.45
2	15	0.259	4.75	19.6	0.90	0.268	1.36	2.22
3	10	0.174	3.19	29.5	1.36	0.176	2.07	1.47

$$F_s=F_c=F_\phi=1.70$$

これが，与えられた斜面の安全率である。

〔類題 7.5〕図7.27のような高さ10m，傾斜が1：0.5である斜面を掘削するときの安全率を求めよ。ただし土の粘着力20kN/m²，浸水単位重量9.0kN/m³，内部摩擦角0°とし，簡単のため地下水流動の影響は考えないものとする。

($F_s=1.16$)

図7.27 (高さ10m，1:0.5，$c=20\text{kN/m}^2$，$\phi=0°$，$\gamma'=9.0\text{kN/m}^3$)

7.4 複合すべりの解析

斜面のすべり破壊を解析するには，単一の平面あるいは単一の曲面を仮定して，その安定を検討することが多い。しかし実際には斜面の土質が不均一であったり，またすべりの方向に沿って軟弱な土層が存在したりすると大部分が弱い層に沿って破壊することが多い。このような場合は2個以上の曲面の組合せや曲面と平面の組合せすべり面を想定すると，実際の破壊とよく一致する。複合すべりの解析法は各種の方法が提案されているが，比較的計算の簡単な二つの方法について紹介する。

7.4.1 平面と平面の複合すべり面

この解析は必然的に試行錯誤の方法になる。やわらかい粘土層のような，すべりを起こしそうな一つの面を選び，図7.28のように垂直な境界$\overline{ab}$，$\overline{cd}$を任意に仮定する。そのブロック abcd には自重W，右側に主働土圧P_A，左側には受働土圧P_Pが作用する。またすべり面$\overline{bd}$に沿うせん断抵抗は，上述のブロックに働く不平衡な力に抵抗することになる。したがって，この移動すべりに対する安全率は(7.2)式を用いると次のように表わせる。

$$F_s=\frac{cL+W\tan\phi+P_P}{P_A} \qquad (7.16\text{a})$$

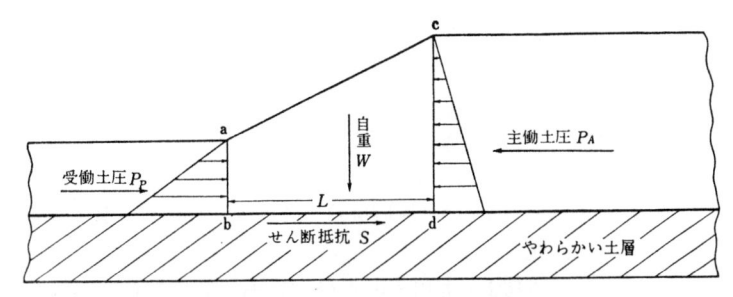

図7.28 斜面ブロックのすべり解析

あるいは

$$F_s = \frac{cL + W\tan\phi}{P_A - P_P} \tag{7.16b}$$

c：やわらかい土層の粘着力（kN/m²）
L：すべりに抵抗する部分の長さ（m）
ϕ：やわらかい土層の内部摩擦角（度）

アースダムの場合には，水圧もすべりを起こす主働土圧に加算して考えるべきである。また薄い水平な砂質土の層が斜面の下にあるときのせん断抵抗の計算には，間隙水圧の影響も考慮しなければならない。

7.4.2 曲面と曲面の複合すべり面

すべり面のもっとも長い部分が軟弱土層を通り，かつその下の比較的，かたい層に接するようにすべり面を選ぶ（図7.29参照）。また，すべりの始まる点Aは，しばしば引張りき裂の大きい部分がその引金となることが多い。2個の曲面が組み合わされてすべり面を形成する例を 図7.29 に示してある。すべり円の中心 O_1 および O_2 について，土のせん断強さを τ_f として それぞれ，すべりモーメントを考えると

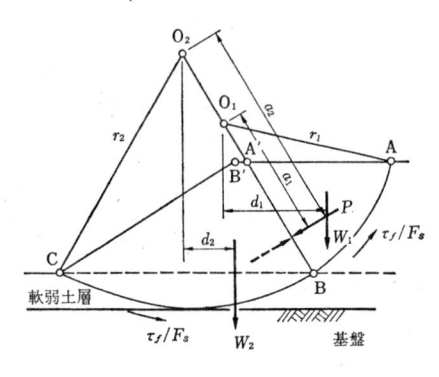

図7.29 曲面と曲面の複合すべり面

土塊 AA′B　　　$Pa_1 = W_1 d_1 - r_1 \sum_{A}^{B}(l_1 \tau_f / F_s)$

土塊 A′B′CB　　$-Pa_2 = W_2 d_2 - r_2 \sum_{B}^{C}(l_2 \tau_f / F_s)$

これらの式で，土塊 AA'B から土塊 A'B'CB に働く土圧 P を消去すると(7.17)式がえられる。

$$F_s = \frac{a_2 r_1 \sum_A^B (l_1 \tau_f) + a_1 r_2 \sum_B^C (l_2 \tau_f)}{a_2 W_1 d_1 + a_1 W_2 d_2} \tag{7.17}$$

d_1, d_2：それぞれすべり円の中心 O_1, O_2 から土塊 W_1, W_2 の重心までの距離

a_1, a_2：それぞれすべり円の中心 O_1, O_2 から土圧 P までの距離

r_1, r_2：それぞれすべり円の半径

l_1, l_2：それぞれすべり円弧の長さ

幾つかのすべり面を仮定し，安全率を求め，最も小さい安全率をもってこの斜面の安全率とすることは，他の場合と同じである。

〔例題 7.6〕 図7.30に示すような，やわらかい土層の上にある斜面の，移動すべりに対する安全率を求めよ。ただし斜面の土の内部摩擦角は30度，粘着力 0 および単位体積重量は20kN/m³とし，やわらかい土層の内部摩擦角は 0 度，粘着力20 kN/m²とする。

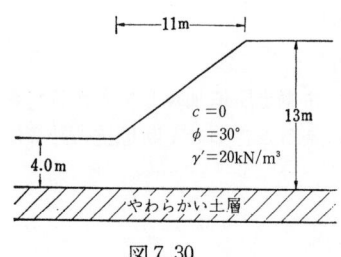

図 7.30

〔解〕 斜面の土は粘着力がないから，(6.4) および (6.9) 式により

$$P_A = \frac{\gamma H^2}{2} \tan^2\left(45° - \frac{\phi}{2}\right) = \frac{20 \times 13^2}{2} \tan^2\left(45° - \frac{30°}{2}\right) = 563 \text{ (kN/m)}$$

$$P_P = \frac{\gamma H^2}{2} \tan^2\left(45° + \frac{\phi}{2}\right) = -\frac{20 \times 4^2}{2} \tan^2\left(45° + \frac{30°}{2}\right) = 480 \text{ (kN/m)}$$

粘着力による抵抗は，幅 1 m 当り　　$cL = 20 \times 11 = 220$ (kN/m)

よって，この斜面ブロックのすべりに対する安全率は，(7.16 a) 式により

$$F_s = \frac{cL + W \tan\phi + P_P}{P_A} = \frac{220 + W \times 0 + 480}{563} = 1.24$$

〔類題 7.6〕 図7.30の斜面において，やわらかい粘土層の内部摩擦角 $\phi = 5°$ であるほかは全く〔例題7.6〕の条件と同じであるとして，この斜面ブロックの安定を検討せよ。 ($F_s = 1.53$)

7.5 実際問題への適用と安全率

斜面の安定を解析するために数多くの理論的な開発がなされているが，実際の設計や施工に適用する段になると，これらの理論解析も近似解程度にすぎないこ

とに気がつく。理論と実際との食い違いが起こるのは，主として次の三つの理由によるものである。

(1) 実際の土の堆積は一様でなく，地盤全体にわたって土の構造が均一であることはめったにない。

(2) 土塊がすべるとき有効に働く土のせん断強さを決めることが非常にむずかしい。

(3) 理論的解析に用いるすべり面は，あくまで仮定したすべり面にすぎない。

堆積に起因する土の性質の不均一性は，土質力学のあらゆる問題に関係があり，誤差を与える大きな原因となる。しかし最近は層化斜面における安定解析の試み（複合すべり面その他）も数多く紹介されているので，それらの成果を参照するとよい。また土のせん断強さは"4 土の強さ"でも述べたように固定した性質ではなく，季節，地下水位および破壊に伴う変形条件とともに変わるものであり，その上，間隙水圧や破壊時の土のこね返しなども，有効せん断強さを変化させる要因となるから，理論的な考察だけではすべり面に沿うその強さを正確に決定することはむずかしい。しかし仮定すべり面の選択から生ずる誤差は，安全率の計算には，それほど大きな影響を与えるものでないことが解析的に明らかにされている。

7.5.1 安定計算の適用例

いままで斜面の安定を確かめる方法を幾つか述べてきたが，安定計算には同じ考え方の計算法でも全応力で解析する方法（全応力法）と土粒子間に働く応力で解析する方法（有効応力法）とがあり，せん断強さの使い方は適用する段階や構造物の重要度で異なっている。これらの計算法が実際の設計に当たってどのように適用されるかを総括の意味で振り返ってみるのも無駄ではないであろう。

表7.6に日本道路公団の斜面の安定計算の設計要領をわかりやすくまとめたものを表示した。

これからもわかるように道路公団では，土質・地形が簡単で概略計算を行う場合はテイラーの安定図表を利用し，土質が複雑な場合とか詳細な設計の必要のある場合は引張りき裂を考慮した単一円弧すべり面法によって検討している。また，ある程度圧密されている地盤とか高い間隙水圧の発生が予想される場合については有効応力に対する考慮をしているが，その他の場合は全応力法を採用していることがわかる。

また間隙水圧の評価に関しては，切土の場合は地下水位から推定し，盛土の場

表7.6 安定計算式の適用例

(a) 盛土の場合 （日本道路公団）

盛土高 H(m)	計算式	計算に使用するせん断強さ	備考
$H \leqq 6$			安定計算を省略することもできる。必要があれば $6<H<13$ の場合と同じ方法を用いる
$6<H<13$	テイラーの安定図表	一軸圧縮試験または非排水三軸圧縮試験より求めた c_u, φ_u を使用	
$H \geqq 13$	テンションクラックを考慮した単一円弧すべり面法	非排水三軸圧縮試験結果より求めたせん断強さ $\tau_f = c_u + \sigma \tan \phi_u$ を使用	詳細検討をすることが望ましい

(b) 切土の場合

検討別	計算式	計算に使用するせん断強さ	備考
概略検討	テイラーの安定図表	一軸圧縮試験または圧密非排水三軸圧縮試験から求めた c_{cu}, ϕ_{cu} を使用	切土の場合は、不確定要素が多いので層序、地質状態を入念に調査すべきである
詳細検討	テンションクラックを考慮した単一円弧すべり面法	圧密非排水三軸圧縮試験（膨潤吸水試験）結果より求めた、せん断強さ $\tau_f = c_{cu} + \sigma \tan \phi_{cu}$ を使用	安定計算ができる場合は少ないので、とくに総合的に検討すべきである

(c) 重要度の高い盛土および切土内に湧水および浸透水等により高い間隙水圧が発生する場合

検討別	計算式	計算に使用するせん断強さ	備考
詳細検討	テンションクラックを考慮した単一円弧すべり面法	圧密非排水三軸圧縮試験（間隙水圧を測定する）結果より求めたせん断強さ $\tau_f = c' + \sigma' \tan \phi'$ を使用	間隙水圧の推定に注意すべきである

(d) 軟弱地盤上の盛土の場合

検討別	計算式	計算に使用するせん断強さ	備考
概略検討	テンションクラックを考慮した単一円弧すべり面法	盛土材については非排水三軸圧縮試験結果から求めたせん断強さ $\tau_f = c_u + \sigma \tan \phi_u$ を使用 軟弱層については一軸圧縮試験より求めた $c_u = \dfrac{q_u}{2}$ を使用	安定に関しおおよその目安をつける場合に適用する

詳細検討	テンションクラックを考慮した単一円弧すべり面法	盛土材については概略検討の場合と同じく $\tau_f=c_u+\sigma\tan\phi_u$ を使用 軟弱層については圧密非排水三軸圧縮試験より求めたせん断強さ $\tau_f=c_0+m(p_z+U\Delta p-p_c)$ を使用	圧密度Uは圧密試験から得られる c_v を使用して求める。 強度増加率 $m\left(=\dfrac{c_u}{p}\right)$ は $m=0.11+0.0037\ PI$ からも推定できる

合は標準的な粘性土なら図7.31に見るように盛土中心部で下部路床下面の点Aと路床下面から5mほど下がったのり面上の点Bを結ぶ放物線と仮定して求めることにしている。しかし盛土でとくに間隙水圧の発生が大きい土質（たとえば最適含水比≒14%の砂質土と粘性土の中間の土）では特段の配慮が必要である。

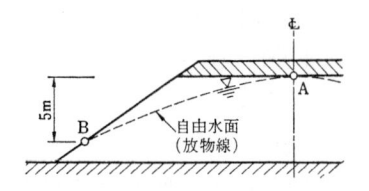

図7.31 盛土における推定自由水面

7.5.2 安全率

実際の斜面や堤防が安全のために解析されたとき，それらは他の土木構造物に比べ，安全率が比較的小さいことに気がつくであろう。一般の建設構造物では2.0～2.5の安全率がよく使われるのに対し，堤防などの容積の大きい土構造物ではその費用が多額なものとなるため，低い安全率でしか設計しえない。また一方では，1.0のようなギリギリの安全率しか持たない多くの斜面でも長時間の試練にたえて，安定であることが証明されているのも事実である。

表7.7は斜面の安全率の目安を与えるものであるが，この安全率は土の自重や地震力など斜面の受ける力，土の強度の低下および間隙水圧などの組合せがもっとも危険な組合せになった場合を想定した数値である。アースダムを例にとると，載荷重が普通の状態であれば安全率は最小でも1.5を確保すべきであるが，急激に水位を下げるような異常な載荷状態に関しては，めったに起こらない場合なので1.10～1.25の安全率があればよいとされる。

設計に用いる安全率は室内土質試験結果と現場の土のせん断強さとの間にある

表7.7 斜面安定の安全率

$F_s<1.0$	不安定
$F_s=1.0\sim1.2$	安定であるが多少不安
$F_s=1.3\sim1.4$	掘削や盛土では安全，アースダムでは不安
$F_s=1.5\sim1.75$	アースダムでも安全

差も考えて少し余裕をとる必要がある。もし設計が破壊の解析にもとづくものであるなら，いくらか小さい安全率でよい。

また日本道路公団の設計要領では，
（a） 盛土の場合　　$F_s \geq 1.25$（ただし重要度の高いものは別に考慮する）
（b） 切土の場合
　　　現位置試験で τ_f を求めた場合　　$F_s \geq 1.70$
　　　一軸試験，三軸試験で τ_f を求めた場合　　$F_s \geq 1.50$
を標準として決めている。

7.6 盛土の安定

盛土というのは低い土地を横切る鉄道・道路のために築造された土手，あるいは貯水するために用いられる土構造の人工的な丘を総称していう。

7.6.1 鉄道および道路の盛土

鉄道や道路の盛土は，基礎地盤がとくに弱くない限り約15mの高さまでは築造することができる。盛土が洪水等の被害を受ける恐れのないときはのり面勾配は標準として1.5割 $\left(\dfrac{水平}{垂直}=\dfrac{1.5}{1}\right)$ ぐらいであり，洪水その他の影響を考慮すると2割程度の勾配は必要となる。

道路の盛土は，沈下や表面に凹凸の生じないように，よく吟味された土を注意深く締め固めてつくられる。しかし鉄道の盛土の場合は道床砕石の敷きならしの際，表面の凹凸を多少なおすことができるから，それほど締固めについて神経質にならなくともよい。

高い盛土や洪水等を受ける恐れのある盛土では，盛土材料について，土の強さおよび圧縮性を考慮した注意深い解析や設計が必要である。土のせん断強さ，コンシステンシーなど土質試験の結果を活用して安定解析を行い，安全な盛土の高さおよび傾斜などを決定する。これらのデータから，各種の土について試的な設計を実施し工費を検討する。言うまでもなく，最良の土とは最低の費用で安全な盛土をつくりうるものを意味する。とくに洪水被害を受ける可能性の多い盛土では，水中で十分吸水させた試料についてせん断試験を行い，最悪の状態における強度を用いなくてはならない。

7.6.2 堤　　防

堤防は洪水の期間中，低い土地にある都市，工業地帯および農地を，洪水から守るための，小さいがしかし延長の長い土のダムである。道路や鉄道の盛土と異

なり，堤防では沈下の問題はあまり重要な要素でなく，またアースダムとも違って，きわめて軟弱な地盤の上におかれることもありうる。

普通，堤防工事では掘削と多量の土の置き換えが早く安くできるドラグラインを使うことが多い（図7.32参照）。しかしそのため必ずしも良質とはいえない堤防付近の土を利用しなければならないこともある。また土の締固めは，ドラグラインの仕事を妨害するので比較的不十分となる。盛土材料が貧弱であるとか，締固めがよくできないとか，基礎地盤が軟弱であるなどの理由によって，堤防は非常にゆるい傾斜（外のり3〜5割，内のり2〜3割）でつくられることが多い。この勾配はしばしば経験で決められる。

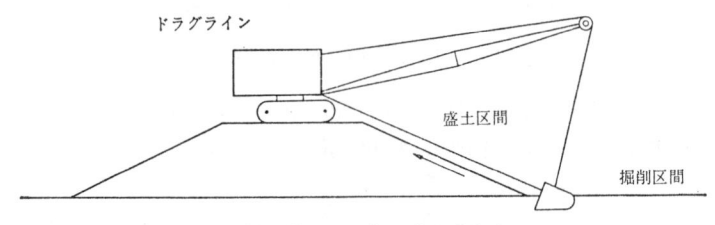

図7.32 築堤工事中のドラグライン

敷地が制限され，ゆるい傾斜の使えない高い堤防，あるいはごくせまい面積を守る堤防は，土質試験と安定解析にもとづいて入念に設計されなければならない。このような場合には土を十分に締固め，石張りなどの，のり面保護が必要であるが，傾斜を急にとることによって土量の節約ができるから，ある程度，工費の増加を補ってくれる。

7.6.3 盛土の基礎

盛土工事に伴う多くの問題はその基礎地盤に欠点のあることが多い（図7.33参照）。安定な沈下しない盛土を作るのはむずかしいことではないが，下部地盤がしっかりしていないと，上部の盛土を注意深く施工しても破壊をまぬがれることはできない。

（1）厚い軟弱土層上の盛土

強度が不足する厚い軟弱土層上の盛土は，その不十分な支持力のため破壊する（図7.33(a)）。その軟弱層の厚さが盛土底部の幅の1/2以上あれば安定解析は支持力を使って検討する。厚さがそれほどなければ円弧すべり解析で安定を検討する。やわらかい粘土層とその上に硬い粘土層が重なった地盤上に，高さ約12mの堤防が作られたが，施工完了後12時間ほどたって地表面から1〜2m沈下し，

(a) 厚いやわらかい粘土層の
　　せん断による破壊

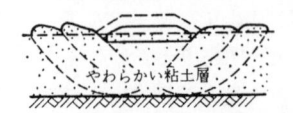

(b) 圧縮性土層の圧密による
　　堤防の沈下

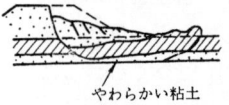

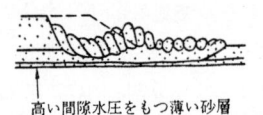

(c) 軟粘土層のせん断すべり
　　の波及状況

(d) 高い間隙水圧を持つ砂層
　　上の盛土のすべり

図7.33　盛土基礎の沈下およびすべり

盛土ののり先に近い地表面に盛り上がりや，粘土の波状ふくらみが生じた。より小さい波状のふくらみは堤防から300m先にも及んだ。

　この種の破壊は多くの工法を講じて予防することができる。スラグ，膨張頁岩，火山灰などのような軽い材料は盛土の下の応力を低下させるし，またのり勾配をゆるやかにしたり小段をのり先に設けて，すべり回転モーメントを減少させることも可能である。基盤の軟弱粘土が正規圧密粘土なら盛土荷重による強度の増加も期待できる。この場合，圧密を促進するため施工はゆっくり行うことが必要で，サンドドレーンなどの補助的な圧密促進工法も有効である。

　軟弱粘土層が2～3mの厚さで，地表近くの浅い所にある場合は，その土を除去し，クラッシャーランなどの安定した材料と入れ換えるとよい。また土層がこれよりも厚くても10m以下の場合なら爆破工法による置き換え（図7.34）が応用できる。この方法では盛土はできるだけ高く急傾斜で所要の位置に積み上げる。ダイナマイトを盛土の下に装填し，内側の火薬は外側の火薬より数分の一秒程度

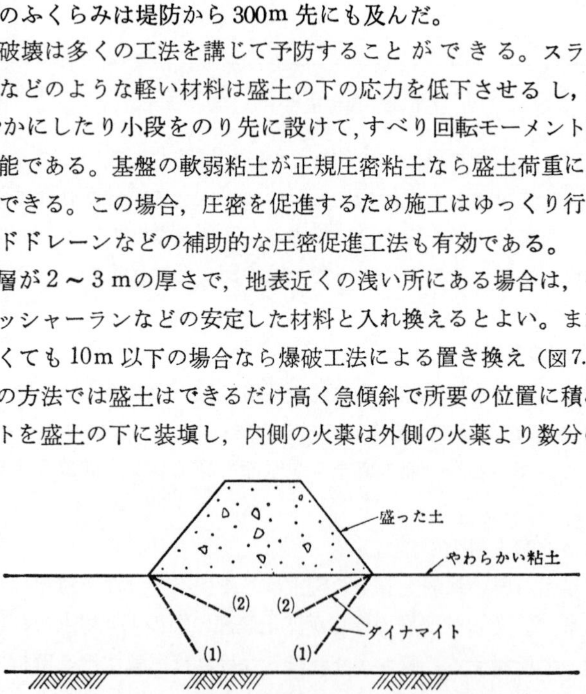

図7.34　盛土下の軟弱土を除去するための爆破工法

遅らせて爆破する。最初の爆破は盛土位置の側面から土を移動させ，2番目爆破は盛土下の軟弱土を移動させ，置換え材料をその位置に落ち着かせるために役立つ。爆破力を拘束するためのり先にあらかじめ適当な土をのせることもある。置換え材料が不足ならば，後から追加し施工する。軟粘土がすべて移動するとは限らないが，別の方法で実施するより良い基礎を作ることができる。爆破工法は多くの場合に有効であるが，熟練した技術者が必要である。

　（2）　圧縮性土層上の盛土

有機質シルトおよび有機質粘土のような圧縮性の大きい土層の上に作られた盛土は，破壊することは少ないが沈下量が大きくなり盛土の状態が悪化する。とくに湿地帯を横切る高速道路盛土の場合は，不規則な沈下のためしばしば路面に凹凸が生ずることがある。圧縮に起因する過剰沈下は土の先行圧密工法，緩速施工，サンドパイルおよび圧縮性土層の除去などの方法で減少せしめることができる。どの工法を採用するにしても一次圧密および二次圧密を含めた圧密時間の最短および最長を見積り，さらに工事完了後の維持費用を推定して，圧縮性土層の除去工法の場合と比較して決定すべきである。

　（3）　間隙水圧の影響を受ける砂質土層上の盛土

薄い砂質土層が盛土の下にあって，そこに高い間隙水圧が発生すると何の前ぶれもなしに突然破壊の発生することがある。盛土の中央部の下層では一般的に間隙水圧が高いことが多いが，盛土の重量で拘束されているので容易に破壊しない。薄い砂層を通ってこの間隙水圧がのり先に伝わると，簡単に有効応力をこえて土は強度を失い，図7.33（d）のようにのり先付近の土は外側へすべって破壊する。不連続な砂質盛土やシルト質盛土内の間隙水圧の上昇時，また工事完成後のアースダムにおける満水時などにはこのような危険が考えられる。また山麓部の自然湧水に気がつかず盛土を造成し，水道を閉塞すると，盛土基礎や自然斜面内に間隙水圧の上昇を招くことがある。独立した砂やシルトのレンズ層でさえも盛土施工によって一時的な高い間隙水圧を形成することがあり，その結果破壊をひき起こした例がある。薄い砂質土層中の間隙水圧に起因する破壊の安定は，不連続な砂層やシルト層の広さを決定するのが困難であるからその解析もまたむずかしいが，一般には地下水位の観測を実施するとか，危険と考えられる土層中にピエゾメーターを設置し間隙水圧を推定して，すべり面に沿う強度を求めて複合すべり面解析を行うとよい。

7.7 フィルタイプダム

堤体材料として岩石，砂利および土質材料を使用するダムを総称してフィルタイプダムというが，アースダムとロックフィルダムがこれに属する。ダムの破壊はその下流域広くにわたって，人命，財産に大きな被害を与えるから土木構造物のうちでもっとも危険性の高い構造物の一つといえる。それにもかかわらず，アースダムはまた寿命の長い構造物であり，インドやスリランカには約2000年前に作られ，まだ現在も，かんがい用に使われているダムがある。高さ120mをこえる多くのアースダムがいずれの大陸にも現存し，ロックフィルダムでは300mをこすものさえ出現している。

(1) 利用の基準

フィルタイプダムを選定しこれを採用する理由は幾つか考えられるが，その主なものをあげると，(a)堤体材料がダムサイトの近くで容易に調達できる，(b)基盤の支持力が比較的小さく，コンクリートダムを作るに適さない，(c)他のダム形式より建設費の安いことが多い，などである。しかし維持費を多く必要とするなど幾つかの欠点もある。

成功したフィルタイプダムでは次の2点の技術的要求に対して配慮がなされているると考えてよい。すなわち堤体および基礎地盤の両者に関し水理的な破壊に安定でかつ構造的な破壊にも安全なことである（図7.35参照）。

水理的破壊は，外的と内的の両方の原因で起こりうる。外的な原因に対しては，ダムの貯水位が危険水位をこえても安全なよう余水吐きを備えねばならぬし，ダムの上流斜面および下流斜面は浸食を受けないよう防護しなければならぬ。また内的には堤体とその基盤地盤は漏水を防ぐよう遮水性が必要であり，透水浸食やパイピングにも万全の対策がとられねばならぬ。構造的な破壊に対しては，堤体および基礎地盤は最大貯水位，地震力および浸透水圧が最悪の状態に組み合わさって作用しても，盛土の重量および水の重量を安

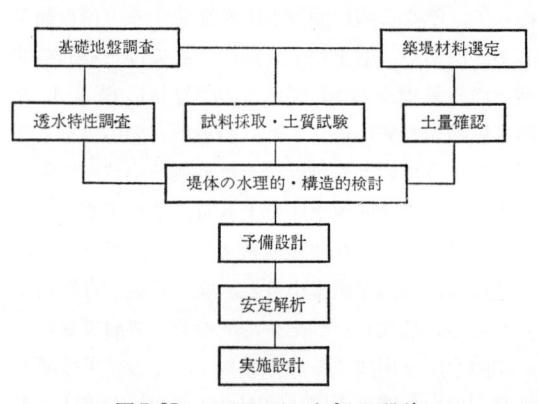

図7.35　フィルタイプダムの設計

全に支持するよう作られることが必要である。また堤体が沈下するとクラックが生じ透水浸食の恐れがあるが，ダムの高さの1～2％以内であればふつうダムとその隣接部に食い違いが生じない限り致命的な欠かんとはならない。

（2） アースダムの構成部分

各構成部分の名称は図7.36(a)に示してあるが，基本的な部分は （i）基礎 （ii）コア・止水壁 （iii）保護層 （iv）排水設備である。基礎は土でも岩盤でも

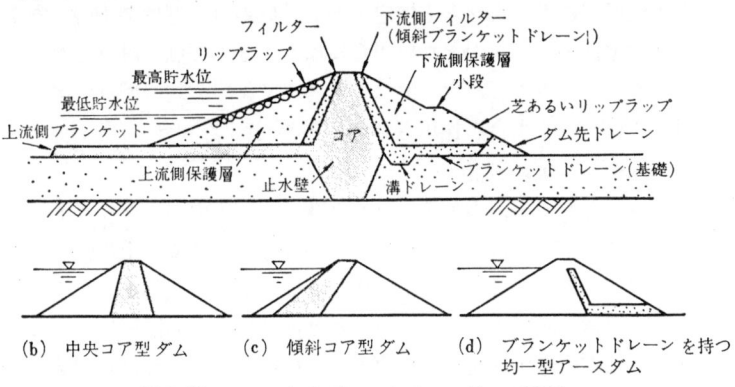

図7.36 アースおよびロックフィルダムの断面

よいが堤体を支持し，ダムの下の浸透を防ぐように選ぶ。コアは水を上流側に保持し，もし基礎が透水性であるようなら止水壁となるよう掘削してコアを下方へ延長する。保護層はコアを支える構造であり，荷重を基礎へ分散させる役目をする。排水設備はコアや止水壁から漏水した水を排出させ，堤体の下流側に生ずる間隙水圧の上昇を防ぐものである。内部のドレーンは，堤体の透水状況および予想間隙水圧の分布により各種の形式をとる溝型ドレーン，コアから下流側に傾斜して作られる煙突型ドレーン，堤体と下流基盤の間に設置するブランケット型ドレーンおよびのり先ドレーンなどである。いずれも内部浸食やそれぞれのドレーンが接する土との間に目詰りを起こさぬよう防護フィルターを設けねばならない。

トランジション・フィルターは，細粒土から成るコアから粗粒子の保護層へ土粒子の移動が生ずるのを防ぐために必要な中間層である。コアの土粒子粒径と保護層の土粒子粒径に大きな違いがない場合，また，コアの動水勾配が小さければ省略することがある。リップラップは堤体上流側斜面が波による浸食を受けないように設けられた表面保護層である。下流側斜面には芝の植生や粒子のこまかい

リップラップを設ける。小段は工事中のダム表面の通路または完成後の維持補修に欠かせないものであるし，降雨による表面流出の中断のためにも役立つ。ロックフィルダムの各構成部分もこれと同様であるが，岩石の堤体はそれ自体透水性なので多少省略される部分もある。

（3）断　面

図7.36(b)，(c)，(d)に見るように，中央コア型，傾斜コア型，均一型がフィルタイプダムの三つの基本的断面である。中央コア型はコアを均一に支える型で急激な水位低下に対しもっとも安定である。傾斜コア型は満水時に安定度がよく，急激な水位低下がほとんどない場合にはもっとも安価な設計となる。この両者はフィルタイプダムのごく代表的な型と考えてよい。均一型はコアと保護層が同一の材料で作られる場合に採用される。

（4）止水壁とコアの設計

止水壁やコアとして土，鋼矢板，コンクリート，土中へのグラウトカーテンなどが利用される。土材料は一般に安く，たわみ性もあるので水密性を保持し施工することは容易であり，透水係数が 10^{-4}cm/s の土ならたいていの土が使用できる。しかし，浸透水圧によるパイピングなど内部浸食や膨潤圧には十分注意せねばならない。基礎岩盤が風化など損傷がなく材料が十分あれば止水壁を作るが，コア，止水壁の厚さは材料の特性で決まる。コアが粘土なら水深の15〜25％，もしコアがシルトなら30〜50％の厚さが浸食を最小にするため必要である。止水壁は地盤中に深く入ると逆に幅がせまくなるくさび型が一般的である（図7.36(a)）。最大動水勾配は基礎岩盤との接触面に生ずることになるので止水壁の水密性に比し，岩盤面に弱点が生ずるのでその施工には注意する。風化岩盤であれば割れ目は清掃してモルタルてん充をするとか，グラウト注入を行うなどの対策を考えなければならない。

地下水位が高くてオープンカットができない場合，また巨石があって止水矢板は打ち込めない場合の止水壁施工は，初めベントナイト泥水，スラリーなどを満たしてドラグラインで溝を掘削する。掘削が終わったらペースト状の粘土，礫でこのスラリーを置き換えて作る。止水壁は基礎地盤の軟弱化を防ぐため，のり先から上流側に向かって作るのが普通であり，上流側ブランケットドレンと連絡させることが多い。

（5）保護層の設計

堤体ののり面勾配および使用材料の必要強度などを考えた材料の選定が第一に

優先する。設計の手順は試的な計算とその修正のくり返しであるが，代表的な上流側のり面の傾斜は礫や砂質礫を使用する場合 $H/V=2.5/1$, 雲母の多い砂質シルトなら $H/V=3.5/1$ である，同じ保護層材料に関する下流側ののり面勾配は $2/1\sim3/1$ でやや急でよい。透水解析は盛土や基礎地盤内 の 流線網や間隙水圧の試算，透水浸食に対する安全性および堤体内の漏水量の見積りなどから成る。

構造的な安定解析は通常上流側のり面については次の三つの場合に つ い て 行う。満水時，水位急低下時，および竣工時（貯水ゼロ）で，下流側のり面については通常満水時，放流時の二つの場合について行う。いずれも常時と地震時について安定を検討しておく。安定解析の方法は分割法もしくは摩擦円法が 用 い ら れる。安定性が懸念される場合の改良法として次の対策が考えられるので参考にされたい。（a）堤体ののり面傾斜をゆるやかにする。上部のり面はそのままにし下部のり面の傾斜をゆるやかにして組合せ勾配を採用するなど一つの方法である。（b）土の強度が不足するときは密度を高めるとか，混合材料を入れて強度を補強する。（c）基礎に弱い部分があれば掘削して除去する。（d）コアおよび止水壁の位置は移動することも可能である。（e）下流側基礎や保護層の間隙水圧を減らすためには内部ドレンを設置する方法もある。

7.8 オープンカット

オープンカットというのは，比較的浅い掘削工事において支保工を使用せずに掘削する工法である。道路，鉄道および運河等において支保工を用いると工費がかさむ場合や，一方，地盤がかたいため支持ばりを必要としないような場合に利用される。人身事故につながる恐れが少なく，かつ10mより浅い掘削は通常経験によって設計されているが，たいていの土では1.5割，非常にやわらかい土で2割勾配が標準である。

（1）深いオープンカット

10mに近い比較的深い掘削には，土質をよく調査し斜面の安定解析を行って施工すべきである。土が膨潤しやすいとか地表にクラックがあるような地盤ではとくに注意する。付近で同じような土質の切取りがあるなら，それを参考にして，必要なら破壊を起こすに足る急傾斜の試験掘削を行い，そのすべり解析から土の強さを推定して安全な掘削勾配を決定するのも一方法である。もし事情が許せば図7.37に示すような，土質によって勾配を変えたり，斜面の途中に小段を設けるのもよいことである。施工経験のない土で正確な安定解析ができないような場合

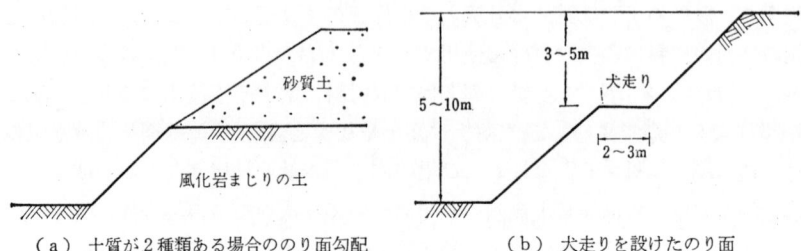

(a) 土質が2種類ある場合ののり面勾配　　(b) 犬走りを設けたのり面

図7.37　深い掘削のオープンカット

には，造成を終えたのり面の頂部にベンチマークを設置し，すべり破壊の予測をするのも賢明な方法である。

（2）掘削部の安定の改善

切取り部の安定は土の応力を減少させるか，土の強度を増加することで改良できる。切取り部の傾斜をゆるやかにすれば土の応力は減らすことができるが，それほど用地を確保できなければ，傾斜をゆるやかにして下部を擁壁や支持枠でさえるようにする。粘性土においては，クラックから浸入する水や砂質土内の間隙水圧の上昇は，土の強度低下の原因となるから，表面排水設備によって地中への浸透を予防するのは重要なことである。

せん断破壊の発生しそうな面に杭を打って，すべり抵抗を増加させる方法だけでせん断力やすべりモーメントに対抗するのは困難なことが多い。むしろのり面の頂部に杭を打ち込んですべり土塊を引き止める方がよい。一般に杭による安全率の増加はわずかなもので，すべり破壊に対抗できるほど十分な杭を打ち込むには，かなりの費用を必要とする。

砂質土およびひびわれの発生している土の強度も表面排水をよくし，土中に浸透しないよう配慮すれば間隙水圧が上がらないから強度低下を予防できる。水が不安定の原因ではないかと心配される場合は排水に注意することが安定性を増すもっとも効果的な方法である。粘性土では永続的な強度増加は望めないので，のり面中に大きな通風装置を設置して含水比を低下させ，強度の増大をはかった例も報告されているが，非常に経費が大きなものであった。

（3）レスや火山灰土の掘削

レスやしらすなどの土は，その構造を失っても高いせん断強度を持っている。高さ約20mほど垂直で切ってもくずれなかった例もあるが，間隙が多いため斜面の場合，植生などカバーしているものがないと透水性がよいために水を吸収して

急激に下方へ浸透する。そして水のため土構造の結合がくずれ，のり面はガリ浸食を受け垂直になるまで切り立った面が生ずる。この種の土では垂直な劈開面に沿って立つカットは長年月そのままで形を保持することがある。固結した火山灰や凝灰岩から風化してできた土も水が飽和し，急激な気象条件で破壊するまでは割合急な斜面を形作るものである。

7.9 地すべりと山くずれ

自然における土の移動は，地盤が風化していく過程の一つの地学的現象といえる。膨大な風化岩石や土砂が動きながら一つの斜面を形成するが，この移動の主なる力は重力であって，それを促進させるのは水の力（雨水，浸透力），土自体の収縮力・引張力および地震の衝撃などである。自然における土の移動は次の二つの型に分類できる（表7.8参照）。

　地すべり……土が比較的ゆっくり下方へ移動するもの
　山くずれ……土砂・岩石が早く，ときには瞬間的に下方へ移動するもの

表7.8 地すべりと山くずれの違い

	広　　さ	傾　斜	速さの単位	深　さ	規　　模	破壊の時期
地すべり	数千～数十万平方m	5～20°	m/月～m/年	数十m	岩盤を含めて地塊がすべる	豪雨がやんでから1両日中にすべる
山くずれ	数百平方m	30°以上	m/分	数　m	岩盤の上の表土，深くても風化岩の表層が落ちる程度	豪雨の最盛時にほぼ一致してくずれる

7.9.1 地すべり

地すべりは，小さい応力を受けたときの金属のクリープ現象やコンクリートの塑性流動に似た土のゆっくりした連続的な移動現象である。丘の上の垣根，樹木などの本来垂直であるべき物の傾きや，垣根の水平移動などからそれを察知できる。また水がにごったり，戸障子の建てつけが悪くなることで気のつくこともある。地すべりは5～20°くらいの比較的ゆるい傾斜で，土の収縮および膨潤によって引き起こされた運動と考えられる。侵食を受け始めた幼年期～壮年期の地形に多く，日本では第三紀の風化した地層に多くみられる。

地すべりは一般に素因（素質）があって，それに誘因（引金的な原因）が加わって発生するという見方が強い。素因は地質的なものと，土壌的なものとに分けて

考える方が理解しやすい。すなわち，

　地質的素因——第三紀層，破砕帯などでは風化岩石が水を含みやすいため吸水**膨潤**によって地すべり粘土を生成することが多い。

　土壌的素因——地表土が表面活性の強い土（たとえばモンモリロナイト）や，鋭敏比の高い土からなる場合に流動化しやすい。

また誘因としては，雨・融雪などの気象的なもの，地震・火山爆発などの振動，斜面下部の掘削および水田構成などの人為的なものが考えられる。

　地すべりは止めることが困難である。しかし土に加わる応力を低下させるための杭を打ったりダムを築造したり，または土の強さを強化するための排水工法を施すことで，地すべりの移動速度を遅らせることはできる（図7.38参照）。

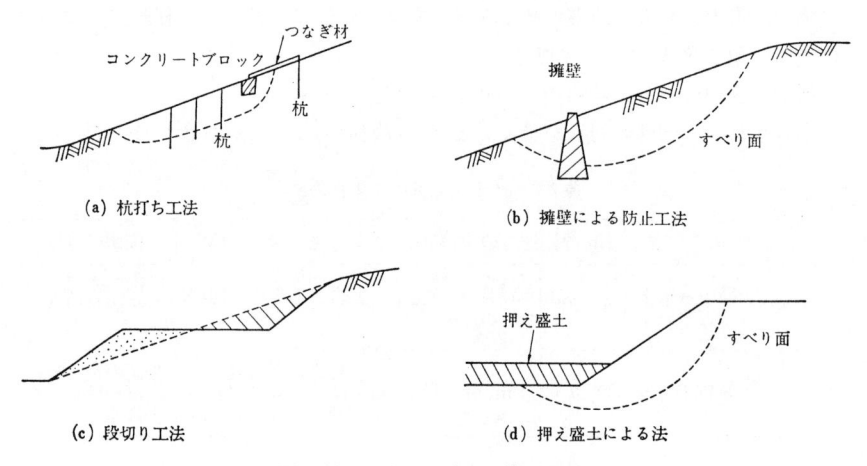

図7.38　地すべり防止対策の各種

(a) 杭打ち工法
(b) 擁壁による防止工法
(c) 段切り工法
(d) 押え盛土による法

　このような土地は居住をさける方が無難であるが，地すべり地域は山地のうちでも概して緩傾斜で地味が肥えており，地下水も豊富であるため生活しやすく，したがって定着しがちであるのが実情である。

7.9.2　山くずれ

　一般に山地の斜面を構成する地塊の一部が，平衡状態を破って崩落していく現象を山くずれと呼んでいる。自然の山くずれは，その性質が複雑化しているため解析がむずかしい。地すべりと異なり，地形的な条件さえ整えば発生する可能性があると考えられる。自然堆積層の場合土の強さは変化しやすく，また多くの力が働くため，せいぜい山くずれが起こりやすいかどうかを判定するにとどまる。

7 斜面の安定　247

たいていの山くずれは自然発生的には起こらない。長い間にわたって不安定な状態が続くため，クラックの形成とか不規則な沈下が生じて，その結果土の応力が増加したり，土の強さが減少したところで破壊し，全体的な山くずれとなる。ゆるい土層や岩層が水で飽和すると，その重さは増加し，あたかも層の厚い粘性液

図7.39 地すべり・山くずれの年間分布

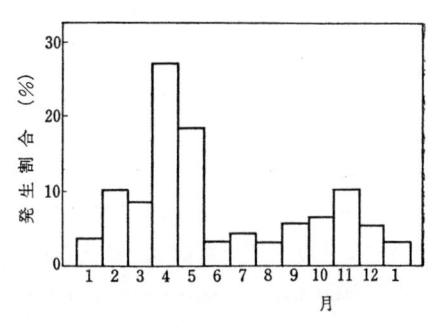

体であるかのように岩盤の上をすべり落ちる。岩盤が，頁岩・砂岩・凝灰岩であるとき岩屑すべりという形をとる。その岩石の中に風化したじゃ紋岩や，かっ石を含むものは，とくにこの傾向が強く，融雪・梅雨・豪雨などがこの引金的現象となることが多い。したがって季節的にも4，5，6月や9月に起こりやすい。概して山くずれは素因よりも誘因となるものの果たす役割が非常に強力である。山間地のゆるい崩落部では，大きな騒音がすべりを誘発することも知られている。

山くずれのおもな防御法は，土が飽和するのを予防する排水を行うことである。ある場合には斜面の中に通水横孔を作ったり，ある場合には岩盤の穴に杭を打って土を固定する。また岩盤を掘削して，小型の擁壁や砂防ダムをつくることもよく行われる。

7.9.3 落石

山くずれの一種と考えられるものに，急斜面からはく離した岩石片が落下する落石現象がある。わが国は山が多いため，各種の開発に伴って作られた山岳交通路には，近年落石による事故が多く発生している。落石は大別すると図7.40のような浮石型落石と転石型落石とに分類される。浮石型落石とは岩盤を切り取った際，爆破や振動によってゆるんだ石がすべて処理しきれない場合とか，施工後数

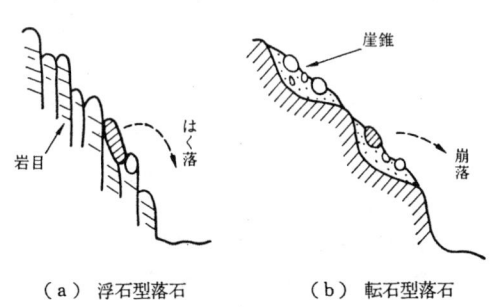

図7.40 落石の形態
（a）浮石型落石　（b）転石型落石

年の間に岩が風化はく離して落ちるものをいう。転石型落石は表層土や固結度の低い土層中に含まれる玉石や岩が，降雨や地下水浸透に起因する土層の軟弱化のためくずれ落ちるものである。統計的に落石は冬期の凍結融解現象および年間を通しての降雨量との相関が高いことがわかっており，大きな落石事故はいずれの型の落石でも多量の降雨によって引き起こされることは山くずれと同じである。

落石事故を防ぐには，岩の切取り部や勾配の急な斜面について周期的な見回りをすることが必要であるし，場合によっては集中降雨時および凍結期間中は交通の閉鎖処置も取らねばならない。落石防止対策として採用される防護工にはモルタルやコンクリートの吹付工，落石防止柵，落石防止壁および落石覆などがよく用いられる（図7.41参照）。

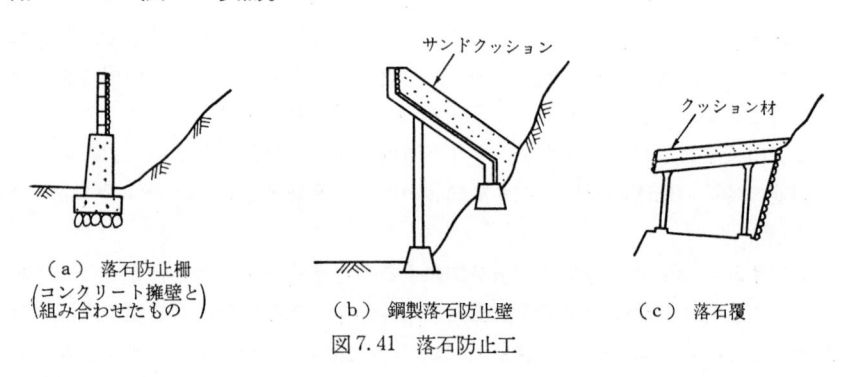

(a) 落石防止柵
(コンクリート擁壁と組み合わせたもの)

(b) 鋼製落石防止壁

(c) 落石覆

図7.41 落石防止工

〔演習問題〕

（1） 25度の傾斜で，表面が水平なやわらかい粘土層を切り取った，基盤と考えられる岩盤は，地表面から10mの深さにある。切り取りが8.0mの深さに達したときのり面が破壊した。粘土の単位体積重量を17.5kN/m³として，この粘土層の平均粘着力を求めよ。（$c=20$kN/m²）

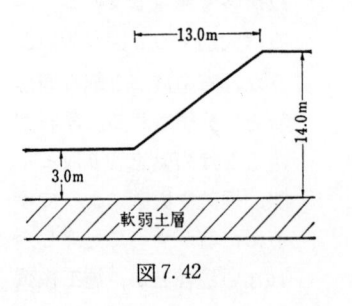

（2） 図7.42のような軟弱土層の上にある斜面のすべり破壊に対する安全率を求めよ。ただし，斜面を形成する土の内部摩擦角は20°，単位体積重量は17kN/m³とし，粘着力はないものとする。また，斜面の下にある軟弱な土層の内部摩擦角は10度，その粘着力は20kN/m²であるとする。（破壊の恐れあり，$F_s=0.92$）

図7.42

(3) 単位体積重量を $\gamma=17\mathrm{kN/m^3}$，粘着力 $c=20\mathrm{kN/m^2}$，内部摩擦角 $\phi=10°$ の粘土層がある。傾斜角60度で掘削を行うとすれば，破壊を起こすことなく掘れる最大深さは何mであるか。また破壊を起こさずに10m掘削するには，傾斜角を何度にすればよいか。($H_c=8.5\mathrm{m}$, $\beta=50$ 度)

(4) 軟弱地盤の上に図7.43のような盛土を行った。斜面ののり勾配を 1：1.8 としたとき，図のようなすべり円弧に対する安全率を計算せよ。ただし，盛土の単位体積重量 $\gamma=16\mathrm{kN/m^3}$，粘着力 $c=5.0\mathrm{kN/m^2}$，内部摩擦角 $\phi=20°$ とし，その下の軟弱粘土の単位体積重量 $\gamma'=16\mathrm{kN/m^3}$，粘着力 $c'=5.0\mathrm{kN/m^2}$ とする。盛土は，すべり円の上端において約90cmのクラックが生じている。また，間隙水圧の影響は考えないものとする。(ヒント；クラックの部分は，すべりに対する抵抗として寄与しないものとせよ。$F_s=0.55$)

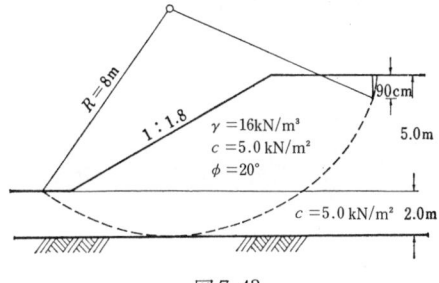

図7.43

(5) 粘土地盤を1：1.3の斜面勾配で，のり面長さ約9mにオープンカットした。この地盤の土の粘着力は$15\mathrm{kN/m^2}$，内部摩擦角10度，単位体積重量$18\mathrm{kN/m^3}$として，こののり面の安全率を計算せよ。($F_s=1.72$)

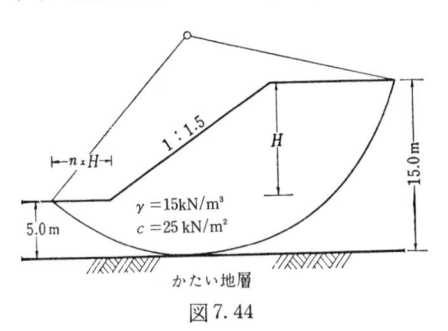

(6) 図7.44のような内部摩擦角=0°のやわらかい粘土から成る斜面の破壊について，すべり面の先端から斜面先までの水平距離n_xHを求めよ。($n_xH=6.0\mathrm{m}$)

図7.44

(7) 水で飽和している場合の特性が，$c=10\mathrm{kN/m^2}$，$\phi=10°$，$\gamma=20\mathrm{kN/m^3}$ の地盤に運河を掘削している。運河は7mの深さで，水面側のり面の傾斜は 水平：垂直=1.33：1 である。

　　(a) 運河が水で一杯になったときの安全率を計算せよ。

　　(b) もし，運河が突然排水され，飽和した粘土のままになったら，その安全率はいくらになるか。

　　(c) 状態としては(a)，(b)のいずれが，より悪い状態と考えられるか。
　　　　ただし，運河が水で一杯になったときの土の浸水単位重量は$10\mathrm{kN/m^3}$減少するものとする。($F_s=1.58$, $F_s=0.79$, 突然排水された場合の斜面が危険である)

(8) 土木工学関係，および地質工学関係の雑誌・教科書などから，地すべりならびに山く

ずれに関する資料を集め，次のような項目のうち，定説と認められるもの，まだ定説化していない意見などの調査分類を行え。
（a） 原因　（b） 破壊に関する記述（すべりの型，規模など）
（c） 破壊と土の性質　（d） 防護対策

8 基　　礎

　構造物の基礎に対する技術は，人類が知ったもっとも古い知識の一つということができる。たとえば，古代の人間でも岩盤や砂利層は堅固であるが，湖辺のような軟弱地盤には，杭を打たねば住居を建てるには不用心なことを知っていた。また，わが国でも中世にはいって築城技術の発達に伴い，大きな構造物は丘陵その他の比較的かたい地盤の上につくらねばならぬことが認識され，その結果，今日でもなお多くの城や石垣がその偉容を誇っている。

　しかし20世紀初頭までは，基礎の設計は技術というより，職人や棟梁の勘とか経験にまかされていたといってよく，ごく最近になって，技術者がこの問題を科学的に研究しはじめたのである。

8.1 概　　説

8.1.1 基礎の分類および上部構造物との関連

　基礎は上部構造物の種類，施工位置，地盤の良否などによってその構造や工法が異なる。そこで地表から浅い所に強固な地盤が存在するかどうかによって図8.1のような"浅い基礎"と"深い基礎"とに分けて論ずることが多い。設計に当たって"浅い基礎"は基礎底面の支持力と根入れ深さの押えを考えて設計するが，"深い基礎"は主として先端支持力と周面の摩擦抵抗力を合計して支持力を求める点が違って

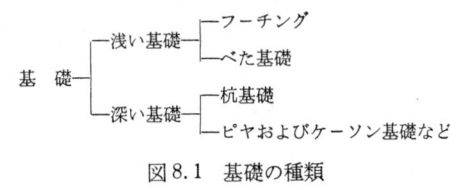

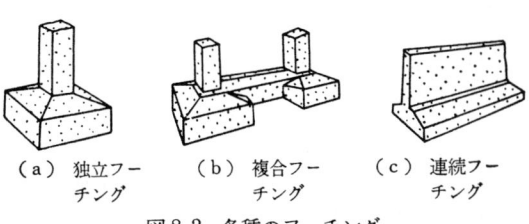

```
                ┌─浅い基礎─┬─フーチング
基　礎──┤           └─べた基礎
                └─深い基礎─┬─杭基礎
                            └─ピヤおよびケーソン基礎など
```

図8.1　基礎の種類

（a）独立フー　　（b）複合フー　　（c）連続フー
　　チング　　　　　　チング　　　　　　チング

図8.2　各種のフーチング

土木構造物のうちで上記の各種基礎（直接基礎，杭基礎，ケーソン基礎など）の上に作られているものをあげると次のようになる。

　　道路構造物として——橋梁，カルバートなど
　　鉄道構造物として——橋梁，高架，停車場など
　　河川・水道構造物として——水門，浄水場，下水処理場など
　　港湾構造物として——防波堤，岸壁，ドルフィンなど

これらの構造物はそれぞれ管理する諸官庁，公団ごとに設計施工基準が定められているので，その設計・施工に当たっては，それぞれの基準を参考にしなければならない。本書では主として共通する基本事項について記述する。

8.1.2　良好な基礎として必要な条件

一般に基礎とは構造物の重さを地盤に伝える工作物そのものをいうが，ある場合には，その下の地盤をさすこともあるので，ここでは広く定義し，この両者を含めて基礎と呼ぶことにする。

満足な基礎として具備せねばならぬ条件は，次のようなものである。

（1）　安全に荷重をささえること。
（2）　沈下量が許容限度以下であること。
（3）　基礎構造そのものの強度が十分で変形が少ないこと。
（4）　耐久性と安全性があること。
（5）　既存および将来の隣接構造物に支障を与えたり，受けたりしないこと。
（6）　施工が容易で安く，かつ工期の短いものであること。

以上，基礎として必要な諸点を列記したが，これらのうちで，(1), (2)は地盤に関する問題である。すなわち(1)は地盤の支持力のことであり，この地盤には，どのくらいの荷重を載せることができるかということで，非常に重要な問題でありながら，まだ的確な解答が得られていない。(2)は地盤の沈下・変形のことである。ちゅう積層のような軟弱な地盤，あるいは比較的かたい土層と弱い土層の交代層地盤などでは，かなりの沈下が見込まれるので，構造物に被害を与える変形ならびに不同沈下は避けなければならない。

基礎の必要条件 ｛
　基礎地盤 ｛強固な地盤であること / 沈下量が少ないこと｝
　基礎構造 ｛構造自体がっちりしていること / 腐食しないこと｝
　施工法 ｛安く早くできること / まわりに迷惑をかけないこと｝

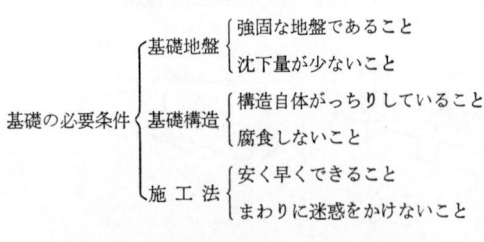

図8.3　良好な基礎として必要な条件

(3), (4)は, 基礎構造自体に関するものであるが, 構造そのものの強度が十分でないと, たとえ地盤に変形がない場合でも破壊をひき起こすものである。また根入れが不十分であったり, 乾湿の交代のはげしい所で, 木材や鋼材など腐食性の材料を用いることは, 耐久性の面から考えて, とくに注意すべきである。

(5), (6)の事項は, どちらかといえば施工法の問題である。人家の入り組んだ市街地において, 深い掘削や地下鉄工事の基礎の根掘りなどによって, 今まで支障のなかった建物に沈下や破壊をひき起こすことがあり, また杭打ちに伴う騒音公害も最近大きな問題となりつつあるので慎重な配慮が必要である。施工上いちじるしい危険があるとか多額の経費を要する基礎は, 理論的にすぐれていてもとくに必要とされる場合を除いては避けるべきである。

8.2 浅い基礎

基礎板が直接, 支持地盤の上に乗っており, 根入れ幅比 (D_f/B) が 1.0 以下である場合に通常この基礎を浅い基礎という (図 8.4 参照)。

8.2.1 地盤の安定と支持力

A. 荷重と基礎地盤の破壊

基礎地盤に荷重が加わったときの地盤の安定は土の強さばかりでなく加わる荷重の大きさ, その分布などにも関係するものである。荷重がゆっくり, その大きさを増しながら土に加わるとき, 土は応力―ひずみ曲線に類似した荷重―沈下曲線を描きながら変形する (図 8.5 参照)。そして破壊荷重 P_u に近づくと, 変形の度合いは急激に増加し, 荷重―沈下曲線は, 土中に破壊が生じたことを暗示する最大曲率の点を通って折れ曲がる。土の性質によっては, また異なった曲線が得られることがある。密な砂および非鋭敏な粘土では急激な破壊の起こる全般せん断破壊を示すが, ゆるい砂や鋭敏な粘土では, 図 8.5 のような進行性の破壊である局部せん断破壊の形をとる。

実際に土の破壊を調査した結果および基礎の模型実験結果から, 地盤の破壊は図 8.6 の

図 8.4 根入れ幅比

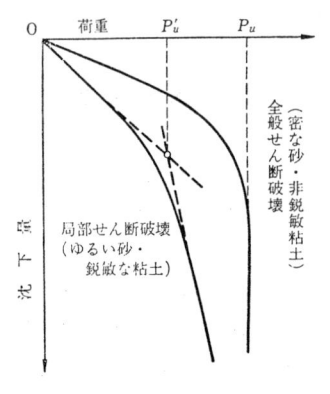

図 8.5 荷重―沈下曲線

(a) 地盤内部のふくらみ

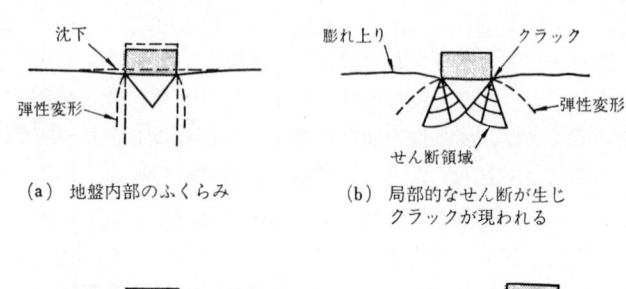

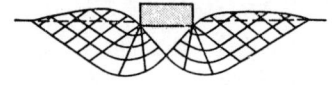

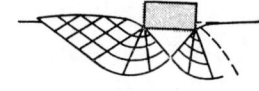

(b) 局部的なせん断が生じクラックが現われる

(c) 対称的な全般せん断破壊

(d) 片方が沈下する全般せん断破壊

図8.6 基礎地盤のせん断破壊の進行状況

ような曲面に沿うせん断破壊やすべりから成ることがわかる。

a) 基礎真下の部分は鉛直方向に圧縮され，水平方向にふくらむ。

b) 基礎縁辺部の地盤にクラックが生じ，地表面がわずかふくれ上がる。

c) 基礎真下に円錐形の領域が形成され，その外側にせん断破壊帯が発生し，すべり面へとつながる。

d) 地盤の破壊が対称でない場合。

破壊荷重を決めたり，破壊面を明確に決定する解析的な方法はまだ確立されていないが，破壊状況を観察したり実際の地盤を単純化した結果を取り入れた多くの近似解は得られている。これらのうちのいくつかは合理的かつ実用的で信頼できるものである。

B. 地盤の支持力

地盤の支持力とは地盤が支えることのできる単位面積当りの極限荷重をいい，支持力を決めるには二つの方法がある。

1. 地盤が荷重のため，せん断破壊を生じて荷重を支持する機能を失ってしまうような極限条件から求める。地盤の安定問題として解き，支持力を決定する。一般に信頼度が高い。
2. 荷重が加わったときの地盤の変形量が過大となって構造物に悪影響を与えると判断されるような条件から求める。応力－変形の関係にもとづく変形問題として解析し支持力を決めるが，取扱いが厄介で実験的に確かめてもあまりよく一致しないことがある。自然地盤は均質でないこと，解析に用いた仮

定が実際とよく合わないことなどに原因があり，計算が複雑な割には精度がよくない。

日本建築学会の建築基礎構造設計指針では上記の二つの方法を考え合わせて，
　安定問題から考えた地盤の支持能力――支持力
　地盤の変形と支持能力を併せ考えた能力――地耐力
と定義し，これに安全率を考慮し最終的には許容地耐力で設計する方針を採用している。参考のため図示すると右のようである。

地盤 ─┬─ 破　壊→支持力→許容支持力 ─┐
　　　└─ 変　形→沈下量→許容沈下量 ─┴─ 許容地耐力

図8.7　許容地耐力の決め方

地盤の極限支持力を求めるのによく使われる方法としては次のようなものがある。
（ⅰ）支持力公式
（ⅱ）原位置における載荷試験による方法
（ⅲ）室内模型実験から求める方法

（ⅰ）の支持力公式は古典的土圧論，弾性理論および塑性理論などにもとづいて解析された結果を利用しており，比較的よく用いられる。支持力公式を用いて地盤の支持力を算定する場合には，地盤調査の結果が必要であり，支持力は地盤調査の結果をよく検討した上で土質試験の測定値なども考慮した上で決定されねばならない。

8.2.2　支持力公式

A．簡単な極限支持力の算定式

構造物の荷重は，幅Bの連続基礎によって地盤に伝えられるとする。連続基礎の真下では，図8.8(a)に示すように，三軸圧縮試験の供試体が受けるのと同じ

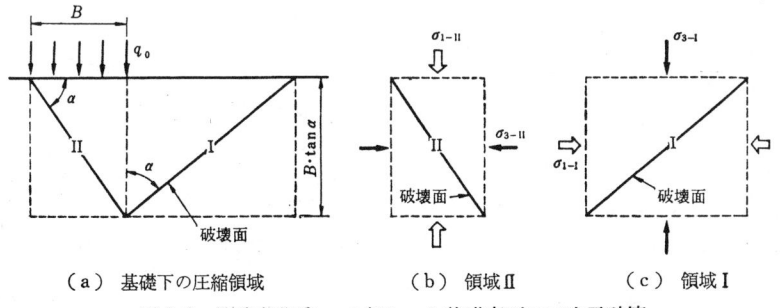

（a）基礎下の圧縮領域　　（b）領域Ⅱ　　（c）領域Ⅰ

図8.8　等分布荷重q_0の加わった基礎真下の二次元破壊

圧縮状態になるものとする。すると，基礎真下の領域Ⅱの土の高さは，破壊面の角度 α で決まり $h = B\tan\alpha$ となる。破壊時における 垂直方向の最大主応力は，(破壊荷重 q_0)＋(領域Ⅱの土の自重による応力) である。

一方，最小主応力 $\sigma_{3\text{-}Ⅱ}$ は領域Ⅰからの抵抗力で，その大きさは $\sigma_{1\text{-}Ⅰ}$ に等しい。したがって，領域Ⅰもまた，三軸圧縮試験の供試体のごときものであり，領域Ⅱが直立するに比べ，領域Ⅰは横たわった形で応力を受ける。荷重 q_0 によって図 8.8 のように破壊面が生じ，基礎の下にある領域Ⅰ，Ⅱは破壊する。

領域Ⅰで垂直方向に働く最小主応力 $\sigma_{3\text{-}Ⅰ}$ は，土の自重 $\dfrac{\gamma B}{2}\tan\alpha$ および基礎の根入れなどによる載荷重にもとづく応力である（図8.9参照）。これらを式で表

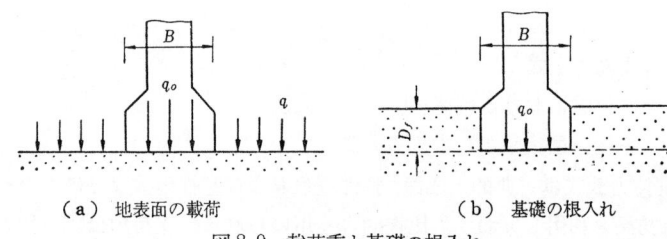

（a）地表面の載荷　　　　　　（b）基礎の根入れ

図8.9　載荷重と基礎の根入れ

現すると，

領域　Ⅱ　　　$\sigma_{1\text{-}Ⅱ}$＝基礎の荷重（q_0）＋（領域Ⅱの土の自重による応力）
　　　　　　　$\sigma_{3\text{-}Ⅱ}$＝領域Ⅰからの抵抗

領域　Ⅰ　　　$\sigma_{1\text{-}Ⅰ}$＝領域Ⅱから水平に側面に働く応力（＝$\sigma_{3\text{-}Ⅱ}$）
　　　　　　　$\sigma_{3\text{-}Ⅰ}$＝（土の自重）＋（載荷重）

$$= \frac{\gamma B}{2}\tan\alpha + \gamma D_f \tag{8.1a}$$

これらの関係は図8.10のようになるから，土のせん断強さを

$$\tau_f = c + \sigma \tan\phi$$

とすれば，図8.10の幾何学的関係から次式のように書き換えることができる。

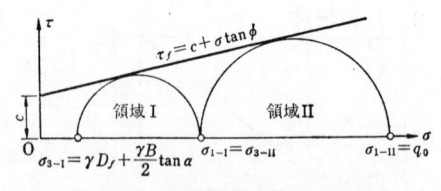

図8.10　領域Ⅰと領域Ⅱの応力関係

$$c\cos\phi + \frac{\sigma_1 + \sigma_3}{2}\sin\phi = \frac{\sigma_1 - \sigma_3}{2} \tag{8.1b}$$

$$\therefore\ \sigma_1 = \sigma_3 \left(\frac{1+\sin\phi}{1-\sin\phi} \right) + 2c \frac{\cos\phi}{1-\sin\phi}$$

$$\therefore\ \sigma_1 = \sigma_3 \tan^2\alpha + 2c\tan\alpha \qquad \left(\text{ただし}\quad \alpha = 45° + \frac{\phi}{2}\right)$$

これを領域Ⅰ,Ⅱの関係にあてはめると,

$$\sigma_{1\text{-}\text{I}} = \left(\gamma D_f + \frac{\gamma B}{2}\tan\alpha\right)\tan^2\alpha + 2c\tan\alpha$$

よって地盤の支持力 q_0 は,領域Ⅱの土の自重を無視すると (8.2) 式のようになる。

$$q_0 = \sigma_{1\text{-}\text{II}} = \frac{\gamma B}{2}\tan^5\alpha + 2c(\tan\alpha + \tan^3\alpha) + \gamma D_f \tan^4\alpha \tag{8.2}$$

これが任意の地盤の極限支持力を求める簡易公式である。なお

砂質土では $c=0$ として $\quad q_0 = \dfrac{\gamma B}{2}\tan^5\alpha + \gamma D_f \tan^4\alpha \tag{8.3}$

飽和粘土では $\phi=0$ として $\quad q_0 = \dfrac{\gamma B}{2} + 4c + \gamma D_f \tag{8.4}$

となる。

B. テルツァギの一般支持力公式

テルツァギは連続フーチングの場合を厳密に解いた極限支持力を次のように与えている。すなわち全般せん断破壊の場合

$$q_0 = \frac{\gamma B}{2}N_\gamma + cN_c + qN_q \tag{8.5}$$

N_γ, N_c, N_q：支持力係数（いずれも内部摩擦角 ϕ の関数である）（図8.11参照）

q：基礎底面と同一レベルの載荷重（図8.9参照）

ゆるい砂 ($D_r < 20\%$),および鋭敏な粘土 ($S_t > 10$) では局部せん断破壊を生ずるから次式を用いるのが適当である。

$$q_0 = \frac{\gamma B}{2}N_\gamma' + \frac{2}{3}cN_c' + qN_q' \tag{8.6}$$

N_γ', N_c', N_q'：局部せん断破壊に対する支持力係数（図8.11参照）

基礎底面が有限の形である場合は三次元的な取扱いになるから,(8.5),(8.6) 式の右辺の支持力係数のうち N_γ, N_c が変わってくる。その修正値は表8.1に与えられている。表8.1で L, B はそれぞれ基礎の長さおよび幅であり,円形基礎の場合は第1項の幅 B に直径の値を代入すればよい。

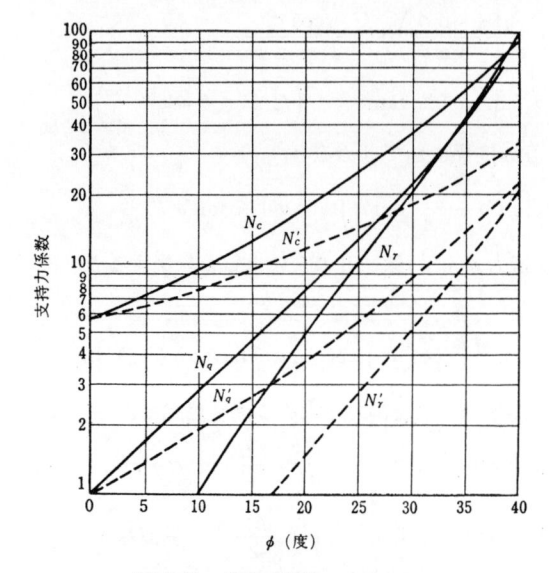

図 8.11　支持力係数 (Terzaghi)

表 8.1　長方形および円形基礎に対する補正

基礎底面の形		N_c に対する補正	N_γ に対する補正
正　方　形		1.25	0.85
長方形	$L/B=2$	1.12	0.90
	$L/B=5$	1.05	0.95
円　　　形		1.20	0.70

C.　建築基礎構造設計指針の式　(許容支持力公式)

日本建築学会では建築基礎構造設計指針に，テルツァギの一般支持力公式を修正し安全率3を採用し，長期許容支持力度 (kN/m²) を式 (8.7) のようにとることを提案している．

$$q_a = \frac{1}{3}(\alpha c N_c + \beta \gamma_1 B N_\gamma + \gamma_2 D_f N_q) \tag{8.7}$$

　　　c：基礎荷重面下にある地盤の粘着力 (kN/m²)

　　γ_1, γ_2：それぞれ基礎荷重面下および荷重面より上方にある地盤の平均単位体積重量 (地下水位下にある場合は水中単位体積重量をとる) (kN/m³)

8 基礎　259

表8.2　形状係数

基礎荷重面の形状	連続	正方形	長方形	円形
α	1.0	1.3	$1+0.3\dfrac{B}{L}$	1.3
β	0.5	0.4	$0.5-0.1\dfrac{B}{L}$	0.3

B：長方形の短辺長さ，L：同長辺長さ

表8.3　支持力係数

ϕ	N_c	N_r	N_q
0°	5.3	0	3.0
5°	5.3	0	3.4
10°	5.3	0	3.9
15°	6.5	1.2	4.7
20°	7.9	2.0	5.9
25°	9.9	3.3	7.6
28°	11.4	4.4	9.1
32°	20.9	10.6	16.1
36°	42.2	30.5	33.6
40°以上	95.7	114.0	83.2

B：基礎荷重面の最小幅，円形の場合は直径 (m)

α, β：表8.2に示す形状係数

D_f：基礎の根入れ (m)

N_c, N_r, N_q：支持力係数（表8.3および図8.12参照）

なお短期許容支持力度は (8.7) 式のおよそ2倍をとり次のように定めている。

$$q_a = \frac{2}{3}(\alpha c N_c + \beta \gamma_1 B N_r$$

$$+ \frac{1}{2}\gamma_2 D_f N_q) \qquad (8.8)$$

ここで長期許容支持力度とは上部構造物の荷重・自重や構造物基礎などによる荷重を含む長期にわたる荷重に対する許容支持力度をさし，短期許容支持力度とは長期荷重に地震時または風荷重が加わるときの諸応力を加算した短期荷重に対する許容支持力度をさしている。またこの規準式 (8.7), (8.8) は全般せん断破壊と局部せん断破壊とを区別していないが，実際には地盤がどのようなせん断破壊を生ずるか事前に予測しがたいため，支持力係数値のなかに含めて統一して示した形になっている。

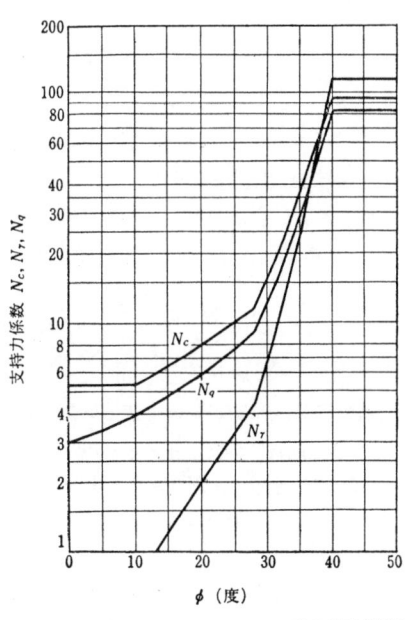

図8.12　支持力係数（建築基礎構造設計指針）

〔例題 8.1〕　図8.13のように地下水位が地表面から6.0mの位置にある。地表面下1.5mまで掘削して幅2.0mの連続フーチングを設置する。全般せん断破壊を起こすものとし

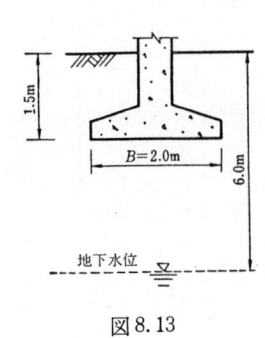

て，このフーチングの奥行1m当りの極限支持力を簡単な極限支持力算定式とテルツァギの一般支持力式で求めよ．ただし，この地盤の土の粘着力は20kN/m²，内部摩擦角は20度で，単位体積重量は17kN/m³である．

〔解〕（1）簡単な支持力公式（8.2）によって求める．
$\alpha = 45° + \phi/2 = 55°$ であるから

図8.13

表8.4

$\tan \alpha$	$\tan^3 \alpha$	$\tan^4 \alpha$	$\tan^5 \alpha$
1.43	2.92	4.17	5.95

$$q_0 = \frac{\gamma B}{2}\tan^5 \alpha + 2c(\tan \alpha + \tan^3 \alpha) + \gamma D_f \tan^4 \alpha$$

$$= \frac{17 \times 2}{2} \times 5.95 + 2 \times 20 \times (1.43 + 2.92) + 17 \times 1.5 \times 4.17$$

$$= 381 \text{ (kN/m}^2\text{)}$$

（2）テルツァギの一般支持力式（8.5）で求める．図8.11を参考にしてに $\phi = 20°$ 対する支持力係数をひくと

$$N_\gamma = 5.0, \quad N_c = 17.5, \quad N_q = 7.6$$

$$\therefore q_0 = \frac{\gamma B}{2} N_\gamma + cN_c + qN_q$$

$$= \frac{17 \times 2}{2} \times 5.0 + 20 \times 17.5 + 17 \times 1.5 \times 7.6$$

$$= 629 \text{ (kN/m}^2\text{)}$$

〔例題 8.2〕 一辺が2mの正方形フーチング底面が地表面より1.2mの深さに設置されている．地盤は単位体積重量が19kN/m³（水浸単位体積重量9.0kN/m³）の砂礫層から成っている．全般せん断破壊を生ずるとして次の（i），(ii)の場合の極限支持力をテルツァギの一般支持力公式によって計算せよ．ただし，地盤の粘着力 $c = 0$ で内部摩擦角 $\phi = 30°$ である．

（ⅰ）地下水位がフーチング底面と一致する場合
（ⅱ）地下水位が上昇し地表面と一致した場合

〔解〕（ⅰ）図8.11により $\phi = 30°$ に対する支持力係数を求めると

$$N_\gamma = 20 \quad N_c = 37 \quad N_q = 22$$

となる．また正方形フーチングに関する支持力係数への補正は表8.1から

$$0.85 N_\gamma \quad \text{および} \quad 1.25 N_c$$

であるから(8.5)式を用いて次のように計算される．

$$q_0 = \frac{\gamma' B}{2} N_\gamma \times 0.85 + cN_c \times 1.25 + \gamma D_f N_q$$

$$= \frac{9.0 \times 2}{2} \times 20 \times 0.85 + 0 + 19 \times 1.2 \times 22$$

$$= 655 \text{ (kN/m}^2\text{)}$$

第1項のγに水浸単位体積重量を用いたのは図8.8からもわかるように，せん断領域がすべて地下水位より下になるためである。

(ii) 地下水位が地表面と一致した場合は(8.5)式の第1項のγのみならず，根入れによってフーチング底面レベルに抑え荷重の役目を果たす第3項のγも水浸単位体積重量にとらねばならない（図8.14参照）。その他の条件は等しいとして(8.5)式により，

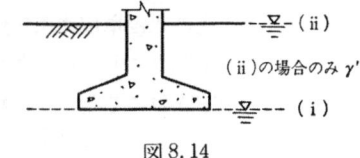

図8.14

$$q_0 = \frac{\gamma' B}{2} N_\gamma \times 0.85 + \gamma' D_f N_q$$

$$= \frac{9.0 \times 2}{2} \times 20 \times 0.85 + 9.0 \times 1.2 \times 22$$

$$= 391 \text{ (kN/m}^2\text{)}$$

〔類題 8.1〕 (8.1a)式のσ_{3-1}の土の自重が$\gamma B \tan \alpha / 2$で与えられること，および土の破壊規準が(8.1b)式で与えられることを示せ。

〔類題 8.2〕 例題8.2において地下水位がフーチングの底面より下にあり，せん断領域に影響を及ぼさないと考えられる場合の極限支持力をテルツァギの一般支持力公式によって求めよ。($q_0 = 825\text{kN/m}^2$)

8.2.3 地盤内の応力分布と沈下量

構造物の荷重が加わると，その応力に応じた土の変形が起こり，その結果構造物は沈下する。はりのたわみが構造物の設計に当たっての一つの支配的要素であるのと同じく，荷重による地盤の変形は基礎地盤を設計する上での支配的要素となっている。

荷重が加わる面での沈下は次の2種に分類することができる。

沈下 $\begin{cases} 即時沈下\cdots\cdots\cdots載荷とほぼ同時に起こる土の弾性変形による沈下 \\ 圧密沈下\cdots\cdots\cdots土中の分布応力による深い所の土の変形および圧密による沈下 \end{cases}$

即時沈下および圧密沈下はともに基礎荷重やその他の荷重によって地盤に引き起こされる応力によって決まる。この地盤の応力は，土の性質に簡単な仮定を設

けて弾塑性理論を用いて算定するが，地盤沈下量は得られた計算応力に実験的な検討を加えた上，求めるのが基本的な手法となっている。

<土の自重によって生ずる応力>

構造物が建設される前の有効垂直応力はその有効上載荷重で決まる。砂質地盤や正規圧密地盤における深さ z での有効垂直応力は (8.9) 式で与えられる。

$$\sigma' = \gamma h + \gamma'(z-h) \tag{8.9}$$

σ'：有効垂直応力 (kN/m^2)
γ：土の単位体積重量 (kN/m^3)
γ'：土の水浸単位体積重量 (kN/m^3)
h：地表面よりはかった地下水位 (m)

この式から地下水位の変化は構造物の沈下に重要な役割を果たしていることがわかる。地下水位の低下は有効応力の増加を招き構造物の重量によって生ずる沈下に匹敵する沈下を生ずることさえある。60〜100 cm の地下水位の低下は建物の1階分の荷重増にほぼ等しい。また同じような現象として，工事に伴う排水が工事現場から少し離れた場所の沈下をひき起こすことがある。

A. 表面荷重による地盤内応力の近似計算法

地盤は鉛直方向にも水平方向にも連続した土体であるから，地表面に荷重が加わると深さ方向にも側方へも力は広がって伝えられる (図 8.15 参照)。荷重強度 q で $B \times L$ の面積をもつ長方形等分布荷重が地表面に加わるとき，地表面下 z の深さにおける垂直応力の平均増加量は図 8.15 のように $(z+B)(z+L)$ の面積に一様に分布すると仮定すれば，近似的に (8.10) 式で求められる。

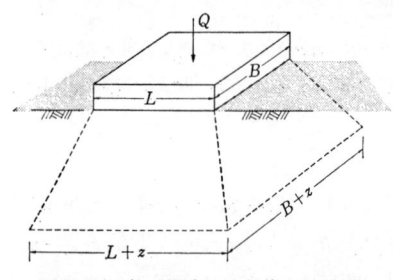

図 8.15 表面荷重の地盤内への分布

$$\varDelta \sigma_z = \frac{qBL}{(z+B)(z+L)} = \frac{Q}{(z+B)(z+L)} \tag{8.10}$$

$\varDelta \sigma_z$：z の深さにおける平均垂直応力増加量 (kN/m^2)
Q：長方形基礎の荷重 (kN) ($= qBL$)
q：基礎の荷重強度 (kN/m^2)

これは表面荷重が，鉛直：水平 $=2:1$ の側面傾斜を持つ頂部の平坦な土のピラミッドによってささえられていると仮定するのに等しい。

幅Bの連続フーチングの場合は二次元的な取扱いができるから(8.10)式は簡単になり次式のようになる。

$$\Delta \sigma_z = \frac{Q}{z+B} = \frac{qB}{z+B} \tag{8.11}$$

厳密な計算によって確かめると，これら(8.10)式および(8.11)式による近似計算の結果は荷重面の一辺の2倍に満たない深さで誤差がかなり大きくなることが知られている。しかしそれより深く作られた大型の橋脚基礎が地盤に及ぼす応力分布や，精度をそれほど気にしない概略設計の応力分布計算などの場合には便利な計算法である。

いま，前述のような等分布荷重をもつ幅Bの連続基礎をいくつかに分割して，その一つ一つが地盤に与える影響を考えてみよう。図8.16の三つの基礎の中では，中央の基礎が単独で存在する場合より応力が集中し，したがって沈下量も最大となることが予想される。基礎下の正しい応力分布は後述するように2：1法の近似計算結果とは異なり，基礎の真下で応力が最大となり，中心から遠ざかるにつれて伝ぱ応力は小さくなることがわかる。

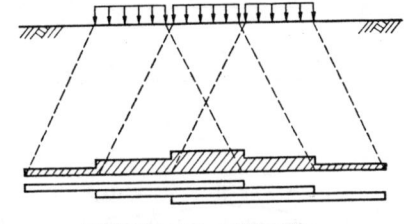

図8.16　応力の重なり合い

〔例題 8.3〕　図8.17のように地表面から2.0m掘削して3.0m×3.0mの独立基礎を作る。全荷重2 000kNが加わるとすると，地表面から6.0mの深さにおけるこの基礎荷重による垂直応力の平均増加量を近似計算法により求めよ。

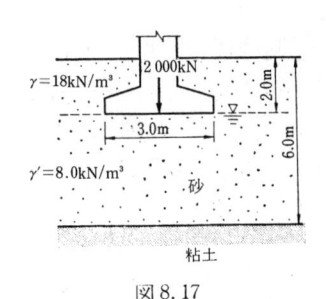

〔解〕　(8.10)式によって求める。

$$\Delta \sigma_z = \frac{Q}{(z+B)(z+L)} = \frac{2\,000}{(4+3)(4+3)}$$
$$= 40.8 \text{kN/m}^2$$

図8.17

図8.17にみるように，地表面より2.0m掘削しているので，実際には掘削土量分の応力の開放があり，基礎荷重が2 000 kN働いても6.0m下の応力増加は，上に計算して求められた数値40.8 kN/m²よりかなり小さい（類題8.3参照）。

〔**類題 8.3**〕　〔例題8.3〕のフーチング荷重が作用して起こる地盤の沈下量を求めるには，フーチング荷重による応力増加量のほかに，基礎を作る前の有効応力も知っていることが必要である。〔例題8.3〕のフーチング荷重が加わる前の自然状態での地表面下6.0m

の深さにおける土の自重によって生ずる有効応力，および 2.0m 掘削したことによる有効応力の減少分を求めよ。($68kN/m^2$, $36kN/m^2$)

B. 表面荷重による地盤内応力の正確な計算法

前説でも定性的な説明をしたように，地盤を一様な弾性体として地表面に荷重が加わったときの地盤内の垂直応力増加は，図 8.18(a) のように荷重面の直下で最大となる釣鐘型の分布をしてすべての方向に伝わる。深くなるほど荷重面直

(a) 深さ z における水平面上の垂直応力の変化

(b) 基礎の中心直下における垂直応力の変化

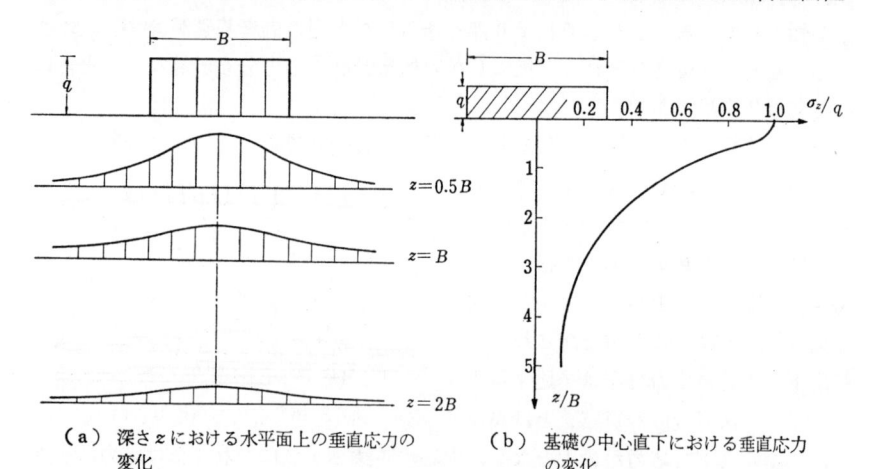

図 8.18　幅 B の連続基礎荷重による地盤内の垂直応力

下の応力の集中度は低いが，任意の深さでその応力増加量をすべて積分すれば全荷重 qB に等しくなる。地表面近くでの応力分布は荷重面積の大きさと接地圧の分布によって支配されるが，荷重面の幅の 2 倍より深くなると荷重の加わり方による影響は小さくなる。また一様な弾性体という仮定が合わない地盤では，土の物理的性質や層化状態によって応力分布は変化する。基礎荷重が集中荷重の場合と分布荷重の場合とに分けて，よく用いられている算定方法を示すことにする。

(1) 集中荷重　　ブーシネスク (Boussinesq) は土を地表面下無限に広がる均一な等方性弾性体と仮定し，集中荷重 Q が地表面に働いたときの深さ z における荷重点から r の水平距離にある点の垂直応力増加 $\Delta\sigma_z$ を次式のように求めた。

$$\Delta\sigma_z = \frac{3}{2\pi} \frac{1}{\left\{1+\left(\frac{r}{z}\right)^2\right\}^{5/2}} \frac{Q}{z^2} = N_B \frac{Q}{z^2} \tag{8.12}$$

N_B はブーシネスク指数と名付けられ，その値は図 8.19 から求められる。

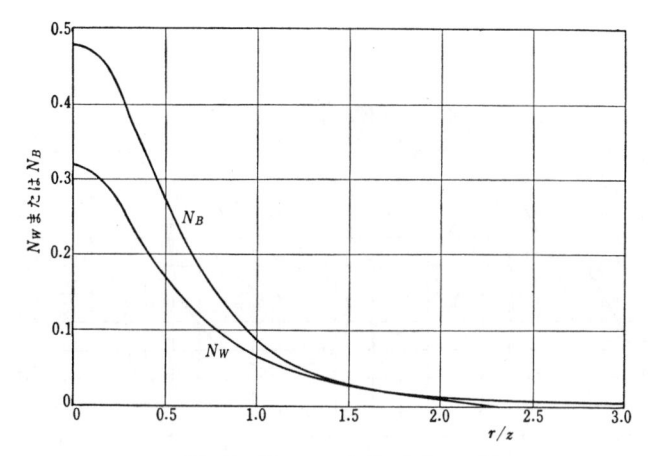

図8.19 N_B および N_W を求める図

またウェスターガード (Westergaard) は層化した土の応力状態をよく表わす式を提案した。土を薄くてたわまぬ水平板によって補強された均一な弾性体と仮定し、圧縮性の土の上に集中荷重 Q をのせた場合の垂直応力の増加 $\Delta\sigma_z$ を (8.13) 式のように示した。

$$\Delta\sigma_z = \frac{1}{\pi} \frac{1}{\left\{1+2\left(\dfrac{r}{z}\right)^2\right\}^{3/2}} \frac{Q}{z^2} = N_W \frac{Q}{z^2} \tag{8.13}$$

N_W はウェスターガード指数と呼ばれるもので同じく図8.19に示してある。

解析に当たっても仮定したが、ブーシネスク式 (8.12) は均一等方性地盤の応力解析に比較的よい推定値を与え、一方ウェスターガード式 (8.13) は層化した地盤の応力分布によく適合する。このことは図8.19で (8.12) 式を示す N_B 曲線が N_W 曲線より応力の集中度が高いことからも納得できることである。

(2) 分布荷重　フーチング荷重のような分布荷重によって生ずる地盤内応力を求めるには、たとえば前出のブーシネスク式 (8.12) を積分して計算すればよいが、積分式は複雑でそのままでは使いにくいので図表にして利用することが多い。よく用いられる図表には二つのタイプがあり、等応力線図と影響円図表がその代表的なものである。

＜等応力線図＞

地表面上に等分布荷重が加わったときの地盤中における垂直応力 σ_z が等しい点をつらねた曲線を等応力線またはアイソバールと呼び、図8.20のような等応力

(a) 連続基礎　　　　　　(b) 正方形基礎

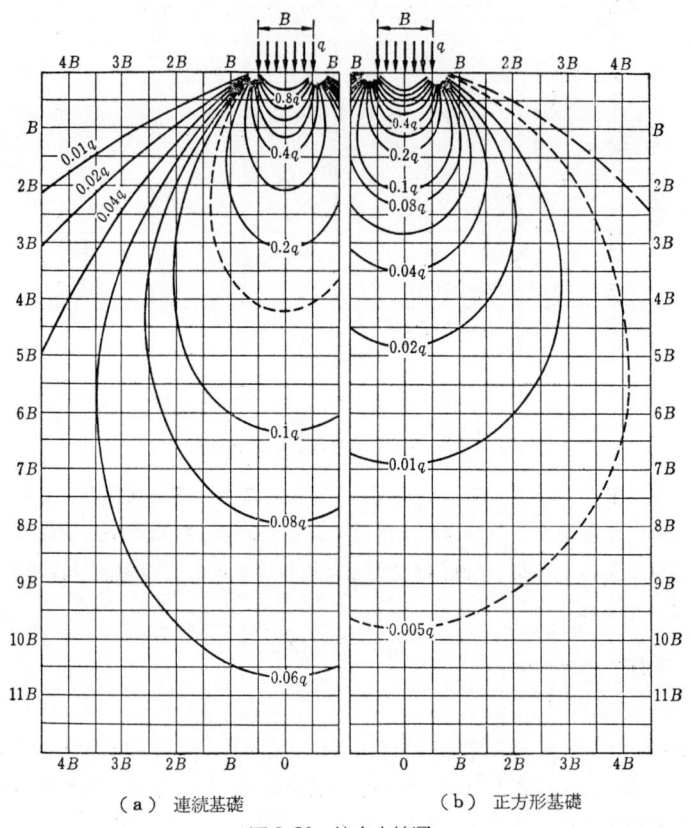

図8.20　等応力線図

線群を描いたものを等応力線図という。この図で応力は荷重強度 q，および深さと荷重中心からの距離は基礎板の幅 B で表わされている。連続基礎（図8.20(a)）と正方形基礎（図8.20(b)）の二つの場合が示されているが，長方形基礎の場合も $B=\sqrt{A}$（A：長方形基礎の面積）として，わずかの誤差を認めれば正方形基礎の図を転用することが可能である。この曲線の形が植物の球根に似ていることから圧力球根と呼ばれることもある。

<影響円図表>

等分布荷重 q が地表面に加わったとき，任意深さの地盤中の垂直応力を求める図表（図8.21）をニューマーク（Newmark）が考案した。この図表は影響円図表

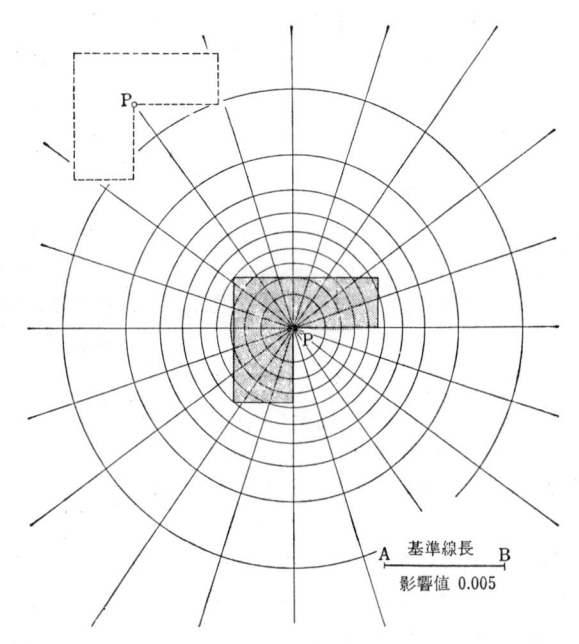

図8.21 影響円図表

とも呼ばれ，これを利用した地中応力の算定は次の要領で行う。

（i） 応力を求めたい点の深さ z が図表中の基準線長 AB になるような縮尺でトレーシングペーパー上に基礎の平面図形を描く。

（ii） そのトレーシングペーパーを図8.21の上に重ね，応力を求めるべき点 P が影響円の中心の上にくるように置く。

（iii） トレーシングペーパー上の基礎図形中に含まれている影響円の区画数 n を数える。

（iv） 点Pの深さ z における垂直応力の増加は次式で与えられる。

$$\Delta \sigma_z = nq \times (影響値) = 0.005nq$$

分布荷重が等分布でない場合も，力の重ね合せの原理を応用すれば，近似的に地盤内の垂直応力の増加分を求めることが可能である。

〔例題 8.4〕 正方形状に 6.0 m ずつ離れて，それぞれ，200 kN の集中荷重が働いている。荷重点の下 6.0 m の深さにおける垂直応力の増加を計算せよ。

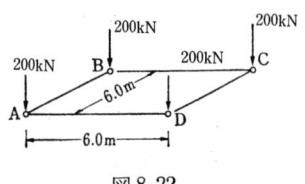

図8.22

〔解〕 集中荷重による地中応力であるから，ブーシネスク式(8.12)，および図8.19により求める。なお，これは表8.5のようにして求めると簡便で間違いが少ない。

表8.5

荷重点	r	r/z	N_B	$Q/z^2(\times 10)$	$\Delta\sigma_z=(Q/z^2)\times N_B(\times 10)$
A	0	0	0.48	0.556	0.267
B	6.0	1.0	0.086	0.556	0.0478
C	8.48	1.41	0.032	0.556	0.0178
D	6.0	1.0	0.086	0.556	0.0478

$\Sigma\Delta\sigma_z=0.380\ (\times 10\mathrm{kN/m^2})$

〔例題 8.5〕 図8.23のような10m×20mのべた基礎に等分布荷重100kN/m²が作用している。このべた基礎の中心（O点）の直下6.0mおよび端部中央点（M点）直下10mの深さにおける鉛直応力の増加を求めよ。

〔解〕（1）影響円図表を用いて求める。基準線長 AB=6.0mの寸法で10m×20mのべた基礎を描いて中心O点を影響円の中心に重ね合わせると，その基礎に覆われた区画数は $n=146$ となる（区画の一部にかかるのはどれも0.5区画と数える）。よって垂直応力の増加は，

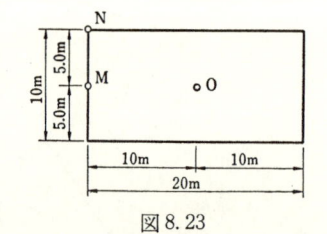

$\Delta\sigma_z=0.005\times 146\times 100=73.6\ (\mathrm{kN/m^2})$

同じくM点直下10mの深さにおける垂直応力増は次のようになる。

$\Delta\sigma_z=0.005\times 53\times 100=26.5\ (\mathrm{kN/m^2})$

図8.23

（2）等応力線図を用いて求める。べた基礎を二つの正方形基礎の集まりと考えるとO点は二つの正方形基礎端部の中央点になる。図8.20(b)で深さ $6\mathrm{m}=0.6B(B=10\mathrm{m})$ では $0.4q$ の等応力線と交差している。よって二つの正方形による垂直応力の増加分は2倍となるから，

$\Delta\sigma_z=0.4q\times 2=80\ (\mathrm{kN/m^2})$

また，M点は二つに分割した片方の正方形の端部中央点であり，残りの一つの正方形の端部中央点から10m離れているから，それぞれ $0.25q$ および $0.028q$ の等応力線と交差することになる。よってM点下10mにおける垂直応力増は

$\Delta\sigma_z=0.25q+0.028q=27.8\ (\mathrm{kN/m^2})$

〔類題 8.4〕 地表面に1000kNの集中荷重が鉛直方向に働いているとき，地表面下2.0mおよび5.0mの深さにおける荷重作用点直下ならびに水平距離2.0m離れた点の地中垂直応力の増加 $\Delta\sigma_z$ を求めよ。地盤の土質は一様で等方性なものとする（$\Delta\sigma_{z.0}=119$

kN/m^2, $\varDelta\sigma_{5.0}=19.1kN/m^2$, $\varDelta\sigma_{2.2}=21.0kN/m^2$, $\varDelta\sigma_{5.2}=13.2kN/m^2$)

〔類題 8.5〕〔例題8.5〕のぐう角点（N）直下10mの深さにおける垂直応力の増加を求めよ．（$\varDelta\sigma_z=20kN/m^2$）

C．沈下量の計算と許容沈下量

構造物が作られる前の地盤の平均初期応力状態での間隙比および建造後の平均最終応力での間隙比を e_0, e_1 とし，土層の厚さ dz におけるひずみを ε_z および土層厚を H とすると，沈下量は本質的には（4.3）式と同じで次のようになる．

$$S = \int_0^H \varepsilon_z dz = \int_0^H \frac{e_0 - e_1}{1 + e_0} dz$$

ここで e_0 に対応する平均初期応力は，その土層の深さの中央における初期応力をとればよいが，荷重が加わった後の地盤内の応力は土層中央の値が平均応力を示すとは限らない．前者においては"深さ―土の自重"が比例しているけれど後者では"深さ―応力増"が一次的な関係にないからである．もし土層が薄くて比較的深い所にある場合は最終応力の平均値として土層中央の値でよいが，土層がフーチング幅より厚かったり土層の深さがフーチング幅の2倍に達しない浅い位置にあるなら，土層を上記の関係が一次的と見なしうる程度に分割して沈下計算を行うべきである．

以上の沈下量は発生機構から次の3種に分類し，土質によっておよそ次のように対応させている．

砂質土………………………即時沈下量

粘性土 { 飽和粘土………（即時沈下量）＋（圧密沈下量）
不飽和粘土……（即時沈下量）＋（クリープ沈下量）

また基礎構造の剛性やその大きさによっても沈下の様相は変わってくる．鋼板や薄いコンクリート板からなるたわみ性基礎の場合では，中央部の沈下量は縁辺部の沈下量より大きくなる．

（１）粘土地盤の沈下量

不飽和粘土地盤および有機質粘土地盤ではクリープによる沈下量が大きくなる可能性があるが，クリープも圧密沈下量に含め，粘土地盤では一般に総沈下量 S は次の2種の沈下量の和を考える．

$$S = S_i + S_c$$

S_i：即時沈下量

S_c：圧密沈下量

表 8.6 沈下係数 I_s

底面形状	基礎の剛性	底面上の位置			I_s
円 (直径 B)	0	中		央	1
	0		辺		0.636
	∞	全		体	0.785
正方形 ($B \times B$)	0	中		央	1.122
	0	隅		角	0.561
	0	辺	の	中央	0.767
	∞	全		体	0.88
長方形 ($B \times L$)	0	隅 角		$L/B=1$	0.56
				1.5	0.68
				2.0	0.76
				2.5	0.84
				3.0	0.89
				4.0	0.98
				5.0	1.05

粘土地盤の即時沈下量は載荷とほぼ同時に起こるもので，一様な等方性弾性体に等分布荷重が加わるときの理論式(8.12)をもとにして求める。

$$S_i = qB \frac{1-\mu^2}{E} I_s \quad (8.14)$$

q：等分布荷重
B：基礎の幅
μ：地盤のポアソン比
E：地盤の弾性係数
I_s：沈下係数（表8.6参照）

即時沈下は基礎直下の地盤が弾性圧縮を受けるために起こるから，ある応力範囲で弾性係数が一定な飽和粘土地盤に単位面積当り q の等分布荷重が加わると，載荷面とその付近の地表面は図8.24(a)のように懸垂曲線状にたわむ。この曲線の形はブーシネスクの式の積分で求めたものとよく合う。幅 B の正方形基礎で生ずる隅角点と中央の沈下量は次の式で与えられる。

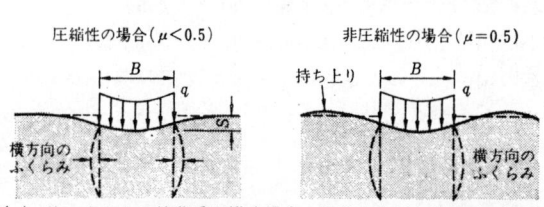

(a) 均一なたわみ性荷重が働く場合の地盤内変形と地表面の沈下

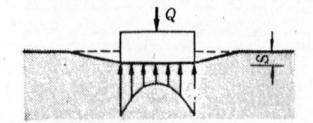

(b) 剛性荷重による接地圧と沈下量

図 8.24 飽和粘土のような均質弾性地盤上の基礎による即時沈下

8 基　礎　271

隅角点の沈下量　　$S_r = \dfrac{0.42qB}{E}$ （8.15 a）

中央点の沈下量　　$S_c = \dfrac{0.84qB}{E}$ （8.15 b）

　　　E：飽和粘土の弾性係数

　粘土は荷重が加わっても体積は変化せず（$\mu=0.5$），基礎幅の2倍（$2B$）の深さまでは均質なものと仮定して求めた解である。長方形基礎の即時沈下量も $B=\sqrt{A}$（A：基礎面積）として求めたBを（8.15）式に代入した値が，$L<3B$（L：長方形基礎の長辺）なら，よい近似値を与える。

　等分布荷重を持つコンクリートフーチングのような剛性基礎が粘土地盤の上に作られると（図8.24(b)），基礎板は，ほとんどたわまないから圧力の再配分が起こる。一般に基礎の縁辺部では土の変形が小さく中央部で変形が大きいから，剛性基礎では縁辺部での接地圧が大きく中央部での圧力が小さい分布となる。平均圧力 $q_m(=Q/A)$ とすると，即時沈下量は $\mu=0.5$, $E=$一定　として幅Bの正方形の場合(8.16 a)，面積Aの他の形では(8.16 b)式のようになる。

$$S_i = \dfrac{0.6q_mB}{E} \qquad (8.16\,a)$$

$$S_i = \dfrac{0.6Q}{E\sqrt{A}} \qquad (8.16\,b)$$

　フーチングを設計しようとするほどの粘土地盤なら，即時沈下によって建物の基礎が危険になることはまずないと考えてよい。ただ即時沈下は施工中に変形が終了するため，それほど気にしないので，とくに前もって沈下量推算の中に含めないことが多い。そのため急に計画以上の荷重を増加するような場合，もろい地盤では急激な沈下の発生を招くことがあるから十分注意しなくてはならない。

　粘土地盤の圧密沈下量は量的に即時沈下量より大きいが，"4　圧密"で記述したのでここでは省略する。

（2）　砂質地盤の沈下量

　砂と粘性土の交代層から成る地盤では，よほどゆるい砂でない限り砂の沈下量は粘性土のそれより小さく，また砂地盤では載荷後，短時間で沈下が終了するなどの理由から通常は砂および砂地盤の沈下量は無視することが許されている。しかし石油タンクの基礎のような大きな荷重の加わる場合や，厚い砂地盤のある場合は沈下量を求め構造物の安定を検討しておかねばならない。

　砂地盤の即時沈下量の解析は図5.34に示したように，砂地盤中の主応力 σ_1 と

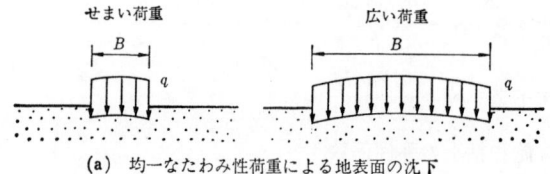

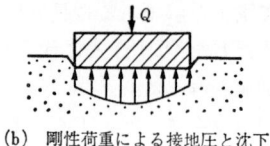

(a) 均一なたわみ性荷重による地表面の沈下

(b) 剛性荷重による接地圧と沈下

図 8.25 砂地盤上にある基礎による即時沈下

σ_3 とによって弾性係数が決まるので粘土より一層複雑である。砂地盤にたわみ性基礎を介して等分布荷重が加わるときの即時沈下の形は，図 8.25 (a) のごとく上に凸の曲線となる。荷重面の縁辺部付近の土は鉛直方向に拘束されていないから，中央部の圧力で側方へ押しやられ，その結果支持力が不足して縁辺部は下がることになる。一方中央部の砂は周辺部の土の拘束力で束縛されるから，周辺部の砂よりも大きな弾性係数を示すことになり，中心部は縁辺部より沈下が少なくなる。剛性基礎と砂地盤の間の接地圧は，その沈下の影響を受け基礎中央の圧力は平均圧力より大きく，縁辺部ではいくらか小さくなる（図 8.25(b)）。現在のところ，この沈下曲線の形を計算する理論的方法は見いだされていない。実験や観測の結果によると，荷重面積が広いほど，この沈下曲線の中央部は平坦になることがわかっている。

　厚い砂地盤の沈下量を求めるに当たって砂の乱さない状態での間隙比を求めることがむずかしいが，N 値を手掛りとして砂の圧力―間隙比曲線（図 8.26）を定め，これから間隙比を推定し (8.17) 式によって沈下量を計算する方法が提案されている。

$$S_i = \frac{e_0 - e_1}{1 + e_0} H \tag{8.17}$$

　　S_i：砂地盤の沈下量
　　e_0, e_1：荷重が加わる前および後の有効応力に対する間隙比（図 8.26 参照）
　　H：砂地盤の厚さ

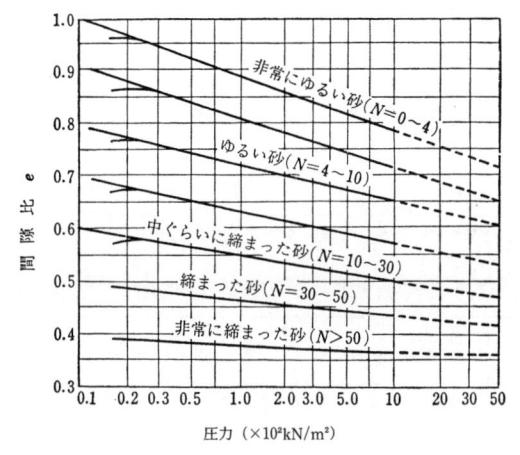

図 8.26 砂の圧力—間隙比曲線

また地下水位が基礎底面から測って基礎幅の2倍以上の深さにある場合についてテルツァギ・ペックは砂地盤の沈下量は (8.18) 式が使えるとしている。

$$S_i = S_{30}\left(\frac{2B}{B+0.3}\right)^2 = \frac{q}{128N}\left(\frac{2B}{B+0.3}\right)^2 \tag{8.18}$$

S_{30}：30cm×30cm の載荷板を用いて試験したときの沈下量 (cm)
B：実際の基礎の幅 (m)
q：基礎に働く荷重強度 (kN/m²)
N：基礎底面から B の深さまでの標準貫入試験の N 値の平均値

地下水位が浅い場合は、この沈下量を最高2倍まで割増しをすることになっている。

(3) 許容沈下量

以上で荷重が加わった場合に生ずる各種基礎の沈下量の算定について説明したが、構造物の基礎としてはこのような沈下によって破壊を生ぜしめないのはもちろんのこと、構造物の安定に差し支えるごとき過大な沈下を生じないことが必要である。したがって沈下量が大きいようであれば基礎の拡大をはかるとか、上部構造を剛にするなどして沈下を許容量以内におさめる方策をたてねばならない。

許容沈下量は地盤の条件、構造物の重要性、基礎の形式、上部構造の特性および周囲の状況などを考慮して、日本建築学会の建築基礎構造設計指針・同解説では次のような提案がなされている。

表 8.7　許容相対沈下量（圧密沈下の場合）（単位：cm）

構造種別	コンクリートブロック造	鉄筋コンクリート造		
基礎形式	連続(布)基礎	独立基礎	連続(布)基礎	べた基礎
標準値	1.0	1.5	2.0	2.0～(3.0)
最大値	2.0	3.0	4.0	4.0～(6.0)

〔注〕（　）は大きいはりせいあるいは二重スラブなどで十分剛性が大きい場合

表 8.8　許容最大沈下量（圧密沈下の場合）（単位：cm）

構造種別	コンクリートブロック造	鉄筋コンクリート造		
基礎形式	連続(布)基礎	独立基礎	連続(布)基礎	べた基礎
標準値	2	5	10	10～(15)
最大値	4	10	20	20～(30)

〔注〕（　）は大きいはりせいあるいは二重スラブなどで十分剛性が大きい場合

表 8.9　許容最大沈下量（即時沈下の場合）（単位：cm）

構造種別	コンクリートブロック造	鉄筋コンクリート造		
基礎形式	連続(布)基礎	独立基礎	連続(布)基礎	べた基礎
標準値	1.5	2.0	2.5	3.0～(4.0)
最大値	2.0	3.0	4.0	6.0～(8.0)

（ⅰ）上部構造に有害なのは不同沈下であるから相対沈下量で規制する（表8.7参照）。

（ⅱ）相対沈下量の計算は複雑なので，総沈下量と相対沈下量は傾向として一般に似ていることを考え最大沈下量で規制する（表8.8参照）。

（ⅲ）砂質地盤で圧密沈下を考えなくてよい場合に対しては即時沈下の最大値で規制する（表8.9参照）。

なおこれらの表で相対沈下量や最大沈下量と称する値の定義については図8.27を参照されたい。

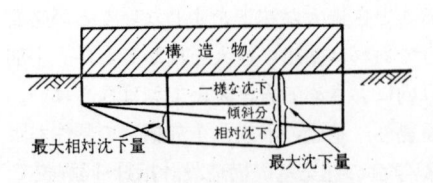

図 8.27　最大沈下量と相対沈下量

〔例題 8.6〕　粘土地盤の即時沈下量を求

8 基 礎 275

める一般式 (8.14) から，正方形のたわみ性基礎中央点の沈下量を求める式 (8.15b) を誘導せよ．

〔解〕 体積変化はほとんどない弾性体としてポアソン比 $\mu=0.5$，ならびに正方形基礎の中央点における沈下係数を表 8.6 から 1.122 ととり，(8.14)式に代入すると次のようになる．

$$S_i = qB\frac{1-\mu^2}{E}I_s = qB\frac{1-0.25}{E}\times 1.122 = \frac{0.84qB}{E}$$

〔類題 8.6〕 粘土地盤上にある $B\times 3B$ の寸法をもつたわみ性長方形基礎が等分布荷重をささえている．隅角点の即時沈下量を (8.14) 式と (8.15a) を $B=\sqrt{A}$ で補正した式から計算して誤差を比較せよ．(約9％の誤差がある)

8.2.4 地盤の許容支持力と載荷試験

地盤の許容支持力を決める解析的な方法についてはすでに "8.2.2 支持力公式" に述べた．支持力はこのほかに次のような方法で求められる．

(i) 付近の構造物の沈下状況ならびに既往の慣用値を考慮して表 8.10 などから許容支持力（許容地耐力度）を経験的に推定する．

(ii) 地盤状態や構造物の規模に応じて載荷試験あるいは標準貫入試験を行い，その結果により推定する．

これらの方法で求めた許容支持力は単独で設計に用いることもあるが，できれば二つ以上の方法で検証して採用するのが望ましい．

A. 許容支持力表

ハンドブックや各種の設計施工規準には地盤の許容支持力表が掲載されているが，これらの多くは今までの経験を総括して土質，標準貫入試験の N 値，一軸圧縮強さなどと対応させてまとめ上げて作られている．その一例として建築学会の旧基礎構造設計指針の長期許容地耐力度表が参考になるので，表 8.10 に引用させてもらう．概略設計のための目安を得るためには便利なものである．

支持力表の利用に当たって注意すべきことは，

(1) 地盤の支持力は地表面ばかりでなく地盤の下部の状況によって変わり，基礎の大きさや上部構造によっても異なる

(2) ある層を土質によって分類し土をある材料として固有の支持力を有するかのように取り扱っているが，これは必ずしも正しくない．含水比，風化などによってその支持力も変わる

などの考慮が払われていないから，その意味では，あくまで概算値を示すに過ぎないと考えるべきである．

表8.10 長期許容地耐力度表

地盤		長期許容地耐力度 ($\times 10 kN/m^2$)	備考	
			N 値	$q_u(\times 10 kN/m^2)$
岩石		100	100 以上	
砂盤		50	50 以上	
土丹盤		30	30 以上	
礫層	密実なもの	60		
	密実でないもの	30		
砂質地盤	密なもの	30	30 ～ 50	
	中位のもの	20 10	20 ～ 30 10 ～ 20	
	ゆるいもの	5	5 ～ 10	
	非常にゆるいもの*	0	5以下	
粘土質地盤	非常にかたいもの	20	15 ～ 30	2.5 以上
	かたいもの	10	8 ～ 15	1.0 ～2.5
	中位のもの	5	4 ～ 8	0.5 ～1.0
	柔らかいもの*	2	2 ～ 4	0.25～0.5
	非常に柔らかいもの*	0	0 ～ 2	0.25 以下
関東ローム	かたいもの	15	5以上	1.5 以上
	ややかたいもの	10	3 ～ 5	1.0 ～1.5
	柔らかいもの	5	3以下	1.0 以下

* 支持地盤としては不適

B. 地盤の載荷試験

原位置において載荷板のような比較的平らな面を通じて荷重を加え，その荷重・地盤特性・変位の間にある関係から地盤の強さを知るために地盤の載荷試験がよく行われる。直接その地盤について試験し強度を確かめうる利点があるため支持力表などより信頼性が高い。しかしこの試験結果も基礎の根入れ深さ，基礎構造の剛性および地下水位などの条件に左右されるから，設計支持力を求めるには後述のような検討，また図8.7なども考慮して決定しなければならない。

大きさ30cm×30cm，厚さ約25mmの載荷板を図8.28のように乱さない地盤の上にのせ，その上に荷重を加える。試験の結果はその載荷板に関する時間—沈下曲線，荷重—沈下曲線および荷重—時間曲線として図8.29のように表わされる。試験孔は許容支持力を決めるに必要な深さまで掘り，その幅は載荷板の幅の

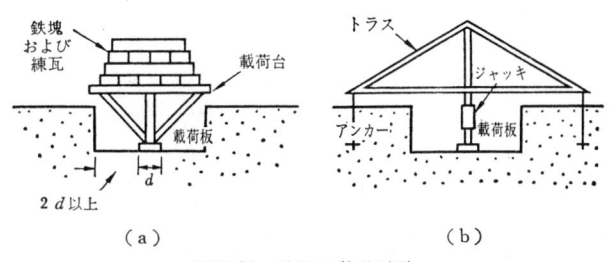

図8.28 地盤の載荷試験

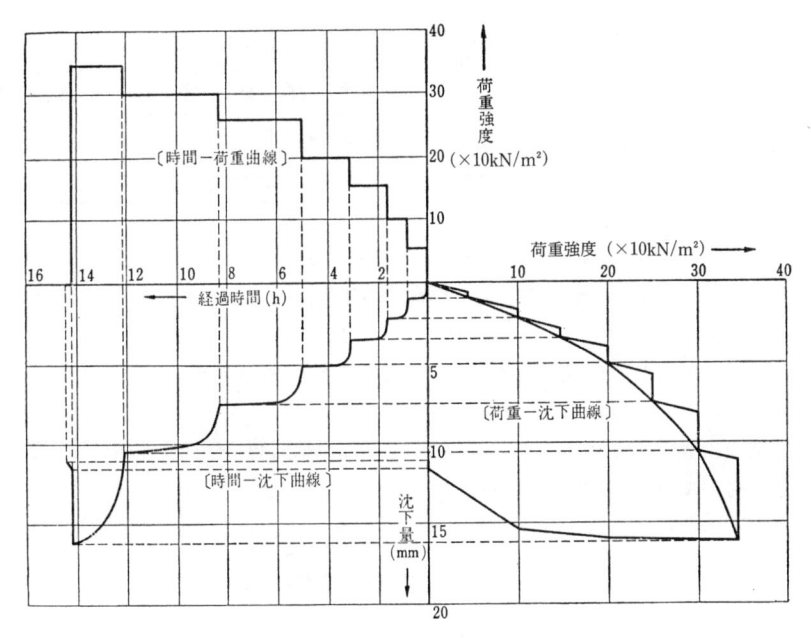

図8.29 載荷試験の結果

5倍以上にとる。図8.28のように載荷台に荷重をのせるか，ジャッキで荷重を加える。この荷重は予想最大荷重を5段階以上に分けて載荷し，各段階で圧力を一定に保ちながら2, 4, 8, 15, 30分，以後15分ごとに沈下量を記録する。時間の経過とともに沈下量は減少していくから，沈下速度が15分間に1/100 mm 以下になったら次の荷重を加える。

載荷試験の結果から支持力を求めるには図8.5の荷重—沈下曲線を参照する。

砂質地盤，粘土質地盤ともに曲率最大の点から求めた降伏荷重を短期の支持力とし，砂質地盤の場合の破壊荷重 P_u の1/3または降伏荷重の1/2のどちらか小さい方を長期の支持力 q_t とする。一般支持力公式に載荷試験の結果をとり入れて(8.7)および(8.8)式を次のように変形して許容支持力を算出する。

長期許容支持力　　$q_a = q_t + \dfrac{1}{3} N_q' \gamma D_f$ 　　　　　(8.19 a)

短期許容支持力　　$q_a' = 2q_t + \dfrac{1}{3} N_q' \gamma D_f$ 　　　　　(8.19 b)

q_t：載荷試験によって求められる長期の支持力 (kN/m²)

N_q'：基礎荷重面より下方にある地盤の土質で決まる定数（表 8.11 参照）

γ：基礎荷重面より上方にある地盤の単位体積重量 (kN/m³)

表 8.11　N_q' の値

砂　質　地　盤		粘土質地盤
ゆるい場合	6	3
締まっている場合	12	

D_f：地表面から基礎荷重面までの深さ (m)

載荷試験結果から地盤の支持力を推定するに当たって注意すべき諸点は次の通りである。

（1）試験地点の地層断面を確認しておくこと。30 cm×30 cm の載荷板では，せいぜい数十 cm 程度の深さまでしか判断できないが，大きい基礎スラブでは地盤深部の土層の影響を受ける。とくに地盤深部に軟弱層の存在する場合は慎重な配慮が必要である（図 8.30 参照）。

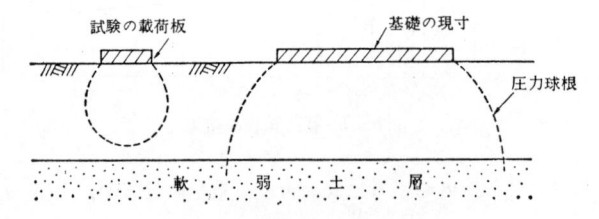

図 8.30　載荷試験と軟弱土層の関係

（2）試験地点だけでなく，敷地内全般の地質断面も知っておくこと。地層の傾斜や不整合によって不同沈下を招く懸念もあるから試験結果が敷地内の他の地点にどの程度適用できるか判断しておかなくてはならない。

（3） 地下水位の変動や砂地盤では液状化の可能性も検討しておくこと。基礎地盤内の地下水位の昇降が地盤の支持力に大きな影響を与えることは，すでに述べた通りである。また静的荷重に対し安定であることが確認されていても，密度がゆるい細砂では地震時に瞬間的に液状化することがあるので，十分留意する必要がある。

8.3 深い基礎

構造物の真下の地盤が軟弱であったり圧縮性の高い土から構成されている場合は，基礎を地中に深く下ろして支持力のある地盤へ連結させなければならない。この要求に合致する深い基礎の形態として次の二つがよく用いられる。すなわち比較的細い柱を地盤中に打設して作る杭基礎と，地盤を掘削して太い柱を施工するピヤ基礎とである。これら鉛直方向の荷重に対する基礎のほか，最近は水平方向の荷重を受ける杭の設計法も実用化されている。

8.3.1 杭の分類と設計手順

A. 杭の分類と機能

1) 杭の種類　　杭はいろいろの種類があり，したがって多くの分類方法がある。理解の一助として，よく用いられる分類を示すと図8.31の通りである。

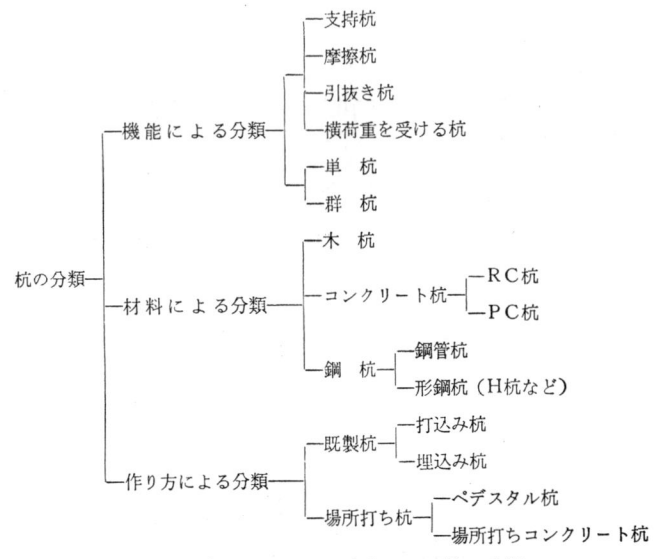

```
                    ┌─支持杭
                    ├─摩擦杭
          ┌機能による分類─┼─引抜き杭
          │         ├─横荷重を受ける杭
          │         ├─単杭
          │         └─群杭
          │
          │         ┌─木杭
          │         │              ┌─RC杭
  杭の分類─┼材料による分類─┼─コンクリート杭─┤
          │         │              └─PC杭
          │         │         ┌─鋼管杭
          │         └─鋼杭────┤
          │                   └─形鋼杭（H杭など）
          │
          │              ┌─打込み杭
          │         ┌既製杭─┤
          └作り方による分類─┤    └─埋込み杭
                         │         ┌─ペデスタル杭
                         └場所打ち杭─┤
                                   └─場所打ちコンクリート杭
```

図8.31　いろいろな方法による杭の分類

2) 杭の機能　杭はその機能によって次のように大別される。

（a）支持杭　もっともよく用いられる型で上部構造の荷重を軟弱層をつらぬいて，その下の岩盤やかたい地盤に伝える杭である。支持杭は構造的に頂部と先端が固定された柱であるから，地盤中に打ち込まれた場合は普通，側面が拘束される完全支持の短柱として設計する。しかし，やわらかい粘土層中の杭や水中・空気中に露出した杭は長柱として働くので，座屈破壊に注意しなければならない。数多くの支持杭を設置するときは，それらの間隔を杭の直径の2.5〜3.0倍以上に離すのが普通である。間隔がせまいと地盤が隆起したり隣接の杭を移動させる恐れがある。

（b）摩擦杭　主として杭の周面と地盤との摩擦によって構造物の荷重を基礎地盤に伝えるもので，かたい地盤が非常に深い所にある場合に活用される。摩擦杭の間隔は杭の直径の3〜3.5倍以上離すのが普通である。打込み杭の場合，杭は土の支持力以上の力で打ち込まれるから，地盤は杭の直径1〜2倍の広さにわたって乱され鋭敏比の高い粘性土では支持力が低下するし，砂質土では内部摩擦角の変化をひき起こす可能性があるためである（図8.32参照）。

（c）引抜き杭　地下水面より下にある地下室の床面やダムのエプロン，および水中におかれたケーソンの床面などに働く揚圧力に抵抗するよう設けられる

(a) 支持杭　　(b) 摩擦杭　　(c) 横荷重を受ける杭

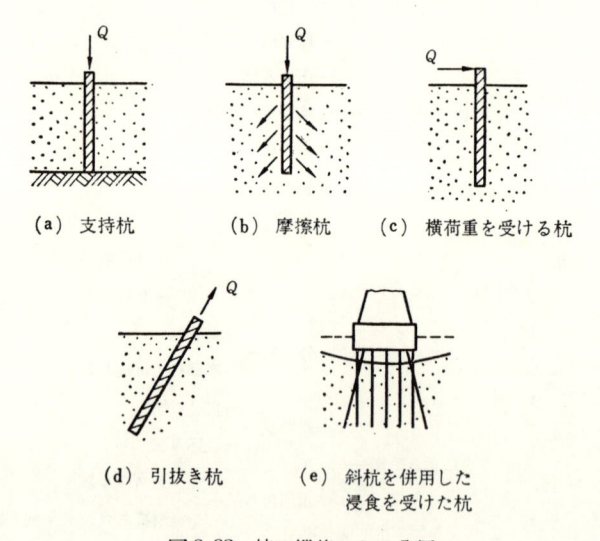

(d) 引抜き杭　　(e) 斜杭を併用した浸食を受けた杭

図8.32　杭の機能による分類

杭を引抜き杭という。すでに記述した擁壁やダムの転倒を防止するため，また隔壁や塔のアンカーとしても利用される。

（d）横荷重を受ける杭　擁壁，橋台，ダム，埠頭ならびに海洋構造物のように基礎杭がその軸と直角な方向からの外力を受ける場合，この杭を横荷重を受ける杭と考える。常時の横方向力のほか，地震時における動的な横荷重を考えて設計する場合もこの扱いを受ける。横荷重が大きくなると斜杭を併用して横荷重に対抗することもある（図8.32(e)参照）。

（e）群杭　大きな荷重を支えるため多数の杭を打設すると，各杭の間の地盤が乱されたり，また各杭からの伝達応力が重なり合って杭先端における応力が増大するため，必ずしもそれぞれの杭の合計支持力を発揮しないことがある。そのため隣接した一群の杭を群杭と称し，単杭とは異なった支持力の算定をすることがある。とくに粘性土中の摩擦杭においては群杭効果による支持力の減少が著しい。この場合，杭間隔の限界を示すものとして(8.20)式が用いられている。

$$D_0 = 1.5\sqrt{rl} \tag{8.20}$$

D_0：群杭の影響を考慮しないでよい最小間隔

r：杭の平均半径　　l：土中に埋まる杭の長さ

B. 杭基礎の設計手順

杭基礎の設計手順をわかりやすく説明するためブロック図で示すと図8.33のようである。初め上部構造物の重要度，耐用年数，荷重の種別・大きさが決まり，敷地地盤の土層構成，土質などが与えられ，工期および予算の条件に沿うよう杭基礎の概略が仮定される。

杭の種別については図8.32にも紹介されているが，鋼杭は打込み・加工が容易で材料としての信頼性も高いから高価でもよく使用されている。コンクリート

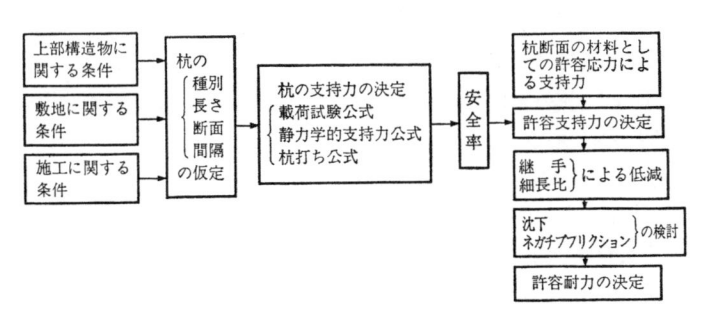

図8.33　杭基礎設計の手順

既製杭は重くて，運搬など取扱いが不便な欠点はあるが経済的で耐久力があるため盛んに利用されているし，施工時の騒音をさけるため埋込み杭・場所打ち杭のタイプを選択することも少なくない。

杭の支持力の決定に当たって用いられる公式のうち載荷試験によるものがもっとも信頼性が高く，静的支持力公式がそれに次ぐ。杭打ち公式は動的な杭打ち操作から杭の静的支持力を求めるので，その精度にやや問題があり信頼度は劣る。

各種の支持力公式から許容支持力を求めるには，杭の種別，杭公式の種別，荷重の加わり方などで安全率が変わるので適切な値を採用しなければならない。

杭はその使用材料によって許容応力が異なる。また同じコンクリート杭でも既製杭と場所打ち杭とでは許容応力が違う。さらに鋼杭では腐食に対する考慮から断面をその分だけふやしているので，その点も材料としての支持力を見積もるとき，念頭におかねばならない。

杭の長さは継ぎ足しによって所定の長さにすることがあるが，木杭や既製コンクリート杭では強度的な弱点となる。また細長比（杭の長さ／回転半径）が大きくなると座屈の心配が生じる。これらに対しては許容応力を低減する方針がとられるので，その検討が必要となる。

杭基礎を設置した軟弱地盤はしばしば圧密沈下を起こす。この圧密地盤が相当の厚さを持っていると圧密に伴って杭にぶら下がる傾向の下向き応力を及ぼす。この応力（ネガチブフリクション）による地盤支持力と杭の材料の安全に対する検討が必要である。また圧密変形による杭の沈下が上部構造に有害な影響を与えるかどうかを検討し，許容沈下量と許容支持力を併せ考えて許容耐力を決める。

なお本書では上記の検討のうち比較的重要な部分とされている杭の支持力の計算法に重点をおいて説明する。

8.3.2 杭の支持力公式

A．静力学的支持力公式

静力学的には，杭の支持力は先端支持力と杭周面のせん断抵抗から構成されるから，基本的には次式のようになる。

$$Q_d = Q_P + Q_f = q_P A_P + 2\pi r D_f \tau_f$$

Q_d：杭の極限支持力 (kN)

Q_P, Q_f：それぞれ杭の先端抵抗 (kN) および杭の周面抵抗 (kN)

q_P, A_P：それぞれ杭先端の単位面積当り抵抗 (kN/m²) および断面積 (m²)

τ_f：土のせん断強さ (kN/m²)　D_f：杭の土中部分の長さ (m)

r：杭の半径（m）

この式から各種の地盤に適合するよう導かれた実用公式には，次のようなものがある。

（1）単杭

（a）先端支持層が砂地盤の場合

$$Q_d = 10\left(40NA_P + \frac{1}{5}\overline{N}_s A_s + \frac{1}{2}\overline{N}_c A_c\right) \quad (8.21\,\text{a})$$

$$Q_a = Q_d/3 \quad (8.21\,\text{b})$$

N：杭先端の設計用N値（図8.37参照）

$\overline{N}_s, \overline{N}_c$：それぞれ杭先端までの各砂層の平均$N$値および各粘土層の平均$N$値

A_s, A_c：それぞれ杭が砂層および粘土層に貫入している部分の側面積（m²）

Q_a：杭の許容支持力（kN）

（b）先端支持層が粘土地盤の場合

$$Q_d = 10\left\{(cN_c + k_s\overline{\gamma}D_f N_q)A_P + \frac{1}{5}\overline{N}_s A_s + \frac{1}{2}\overline{N}_c A_c\right\} \quad (8.22\,\text{a})$$

$$Q_a = Q_d/3 \quad (8.22\,\text{b})$$

c：先端支持層の粘着力（kN/m²）

N_c, N_q：杭に対する支持力係数（図8.34参照）

K_s：杭周辺地盤の土圧係数（$K_s=1.0$）

$\overline{\gamma}$：杭先端より上の土の単位体積重量（kN/m³）

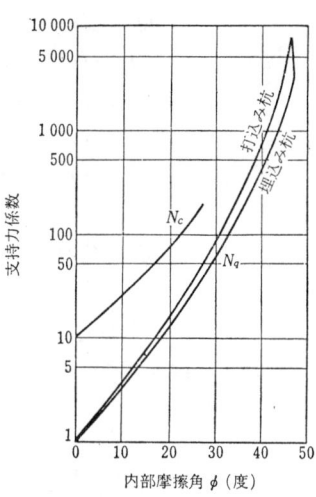

図8.34 杭に対する一般支持力係数 N_c, N_q
（マイヤーホフ）

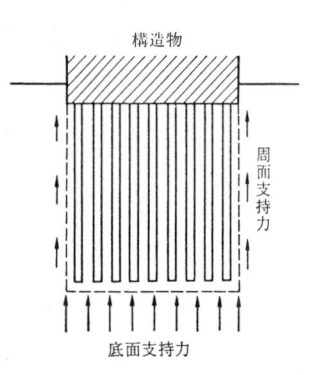

図8.35 群杭の支持力

（2）群杭　群杭は図8.35のように群杭の先端を覆う面を底面とする大きいフーチングと考えて，その支持力は底面支持力と周面支持力の合計として計算することが多い。一般に砂地盤では

杭の間の砂が締め固まるため，単杭より群杭1本当りの支持力が大きくなるが，粘土地盤では粘土の構造を破壊するため支持力の低減が認められる。テルツァギは群杭1本当りの許容支持力を (8.23) 式で与えている。

$$Q_a = \frac{1}{n}(\text{群杭底面の支持力} + \text{周面支持力})$$

$$= \frac{1}{n}\left[A\left\{q_a - \left(\bar{\gamma}l + \frac{nW_P}{A}\right)\right\} + \frac{Hl\tau_f}{3}\right] \tag{8.23}$$

Q_a：群杭1本当りの許容支持力 (kN)

n：群杭の本数

A, q_a, H：それぞれ群杭の外側の表面を結んだ面で囲まれた多角筒の底面積 (m²)，多角筒の底面の許容支持力 (kN/m²)，および多角筒の周長 (m)

τ_f：杭に接する土の平均せん断強さ (kN/m²)

W_P：杭の1本当りの重量（水中では浮力を差し引く）(kN)

$\bar{\gamma}$：杭が貫入している区間の土の平均単位体積重量 (kN/m³)

l：土中に貫入する杭の長さ (m)

〔**例題 8.7**〕 図8.36 に示されるような地盤条件のところに鋼管杭 406.5mm×9.5mm（直

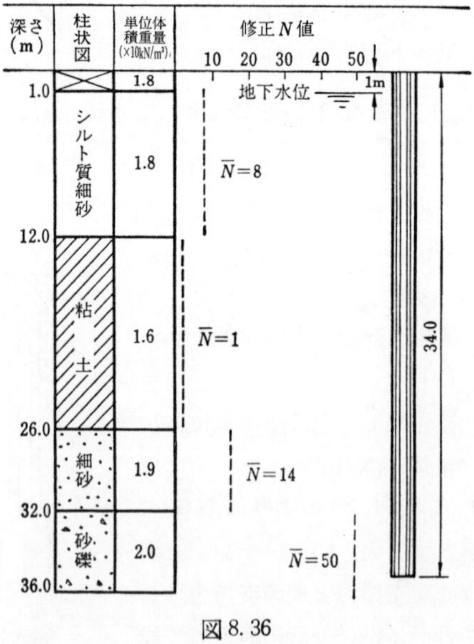

図 8.36

径×肉厚）を地表面下34mまで設置した場合の許容支持力を静力学的支持力公式によって算定せよ。なお，杭先端は開放されているが閉そく効果は100%期待できるものとする。

〔解〕 先端支持層が砂地盤であるから（8.21 a）式を用いる。

$$Q_d = 10\left(40NA_P + \frac{1}{5}\overline{N}_s A_s + \frac{1}{2}\overline{N}_c A_c\right)$$

<先端支持力>

杭先端の設計用 N 値は"建築鋼杭基礎設計施工規準"では図8.37のように先端から測ってそれぞれ地表方向へ直径の8倍分の長さの N 値の平均である $\overline{N}_1$，および深さ方向へ直径の3倍分の長さの平均値 $\overline{N}_2$ の算術平均を採用することになるから，

$$N = \frac{\overline{N}_1 + \overline{N}_2}{2} = \frac{36+50}{2} = 43$$

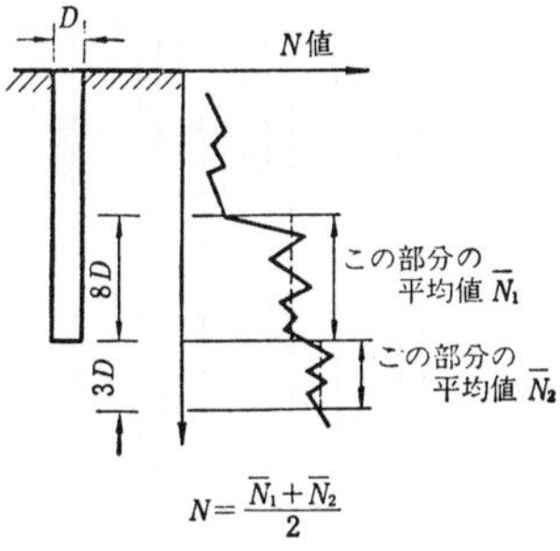

よって

$$40NA_P = 40 \times 43 \times \frac{3.14}{4} \times 0.4065^2$$
$$= 1,720 \times 0.1296 = 223$$

図8.37 杭先端の設計用N値の求め方

<杭周面の支持力>

各砂層の周面支持力は

$$\frac{1}{5}\overline{N}_s A_s = \frac{1}{5}\{(8 \times 0.4065 \times 3.14 \times 11) + (14 \times 0.4065 \times 3.14 \times 6)$$
$$+ (50 \times 0.4065 \times 3.14 \times 2)\}$$
$$= \frac{1}{5}(112.3 + 107.2 + 127.6) = 69.4$$

粘土層の周面支持力は

$$\frac{1}{2}\overline{N}_c A_c = \frac{1}{2}(1 \times 0.4065 \times 3.14 \times 14) = 8.9$$

よって極限支持力および許容支持力はそれぞれ次のようになる。

$$Q_d = 10(223 + 69.4 + 8.9) = 3\,010 \text{ (kN)}$$
$$Q_a = Q_d/3 = 1\,000 \text{ (kN)}$$

〔例題 8.8〕 外径35cm，肉厚6cmの遠心力鉄筋コンクリート杭を，図8.38のように打設した。この群杭の杭1本当りの許容支持力を求めよ。ただし杭の重量は18.5kN/本とする。

〔解〕 杭の間隔がせまいから群杭として計算すべきかどうかを (8.20) 式によって検討する。

$$D_0 = 1.5\sqrt{rl} = 1.5(0.35 \times 13/2)^{1/2}$$
$$= 1.5 \times 1.51 = 2.26\text{m} > 1.0\text{m}$$

であるから，群杭の許容支持力を (8.23) 式によって計算する。

<底面の支持力>

群杭の底面積は，杭群の外周を結んだ面で囲まれる多角筒の底面積であるが，便宜的に外側の杭中心を結んだ値で代用することが多い。$A = 3.0 \times 4.0 = 12\text{m}^2$ となる。

つぎに q_a は多角筒の底面をフーチングと考えたときの許容支持力であるから (8.7) 式を適用する。ここで (8.7) 式の α，β は次のようになる。

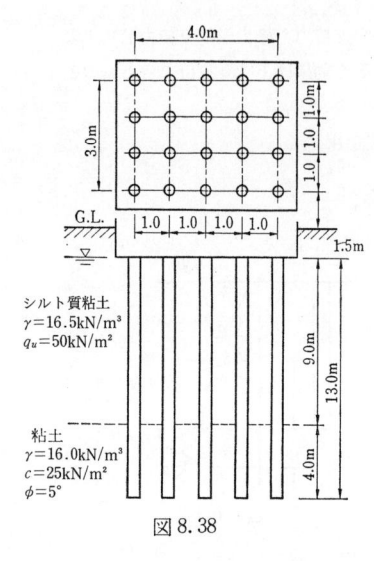

図 8.38

$$\alpha = 1 + 0.3 \times \frac{3.0}{4.0} = 1.23$$

$$\beta = 0.5 - 0.1 \times \frac{3.0}{4.0} = 0.42$$

$\phi = 5°$ から $N_c = 5.3$, $N_r = 0$, $N_q = 3.4$

$$\therefore q_a = \frac{1}{3}(\alpha c N_c + \beta \gamma_1 B N_r + \gamma_2 D_f N_q)$$

$$= \frac{1}{3}\{1.23 \times 25 \times 5.3 + (16.5 \times 1.5 + 6.5 \times 9 + 6 \times 4)3.4\}$$

$$= \frac{1}{3}(163 + 365) = 176 \text{ (kN/m}^2\text{)}$$

また $\bar{\gamma}$ および W_P は地下水面より下になるから浮力を受けて軽くなる。したがって長さ 13m の杭の体積は $13 \times \left(\frac{0.35}{2}\right)^2 \pi = 1.25$ (m³) であり，$W_P = 18.5 - 12.5 = 6.5$ (kN) となる。杭は中空であるから正しくは 6.5 (kN) よりも大きいが，その誤差は小さいので無視する。

$$\bar{p} = \bar{\gamma}l + nW_P/A$$
$$= (6.5 \times 9.0 + 6.0 \times 4) + 20 \times 6.5/12 = 93.3 \text{ (kN/m}^2\text{)}$$

<周面の支持力>

第一層のせん断強さは q_u の半分をとり $c_1 = 25$ (kN/m²)，また第二層は $c_2 = 25$ (kN/m²) であるから，

$Hl\tau_f/3 = 2 \times (3+4) \times (9 \times 25 + 4 \times 25)/3 = 1\,517$ (kN)

よって許容支持力は

$$Q_a = \frac{1}{n}\left[A\left\{q_a - \left(\bar{\gamma}l + \frac{nW_P}{A}\right)\right\} + \frac{Hl\tau_f}{3}\right]$$

$$= \frac{1}{20}\{(176-93)\times 12 + 1\,517\}$$

$$= \frac{1}{20}(996 + 1\,517) = 126 \text{ kN/本}$$

〔類題 8.7〕〔例題 8.7〕の地盤において杭先端の砂礫層が $\overline{N}=30$,　$\phi=10$ 度の砂礫層とすれば, その支持力はいくらになるか。$(Q_d=2\,070\text{kN},\ Q_a=690\text{kN})$

〔類題 8.8〕〔例題 8.8〕において, 同じ直径の杭を1mの間隔で 5×6 の合計30本打設してある場合の群杭の杭1本当りの支持力を求めよ。地盤の状態および杭の長さは全く同じとする。$(Q_a=121\text{kN/本})$

B. 杭打ち公式

杭打ち公式は, 杭を打ち込むときの機械的エネルギーが杭および土に伝えられるエネルギーに等しいとして, 杭の支持力を求めるものである。杭の静的支持力を動的な貫入抵抗から推定するのはむずかしいといわれながらも, その試験法が簡単であること, 杭1本ごとに試験ができる利点などもあってよく使われる。次の基本式から (1), (2) に示すないくつかの実用公式が提案されている。

$$W_H H \times (効率) = Q_{dy} S + (エネルギー損失)$$

W_H：ハンマーの重量
H：ハンマーの落下高
Q_{dy}：貫入抵抗（杭の支持力）
S：一打撃の貫入量

(1) 建築基準法施行令式　　比較的安全側の支持力が求まる。

$$Q_a = \frac{F}{5S+0.1} \qquad (8.24)$$

(2) 建築鋼杭基礎設計施工規準式（ハイリーの式）　大き目な支持力を与える傾向がある。

$$Q_a = \frac{e_f F}{3(S+K/2)} \qquad (8.25)$$

Q_a：杭の許容支持力 (kN)
F：打撃エネルギー (kN·m)

$$\begin{cases} ドロップハンマーの場合 & F = W_H H \\ ジーゼルハンマーの場合 & F = 2W_H H \end{cases}$$

S：杭の最終貫入量 (m)

e_f：打撃効率 (0.5)

K：リバウンド量 (m)

〔例題 8.9〕 直径30cm，長さ 10m の鉄筋コンクリート杭を，重量 $W_H = 12.5$ kNのドロップハンマーを用い，落下高 $H=1.5$m で打ち込んだとき，終りの 2～3 回の平均貫入量が 2.0cm，リバウンド量 $K=1.5$cm であった．杭打ち公式によってこの杭の許容支持力を求めよ．

〔解〕（a） 建築基準法施行令式 (8.24) を用いると次のようになる．

$$Q_a = \frac{F}{5S+0.1} = \frac{12.5 \times 1.5}{5 \times 0.02 + 0.1} = 93.8 \text{ (kN)}$$

（b） 建築鋼杭基礎設計施工規準式 (8.25) を用いて求めると次のようになる．

$$Q_a = \frac{e_f F}{3(S+K/2)} = \frac{0.5 \times 12.5 \times 1.5}{3(0.02+0.0075)} = 114 \text{ (kN)}$$

〔類題 8.9〕〔例題 8.9〕の同じ杭を重量 $W_H = 15$ kNの単働ドロップハンマーで落下高 2.0m で打ち込んだとき，杭の貫入量が 1.7cm，リバウンド量が 1.5cm であった．鋼杭規準式による許容支持力を求めよ．$(Q_a=204\text{kN})$

C．載荷試験による方法

杭の長期許容支持力を求めるには載荷試験時の降伏荷重の 1/2，載荷試験時の極限荷重の 1/3，および杭材料としての長期許容軸力の三者の中で最小のものを採用するのが普通である．図 8.39 の荷重―沈下曲線で，b，b' 点に見るように曲率最大の点を降伏荷重とし，また同曲線が縦軸に平行になる点の荷重を極限荷重とすれば許容支持力は次のようにして求められる．

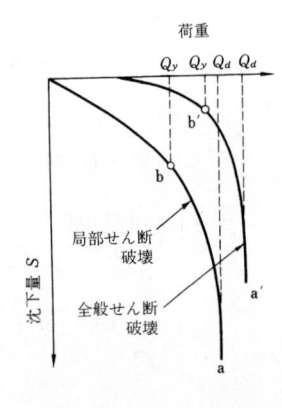

$$Q_a = Q_d/3$$
$$Q_a = Q_y/2$$

Q_a, Q_d, Q_y：それぞれ杭の長期許容支持力，極限荷重および降伏荷重

実際に降伏荷重を客観的に決定したり，極限荷重を合理的に推定することはなかなか容易でないが，次の諸方法が提案されている．

図 8.39 荷重―沈下曲線

（1） 降伏荷重の決定法

＜log Q – log S 法＞

載荷試験結果から図 8.40 のように，荷重 Q を横軸にとり，その荷重段階の最終沈下量 S を縦軸にとって，測定点をプロットして log Q — log S 曲線を作る。図 8.40 の両対数紙上の折れ曲り点を降伏荷重とする。

＜S – log t 法＞

時間 t を横軸（対数目盛），沈下量 S を縦軸にとってそれぞれの荷重段階における両者の関係をプロットする。S — log t 関係が直線から曲線に移る荷重を降伏荷重とする。（図 8.41 参照）

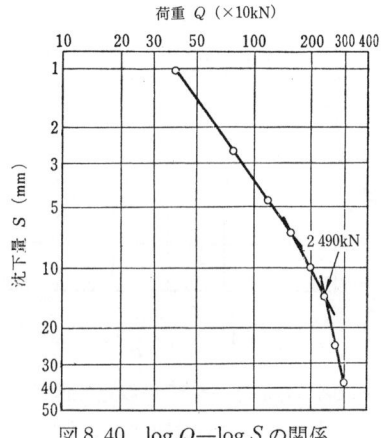

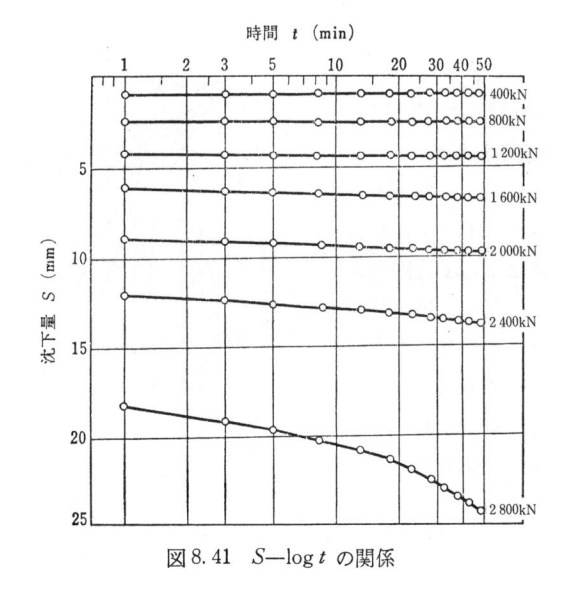

図 8.40　log Q — log S の関係

図 8.41　S — log t の関係

$\left\langle \dfrac{\varDelta S}{\varDelta \log t} - Q 法 \right\rangle$

図 8.41 の関係で各荷重段階における S — log t （曲線）の勾配（$\varDelta S / \varDelta \log t$）と Q との関係をプロットして，その折れ曲り点を降伏荷重とする（図 8.42 参照）。

図 8.42　$\dfrac{\Delta S}{\Delta \log t} - Q$ の関係

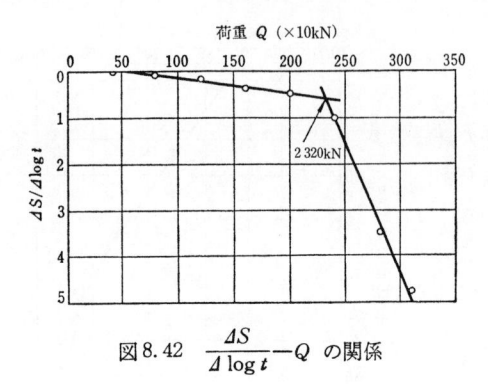

（2）極限荷重の推定法　極限荷重 Q_d まで載荷試験が行われなかった場合，荷重―沈下曲線を (8.26) 式のように仮定する。

$$Q = Q_d(1 - e^{-\alpha s}) \quad (8.26)$$

　Q：杭頭載荷重 (kN)
　S：杭頭沈下量 (mm)
　α：ある定数

(8.26) 式を変形すると

$$S = -\{\log_e(1 - Q/Q_d)\}/\alpha$$

となる。Q_d をいくつか仮定し図 8.43 に示すように $(1-Q/Q_{max}) \times 100\%$ と荷重 Q の沈下量 S の半対数グラフを描く。横軸の座標を逆に目盛ると $(1-Q/Q_{max}) \times 100$ は $Q/Q_{max} \times 100$ になるから $S-(1-Q/Q_{max}) \times 100$ 曲線で直線となるもの，すなわち (8.26) 式が成り立つものを選び，そのときの Q_{max} を極限荷重 Q_d と推定する。

8.3.3　杭の水平抵抗力

　岸壁，けい船柱および橋台などの構造物は，常時でも水平力を受けるし，また地震時にあっては問題がより複雑化するが，"6.5　地震時の土圧" で記述したように静的な水平力に置き換えて処理するなど，杭の設計に当たって水平荷重に対する抵抗力を確かめる場合が多くなってきた。

A. チャンの方程式

　水平力を受けたときの杭の変位や曲げ応力などが構造物の安全を損な

図 8.43　$\dfrac{Q}{Q_d} - S$ の関係

うことは許されないので，チャンは地盤を弾性体と仮定し，はりのたわみ方程式を利用してこれらの特性を求めることを提案した。地盤反力 p は地盤の横方向弾性係数 E_h および杭の変位 y の関数と考えられるから (8.27) 式のようになる。

$$p = E_h y = K_h B y \qquad (8.27)$$

E_h：地盤の横方向弾性係数
y：杭の水平変位
K_h：地盤の横方向地盤反力係数
B：杭の幅

よって弾性曲線式は(8.28)式が得られる(図8.44参照)。

（1）地上部分　　$EI\dfrac{d^4 y_1}{dx^4} = 0$

$$(0 \geqq x \geqq -h) \qquad (8.28\text{a})$$

（2）地中部分　　$EI\dfrac{d^4 y_2}{dx^4} + BK_h y_2 = 0$

$$(x > 0) \qquad (8.28\text{b})$$

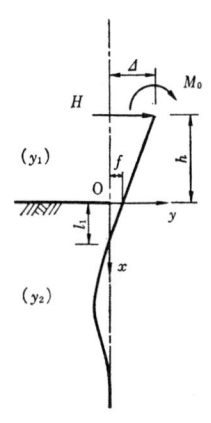

図8.44　水平力を受ける杭

y_1：地上部分での杭の水平変位
y_2：地中部分での杭の水平変位
h：杭の地上部分での高さ
x：地表面からの杭の深さ
EI：杭の曲げ剛性

杭の地上に出た部分は土の反力がないので(8.28a)式は(8.28b)式の第2項が0となっている。これらの方程式の一般解は次のように求められる。

$$y_1 = a_0 + a_1 x + a_2 x^2 + a_3 x^3 \qquad (8.29\text{a})$$
$$y_2 = e^{\beta x}(b_0 \cos \beta x + b_1 \sin \beta x) + e^{-\beta x}(b_2 \cos \beta x + b_3 \sin \beta x) \qquad (8.29\text{b})$$
$$\beta = \sqrt[4]{\dfrac{BK_h}{4EI}} \qquad (8.29\text{c})$$

8個の積分定数があるが，$x=0$ で（a）式と（b）式の変位，たわみ角，曲げモーメントおよびせん断力を等しいとおき，杭頭で曲げモーメント$=0$，せん断力$=H$，杭の先端で曲げモーメント$=0$，変位$=0$の条件を与えると，たわみ曲線は次のようになる。

$$y_1 = \dfrac{H}{6EI\beta^3}\{\beta^3 x^3 + 3\beta^3 h x^2 - 3\beta(1+2\beta h)x + 3(1+\beta h)\}$$

$$y_2 = \dfrac{H}{2EI\beta^3} e^{-\beta x}\{(1+\beta h)\cos \beta x - \beta h \sin \beta x\}$$

表 8.12 水平力を受ける杭の

杭の状態	地中に埋込まれた杭	
	杭頭が自由の場合	杭頭が固定されている場合
模式図	(図)	(図)
境界条件	$x=0:\begin{cases} M=-EI\dfrac{d^2y}{dx^2}=0 \\ S=-EI\dfrac{d^3y}{dx^3}=-H \end{cases}$ $x=\infty:\begin{cases} y=0 \\ \dfrac{dy}{dx}=0 \end{cases}$	$x=0:\begin{cases} \dfrac{dy}{dx}=0 \\ S=-EI\dfrac{d^3y}{dx^3}=-H \end{cases}$ $x=\infty:\begin{cases} y=0 \\ \dfrac{dy}{dx}=0 \end{cases}$
たわみ曲線の方程式	$y=\dfrac{H}{2EI\beta^3}e^{-\beta x}\cos\beta x$	$\bar{y}=\dfrac{H}{4EI\beta^3}e^{-\beta x}(\cos\beta x+\sin\beta x)$
杭頭変位 $\varDelta$	$\varDelta=\dfrac{H}{2EI\beta^3}=\dfrac{2H\beta}{K_hB}$	$\bar{\varDelta}=\dfrac{H}{4EI\beta^3}=\dfrac{\beta H}{K_hB}$
地表面変位 f	$f=\varDelta$	$\bar{f}=\bar{\varDelta}$
杭頭拘束モーメント M_0	$M_0=0$	$\bar{M}_0=\dfrac{H}{2\beta}$
地中部最大曲げモーメント M_{max}	$M_{max}=-\dfrac{H}{\beta}e^{-\frac{\pi}{4}}\sin\dfrac{\pi}{4}=-0.3324\dfrac{H}{\beta}$	$\bar{M}_{max}=-\dfrac{H}{2\beta}e^{-\frac{\pi}{2}}=-0.2079\bar{M}_0$
第1不動点の深さ l_1	$l_1=\dfrac{\pi}{2\beta}$	$\bar{l}_1=\dfrac{3\pi}{4\beta}$
最大曲げモーメントを生ずる深さ l_m	$l_m=\dfrac{\pi}{4\beta}$	$\bar{l}_m=\dfrac{\pi}{2\beta}$
たわみ角0となる深さ L_0	$L_0=\dfrac{3\pi}{4\beta}$	$\bar{L}_0=\dfrac{\pi}{\beta}$

方程式および特性値

地上に突出している杭	
杭頭が自由の場合	杭頭が固定されている場合
(figure: free-head pile with H, Δ, h, f, L_0, l_1, l_m, (y_1), (y_2))	(figure: fixed-head pile with H, $\bar{M}_0$, $\bar{\Delta}$, $\bar{f}$, $\bar{L}_0$, $\bar{l}_1$, $\bar{l}_m$, (y_1), (y_2))
$x=-h:\begin{cases} M=-EI\dfrac{d^2y_1}{dx^2}=0 \\ S=-EI\dfrac{d^3y_1}{dx^3}=-H \end{cases}$	$x=-h:\begin{cases} \dfrac{dy_1}{dx}=0 \\ S=-EI\dfrac{d^3y_1}{dx^3}=-H \end{cases}$
$x=0:\begin{cases} y_1=y_2,\ \dfrac{dy_1}{dx}=\dfrac{dy_2}{dx} \\ \dfrac{d^2y_1}{dx^2}=\dfrac{d^2y_2}{dx^2},\ \dfrac{d^3y_1}{dx^3}=\dfrac{d^3y_2}{dx^3} \end{cases}$	$x=0:\begin{cases} y_1=y_2,\ \dfrac{dy_1}{dx}=\dfrac{dx_2}{dx} \\ \dfrac{d^2y_1}{dx^2}=\dfrac{d^2y_2}{dx^2},\ \dfrac{d^3y_1}{dx^3}=\dfrac{d^3y_2}{dx^3} \end{cases}$
$x=\infty:\begin{cases} y_2=0 \\ \dfrac{dy_2}{dx}=0 \end{cases}$	$x=\infty:\begin{cases} y_2=0 \\ \dfrac{dy_2}{dx}=0 \end{cases}$
$y_1=\dfrac{H}{6EI\beta^3}\{\beta^3x^3+3\beta^3hx^2-3\beta(1+2\beta h)x+3(1+\beta h)\}$ $y_2=\dfrac{H}{2EI\beta^3}e^{-\beta x}\{(1+\beta h)\cos\beta x-\beta h\cdot\sin\beta x\}$	$\bar{y}_1=\dfrac{H}{12EI\beta^3}\{2\beta^3x^3-3(1-\beta h)\beta^2x^2-6\beta^2hx+3(1+\beta h)\}$ $\bar{y}_2=\dfrac{H}{4EI\beta^3}e^{-\beta x}\{(1+\beta h)\cos\beta x+(1-\beta h)\sin\beta x\}$
$\Delta=\dfrac{Hh^3}{3EI}\cdot\dfrac{(1+\beta h)^3+1/2}{(\beta h)^3}$	$\bar{\Delta}=\dfrac{Hh^3}{12EI}\cdot\dfrac{(1+\beta h)^3+2}{(\beta h)^3}$
$f=\dfrac{Hh^3}{2EI}\cdot\dfrac{1+\beta h}{(\beta h)^3}$	$\bar{f}=\dfrac{Hh^3}{4EI}\cdot\dfrac{1+\beta h}{(\beta h)^3}$
$M_0=0$	$\bar{M}_0=\dfrac{H}{2\beta}(1+\beta h)=Hh\dfrac{1+\beta h}{2\beta h}$
$M_{\max}=-Hh\dfrac{\sqrt{(1+2\beta h)^2+1}}{2\beta h}e^{-\tan^{-1}\frac{1}{1+2\beta h}}$	$\bar{M}_{\max}=-Hh\dfrac{\sqrt{1+(\beta h)^2}}{2\beta h}e^{-\tan^{-1}\frac{1}{\beta h}}$
$l_1=\dfrac{1}{\beta}\tan^{-1}\dfrac{1+\beta h}{\beta h}$	$\bar{l}_1=\dfrac{1}{\beta}\tan^{-1}\left(\dfrac{\beta h+1}{\beta h-1}\right)$
$l_m=\dfrac{1}{\beta}\tan^{-1}\dfrac{1}{1+2\beta h}$	$\bar{l}_m=\dfrac{1}{\beta}\tan^{-1}\dfrac{1}{\beta h}$
$L_0=\dfrac{1}{\beta}\tan^{-1}\{-(1+2\beta h)\}$	$\bar{L}_0=\dfrac{1}{\beta}\tan^{-1}(-\beta h)$

これらの式から次の特性値が決まる。

杭頭の変位　　　$\Delta = (y_1)_{x=-h} = \dfrac{Hh^3}{3EI}\dfrac{(1+\beta h)^3+0.5}{(\beta h)^3}$

地表面変位　　　$f = (y_1)_{x=0} = \dfrac{Hh^3}{2EI}\dfrac{1+\beta h}{(\beta h)^3}$

杭頭拘束モーメント　　$M_0 = \left(\dfrac{d^2 y_1}{dx^2}\right)_{x=-h} = 0$

地中部分の最大曲げモーメント

$$M_{\max} = -Hh\dfrac{\sqrt{(1+2\beta h)^2+1}}{2\beta h}e^{-\tan^{-1}\left(\frac{1}{1+2\beta h}\right)}$$

第1不動点の深さ　　$l_1 = (x)_{y_2=0} = \dfrac{1}{\beta}\tan^{-1}\dfrac{1+\beta h}{\beta h}$

杭頭に水平力 H が作用している場合のその他の特性値もあわせて表8.12に示す。

B．横方向地盤反力係数

水平力を受ける杭の諸特性値を求めるに当たって重要な役割を果たす横方向地盤反力係数 (K_h) は，地盤に固有の値ではなく，杭の深さ，杭の幅などで変わることがわかっている。テルツァギによると，K_h を粘土地盤と砂地盤とに分類して次のように求めることを提案している。

（1）粘土地盤の場合

$$K_h = \dfrac{20}{B}\overline{K}_h \doteqdot \dfrac{4N}{B}\ (\times 10\text{N/cm}^3)\quad (8.30)$$

$\overline{K}_h$：30cm角の正方形板に対する係数
　　　（表8.13，図8.45参照）
N：標準貫入試験のN値
B：杭の幅

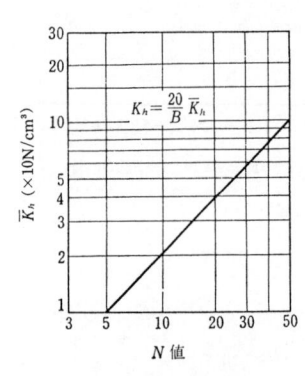

図8.45　粘土の $\overline{K}_h$

表8.13　粘土地盤の $\overline{K}_h$

粘土のコンシステンシー	かたい	非常にかたい	固結した
一軸圧縮強さ（×10N/cm²）	1〜2	2〜4	4以上
$\overline{k}_h$（×10N/cm³）	2.4	4.8	9.6

表8.14 砂地盤の n_h （×10N/cm³）

砂の相対密度	ゆるい	中くらい	締まった
乾いた砂・湿った砂	0.22	0.67	1.8
水中の砂	0.13	0.45	1.1

（幅30cmの杭に対する値）

（2） 砂地盤の場合

$$K_h = n_h \frac{x}{B} \quad (\times 10\text{N/cm}^3) \qquad (8.31)$$

n_h：30cm幅の杭に対する係数

（表8.14，図8.46参照）

〔例題 8.10〕 N値が10の粘土層に20m打ち込んで1.0mだけ地上に出ている直径406.4mmの鋼管杭がある。杭頭に100kNの水平力が働いたときの杭頭の変位を求めよ。ただし杭の弾性係数は $E = 2.1 \times 10^7 \text{N/cm}^2$，断面二次モーメントは $I = 2.33 \times 10^4 \text{cm}^4$ とし杭頭は自由に動けるものとする。

〔解〕 N値は10であるから，図8.45および(8.30)式を用いて

$$BK_h = 20\overline{K}_h = 20 \times 20 = 400 \quad (\text{N/cm}^2)$$

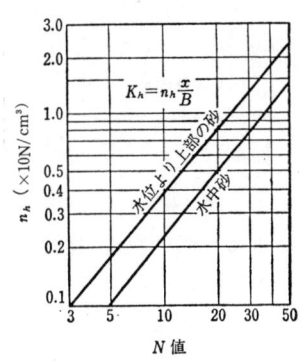

図8.46 砂の n_h

(8.29)式から

$$\beta = \sqrt[4]{\frac{BK_h}{4EI}} = \sqrt[4]{\frac{400}{4 \times 2.1 \times 10^7 \times 2.33 \times 10^4}} = 3.78 \times 10^{-3} \quad (\text{cm}^{-1})$$

よって，表8.12から杭頭の変位は

$$\Delta = \frac{Hh^3}{3EI} \frac{(1+\beta h)^3 + 0.5}{(\beta h)^3}$$

$$= \frac{10 \times 10^3 \times 100^3}{3 \times 2.1 \times 10^6 \times 2.33 \times 10^4} \frac{(1+0.00378 \times 100)^3 + 0.5}{(0.00378 \times 100)^3}$$

$$= \frac{1}{14.68} \times \frac{1.378^3 + 0.5}{0.378^3} = 3.93 \quad (\text{cm})$$

〔類題 8.10〕 〔例題 8.10〕と同じ条件で杭に生ずる地中部の最大曲げモーメントと，その働く位置を計算せよ。（$M_{\max} = -159 \text{kN·m}$, $l_m = 1.37\text{m}$）

8.3.4 その他の深い基礎
A. ピヤ基礎

ピヤ基礎というのは，比較的その規模が大きく，かつ深い基礎のことである。杭基礎とのおもな相違は，寸法（杭の直径が 50cm をこすとピヤと呼ぶことが多い），およびその建設方法にある。杭は地表からそのまま打ち込むが，ピヤは大型であるため，ほとんど掘削しながら施工する。

ピヤをその工法で分類すると，図 8.47 のようになる。

$$\text{ピヤ基礎} \begin{cases} \text{立て坑掘削……掘進にしたがい，支保工および巻き立をする深い掘削} \\ \text{ケーソン……掘進にしたがい，水，泥がはいらぬよう箱を使う工法} \end{cases}$$

図 8.47 ピヤ基礎の工法による分類

ピヤ基礎に使用する材料や工法は，加わる荷重，地下水の状態，主として荷重をささえる層の深度，建設規定，および器材の利用性などから決まる。また，ピヤが水中にはいる可能性があれば，流速・侵食を受ける深度および氷や岩屑の影響なども考えねばならない。

（1） **ピヤ基礎の支持力と沈下** ピヤは，その先端支持力と，周面のせん断抵抗でささえられる大型のフーチングであるから，支持力や沈下を考慮するにあたっては，これらに対する検討が必要である。

先端支持力は，普通のフーチングに根入れ土圧が加わるとして計算すればよい。周面の抵抗は，周面摩擦として知られているが，量的には小さいものである。粘性土の粘着力は，乱さない土のせん断試験で求め，砂質土の摩擦抵抗は，（ピヤに対する土圧）×（摩擦係数）で求めればよい。この土圧は，静止土圧を採用すべきである。

ピヤ基礎の沈下量も，だいたいフーチングの沈下量計算法を応用すればよいので，砂質土では載荷試験を行って推定し，粘性土の沈下量はウェスターガード (8.13) 式から $\varDelta \sigma_z$ を求め，接触沈下量と圧密沈下量を合計して求める。

（2） **立て坑掘削** 簡単なものは浅掘りの井戸と同じで，人力や大きなオーガーで掘り，井筒を組みながら掘進する。所定の深さまで掘削し終われば，これをコンクリートで埋める。オープンウェルは，地下水位より上のかたい粘性土には適するが，7m より深くなると切りばりなしには施工できない。

立て坑掘削の一例として，図 8.48 に古くから用いられている深礎地業の工法略図を示す。

（a） 定規井筒を基準にして掘削し，掘った土は，三脚やぐらに取り付けたバケットで坑外に搬出する。

（b） 支持地盤に達したら支持力を測定し，所要の大きさに掘り広げる。

（c） 底部へコンクリートを打ち込み，大きい礎盤をつくる。

（3） **ケーソン（潜函）** ケーソン工法は，地上または地中につくった構築物を，その下の土を掘削しながら自重により沈下させ，地中に基礎をつくるもので，オープンケーソン工法とニューマチックケーソン工法とがある（図8.49 参照）。

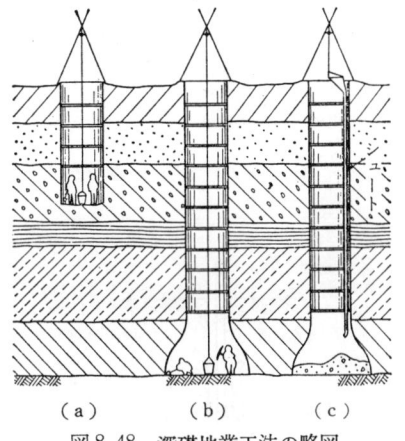

図 8.48 深礎地業工法の略図

オープンケーソンは先端に刃先を有する函で，岩盤に達するまで排水しないのが普通であり，橋脚の建設によく用いられる。

図 8.49 各種ケーソン工法の略図

ニューマチックケーソンは，オープンケーソンでは施工が困難な場合に用いられる。気密な天井，壁を用い，圧さく空気を送り込んで作業室の気圧を高めて，水や泥のはいるのを防ぎながら掘削する。ロックから作業室への出はいり，圧力の調整，およびケーソン病の問題など，ニューマチックケーソンの使用にあたっては，多くのむずかしい問題があるから，経験のある技術者がその設計・施工を企画しなければならない。

B. アースアンカー

アンカーというのは横方向の力あるいは上向きの力に対抗するように設計された特殊な深い基礎である。ドックの床版や地下室の床など揚圧力を受ける構造物の浮き上り防止，山止め壁のタイバック，および鉄塔基礎の引抜き力に対抗する

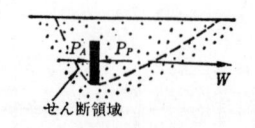

(a) 水平力を受ける浅いアンカー
(b) 上向き力を受ける深いアンカー
(c) アンカーロッド
(d) 揚圧力を受けるアンカー

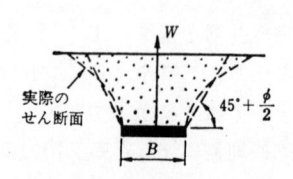

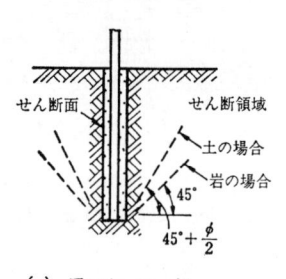

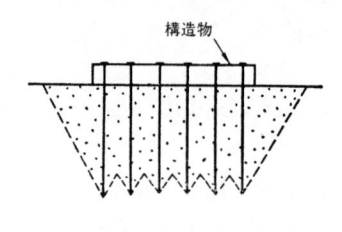

図 8.50 いろいろなアースアンカー

ために用いられる（図8.50参照）。

アンカーには数多くの形式が用いられるが，そのうちアンカーブロック，プレートアンカー，アンカーロッドなどが比較的多く使われている。アンカーブロックやプレートアンカーはそれに働く土圧や，支持力でアンカーの機能を果たしている点で基礎のフーチングや擁壁に似ている。またアンカーロッドは軸に沿う表面摩擦やせん断抵抗が発揮されアンカーとして働く点で摩擦杭に似ている。ここでは最もよく利用されているロッド形のアースアンカー（以下，単にアンカーと略称）について記述することにしたい。

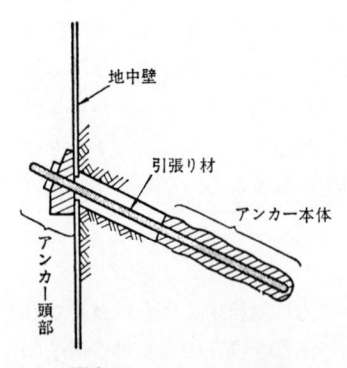

（1）アンカーの定義　地中に削孔しPC鋼線またはPC鋼棒などの引張材を挿入してその周囲をセメントミルクやセメントモルタルで固め地盤との接着を強めたものである（図8.51参照）。

その構造により図8.52に示すようにアンカーとしての機能を（a）支圧方式，（b）摩擦方式，（c）（摩擦）＋（支圧）方式に分ける

図 8.51　アンカーの構成

8 基 礎 299

図8.52 アースアンカー機能　　図8.53 アンカーの抵抗

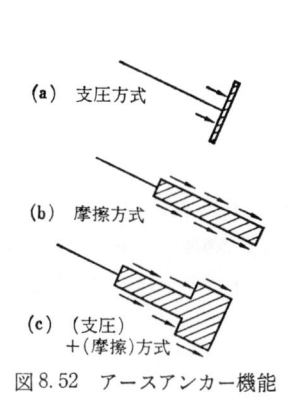

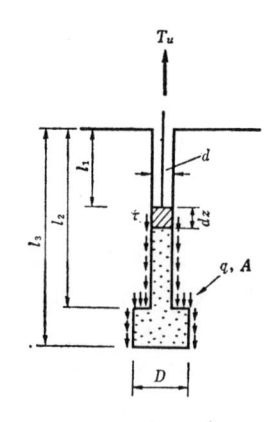

ことができる。

（2）アンカーの設計　　アンカーを設計するには次のような調査データが必要である。（a）土の特性，（b）土の強度（砂質土の場合：N値，粘性土の場合：粘着力）（c）粒度分布，（d）地下水の有無など。これらのデータをもとにしてアンカーの耐力（T_u）は次式によって求められる（図8.53参照）。

$$T_u = \pi d \int_{l_1}^{l_2} \tau dz + \pi D \int_{l_2}^{l_3} \tau dz + qA \quad (8.32)$$

T_u：極限引抜き力 (N)

d, D：それぞれアンカー体の直径およびアンカー体拡孔部の直径 (cm)

τ：深さzにおける摩擦抵抗 (kN/m²)（表8.15参照）

q：アンカー体拡孔部での極限抵抗 (kN/m²)

A：アンカー体拡孔部の面積 (cm²)

l_1, l_2, l_3：それぞれ図8.53に示す長さで$l_3 - l_1$は摩擦抵抗の働く長さ (cm)

摩擦方式で支持するには第3項をゼロとすればよい。

表8.15 地盤の引抜きせん断抵抗

地盤の種類		引抜きせん断抵抗 (×10²kN/m²)
岩盤	硬岩	15〜25
	軟岩	10〜15
	風化岩	6〜10
	まさ	5〜8
砂礫	$N=10$	1.0〜2.0
	20	1.7〜2.5
	30	2.5〜3.5
	40	3.5〜4.5
	50	4.5〜7.0
砂	$N=10$	1.0〜1.4
	20	1.8〜2.2
	30	2.3〜2.7
	40	2.9〜3.5
	50	3.0〜4.0
粘性土		(1.0〜1.3) c

ここで N：N値，c：粘着力（×10²kN/m²）

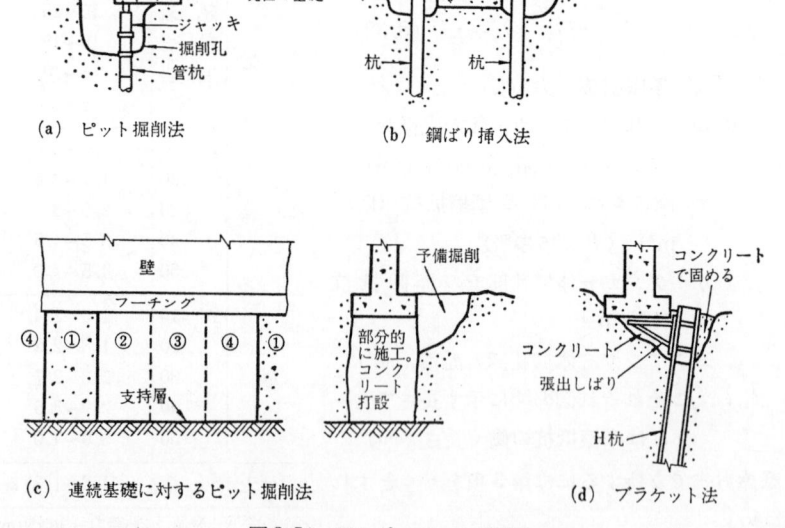

C. アンダーピニング

アンダーピニングは現存する構造物の下に新しい基礎を構築する工法である。構造物のアンダーピニング工は極度に作業空間が制限されている中で荷重を受けている土を処理せねばならぬ工事なので，高度に特殊化された，危険性の高い基礎工法といえる。このような条件下で危険な仕事を正確に仕上げるには多年の経験を積んだ施工業者によって行われねばならぬ。

アンダーピニングは構造物の基礎が十分な安全率を保証し得なくなったとき，または過剰沈下をひき起こす可能性が生じた場合に必要となる。すなわち隣接の構造物がより深い基礎を設置したとか，新設の地下鉄が付近を通り掘削が行われたなど，付近の環境が変化したり現在の基礎が老朽化した場合などに計画される。

ふつう次の二つの方法が使われる。一つは現存の基礎の直下に小さい孔を掘ってその中に新しい基礎を設置する方法，第2の方法は現存の基礎に近接して新しい基礎を作り，新・旧両基礎の間に鋼の地中ばりを渡して荷重を移しかえるものである。

図8.54(a)(c)のような掘削孔による方法は，現存の基礎直下の一部に小さ

(a) ピット掘削法　　(b) 鋼ばり挿入法

(c) 連続基礎に対するピット掘削法　　(d) ブラケット法

図8.54　アンダーピニング工法

い孔を掘ることが必要である。新しい深い基礎をこの掘削孔にコンクリートを流し込んで作るか，もしくは現存の基礎を反力にとりジャッキで管杭を土中に押し込んで作られる。長さ約60cmほどの管を何個か継ぎ足して所定の深さまで押し込み，その後小さいバケット，オーガーあるいは蒸気ジェットなどで掘削する。新しい基礎は現存基礎が無支持状態にならぬよう一部分ずつ作られる（図8.54(c)）。

第2の方法（図8.54(b)）は，現存の基礎が非常に小さいため，その下に掘削孔を掘るのが不可能な場合に用いられる。できるだけ現在の基礎に密着して杭打ちを行ったり，新しい基礎を設けることが必要になる。作業空間としてはより広く利用できるので第2の方法が一般に第一の方法よりは費用が少なくてすむ。荷重は図(b)で見るように現存のフーチングの真下か，あるいは基礎を貫入して設けられる水平地中ばりのような支持材によって現在の基礎から新しい基礎へ移すようにする。

ブラケット工法（図8.54(d)）は曲げモーメントが働く場合に，小形のピヤや補強杭を用いて対抗する工法である。基礎に近接して杭やピヤを設け，ついで荷重をささえるため，あるいは補強のために鋼または鉄筋コンクリートのブラケットがくさび形に現存の基礎の下方に設置される。金属部分はプレストレスされた後，腐食防止のためコンクリートで表面保護するのが普通である。

現存の基礎から新しい基礎に荷重を移すとき，ある程度の沈下はさけられない。しかしこれは新設基礎が荷重を受け持つまで現存の基礎に対し新しい基礎を押し上げる方法で沈下量を最小にすることができる。荷重を加え新設基礎がたわむに従ってジャッキを伸ばし，沈下が停止したところでジャッキを鋼のくさびと交換するのである。この方法はアンダーピニングのプリテスト法と呼ばれているが，このほか，荷重の受け替えの前に新しい基礎の設計値より大きい荷重によって沈下を消しておくプレローディング法などがある。

アンダーピニングは，大きな構造物の下にほとんど被害を与えず各種の施工を実施できること，また長年月を経た記念的な構造物を都市開発から守りつつ寿命をのばすことができるなどの点で非常にすぐれた基礎工法である。

〔演習問題〕

（1） 2.0m×2.0mの正方形基礎が地表面下1.2mの深さに図8.55のように設置されている。地盤は砂まじり礫層で，単位体積重量は地下水面より上では19kN/m³，地下水面より下になると10kN/m³である。強度定数が$c=0$，$\phi=32$度として次の場合の長期許

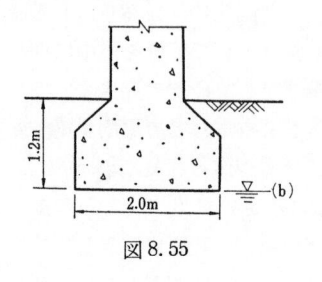

容応力度を建築基礎構造設計指針の式によって計算せよ。全般せん断破壊を想定し検討せよ。
（a）地下水位が基礎底面より十分下の，せん断領域より下にある場合
（b）地下水位が基礎底面まで上昇した場合
（c）地下水位が地表面と一致した場合
（（a）176kN/m²，（b）151kN/m²，（c）92.6 kN/m²）

図 8.55

(2) 面積3.0m×3.0m の正方形のフーチングに150kN/m²の等分布荷重が加わっている。フーチングの中心から2.4m 離れた点の深さ3.0m の位置における鉛直応力の増分を求めよ。($\Delta\sigma_z=22$kN/m²)

(3) 面積の異なる二つの正方形フーチング（1.0m×1.0m と3.0m×3.0m）が，それぞれ等しい150kN/m²の等分布荷重をささえている。フーチングの中心における地表面より4.0m の深さの鉛直応力の増分$\Delta\sigma_z$を（8.10）式の簡易公式によって求め，それらの値を比較せよ。(6.0kN/m²，27.6kN/m²)

(4) 10階建てのビルディングがあり，1階当りの床面荷重は7.0 kN/m²で屋根の荷重は5.0kN/m²である。沈下解析をすると地表面より深さ10m にある粘土層に過剰沈下の恐れがある。このビルディングの荷重を相殺するには，地盤を何m掘削すればよいか。ただし，土の単位体積重量は18 kN/m³とし，地下水の影響は考えないものとする。(4.2m以上)

(5) 直径200mmの鉄筋コンクリート杭を図 8.56 の地盤に打設したときの極限支持力を計算せよ。なお杭の先端は閉そくされているものとする。($Q_d=531$kN)

(6) ジーゼルハンマーを用いて鋼杭を打ち込んだ。ハンマーの重量22kN，落下高1.5m のときの貫入量1.2cm，リバウンド量は1.0cmであった。許容支持力を求めよ。($Q_a=647$kN，ただし打撃効率=0.5 とした）

図 8.56

(7) 地表面から2.0m 掘削して，図 8.57 のような砂層に2.0m×2.0mの鉄筋コンクリートの正方形基礎を作り，800kNの荷重を加えた。土質特性は図に示す通りである。
（a）この砂地盤の平均沈下量を計算せよ。
（b）この基礎が直径2.0m の円形基礎とすると，その平均沈下量はいくらになるか。($S_i=15.8$mm，19.1mm)

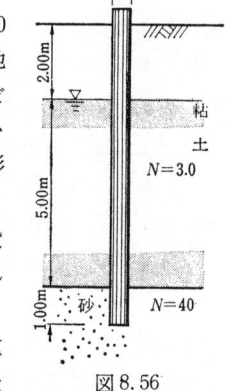

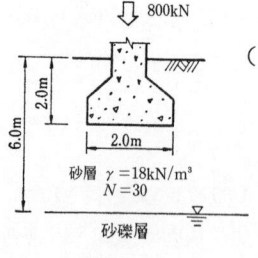

図 8.57

9 地盤改良

9.1 軟弱地盤

　基礎工学の立場から軟弱地盤というものを考えてみると，比較的小さい荷重を受けても沈下が大きく，またせん断破壊を起こしやすい地盤をさしている。すなわち構造物荷重に対する地盤の安定性の程度によって軟弱地盤であるかどうかが評価されるのである。
　しかし，その評価の基準はなく，その点から明確に軟弱地盤を区別することはむずかしい。
　　（備考）　およそではあるが長期許容耐力（沈下と破壊の両方からみた支持力）で100 kN/m²未満の地盤を軟弱地盤としてよかろうとされている。
　一般的には地盤上の性質から判断して強度が小さく，変形しやすいやわらかい粘性土や，ゆるい砂質土からなっている地盤を軟弱地盤と呼んでいる。
　このような地盤は，地形・地質的にみて一般に河口や海岸に堆積してできたもっとも新しいちゅう積層地盤であると考えてよい。
　軟弱地盤の大部分がちゅう積層と考えてもよいが，ちゅう積層の中にも砂礫層やよく締まった砂層が含まれることもあるので，ちゅう積層がすべて軟弱地盤を形成しているとはいえない。
　　（備考）　軟弱地盤の生成は地形・地質的に複雑で，河川堆積だけと限ったことでないので注意を要する。
　以下に，このような軟弱地盤を土質工学的にどのように処置していくかを述べる。

9.2 軟弱地盤対策工法

　軟弱地盤はなんらかの処置を講じて安定性を増さないと，そのままではごく小規模な構造物さえも安全に支持させることができないことがある。
　どんな処置を講ずるのが適当であるかは，対象となる地盤の状態と予定する構造物の規模や重要度によって異なるが，基本的には次の三つの場合に分けられる。
　（1）　軟弱地盤そのものは改善しないで，構造物荷重を軽減したり，すべり破

壊を防ぐために押え盛土をする。
　（2）　とくに軟弱な部分（土層）を取り除き，別に良質の土を置き換える（置換工法）。
　（3）　軟弱土層そのものを安定処理して土の性質（強さと変形に対する抵抗性）を改良する（改良工法）。
　（1）の方法は，すべり破壊は防ぎうるが，変形を防止することはできない。
　しかし施工が容易であり，多少沈下が大きくても構造物の安定上問題のない場合にはよく用いられる。施工方法としては，斜面先端に盛土をしてすべり破壊を防ぐ押え盛土工法，および基礎板を拡幅して基礎の単位荷重を軽減したり，地下室を船のように浮かせて荷重を軽減する方法があげられる。軟弱地盤対策としてはきわめて消極的であるが，盛土施工中予期していなかったすべり破壊が地盤に生じそうになった場合などの補助対策として押え盛土を用いることがよくある。
　（2）の方法は信用できない土層を取り除いてしまうということで，(1)にくらべてきわめて積極的な工法である。施工方法としては良質の土を盛り，その荷重で地盤をすべり破壊させるか，地盤の中で発破をかけ強制的に地盤土を側方に押しのけ，盛土を陥没させて，土を置き換える押し出し工法。および地盤を掘削して，良質土を置換する掘削置換工法などがある。一般に工費が高く，軟弱土層が厚い場合には問題がある。しかし軟弱土層が比較的薄い場合や土質改良の効果があまり期待できない地盤では信頼性の高い対策工法である。
　（3）の方法は在来の欠点を改良し，構造物の要求に応ずるよう支持力を増したり，沈下を減少させる対策工法である。
　地盤改良工法の基本原理はごく限られたものであるが，施工方法の種類は多い。本章では軟弱地盤対策工法として地盤改良だけにしぼって述べる。

9.3　地盤改良工法の採用条件

　軟弱地盤対策工として地盤改良工法を採用するには，次のような事項をよく検討した上で決めなければならない。
　（1）　ある方法で安定処理をすることによって，予定の構造物を十分安全に支持しうるまでに改良できるかどうか。
　（2）　他の対策工にくらべて経済的に十分有利であるかどうか。
　（3）　軟弱層の厚さと構造物の種類を勘案して軟弱層を避け，より確実な支持層に変わることのほうが得策ではないかどうか。

表9.1 地盤改良の採用にあたって配慮すべき条件

条件	項目	内容　(例)
構造物に対し	規模 重要度 形式 沈下の許容量	大きさ（形状的），荷重の大きさ 安定性の要求の程度（安全率） 基礎形式，構造物の材料と剛性 構造物の重要度と形式に関係する
地盤に対し	軟弱土層の成層条件 支持層の位置とその性状	(1) 成層状態（厚さも含む） (2) 土の種類とその締まり，あるいはかたさ (1) 深さ（地表からの） (2) 支持層における土の種類とその安定性

結局，改良工法の採用は，表9.1に示すような地盤条件と構造物条件との両者から決められる。

一般的には地盤の条件として軟弱層が厚く，また構造物条件として重量構造物でなく沈下の許容量も比較的大きくとりうるような場合，対策工として地盤改良工法が採択されることが多い。

9.4 地盤改良の基本的考え方

やわらかい粘性土，あるいはゆるい砂質土がもっている性質のうち，安定上問題となるのはそれぞれ表9.2に示すようである。

表9.2 軟弱地盤土の不安定理由

土の種類	安定に関係する基本的性質	不安定な原因と内容
やわらかい粘性土 （静的な荷重下での圧縮とせん断破壊が問題）	(a) 土の構造	(1) 圧縮に対する骨組のきょ弱さ…圧縮されやすい (2) 粒子間の摩擦抵抗が小，あるいはない ┐ (3) 粘着力に関係する粒子間の距離が大きすぎる ┘…せん断強さが小
	(b) 間隙量とその状態	(1) 間隙量が大…………………圧縮量大 (2) 含水量が大…………………圧縮と強さに関係 (3) 個々の間隙の直径が小………圧密の時間に関係
ゆるい砂質土 （静的な荷重下ではとくに圧縮が問題，動的な荷重下では圧縮とせん断強さの低下が問題）	(a) 土の構造	(1) 土粒子の接触点が少なく，接触点の摩擦抵抗小 …せん断強さが小 (2) 土粒子の再配列が起こりやすい（体積を縮小し，動荷重を受けて間隙水圧が上昇） …圧縮と動的なせん断応力下でせん断強さの低下
	(b) 間隙の状態	土粒子の再配列を容易にする間隙の状態 …(a)の(1)(2)に関連

土の安定性を増すためには，上記の性質のうち粘性土では，(1) 骨組あるいは粒子間の抵抗を増す．(2) 間隙水の除去および間隙容積の縮小．(3) (1)に関連して間隙あるいは粒子の接点に別のセメンテーション剤を充てんする．

また砂質土にあっては事前に粒子の再配列をうながし，高密度化とそれに伴う粒子の接触を多くし，かみ合せをよくする．あるいはセメンテーション剤を充てんするなどの処置を講じて土の性質を改善する．

改良すべき土の性質とそれを行う手段とをとりまとめて表9.3に示す．

表9.3 改良すべき土の性質とその方法

	改良すべき性質	改良の方法		
		含水の除去	セメンテーション剤を加える	粒子の再配列をはかる
粘性土	土粒子間の耐圧縮性ならびに摩擦抵抗の増加	含水の減少に伴って土粒子間隔がせばまり粒子間の摩擦抵抗と粘着力が増加する	粒子間にセメンテーション剤を注入し粒子相互を接着して強さと耐圧縮性を増す	
	間隙容積の縮小	含水の除去に並行して間隙容積が縮小する 間隙容積の減少は事後の圧縮を少なくす る	セメンテーション剤が間隙に充てんされ，圧縮される間隙部分が縮小される	
砂質土	間隙容積の縮小			再配列に伴い圧縮量を少なくする
	土粒子の転移を防ぐ		セメンテーション剤あるいは粘性物質の注入によって粒子の移動を防ぐ	高密度化をはかることによって粒子の移動が少なくなる（動的な力の作用下でもそれがいえる）
	粒子間の摩擦抵抗を増す			粒子接触が多くなり粒子間のかみ合せが大となる

セメンテーション剤の注入といった特別な処理方法を除くと，地盤安定処理のポイントは，粘性土にあっては間隙中の水を除去すること，また砂質土にあっては粒子の再配列をうながし高密度化をはかることであることがわかる．

さて，そのような処置を施すのにどのような手段を用いるとよいかを考えてみよう．

粘性土地盤における排水では透水性がきわめて低いことから，ポンプ揚水による地下水排水といった通常の排水方法では，ほとんど効果は期待できない．した

がって土の透水性には直接関係のない方法か，あるいは土の圧密が考えられる載荷によって生ずる過剰間隙水圧を利用した方法によって排水（圧密排水法）を考えていかなければならない．

また砂質土地盤における高密度化は，振動あるいは衝撃など動的なエネルギーを与えて締め固めていく方法がもっとも効果的である．

以上のことを系統的に示すと表9.4のようである．

表9.4 改良の原理とエネルギー源

改良法の区分	力あるいはエネルギー	原理の概説	力源
圧密排水 (粘性土地盤)	機械的な圧力による (静荷重を加える)	いわゆる圧密理論の原理による圧密の速度は排水の距離が重大に関係してくる 地盤改良では圧密促進のために排水距離（水平方向排水にして）を縮める工夫がなされている	盛土など上載荷重によるほかに次のような載荷がある (1) 地下水位の低下 (有効圧力増) (2) 土中を減圧して大気圧を利用する (3) 生石灰などの水和反応に伴って起こる膨張圧の利用
	電気的な力による (電気浸透排水)	直流電流を土中に荷電すると，土の界面に生ずる電気浸透圧が発生し，土中水を一方的に移動させる（通常陰極方向に）	整流した直流電流 (上載荷重を併用すると効果的．土の種類，土中水の性質によって同じ電圧下でも効果が違う)
高密度化 (砂質土地盤)	振動による	振動を与えることによって，砂粒子間の摩擦抵抗はいちじるしく低下する．もとの粒子接触の平衡が破れ，砂粒子は転移し密な配列をとる	加振機による振動
	衝撃による	重錘自由落下，あるいは瞬間的に（爆発的な）大きい衝撃力を与えて土を締め固める	(1) 重錘の落下（直接あるいは間接） (2) 電気の瞬間的の放電

9.5 地盤改良工法

一般によく用いられている地盤改良工法を上記の区分に従って例示すると，表9.5のようなものである．

表9.5 各種地盤改良工法の分類

地盤の種類	改良法の区分	改良工法の名称	概説	特長と問題点	備考
粘性土地盤	圧密排水	プレローディング工法	予定する構造物荷重相当あるいはそれより少し大きい荷重を地盤上に載せ圧密が終了するまで荷重を放置しておく	確実な圧密排水工法であるが通常圧密終了までに長時間を要する	圧密終了後構造物の築造をゆっくりと行っていくと，地盤の安定度はかなり高くなる
		サンドドレーン工法	プレローディング工法の欠点である圧密時間の短縮をはかるため，サンドパイルを地盤中に作り，排水距離を縮めて(水平方向の排水)圧密を促進する	圧密促進を図ったプレローディング工法である。サンドパイルあるいはカードボードの間隔を変えることによって圧密時間を自由に調整できる	圧密が完全に終わらないうちに構造物が作られると，残留圧密で施工後かなりの沈下が生ずることがある サンドパイルの切断を防ぐため，網袋に入れたサンドパイルが開発されている。カードボードに銅線を入れ，それの補強と電気浸透の電極とする方法が考えられている
		ペーパードレーン工法	サンドパイルの代わりにカードボードを挿入したのがペーパードレーン工法で原理的に同じである	ごく軟弱な粘土地盤ではサンドパイルの打設中に粘土の侵入でパイルの連続性が失われることがある	
	電気浸透的排水	電気浸透工法	直流電流の荷電によって土中水を強制的に排水する 単独で用いないで，ウェルポイントやサンドドレーンなどと併用すると効果的な工法となる	土の透水性に無関係，プレローディング工法のような上載荷重を必要としない。土の種類や地下水の性質によって浸透の効果が違う点が問題。また高い能力の電源を用意する必要がある	掘削斜面の安定化，圧密排水工法の補助手段として用いるとよい
砂質土地盤	振動締固め	バイブロフローテーション工法	バイブフロットの先端の加振部で砂を振動させ，その周辺を締め固める	比較的清純な砂質地盤では，効果的な締固め方法である。施工可能深さは7〜8m程度，粘土を含む砂質地盤に対して効果の低減がある	施工実績あるいは安定化の効果が，その地盤の地震時の安定性を評価するときの目安となる。一種の探査の意味ももっている
	衝撃締固め	サンドコンパクション工法	外管に入れた砂を内管（ランマー）でたたくことによって外管を地中に打ち込み管内によく締まった砂の柱をつくる。所定の深さに達して管が抜き出される	よく締まった砂の柱と，砂地盤自体も締め固められる 強力な締固め方法であるが，施工速度に難がある	施工速度を早くするために，振動を併用したものもある 粘性土地盤への適用も考えられ実施されている
		ダイレクトパワーコンパクション工法	重錘を自由落下させ，その衝撃で地表から締め固める	原理はきわめて単純であるが，オモリの重量，落下高の調節で，いかような衝撃エネルギーも得られる。改良の深さの範囲が限られよう	
	電気衝撃締固め	電気ショック工法	高電圧の直流をコンデンサに蓄えておき土中に挿入した電極先端で瞬間的に放電する。そのときの電気衝撃で砂を締め固める	いわゆる雷の原理を利用したものである。原理的には面白いが電極の工夫コンデンサの容量など，実用までには研究を要することが多い	（日本での施工実績はまだ少ない）

改良工法には，上で述べた圧密排水によるもの，および締固めによるもののほか，やや特殊な工法がいくつかあるので参考のために例示しておく。

表9.6 特殊な改良工法

工　　　法		安定処理効果	説　　　　明	適　　　用
電気化学的固　結　法		電気浸透的排水と金属塩の粒子結合（セメンテーション）の効果	方法は，電気浸透排水法と同じ。陽極にたとえばAl電極を用い，陽極の電解によってAlイオンが土中にいき，Al(OH)$_2$の不溶性の金属塩をつくり，それが土を固結する	たとえば支持力の不足する杭の補強などに用いる（粘性土地盤）
注　入工　法	圧力による	粒子のセメンテーションと間隙の充てん	セメント注入から，最近では各種の注入剤が開発され固結効果が高く，注入が容易なものがいろいろつくられている	砂質土地盤に用いられる地盤の固結と透水性の規制を目的としている
	電気的による		圧力注入法では，適用する地盤（土質）に影響されるので，粘性土地盤にも注入できる方法として考えられている	圧力注入が不可能な場合（粘性土地盤）
熱処理工　法	焼　結	乾燥による水分の除去	地盤に煙突状の穴をうがちそれを通じて熱風を送り，穴およびその周辺を乾燥する	粘性土地盤，とくに斜面の安定工法として用いられている
	凍　結	土質改良というよりも支持壁に変わる役目	土中水を凍らせ，凍結壁をつくる。凍土の強さはかなり大きく，壁面安定や止水の効果が大である	矢板あるいはトンネルの土留めなど一時的な支保工の役目をする

9.6　圧密排水による地盤改良工法の解説

ここでは圧密排水による地盤改良工法としてのプレローディング工法とサンドドレーン工法の二つをあげ，もう少しくわしくその原理や設計の方法などについて述べる。

9.6.1　プレローディング工法

プレローディングということを理解するために，第4章の「土の圧密」をもう一度復習しながら考えてみよう。

ある粘土の圧密試験を行って，段階的に加えた圧密荷重と，各荷重下での最終沈下量を e-$\log p$ の関係で表わしてみる。

また試験中，適当な荷重 p_1 のところでいったん荷重を取り除いてしまい，再びゆっくりと p_1 まで載荷し，各荷重の沈下量を調べてみる。

以上の操作を行い，その結果を図示すると図9.1のような曲線が得られる。

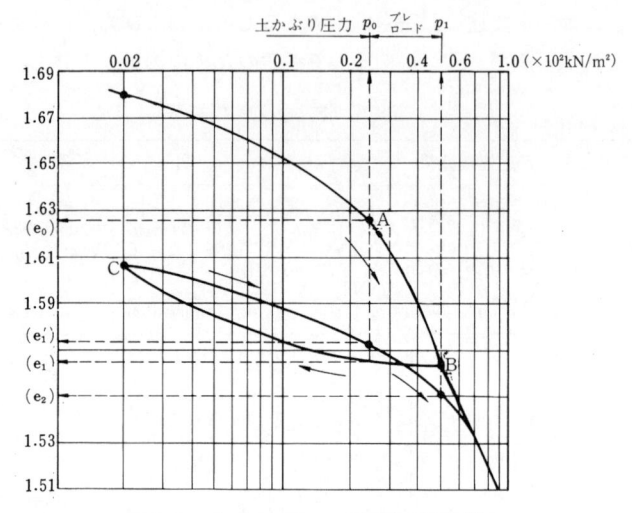

図9.1 プレローディング工法の原理図

　いま p_0 という荷重から p_1 という荷重までの範囲を問題とし，もとの $e\text{-}\log p$ 曲線と除荷した後の再圧密曲線とを比較してみよう。

　p_0 から p_1 までの荷重の大きさは同じであるにもかかわらず，もとの $\log p\text{-}e$ 曲線での沈下量（間隙の減少量）は，$e_0\text{-}e_1$ ときわめて大きい量であるのに対して，除荷後再圧密したものの沈下量は $e'_1\text{-}e_2$ のようにきわめて少量となる。これは土が他の弾性的な材料の場合といちじるしく違う性質で，一度圧密された土は荷重を除いてもわずかしか膨張しない（永久変形量の大きい性質）。したがっていったん圧密した土は，その後，荷重を加えても除荷重の荷重まではわずかしか沈下を起こさないわけである。

　また圧密された土は，圧密荷重に比例してせん断強さを増していくという性質をもっている。

　これらの性質を利用し，構造物をつくる前にあらかじめその構造物の荷重に等しいか，それよりも多少大きい一時的な荷重（盛土のようなもので）を加えて地盤を圧密し，十分圧密された後に一時的な荷重を除き，構造物をつくるようにする。このように地盤をプレストレスして，事前に大きい永久変形を与える工法をプレローディング工法あるいは事前圧密工法と呼んでいる。

　この工法は，地盤の圧密を均一に行いうるということで，構造物を建設した後の不同沈下は少なく，地盤改良を確実に行うことができるという特長をもってい

る。しかし圧密に要する時間がきわめて長く，しかも軟弱土層が厚くなればなるほど長時間（層厚の2乗に比例して）を要するということで 施工期間 という点に問題がある。

9.6.2 サンドドレーン工法

プレローディング工法で問題となった点は，圧密を終了するまでに長い時間を要するということであった。

圧密時間を短縮するためには，排水距離をできるだけ小さくする（粘土層厚を小さくするということに相当）ような処置を講ずるのがもっとも効果的な方法である。

圧密を促進させるために排水距離を縮める方法として，粘土層に人工的な砂柱を必要な間隔でつくる。するともとの地盤の成層が水平であるのに対し，人工砂柱は縦方向につくられるということで，排水される方向は違ったものになるけれども，粘土層中を流動する水の移動距離は，もとの粘土層厚にくらべて自在に短縮することができる（図9.2参照）。

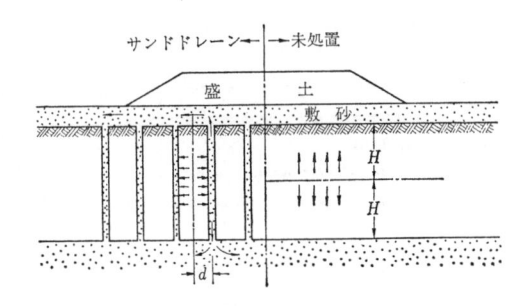

図9.2 排水距離と排水方向（比較図）

そのような目的で砂柱を粘土層中につくり，上載荷重を加えることによって，粘土層中に過剰間隙水圧を発生させ，水平方向に排水させて（鉛直方向にも多少排水される）圧密を促進する工法を，サンドドレーン工法 と呼んでいる。すなわち本法は圧密促進をはかったプレローディング工法ともいえる。

9.7 サンドドレーン工法による地盤改良の設計

地盤の成層状態および各土層の土性がすでにわかっていて，その上につくる構造物の種類と規模が決まっている場合，次のような手順でサンドドレーンによる地盤改良の設計をすすめる。

（1）改良を要する範囲（深さの方向と構造物周辺の幅）を決める。

（2）圧密排水によって，土のせん断強さをどのくらい増す必要があるか。そのためにはどれだけの上載荷重を必要とするか。

（3）工期を決め，その工期内に圧密を終了するには，サンドパイルの大きさと間隔をどのくらいにすべきか。

(4) もとの地盤支持力が小さく改良後必要とする支持力が大きい場合，上載荷重を一度に加えることができないので，載荷を段階的に行う。

このような場合には各段階の載荷で，ある圧密度に達する期間と，その圧密によってどれだけの地盤支持力が増すかを見積もり，次の荷重をどれだけ増しうるかを決める。

いま道路盛土における地盤改良という場合を例にとり，前に述べた設計方針に従ってもう少しくわしく説明しよう。

(1) 地盤改良の範囲の決定　改良の範囲として構造物底面とその周辺，ならびに深さが問題となる。それの決め手は，地盤のせん断破壊に対する安定を増すには，どの範囲まで改良すべきかをまず検討する。たとえば図9.3のような場合には，底部破壊を予想して安全率の最小となる限界円を求め，その限界円の範囲が，一応改良を要する部分であるとする。図のように軟弱土層と比較的かたい土層の境界面に接して限界円が描かれる場合には，軟弱土層の厚さを，深さ方向

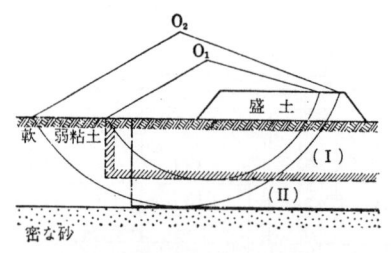

図9.3　地盤改良範囲を決める一例

の改良範囲とすればよいが，さらに軟弱土層が深くまである場合には，圧密される影響範囲を考えて改良深さを増すようにしなければならない。

(備考)　改良の幅は，押え盛土を用いる場合とか隣接して構造物がある場合には変わってくる。また，予定した範囲の地盤が改良された後では，安全率が最小になる限界円の位置が変わり，それに伴って，安全率がもとの条件とはちがってくる（第7章「斜面の安定」を参照してその理由を考えてみよう）。その安全率が構造物の要求に応じられる場合には問題はないが，もし必要な安全率が得られないときには，さらに改良範囲を増すようにしなければならない。したがって，最初に改良範囲をいったん決めてから，改良後限界円がどのように変わり，安全率がどうなるかをチェックして改良範囲をもう一度考えてみる必要がある。

(2) 必要なせん断強さ　(1)で述べた改良範囲を決めるのに，せん断破壊に対する安定性を考えた。その際に，原地盤での安全率がいくらであるかを見積もることができた。また構造物の種類，性格によって，破壊に対する安全率はいくら以上なければならないかということが，経験的に決められている（たとえば，一時的構造物に対して $F_s=1.1\sim1.2$，永久構造物に対して $F_s\geqq1.3$ など）。そこで決められた安全率にするためには，原地盤を改良して，どれだけのせん断強さとなる

ように地盤土の強さの増加をはからねばならないかがわかる。

前にも述べたように圧密された土は，圧密荷重に比例してせん断強さが増していくということが実証されている。したがって土のせん断強さの増加量を見積もるには，上載荷重の大きさで決まってくる。

スケンプトンは，粘土の性質をコンシステンシー特性で表わし，粘土の性質と上載荷重とを考えて強さの増加率（c_u/p）を次のような試験式で示している。

$$c_u/p = 0.11 + 0.0037 I_p \tag{9.1}$$

ここに　c_u：地層から採取した粘土の非排水せん断強さ，p：圧密荷重，

I_p：同じ粘土の塑性指数

わが国のちゅう積軟弱層では粘土の塑性指数が，$I_p=40\sim80$ のものが多いので，c_u/p を $1/4\sim1/3$ として扱ってもよいといわれている。

したがって必要とするせん断強さ（粘着力）を c とすると，$c=(0.25\sim0.33)p$ で表わされるから，必要な圧密荷重の概算値がその関係から求まる。

注）厳密な値を得るには，対象土層からサンプリングされた土について，圧密したのちの非排水せん断試験（圧密非排水試験）をいろいろな荷重下で行い，その土の c_{cu}/p を求めるようにする。

圧密荷重 p は上載荷重が地盤を通じて伝わり，問題としている土層のある水平面に加わる圧力である。したがって載荷面積の大きいものは，p と上載荷重がほぼ同じと考えてよいが，載荷面積の小さい場合は，p よりも上載荷重が大きくなる。それを求めるには第4章の「圧密」を参照せよ。

（3）サンドパイルの径と間隔の決定　サンドパイルの間隔と径は，圧密時間を左右する因子となる。

すなわち，その径が大きく，間隔がせばまるほど所定の圧密が終わるまでの時間は少なくてすむわけである。したがって工期が決められていて，その期間内にサンドドレーンを終えようとする場合，その条件に応じた間隔と径を決めてやることができる。

サンドパイルの径は，施工能率や砂の量の点からできるだけ小さいもののほうが経済的であるが，あまり細いと，砂柱のまわりから軟弱粘土が流れこんで砂柱が切れてしまったりすることがあるので，径を小さくすることには限度がある。一般に用いられているサンドパイルの径は，25～50cm の範囲で，その値はあらかじめ任意に決められる。したがって設計ではサンドパイルの間隔を決めるということだけになる。

（a）圧密時間過程の計算　　一本のサンドパイルが受けもつ排水の範囲，すなわち排水の距離を d_e，水平圧密時間係数を T_h とすると，任意の圧密度に達するまでの所要時間は次式で表わされる。

$$t\ (\mathrm{s}) = \frac{T_h \cdot d_e^2}{c_v} \tag{9.2}$$

ここに c_v は，地盤上の圧密係数（cm²/s）である。

(9.2)式は，第4章の圧密のところで説明された，鉛直方向排水の場合の圧密時間の算定，すなわち $t = \dfrac{T \cdot H^2}{c_v}$ とまったく同じ形の計算式である。

鉛直方向の排水と，サンドドレーンによる水平方向排水の考え方の違いは，粘土層厚さ H に対して，サンドドレーンの影響範囲 d_e を考えること，圧密時間係数 T に対して，d_e/d_w（d_w＝サンドパイルの径）をパラメーターとする水平圧密時間係数 T_h を考えることだけであることがわかる。

（b）d_e の考え方　　いまサンドパイルを図9.4のように3本の柱が正三角形（千鳥形）をなす場合と4本の柱が正方形をなす場合の二通りの配置を考えてみよう。

粘土中の水はできるだけ近くの砂柱に流出しようとするわけであるが，この場合，図中破線で区切ったところが各砂柱の分水面と考えてよく，これを境にしてそれぞれの砂柱に向かって水は流出していく。この分水面で仕切られた各砂柱の分担範囲は，配置によって正六角形と正方形となるわけであるが，理論的に考えやすくなるために，等価面積の円におきかえて，1本のサンドパイルの排水距離 d_e を求めるようにする。いま砂柱の間隔を d とすると，図形の性質から配置により d_e は次のように表わされる。

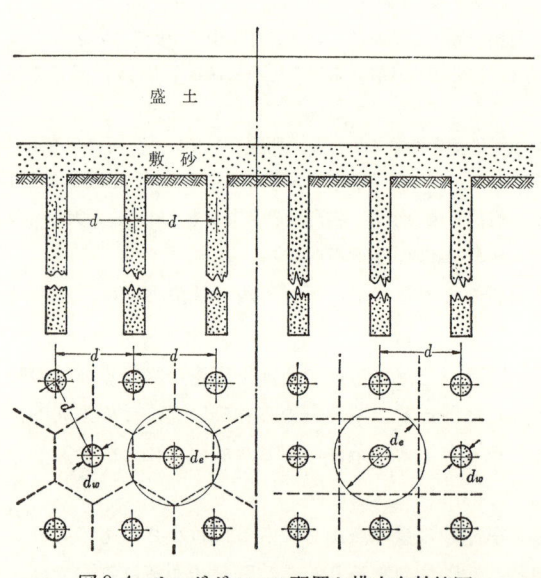

図9.4　サンドドレーン配置と排水有効範囲

千鳥形配置の場合 　$d_e=1.05\,d$
正方形配置の場合 　$d_e=1.128\,d$ 　　　　　　　　　　　　(9.3)

（c） d_e/d_w をパラメーターとした水平圧密時間係数 T_h 　上で述べたようにサンドドレーンの圧密は，1本の砂柱をコアとして d_e の径をもった円柱の粘土層から，水平求心方向の排水が行われるものと考え，圧密方程式が導かれている。ここでは理論式の説明をはぶくが，圧密時間過程は $d_e/d_w=n$ と水平圧密時間係数 T_h を関数として表わされる。n をパラメーターとして圧密度 U と T_h の関係を示したのが図9.5である。

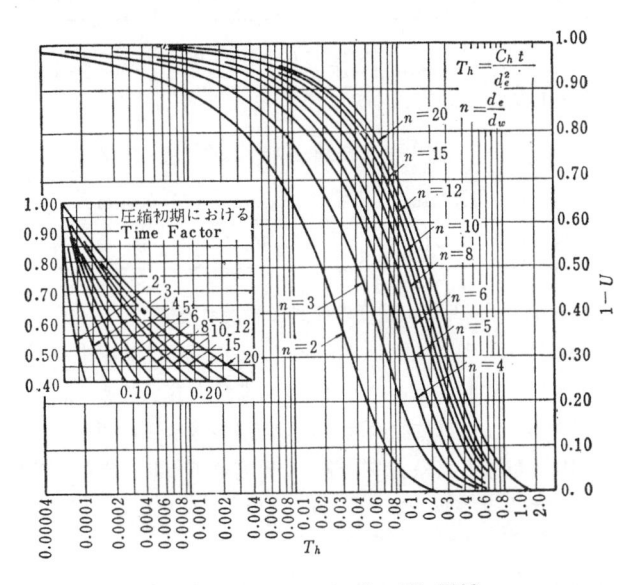

図9.5 　n をパラメーターとした $(1-U)$ 関係（高木による）

サンドパイルの間隔を決めるには，d_w を適当に選び配列を決め，d をたとえば1.0, 1.5, 2.0, 2.5mといったようにいくつか選んで，各間隔について d_e を求め $d_e/d_w=n$ を決める。

つぎに圧密度 U をたとえば90%とし，$U=90\%$ に対応する T_h を，$d_e/d_w=n$ に応じて図9.5から求め，(9.2)式によって圧密所要時間を計算する。

圧密所要時間と d の関係をグラフにプロットして，その関係から予定期間内に予定の圧密をさせるには d をいくらにすべきかが求まる。

（d） ドレーンおよび敷砂用の砂の粒度 　ドレーン用の砂は，あまりあらす

ぎると砂の間隙に粘土がはいりこみ，排水機能を失うおそれが生ずる。一方細粒すぎると透水性が低くなり，これも排水に影響がある。

したがってドレーン用砂は，適当な粒度で清純なものを用いる必要がある。たとえばカリフォルニア州道路局で規定されている粒度を参照してみると，149μm ふるい通過量が3％以下で，次のような粒度範囲をもつものとしている。

表9.7　サンドパイル用砂の粒度範囲

粒　　径	12.7mm	2380μm	590μm	297μm	149μm
通　過　率	90〜100	25〜100	5〜50	0〜20	0〜3

また敷砂用では，75μm ふるい通過率が5〜10％以下で粒度範囲を次のようなものであることとしている。

表9.8　敷砂用砂の粒度範囲

粒　　径	11.1mm	2380μm	590μm	297μm
通　過　率	80〜100	5〜50	0〜20	0〜5

なお，敷砂は普通 0.5〜1.0m 程度の厚さで敷かれる。

（e）載荷時の施工管理　　サンドドレーン工法では，施工中の圧密進行状況を調べ，載荷の速度を規制するといった施工の管理が重要である。設計の段階で一応の予測はできるが，設計数値の選び方，理論の適合性の問題，地盤の不均質性や施工の不備など理論と実際上の問題にくい違いがあり，また施工が限界に近い状態（たとえば地盤支持力の安全率が $F_s=1$ の状態）でなされるので，上記のような施工管理を入念に行う必要が生ずる。

圧密の進行状況を調べるのに，間隙水圧計と沈下板を粘土層中に入れ，圧密中，両者の測定によって状況の判断を行うことが多い。

9.8　圧密排水工法における上載荷重

圧密排水を行うために必要な荷重について，いままでは，盛土のような一時的な上載荷重だけを考えてきた。

盛土のような荷重は，確実な量のものを載荷しうるということにはなるが，一方軟弱土層の支持力が低いときには，一時に大きな載荷ができないことがあり，また地盤が傾斜している場合にはそのような載荷ができにくいなど，不便なこと

もある。

そこで上載荷重に変わる別の載荷方式について，いろいろな工夫がなされている。ここではいくつかの方式を紹介しておこう。

（1）地下水降下工法を併用したもの　軟弱土層の上層部がいくらか透水性がいいような場合，たとえばウェルポイント工法によって地下水降下ができる。地下水位を下げると，もとの水位から降下水位までの土の単位体積重量は，$\gamma - \gamma_w$ だけ増加することになるので，$(\gamma - \gamma_w) \cdot \Delta H$ 相当の圧密応力を増すことができる（有効応力の増加）。

すなわち地下水降下が，圧密応力を増加させることになり，その量だけ上載荷重が軽減されるわけである。

（2）大気圧力の利用　サンドパイルを打設し，敷砂を置きその上面に気密な膜（たとえばビニール膜のようなもの）をはる。真空ポンプを用いて敷砂および砂柱を減圧する。減圧された相当圧力が圧密応力として作用することとなる。

すなわち，大気圧 p_0 から減圧力の差だけの圧密応力が期待できるわけである。(1)および(2)の方式は地盤に正の間隙水圧を発生させないので，そのことからも地盤の安定上有利な方法である。

（3）膨張圧力の利用　サンドパイルを打設するときに，あらかじめ砂と水と反応（水和反応）して膨張する材料（たとえば粒状生石灰のようなもの）を混合しておく。

打設後，砂に混じっている膨張性材料は吸水反応して膨張し，広がろうとするが，粘土層の拘束でそれがさまたげられ，その結果地盤内に膨張圧が作用することになる。これを圧密応力として利用するのである。

〔例題 9.1〕軟弱粘土層が10mに及ぶ地盤がある。この地盤上に道路盛土を行うため，改良工法としてサンドドレーン工法を採用することとした。サンドドレーンの設計に関し次の問に答えよ。

（1）径 40cm の砂柱を千鳥形に配し，その間隔を 1.5m としてドレーンを行ったとき，圧密度90％になるまでにどれだけの時間を要するか。

（2）40日以内に $U = 80\%$ まで圧密

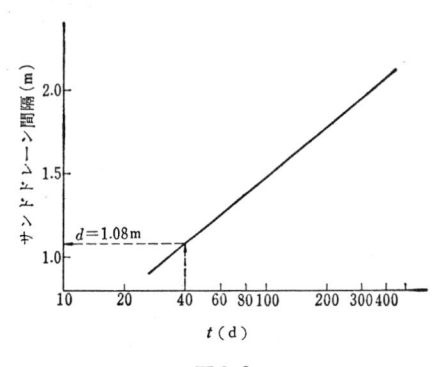

図9.6

させるには，砂柱間隔をどのようにとるべきか，ただしこの粘土層の圧密係数は $c_v=4.2\times10^{-4}\mathrm{cm^2/s}$ である．

〔解〕（1） 1本の砂柱の有効排水面の径 d_e は，砂柱が千鳥配列であるから，
$d_e=1.05d=1.05\times1.5=1.575\mathrm{m}$
$d_w=40\mathrm{cm}$, $d_e=157.5\mathrm{cm}$ であるから $n=d_e/d_w=157.5/40=3.94\fallingdotseq4$
$n=4$ における圧密理論曲線から，$U=90\%$ に対応する水平圧密時間係数 T_h を求めると，$T_h(90)=0.22$ である．

したがって，90%圧密に達するまでの所要時間は，
$$t=\frac{T_h\cdot d_e^2}{c_v}=\frac{0.22\times157.5^2}{4.2\times10^{-4}}=\frac{5.457\times10^3}{4.2\times10^{-4}}=1.3\times10^7\,(\mathrm{s})$$
$$=\frac{1.3\times10^7}{60\times60\times24}=\frac{1.3\times10^7}{8.64\times10^4}=\frac{1.3\times10^3}{8.64}=150\,(\mathrm{d})$$

（2） d をかりに 1.0, 1.5, 2.0m の3種に選んで，それぞれの d に対し d_e, n を求めると，
$$\begin{cases} d=1.0\mathrm{m}\to d_e=1.05\times1.0=1.05\mathrm{m}\to d_e/d_w=1.05/0.4=2.6\fallingdotseq3 \\ d=1.5\to d_e=1.05\times1.5=1.575\to d_e/d_w=1.575/0.4\fallingdotseq4 \\ d=2.0\to d_e=1.05\times2.0=2.10\to d_e/d_w=2.0/0.4=5 \end{cases}$$

各 n に対し，$U=80\%$ に対応する T_h は，
$$\begin{cases} n=3\to T_h=0.11 \\ n=4\to T_h=0.15 \\ n=5\to T_h=0.19 \end{cases}$$

したがって，$U=80\%$ に達する所要時間は，
$$\begin{cases} d=1\mathrm{m}\,;t_{80}=\dfrac{0.11\times105^2}{4.2\times10^{-4}}=\dfrac{1.213\times10^3}{4.2\times10^{-4}}=2.9\times10^6\mathrm{s}\fallingdotseq34(\mathrm{d}) \\ d=1.5\mathrm{m}\,;t_{80}=\dfrac{0.15\times157.5^2}{4.2\times10^{-4}}=\dfrac{3.721\times10^3}{4.2\times10^{-4}}=8.86\times10^6\mathrm{s}\fallingdotseq103(\mathrm{d}) \\ d=2.0\mathrm{m}\,;t_{80}=\dfrac{0.19\times2.10^2}{4.2\times10^{-4}}=\dfrac{8.379\times10^3}{4.2\times10^{-4}}=3.0\times10^7\mathrm{s}\fallingdotseq348(\mathrm{d}) \end{cases}$$

砂杭間隔 d と所要時間の関係を図示すると，$d-\log t$ はほぼ直線的になる．問題の予定期間が 40day であるので，図から $d=1.08\mathrm{m}$ をうる．

〔例題 9.2〕 軟弱粘土層が12mある地盤をサンドドレーンで改良しようとする．次の問に答えよ．

（1） 径35cm，間隔1.2m で正方形配置で砂杭を打って圧密する場合と，サンドドレーンを行わないでプレローディングだけで圧密する場合とを圧密度80%に達するまでの所要時間で比較してみよ．

（2） サンドドレーンにおいて 2.4m の盛土を行った場合，最終の圧密量はいくらとな

るか。またその圧密によって土のせん断強さはどのくらい増加するか。

ただし粘土の性質は，次のようである。

圧密係数 $c_v=4.2\times10^{-4}\mathrm{cm}^2/\mathrm{s}$，初期間隙比 $e_0=2.430$，圧縮指数 $C_c=0.65$，塑性指数 $I_p=48.5\%$，湿潤単位体積重量 $\gamma_t=16.0\mathrm{kN/m}^3$，また盛土の平均単位体積重量は $\gamma=17.0\mathrm{kN/m}^3$ である。

〔解〕（1） 砂杭の有効排水半径 d_e は正方形配列の場合には，

$d_e=1.13d$ であるから，$d_e=1.13\times120=135.6$（cm）

$n=d_e/d_w=135.6/35=3.87\fallingdotseq 4.0$

$n=4$ の場合の圧密理論曲線において，$U=80\%$ に対応する水平圧密時間係数は，$T_h=0.15$

したがってサンドドレーンの場合の圧密所要時間 t_{80} は，

$$t_{80}=\frac{T_h\cdot d_e^2}{c_v}=\frac{0.15\times135.6^2}{4.2\times10^{-4}}=\frac{2.758\times10^3}{4.2\times10^{-4}}=6.57\times10^6\text{（s）}$$

一方，層厚12mの粘土層のプレローディングによる圧密は，この粘土層が上下両面の排水であるということから，$H/2=6\mathrm{m}$ の排水距離となる。

また粘土層全厚の圧力分布が一様で両面排水の場合，$U=80\%$ に対応する鉛直方向圧密時間係数 T_v は，$T_v=0.567$ であるから，

$$t_{80}=\frac{T_v\cdot(H/2)^2}{c_v}=\frac{0.567\times600^2}{4.2\times10^{-4}}=\frac{2.041\times10^5}{4.2\times10^{-4}}=4.86\times10^8\text{（s）}$$

サンドドレーンの場合の t_{80} とプレローディングの場合の t_{80} とを比較してわかるように，サンドドレーンで排水距離を $1.5/6.0=1/4$ に縮めると，所要の圧密時間は，$\frac{6.57\times10^6}{4.86\times10^8}\fallingdotseq\frac{1}{73}$ といったように短縮されるわけである。

（2） いま粘土層中央の水平面について，その面に加わる圧密応力を求める。

（i） 載荷前の土かぶりによる圧密応力：

$$p_0=(\gamma_t-\gamma_w)\cdot\left(\frac{H}{2}\right)=(16-10)\times6.0=36\text{（kN/m}^2\text{）}$$

（ii） 盛土の上載荷重によって増加する圧密応力：

$$\Delta p=\gamma_t\cdot\Delta H=17\times2.4=41\text{（kN/m}^2\text{）}$$

粘土の圧縮指数 C_c が 0.65 であるから，全沈下量は，

$$S=\frac{H}{1+e_0}\cdot C_c\cdot\log_{10}\frac{p_0+\Delta p}{p_0}=\frac{1200}{1+2.430}\times0.65\times\log_{10}\frac{36+41}{36}$$

$=349.8\times0.65\times0.33=75$（cm）

圧密終了後，この粘土のせん断強さの増加はスケンプトンの実験式を用いてみると，$I_p=48.5$ であるから

$c_u/p=0.11+0.0037\,I_p=0.11+0.0037\times48.5=0.29$

また上載荷重による圧密応力は，$\sigma=p$ として，$p=41\mathrm{kN/m}^2$ であるから p によって

増加する粘着力は $\Delta c ≒ 12\mathrm{kN/m^2}$ である。

参　考　書

1) 土質工学会：土質工学ハンドブック（技報堂），第22章と第23章，pp. 702〜784
2) 土質工学会：$\begin{cases}(1) & 軟弱地盤の調査・設計・施工法（ライブラリー 1）\\ (2) & 軟弱地盤における工事実施例（ライブラリー 2）\end{cases}$
3) 石井靖丸：軟弱地盤工法（技報堂）
4) 久野悟郎：軟弱地盤工法（山海堂）
5) 戸部兼雄：地盤改良の設計と施工（理工図書）
6) 瀬古新助：軟弱地盤改良設計（オーム社）
7) 村山・大崎編：基礎工学ハンドブック（朝倉書房），pp. 740〜804

10 土質調査と土質試験

　構造物を安全，かつ合理的に設計するためには，あらかじめ対象となる基礎地盤の性質を明らかにしておかなければならない。
　いうまでもなく構造物の安全性は地盤のあり方に大きく影響されるので，基礎地盤について十分な調査を行い，構造物の設計をこれに対応させるように行う必要がある。
　また施工に際しても，安全・じん速・経済的に工事を進めるには，土質とその分布の状態がよくわかっている必要がある。
　以上のように構造物の安全性，および工事の計画と施工に必要な地盤に関する資料を得るために，自然に堆積している地盤土の性質と地下水の状態などを調査することを地盤調査といっている。
　またアースダム，道路や鉄道の盛土などのように土を材料とした土構造物をつくるのに際し，予定している土取場の材料が適したものであるかどうかを判定したり，施工法についての指針を得るために土層の分布や土性を調査することも行う。
　地盤土の調査，および材料土の調査など，土を対象とした全般の調査を総称して土質調査といっている。
　土質調査をその目的によって大別すると，次のようなケースがあげられる。
　(1)　かなり広い範囲にわたり地盤構造を調べる場合
　(2)　地盤沈下や地すべりなど，土地の変状の実態と原因を調べる場合
　(3)　構造物の基礎構造の設計，施工に関する資料を得るための地盤調査
　(4)　軟弱地盤やすべりの危険がある斜面の対策，安定を考えるための地盤調査
　(5)　土構造物用の材料土の調査
　上記のうち(1),(2)は，地象を知るための調査，(3),(4),(5)は，建設工事のための調査といったように大別することができる。
　ここでは後者の建設工事のための調査についてのみ触れる。

10.1 調査の手順

土質調査の目的やその内容は，工事の種類と地盤の地質，土質状況によって異なるけれども，調査の手順としては次のような段階をへるのが普通である。

予備調査 ｛
(1) 資料による調査……｛これからとりかかる調査の構想をねるため，および本調査の準備のために行うもので，既往の各種資料（土性・地質調査資料，土性図，地盤図，気象，災害記録など）を収集整理して，検討する。

(2) 現 地 踏 査……｛現地におもむき，予定地域あるいは路線周辺の土質の分布，その性状などを視察あるいは簡単なボーリングなどで確かめ，また地下水状態を調べる。これは資料調査でわかってなかった問題点の発見と本調査の地点選定を主目的として行う。

(3) 本　　調　　査……｛予備調査で，おおよその地盤構成，土層の種類と土性，支持層の深さなどが知られるのであるが，設計および施工の具体的な計画をたてるため，十分正確な土層状態をつかむために行われる。

（備考）　本調査を先行調査と精密調査にわけて行うこともある。また，本調査に関連して模型および実物実験が行われることもある。

調査の精度や調査手順，各段階におけるウェイトのかけかたは，工事の種類，構造物の規模や重要度によって，また土層の成層の状態によって変わる。これらのことは次節で触れる。

10.2　土質調査の計画

10.2.1　工事の種類と調査の内容

前にも述べたように工事の種類，規模および重要性，さらに調査の対象となる地盤の状態によって調査の内容が異なる。

たとえば延長の長い道路，鉄道および河川堤防であるとか，広域にわたる土地造成地帯における地盤構造の調査などでは，資料による調査および現地踏査の重要性が大きい。一方建築構造物のように比較的限られた敷地内での工事では，土層の成層状態にもよるが設計，施工に適切なる資料を得るよう本調査にとくに重点がおかれ，また重要度の高いものであればあるほど，信頼できるデータを得るよう工費と工期を十分にかけた調査が行われる。

また小規模な工事では，調査に不必要な費用をかけないで，簡略な調査結果をもとにして安全率を大きくとりそれをカバーするほうが得策であることもある。

以上のように調査は，画一的なものではなく，その場合場合によって，もっとも適した調査方法が考えられるべきである。

参考のために二三の工事種類をあげ，各調査段階における調査目的，その内容

および方法のあらましを一括して表10.1に示した。

また各種構造物および具体的な工事の種類に応じた土質調査の要点を表10.2に示した。

10.2.2 調査地点の配置および深さ

道路や鉄道のような線形施設をのぞくと，調査地点の配置を考える場合は，一般に網目状に選定する。その網目の粗密さは調査目的によって異なる。また，本調査をいくつかの段階にわけて行い，第1段階では比較的粗い網目を選定し，第1段階の調査結果をもとにして第2段階以降で必要個所を補足していくようにするとよい。

線形施設では計画路線の中心線にそって調査地点を選び，路線ぞいの土質概況を知るようにする。また橋やカルバートなどの構造物設置地点では，その構造物に応じた調査がなされる。

工事の種類に応じた調査地点の間隔を表10.3に例示する。

調査に必要な深さは，たとえば図10.1に示すように予想される構造物の設置によって伝わる応力範囲，基礎のせん断破壊の範囲および浸透による影響範囲など，構造物の沈下や安定に関係のある範囲を考えてそれが決められる。そのほかに建築物や橋脚などの構造物基礎では，そのうちのいくつかを支持土層に達するまで行うようにする。また軟弱地盤では，その土層の下までを調査する。すなわち，調査の深さは構造物の形式，設計上考慮すべき条件および地盤の条件によって左右される。

各種構造物に対し必要な調査深さの一般基準をまとめて表10.4に示す。

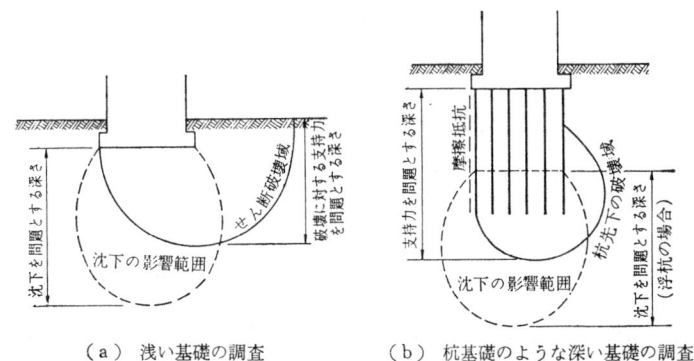

（a）浅い基礎の調査　　　（b）杭基礎のような深い基礎の調査

図10.1　設計上の問題点を考えての調査深さ

表10.1 工事の種類に対する調査の目的と内容

	工種	目的	内容	方法
予備調査	建築構造物の基礎	基礎の形式を決定するため、および本調査の計画をたてるための調査	敷地内の大略の地盤構成、各土層の硬軟、および地下水位を求める	既住の地質・土質資料の収集、資料に関する調査、既設構造物の基礎、敷地条件等の不明な場合、ボーリング・サウンディング・物理探査や試験などを適宜行う
	河川堤防(計画線) 軟弱地盤	調査の構想をねるための基礎資料とする	計画線に沿って大略の地盤構成、土層の種類、軟弱層の厚さと深さ方向の強度の変化、支持層の深さなどを知る	既存の諸資料の収集・測量、必要に応じてボーリング・サウンディング・物理探査を適宜行う
	透水性地盤	同上	透水性地盤の構成、透水面の性状、不透水面の深さなどを知る	現地透水試験などが加わる
	道路	本調査の準備として行うもので、計画地域全体を概括的に知ることをおもとし、本調査にとって問題点となることや重点調査を要する個所を見いだす	各種の計画路線を含む広範囲の地域について、地形・地質、その地域における各種災害の状況を調べる	各種の既往資料の収集、計画路線およびその周辺を踏査して、切土のり面・山腹崩壊面などの露頭を観察する。平地部では、土質のり面や井戸の状況から地下水位を知り、適当な代表的な箇所から試料土の採取、オーガーなどによる土層調査を行う
本調査	建築構造物の基礎	基礎の設計および施工の具体的な計画をたてるために必要な資料を得るために行う	予備調査で推定された地盤構成を確実なものとし、基礎の支持する範囲内の各土層について、沈下量および必要な土の諸性質を求める	ボーリング、サウンディング等により予備調査から推定された地盤状況に応じ適当な間隔で調査する。構造物スラブ短辺長さの2倍以上。支持層上、建物幅の1.5～2.0を標準とする。調査深度は基礎スラブ短辺の支持力、沈下量を知るため、地盤状況に応じて必要な原位置試験や土質試験を行う
	河川堤防の基礎地盤	堤防基礎地盤の支持力、沈水性などおよび施工をたてるための基礎資料を得るために行う	(透水性地盤を除いては同上) 施工中基礎地盤および堤体について、施工管理試験が行われる	適当な間隔でボーリング、サウンディング、野外実験などを行う
	道路	路線に沿う設計および施工をたてるための資料を得る	路線に沿う地盤の性状の具体的調査 (1)盛土材料の選定 (2)基礎地盤の安定と沈下 (3)切りのり面の安定 (4)土工計画	土取場内で適当な間隔でボーリングを行い、土質の分布を判定する。また試験のためのサンプリングなどはピットあるいはアースオーガーにより採取。(建築物の場合とほぼ同じに調査、間隔と深さは異なる)、施工機械の選定のためのトラフィカビリティの良否のための土の性質の試験

10 土質調査と土質試験

表10.2 各種の工事に応じた調査方法（三木による）

工事の種類	設計・施工上問題とすること	対象となる土質	試料採取と原位置試験方法			土質試験項目	備考
			サンプリング	サウンディング	原位置試験		
(A) 浅い基礎	(a) フーチングなど	支持力	やわらかい粘土	乱さない試料採取（固定ピストンサンプラーなどによる）	ベーン試験		分類判別試験 状態定数を求める試験 $\left\{\begin{array}{l}\text{一軸・三軸試験} \\ \text{同上}\end{array}\right.$	礫が少量の場合はサンプリング，試験とも原位置試験ができる
		かたい粘土	乱さない試料採取（デニソンサンプラーなど）	標準貫入試験			
		礫まじり粘土 砂・礫				粘土の分類・判別試験	
	沈下	粘性土	乱さない試料採取（方法は上記に同じ）	載荷前試験 標準貫入試験 載荷前試験		圧密試験	細砂ではボイリングによる沈下に注意
		砂・礫		載荷試験から			
(b) 盛土・ダム	支持力	すべての土	(A),(a)参照	(A),(a)参照		(A),(a)参照	水平・鉛直方向透水係数の違いパイピング，クイックサンドに注意
	沈下	すべての土	(A)((a)参照	(A),(a)参照		(A),(a)参照	
	地盤の透水	砂・礫のみ	乱した試料採取		原位置透水試験	透水試験	
(c) 道路・滑走路	路盤厚さ	砂質土	乱した試料採取		CBR試験 平板載荷試験	締固め試験 CBR試験	
	凍上性	シルト・シルト質粘土	乱したあるいは乱さない試料			粒度試験 毛管上昇試験 凍結試験	地下水位が重要
(B) 深い基礎	(a) ピアケーソン	支持力，洗掘周辺摩擦	すべての土 礫・砂・シルト すべての土	乱さない試料採取乱した試料	標準貫入試験三重管式コーン貫入試験	(A),(a)参照 分類試験 (A),(a)参照	土層の状態と根入れ深さが問題
	(b) 先端支持杭	杭の長さと許容荷重	やわらかい粘土 層下の支持層砂	乱さない試料の採取あるいは乱した試料	標準貫入試験二重管式コーン貫入試験 試験杭の載荷前試験	(A),(a)参照	
		水平抵抗	やわらかい粘土		杭の水平載荷前試験横方向地盤係数試験		

（つづき）

工事の種類		設計・施工上問題とすること	対象となる土質	試料採取と原位置試験方法		土質試験項目	備考
				サンプリング	サウンディング		
B 深い基礎	(c) 摩擦杭	沈下量	かたい粘土の支持層砂の支持層	乱さない試料採取	試験杭の載荷	圧密試験	
		杭の長さと許容荷重	すべての土		試験杭の載荷 二重管式コーン貫入試験	(A), (a) 参照	周辺および杭下の粘性土の沈下
C 掘削	(a) 土留をした掘削	沈下量	粘性土	乱さない試料採取		圧密試験	
		横土圧	粘性土	乱さない試料採取	標準貫入試験	密度、一軸、三軸圧縮試験	地下水位の確認が重要
		パイピング	砂およびシルト	乱さない試料採取	原位置透水試験	透水試験	地下水位の確認
		ヒービング	やわらかい粘性土	乱さない試料採取		一軸と三軸圧縮試験	
	(b) 土留をしない掘削	斜面安定	やわらかい粘土かたい粘土	(A), (a) 参照乱さない試料採取		(A), (a) 参照	成層状態と傾斜が問題
		地下水の流入	砂およびシルト	乱した試料		粒度、透水試験	地下水位
D 土構造物	(a) 道路・鉄道盛土	締固め	すべての土	土取場からの試料採取		分類試験 締固めの試験	粘性土では施工時のトラフィカビリティの検討、締め固めのための土の安定性を検討
	(b) 河川堤防	締固め	すべての土	(D), (a) 参照		(D), (a) 参照 締め固めた土の透水試験	
		透水性	すべての土	(D), (a) 参照		(D), (a) 参照	
	(c) アースダム	締固め	すべての土	土取場から試料採取		(D), (a) 参照	
		安定性	すべての土	(D), (a) 参照		締め固めを考慮した三軸圧縮試験	施工時のトラフィカビリティの検討
		透水性	すべての土	(D), (a) 参照		間隙水圧を考慮した三軸圧縮試験 (D), (a) 参照	

表10.3 工事の種類と土層状態を考えた調査地点の間隔の一般例

工事の種類	調査地点の間隔 (m)			一構造物についての最小数
	均一な土層	普通の土層状態	不規則な土層	
高層建築物	50	30	15	4
橋台・橋脚など		30	10	1〜2
道路・鉄道	500	200	50	
土取場	300〜150	150〜50	30〜15	

表10.4

構造物の種類	調査深さ	構造物の種類	調査深さ
建築物基礎	(i) 予想される最大の基礎，スラブの短辺長の2倍以上，または建物幅の1.5〜2.0倍 (ii) 杭またはピヤ基礎の場合，その先端または底面から(i)の条件で考える (iii) 基礎が上記の条件による深さよりも浅い場合は基盤まで，岩盤が深い場合には少なくとも1地点は，基盤まで調査する	岸壁または擁壁の基礎	すべり出し，および沈下が予想されるとき $D ≒ (0.75〜1.5)H$ 軟弱な圧縮層があるとき $D > 2H$
橋，カルバードなどの基礎	(i) 一般的には建築物基礎に準ずる (ii) 重要構造物では，十分な支持力をもつ支持層まで調査 (iii) 小規模なカルバートでは，近くの盛土基礎調査と同様に行う	切取のり面の予定	$D=(0.75〜1.0)B$ と $D≒1.25H$ のうち小さいほう
盛土の基礎	すべり破壊のおそれあるとき 天端幅のないとき $D≒1.25L$ 天端幅の広くないとき $D≒0.5L$ 圧密沈下が予想されるとき $D>2H$	普通の地盤	地盤がよく，地下水の問題がないとき $D=2〜3m$
		道路，飛行場の路床	軽い荷重：1〜2m 重い荷重：2〜4m
		トンネル（岩の安定，ライニングにかかる土圧を問題とするとき）	トンネル底面から，トンネル幅と同程度の深さまで調査

10.3 調査の手段

土質調査によって知るべきことがら，あるいは求めるべき資料を要約すると次のようなものである．
（1） 土層の種類とその厚さおよび成層の状態
（2） 各土層における土の性質
（3） 地下水位とそれの季節的変動

さて調査を行う手段としては，直接的な方法として，（i）たとえばボーリングによって地盤を削孔し，各土層の位置と厚さの確認，および土の種類の判別，分類を行う．（ii）各土層から乱さない状態で土を採取し，必要な土質試験を行

って土性を定量的に調べる。（iii）削孔を利用し，地下水位を観測する。

以上がもっとも一般的な調査方法の手順である。また対象地域が広く，計画段階において成層の状態を全般的に知る必要がある場合とか，地下水の調査を主目的とする場合に物理地下探査法のような間接的方法が用いられることもある。さらに土層の成層状態の確認と土の原位置における性質（かたさ・締まり度・強さおよび圧縮性など）を同時に定量できるということで，各種のサウンディングが考えられ，それを土質調査に併用することが多くなってきている。

物理探査法およびサウンディングについては，種類・原理および方法など後節で述べるが，それらの特長は物理探査法の場合地上で観測され，広く深い範囲にわたって地盤の状態が判明できるという点にある。またサウンディングの場合は，前にも述べたように探査と土性の定量試験が同時にできて，しかもその試験が原位置で行いうるという点にある。

10.4 土層状態の確認と土をサンプリングする方法

地盤を削孔して土層状態を調べ，各代表土層から土を採取するには幾種類もの方法が考えられる。まず調査の対象となる深さによってそれを分けてみると次のような方法がある。

浅い調査 $\begin{cases} (1) & \text{オーガーボーリング} \\ (2) & \text{テストピット} \\ (3) & \text{たて坑} \\ (4) & \text{井戸} \end{cases}$

深い調査 $\begin{cases} (1) & \text{試験トンネル} \\ (2) & \text{深いボーリング} \end{cases}$

テストピットやたて坑は大孔径の穴を掘り，土層の状態が直視できるということと，必要な個所から必要量の試料を容易にサンプリングできるという点ですぐれているが，地下水以下の掘削が困難ということもあって深い土質調査には適当な方法でない。

一方ボーリングによる方法は，地下水下であってもまたかなり深いところでも調査できるし，適当な土の採取方法を講ずると，どの位置からも乱さない状態の試料をサンプリングでき，さらにある種のサウンディング（たとえば標準貫入試験）も兼ねることができるという特長をもっている。したがって比較的深い土質調査ではボーリングによる方法が主流をなす。

10 土質調査と土質試験　329

　オーガーボーリングは，上述の機械ボーリングのような大規模な設備がいらないので簡便ではあるが，たかだか 7～8 m が調査の限界であり，深い土質調査には適さない。道路・鉄道路線の現地路線や路床調査のように，比較的浅い調査においてはオーガーボーリングを用いることがよくある。

10.5　ボーリング

　ボーリングによる削孔掘進方式には，（A）パーカッション方式と，（B）ロータリー方式との二つに大別することができる。

　パーカッション方式（図10.2参照）は，ワイヤロープの先端に荷重をつけたバルブビットを孔底にさげ，それを機械的に上下させ，孔底に衝撃を与え，土砂，岩を破砕し掘進していく。

　ロータリー方式（図10.3参照）は，ボーリングロッドの先端にコアチューブ（先に対象土によって換えるクラウンを付け）を接続し，ロッドに回転を与え，またロッドを通じて送水しながら掘進するものである。

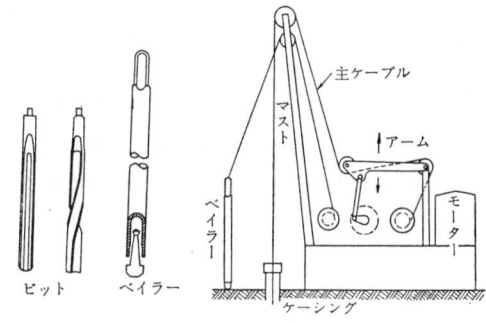

図10.2　パーカッション式ボーリング

図10.3　ロータリー式ボーリングの原理図

　パーカッション方式は，機械設備が比較的簡単であることと操作が簡単であるという特長をもっているが，乱さない試料のサンプリングができないという土質調査においては致命的な欠点をもっている。しかし調査に高い精度を要求せず，土層分布だけを知ればよい程度のものであるとか，機械の固定のむずかしい水上での調査などにはよく用いられる。

　ロータリー方式は，パーカッションボーリングにくらべてやや機械が複雑になり，操作も熟練を要するが，掘進能率のよさ，適宜に乱さないサンプリングが可能であることなど，土質調

査用としてすぐれた機能をもっている。

したがって土質調査用ボーリング方式としては，このロータリー式が主流をなしていると考えてよい。

ボーリング機械のメカニズム，ボーリングの方法，およびボーリング作業に関する細部事項についてはここでは触れない。それらのことをよりくわしく知るには，他の専門書を参照されたい。本章の末尾に参考書を掲載しておく。

10.6 サンプリング

土質調査の目的が土質の分布状態だけを知ればよい程度のものであるとか，土取場の調査で土を材料として考える場合には，採取された土の種類とその採取深さが重要であるので，土の構造は乱れていてもまた多少含水量が変化してもかまわない。すなわちそのような場合，いわゆる乱された試料採取がなされる。

一方構造物基礎の設計および施工の計画をたてるような場合には，地盤土の性質を精密に知る必要がある。そのためには，採取された試料土は自然に堆積されている状態にごく近いものでなければならない。すなわち土の構造が乱されたり，含水量の変化があってはならないので，乱されない試料採取が行われる。

採取される試料の状態によって，いろいろなサンプリングの方法が考案されている。次に試料の状態に応じた採取の方法を示す。

乱さない試料
- (1) テストピット，露頭で土のかたまりを切り出す
- (2) ロータリーボーリングで削孔・掘進し，所定の土層から，シンウォールサンプラーを用いたサンプリングを行う
- (3) フォイルサンプラーによるサンプリング

乱した試料
- (1) テストピットなどで土層から掘り出す
- (2) オーガーボーリングによるサンプリング
- (3) ロータリー，あるいはパーカッションボーリングで掘進中採取される
- (4) サウンディング中先端の抵抗体によって採取される

また削孔の方法別にサンプリング方法を整理してみると次のようである。

テストピットなどによる方法
- (1) 所定の場所からショベルで掘り出す（乱した試料）
- (2) コアカッターを土中に押し込み，カッターごと掘り出す（乱さない試料）*
- (3) 整形できる土では角柱に土のかたまりを切り出し，ビニール膜に包んで木箱に入れ，土塊を動かさないように固定する（乱さない試料）*

ボーリングによる方法	（1）	土質に応じて適したオーガーを選び，掘進しながら土を採取する（乱した試料）
	（2）	ロータリーボーリング中コアチューブで採取，またパーカッションボーリング中バルブビットにはいった土を採取する（乱した試料）
	（3）	地盤土の性質や調査目的に適応したサンプラーを用いて試料土を採取する（乱さない試料）*
サンプリングだけを目的とした特殊な方法	（1）	粘性土地盤で連続した長い試料を乱さないで採取するフォイルサンプラーによる方法（乱さない試料）*
	（2）	非粘性土を自然状態でサンプリングするためにあらかじめ土層を凍結あるいは薬液で固結してから，試料土を採取する方法（乱さない試料）*

注）表中*印は乱さない試料採取

ここでは，サンプラーによる乱さない試料の採取方法だけにしぼり，その概要を述べる。また，各サンプラーについての詳細を知りたい場合には，別の専門書を参照するとよい。

ロータリー式ボーリングで掘進し，予定の位置に達したときコアチューブに換えてサンプラーが取り付けられ，その位置で静的な力を加えてサンプラーを土層に押し込み，乱さない状態で試料土を採取する。この場合押し込みのための静的な力としてロッドを通じて反力を与える方法と，サンプラーに特別な装置をつけて，水圧力を与える方法などがとられている。またサンプラーは土質に対する適応，乱れの少ない精巧なもの，作業能率など各種の条件を考慮して，いろいろな形式のものが考案されている。現在よく用いられているサンプラーの種類を分類すると表10.5のようである。

表10.5からわかるように，比較的やわらかい粘性土の乱さない試料の採取ではピストンサンプラー型が主流をなし，そのうち精密な調査では固定ピストンサンプラーおよび同類のサンプラーが適している。

比較的かたい粘土の採取では，ピストンサンプラーのように押込み方式のものは不適当で，デニソンサンプラーのように回転掘進方式のものが適当である。一般にオープンサンプラー型のものは，やわらかい粘土の乱さない試料の採取に適していない。

非粘性土の乱さない試料のサンプリングの方法は種々考案されてはいるが，まだ研究段階で実用段階に至っていないというのが現状である。

〔例題 10.1〕 サンプリングおよびサンプラーに関して次の問に答えよ。
　（1）かたい粘土のサンプリングにはどんなサンプラーを用いるとよいか。
　（2）ごくやわらかい粘土のサンプリングでもっとも適したサンプラーの種類は？

表10.5

型式	サンプラーの名称	構機	特長	適性土質
オープンドライブサンプラー型	オープンドライブサンプラー	シンウォールサンプルチューブをヘッドに固定しただけの簡単なサンプラーである（図10.4(b)参照）	装置・取扱いが きわめて簡単であるが、先端が開放されていてエッジでくい込むため、押込み長さを正確にコントロールできない。また、押込み採取時に圧縮したり、引上げ時に試料落下など欠点が多い	厳密な意味での乱さない試料採取はできない
	デニソンサンプラー	形式的には、オープンドライブサンプラーに属する。内管、外管ダブルコアチューブとなっていて外管だけが回転掘進し、内管によって試料が挿入される。（図10.4(d)参照）	やわらかい粘土を乱さないでサンプリングすることには適さないが、比較的かたい粘土をあまり乱さないで採取することができる	ピストンサンプラーでは採取できないような硬質粘土に適している
ピストンサンプラー型	自由ピストンサンプラー	約1mのピストンロッドがついており、それを一方向のみに移動できる装置がヘッドの中に取り付けられている。すなわちピストン押込み中だけ、ピストンがヘッドから自由になって試料上面にくらべて移動する	オープンドライブサンプラーの欠点、特に孔壁を削り、および試料の落下を防止するという特長をもっている。ピストンのセットが容易であり、サンプラーが自由であるため、しかしピストン採取時にオープンサンプラーと同じ欠点が生ずることがある	やわらかい粘土の採取には十分ないが試料採取比較的かたくない。あるいはややわらかい粘土でも多少乱されている場合は可
	固定ピストンサンプラー	構造は自由ピストンサンプラーと同一であるが、ピストンロッドが地上まで出ていて、押込み中ピストンロッドが固定された状態である（図10.4(c)参照）	ピストンが試料上面に固定されているために、試料上面に加わる荷重が除かれ、試料採取時の回収率長さを確実に知ることができる	粘土、特にやわらかい粘土、砂質にもすぐれたサンプラー
	コンポジットサンプラー	構造的には固定ピストンサンプラーと同じ。ただ、サンプラー内管は外管となっており、内管が透明なプラスチック製サンプルチューブとなっている	採取された試料がサンプラーの外側からみられ、試料はくりかえし使用できる（内管の取換えだけ）普通のシンウォールサンプラーにくらべて断面積比が大きい（約4倍）のが問題とされる	固定ピストンと同じ
	水圧式ピストンサンプラー	サンプリングチューブ自体を水圧で押し込むようにしたもので、形式は固定ピストンサンプラーと同じであるが、ピストンロッドはヘッドに固定されている	サンプラーの押込みに際して力を加えないで、ロッドを通じて直接水圧によってサンプラーチューブを押し込む。これによってロッドのたわみを防ぐことができる	固定ピストンと同じ、深い土層のサンプリングではとくに有効

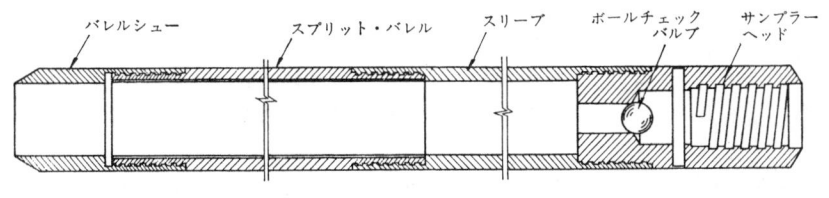

10 土質調査と土質試験 333

図中ラベル（上から）：
(a) スプリットチューブサンプラー
 バレルシュー／スプリット・バレル／スリーブ／ボールチェックバルブ／サンプラーヘッド

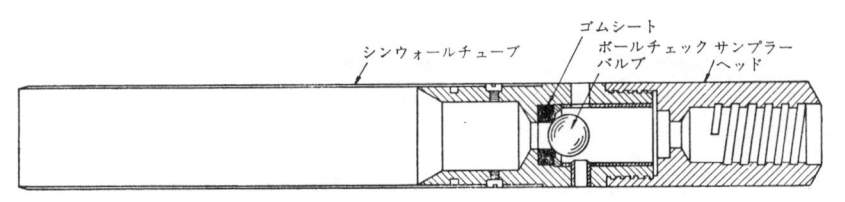

(b) シンウォールサンプラー（オープンドライブサンプラー）
 シンウォールチューブ／ゴムシート／ボールチェックバルブ／サンプラーヘッド

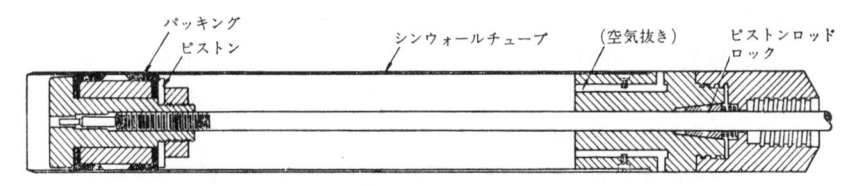

(c) 固定ピストンサンプラー
 パッキン／ピストン／シンウォールチューブ／（空気抜き）／ピストンロッドロック

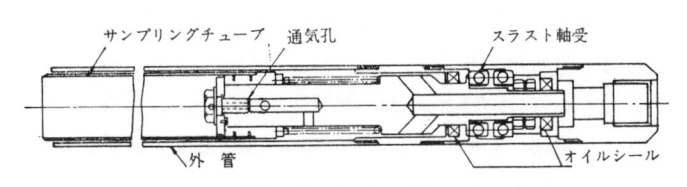

(d) デニソンサンプラー
 サンプリングチューブ／通気孔／スラスト軸受／外管／オイルシール

図10.4 代表的なサンプラー

（3）乱さない試料のサンプリングにおいてシンウォールサンプラーが用いられる理由は何か，またサンプラーの内径比および断面積とは何か．

〔解〕（1）ピストンサンプラーのような押込み方式のものでは，かたい粘土のサンプリングはむずかしいので，ダブルコアチューブとなっていて，外管で掘進，内管で試料が採取できるデニソンサンプラーが適している．

（2）やわらかい粘土のサンプリングはピストンサンプラー型が適当である．その型式のうち，サンプラーを押し込む際に，ピストンが地上で固定できる固定ピストンサンプラーがもっとも適している．深い土層のサンプリングでは，水圧式ピストンサンプ

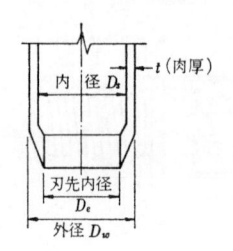

図 10.5 サンプラーチューブの諸元

ラーが有効である。

（3）乱さない試料を採取する際に，サンプラーの内径比とか断面積比が土の乱れに大きく影響するといわれる。それらはサンプラーの肉厚と刃先形状などサンプラーの構造によって決まるものである。内径比および断面積比は次のように表わされ，地盤土の性質によってその値の限度が決められている。

$$\begin{cases} 内径比 & C_i = \dfrac{D_s - D_e}{D_e} \times 100 \\ 断面積比 & C_a = \dfrac{D_w{}^2 - D_e{}^2}{D_e{}^2} \times 100 \end{cases}$$

10.7 サウンディング

ボーリング孔を利用したり，あるいは直接地表からロット先端に取りつけた抵抗体を地中に入れ，それを打ち込み，押し込み，回転あるいは引き抜きなどの方法で力を加える。それによって抵抗体は貫入，回転あるいは引き抜かれる。そのときの抵抗値をはかっておく。その抵抗値を知ることによって土層の状態を判定することができる。このような手段を用いて原位置で地盤の性質について探査することをサウンディングと呼んでいる。

また，サウンディングによって抵抗値がわかれば，粘性土層ではやわらかさの程度，砂質土層では締まりの程度がわかると同時にその結果から土の密度や，強さ定数が推定できる。したがって，対象となる地盤の支持力や沈下に関する資料が，それによって得られることになる。

前に述べたことからわかるように，サウンディングには，（i）土層の成層状態を調べる探査の意味，（ii）土性を原位置で定量できる土質試験の意味，とを兼ねたものであるといえる。

　（備考）抵抗体：寸法，形状を規定したサンプラー，コーン，ベーン，およびスクリューポイントなど

10.7.1 サウンディング装置の種類

加圧方法，抵抗体の種類によってサウンディングの方法を分類すると，表10.6のようである。表には各分類の代表的な装置およびそれぞれの適応土質，探査深度なども掲げてある。

10.7.2 サウンディング方法の選択

一つのサウンディング方法で，どんな条件の場合にも万能であるというものはないので，地盤条件および調査目的に応じていくつかの方法を選び，そのうちで

表10.6 サウンディング装置の加圧方法による区分

力の加え方		代表的な装置	適用土質	特徴	
静・動的の別	加圧方法			探査深度	一般事項
動的	打込み	標準貫入試験（スプーンサンプラー）	玉石・転石などを除き，たいていの土質に用いる	大	試料採取を同時にできる
		コーン貫入試験	玉石，転石，密な砂礫を除き，たいていの土質に用いる	中	
静的	圧入	ポータブルコーンペネトロメーター（コーン）	やわらかい粘性土，ピートなど	小	土質に対する適用は限られるが，装置・操作が簡単
		ダッチコーンペネトロメーター（コーン）	玉石・転石，および密な砂礫を除き，たいていの土質に適用	大	ロッドの周辺摩擦が除かれ能率大
	回転	ベーンせん断試験（ベーン）	やわらかい粘性土	中〜大	原位置にてせん断強さを直接はかりうる，精度大
		スウェーデン式サウンディング（スクリューポイント）	玉石・転石，および密な砂礫を除き，たいていの土質に適用	中	
	引抜き	イスキメーター（抵抗翼）	やわらかい粘性土・ピート	小〜中	完全な連続データを得る

（ ）内は，先端につけられる抵抗体

もっとも適していると思われるものを最終的に一つ選ぶようにする．その場合，次のような条件を考え，検討してみるのがよい．

（a） 土質に対する適応性：土の種類と硬軟あるいは締まりの状態
（b） 探査能力：探査深度と迅速さ
（c） 経済性：目的を果たし，しかも工費が安いもの

表10.6に示したものは，これらの条件を勘案して適応土質，特長を掲げている．軟弱地盤調査などでは，サウンディングを調査手段の主体にして用いられることもあるが，一般の地盤調査では，ボーリングの補足手段として，用いられることが多い．

10.7.3 試験方法と試験から得られる指示値

代表的なサウンディングをあげ，それぞれの試験方法（概要）と試験から得られる指示値などを一括して表10.7に示す．

表10.7 各種サウンディングと試験方法

サウンディングの種類		試 抵抗体の種類と諸元	験 方 法 測 定 法	指示値	N-値との相関関係
動的貫入試験	(A) 大型	コーン $\phi=50.8$mm, 長さ=44mm, 先端角=60°	635Nのハンマーを落下高75cmで打ち込み, コーンが30cm貫入するに要する打撃回数を測る	N_d	$N \fallingdotseq N_d$ （室町）
	(B) 中型	コーン $\phi=50.4$mm, 長さ=43.8mm, 先端角=60°	300Nのハンマーを落下高35cmで打ち込み, コーンが10cm貫入するに要する打撃回数を測る	$N_{d35/10}$	$N \fallingdotseq 1/10 N_{d35/10}$ （室町）
静的貫入試験	(A) ポータブルコーンペネトロメーター	コーン $\phi=28.5$mm, 長さ=53.3mm, 先端角=30° 底断面積=64.5cm²	押込み速さ1cm/s程度で押し込み, 10cmごとの貫入抵抗を測る貫入抵抗を底面積で割った値をコーン指数とする	q_c	粘性土に対して: $q_c \fallingdotseq 10c$ ($c \fallingdotseq N/16$) 砂質土に対して: $q_c \fallingdotseq 4N$ (砂質土は(B)の方法により, (A)はやわらかい粘性土のみ)
	(B) 二重管式コーンペネトロメーター	コーンは同じ, ロッドの外側に多重管を有する			
スウェーデン式サウンディング		スクリューポイント $\phi_{max}=33.3$mm 長さ=200mm (JIS A 1221)	(i) 50N (クランプ質量), 150, 250, 500, 750, 1000Nと段階的に載荷, 各荷重ごとの沈下量を記録, (ii) 1000Nを載荷し, ハンドルを回転しておいて, ハンドル半回転を1回として1m当りの回転数を求める	N_{sw}	(i) 礫・砂・砂質土: $N=2+0.067 N_{sw}$ （稲田） (ii) 粘土・粘性土: $N=3+0.05 N_{sw}$ （稲田） (iii) 砂: $N \fallingdotseq 1/2 N_{sw}$ （三木） (iv) 赤土: $N \fallingdotseq 1/9 N_{sw}$ （関東ローム）（三木）
標準貫入試験		スプリットバレルサンプラー（レイモンドサンプラー） 内径=35mm 外径=51mm 長さ=81cm (JIS A 1219)	630Nのハンマーを落下高75cmで打ち込み, サンプラーが30cm貫入するのに要する打撃回数を測る (ボーリングと併行)	N	

注) （室町）などは, 提案者名

10.7.4 標準貫入試験

この試験方法についてはすでに表10.7に概説したのではあるが,本法はボーリングと併用して実施できること,各種の調査に広く用いられていることもあって,この方法についてのみもう少しくわしく説明しておく。

ボーリングによる掘進が所定の深さに達したとき,コアチューブに換えてスプリットバレルサンプラー(図10.6のように内径35mm,外径51mm,長さ81.0cmの標準貫入試験用サンプラー,JIS A 1219)をロッドの先端につけ,ボーリング孔底までおろす。

図10.6に示すようにボーリングロッドにノッキングヘッドを固定し,重量635Nのハンマーを高さ75cm(ノッキングヘッドから)のところから自然に落下させて,ヘッドに打撃を与える。すなわち打撃を加え,ロッドを通じてそれをサンプラーに伝え,サンプラーを土中に貫入させる。

測定は,サンプラーを一定量貫入させる(30cm)のに必要なハンマーの打撃回数を測る。

その回数を N-値と呼び標準貫入試験の指示値としている。

標準貫入試験の特長は,前に述べたように(i)ボーリングと併用できるということのほか,(ii)同時に対象土層の試料が採取できる,(iii)土質に対する適応範囲が広い,および(iv)探査深度が大きいなどである。

また標準貫入試験結果から次のようなことが判明する。

(A) ボーリングによる土質断面(柱状図)を併用してわかることがら;
 (1) 土層の変化と各土層の強度変化
 (2) 支持層の位置の確認
 (3) 圧密沈下を起こすような圧縮層の有無の確認

(B) N-値から推定されることがら;
 (1) 粘性土地盤および砂地盤の支持力の判定
 (2) (1)に関連して砂地盤における締固めの必要の有無と安定度の推定
 (3) 杭基礎などにおける先端支持力および周辺摩擦抵抗などの判定

たとえば,N-値を知って砂地盤の支持力を判定するのに次のような手順で行われる。

 (i) N-値 ⟶ (支持力係数の推定) ⟶ (理論式による支持力の計算)……基礎地盤の破壊に対する安定
 (ii) N-値 ⟶ (地盤係数の推定) ⟶ (許容変形に対する接地圧力の推定)…

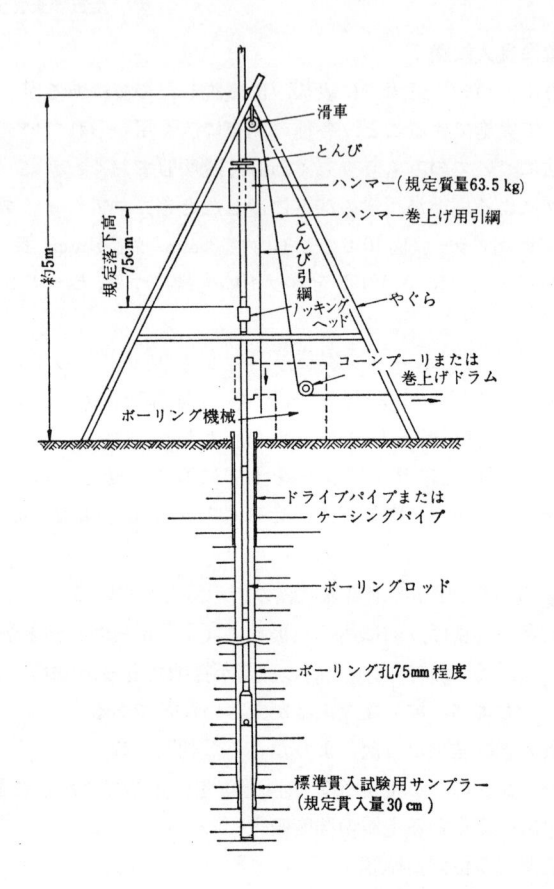

図中ラベル:
- 滑車
- とんび
- ハンマー（規定質量63.5 kg）
- ハンマー巻上げ用引綱
- とんび引綱
- ノッキングヘッド
- やぐら
- コーンプーリまたは巻上げドラム
- ボーリング機械
- ドライブパイプまたはケーシングパイプ
- ボーリングロッド
- ボーリング孔75mm程度
- 標準貫入試験用サンプラー（規定貫入量30 cm）
- 約5m
- 規定落下高 75cm

各部	全長	シュー長 a	バレル長 b	ヘッド長 c	外径 d	内径 e	シュー角度 ϕ
規格 (cm)	81.0	7.5	56.0	17.5	5.1	3.5	19°47′

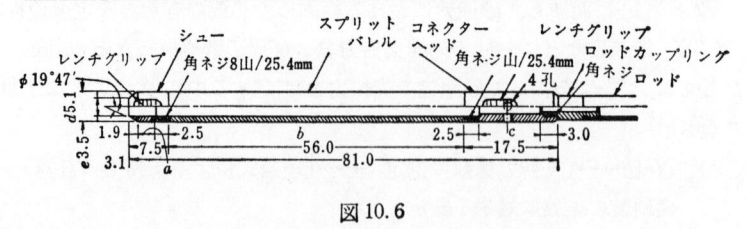

下部詳細図ラベル:
- スプリットバレル
- シュー
- コネクターヘッド
- レンチグリップ
- 角ネジ8山/25.4mm
- 角ネジ山/25.4mm 4孔
- ロッドカップリング
- 角ネジロッド
- ϕ 19°47′
- d 5.1
- e 3.5
- 1.9 — 2.5 — b 56.0 — 2.5 — c — 3.0
- 3.1 — 7.5 a — 81.0 — 17.5

図 10.6

…即時沈下に対する安定

10.7.5 その他のサウンディング装置の特長と用いられ方

（a）コーンペネトロメーター　装置がきわめて簡単で，とくにポータブルのものは軽い。探査は地表近くの粘性土地盤に限られるが，軟弱粘土層が浅い場合，その土層厚さを調べると同時に強さの測定が可能である。

また土工における施工機械のトラフィカビリティの判定，施工機械の機種の選定（あるいは走行可能な機種の判定）や捨土限界の判定などに，このサウンディングから得られる指示値（コーン指数 q_c）が利用される。

（b）ベーン　ボーリング孔を利用して，ロッドの先端に取りつけたベーンを，対象となる粘土層に押し込んで回転させ，その最大トルクを測り，その値をもとにして土のせん断強さを求めるというものである。他のサウンディング装置で得られる指示値は，土層の状態を知って類推する間接的な値であるのに対して，ベーンによる値は直接的にせん断強さを得る。粘性土の原位置における強さの測定法としてもっとも正確な方法である。

（c）スウェーデン式サウンディング　この装置の特長は，玉石や密な砂礫を除くたいていの土質に適用できること，および30m程度の深さまで連続的な記録が得られることで，地盤調査の補足手段としてよく用いられている。

（d）二重管式コーンペネトロメーター　先端コーンの諸元はポータブルコーンと同じであるが，深い土層（30m程度）まで連続的にサウンディングができる点がポータブルの場合と異なる。また，たとえば，スウェーデン式サウンディングの場合に問題とされるロッドの摩擦抵抗の影響をなくすため内・外管の二重管式となっているのも特長の一つである。

この装置は，適応土質が広いことと砂礫層の貫入抵抗を知り，支持杭の先端支持力の推定ができるということもあって，地盤調査では広く用いられている。

〔例題 10.2〕次のような条件の地盤調査に関してどのようなサウンディングを用いるのが適当であるか。

（a）既往の資料によって地盤の土層状況がほぼわかっている。調査の対象は上層にある軟弱粘土層で，とくにその土層の強さを知ることが主な目的である。

（b）未知の地盤で，かなり深くまで土層の状況を知る必要がある。

〔解〕（a）土層の状況があらましわかっていることと，軟弱粘土層の強さを知ることが調査の主目的であることに注目する。

　　　チェックボーリングをする必要はもちろんあるが，サウンディングを主体にした調査を考える。また対象がやわらかい粘土地盤であるから，静的な方法によるサウンデ

ィングを採用するのが適当であろう。

さらに次の条件から検討し，装置の種類を選ぶ。
（i） 探査能力……二重管式コーンペネトロメーターあるいはベーン
（ii） 探査能率……単管コーンペネトメーターあるいは二重管式コーンペネトロメーター
（iii） 精　　　度……ベーンあるいは二重管式コーンペネトロメーター
（iv） 削孔の要否……二重管式コーンペネトロメーター（ベーンは削孔の必要がある）

以上各項を総合してみると，二重管式コーンペネトロメーターが適当であるといえる。しかし粘土層の強さを知るという点からすると，能率が悪くとも精度に注目してベーンを用いることも考えられる。少なくともチェックボーリングに並行してベーンが用いられるとよい。

（b）　土層の状態が未知であることと，かなり深い層まで調査する必要があることから，ボーリングとサンプリングが主体となる。

ボーリングに並行して標準貫入試験を必要深度で実施する。他のサウンディングはボーリングを補間するよう行う。その場合探査能力に重点がおかれるので，動的コーンまたはスウェーデン式サウンディングを用いることが考えられる。

〔例題 10.3〕 粘土地盤のサウンディングでベーン試験を実施し，次のようなデータを得た。この地盤の各深さにおける粘土のせん断強さを求めよ。

表10.8

深　度（m）	5	7	9	11
回転に要した最大荷重 $P_{max}=(\times 10N)$	8.5	7.2	11.0	10.5

ただし，用いたベーンの寸法は，ベーンの幅 $D=7cm$，ベーンの高さ $H=14cm$，また回転ハンドルのアームの長さは（シャフト中心から荷重計接点までの距離），$L=20cm$

〔解〕 土の破壊面はベーンの回転円筒面に沿って生じ，また最大の回転モーメントを生ずるときのせん断応力分布は，円筒面のどこでも同じであるということを仮定条件として，破壊時のつり合いを考えると次式で表わされる。

$$M_{max} = \tau_0 \left\{ \pi DH \cdot \frac{D}{2} + 2\pi \left(\frac{D}{2}\right)^2 \cdot \frac{2}{3} \cdot \frac{D}{2} \right\}$$

したがって土のせん断強さは，

$$\tau_0 = \frac{M_{max}}{\frac{\pi}{2} D^2 \left(H + \frac{D}{3}\right)}$$

$D=7\,\mathrm{cm}$, $H=14\,\mathrm{cm}$, $M_{max}=P_{max}\cdot L=200(P_{max})\,\mathrm{N\cdot cm}$ によって各深さのせん断強さを求めると,次のようになる。

深度5mのところでは

$$\tau_0 = \frac{200 \times 8.5}{\dfrac{3.14}{2} \times 7 \times 7\left(14+\dfrac{7}{3}\right)} = 13.5\,\mathrm{kN/m^2}$$

同じく各深さの τ_0 を求めると表10.9のようである。

表10.9

深度	5	7	9	11
$\tau_0\,(\times 10^2\,\mathrm{kN/m^2})$	0.135	0.114	0.175	0.167

〔例題 10.4〕 トラフィカビリティの判定に ポータブルコーンペネトロメーター の指示値であるコーン指数 (q_c) がよく用いられる。トラフィカビリティに関係する因子をあげ,q_c との相互関係を考えてみよ。

〔解〕 トラフィカビリティに関係する土の性質として重要なものは,次のようである。
　（a） 車両をささえる力（いわゆる支持力）
　（b） 進行を可能にするけん引能力（タイヤあるいはキャタピラーと土のせん断抵抗）
　（c） すべり性
　（d） ねばつき性 ｝ごく薄い表面部分の性質

上記のうち（a）と（b）との性質がとくに重要で,粘性土では地表から深さ 15～30 cm くらいまでの土のせん断特性が問題となる。

そこでその範囲の土のせん断特性を原位置で迅速に知る方法として,コーンペネトロメーターが用いられるわけである。その場合,q_c は土のせん断強さ τ_0 を量的に表わすのではないが,q_c と τ_0 との間には有意な相関性があることがわかっている。したがって q_c はせん断強さを知る尺度として扱われるのである。

トラフィカビリティの考え方には次の二つの場合がある。
　（a） 同じわだちを数十回も車両を通行させても土の支持能力があるかどうか。
　（b） 数回の車両通行も許さないような土であるかどうか。

（a）は土の性状と車両の条件とによってトラフィカビリティを判定するもので,（b）は現状で走行しうる機種の判別や用土の捨土限界を決める場合の考え方である。

（a）に関するトラフィカビリティ判定

表10.10

q_c	機種
4以下（2まで）	湿地用ブルドーザー
4～6	ブルドーザー（17 t 程度）
7～10	けん引式スクレーパー
10	自走式スクレーパー
12	ダンプトラック

の基準として，次の条件が示されている。

$q_{cr} > q_{cv}$ ………… 車両は50回以上通行可能
$q_{cr} \fallingdotseq 0.75 q_{cv}$ …… 1～2回の通行は可能
$q_{cr} < 0.75 q_{cv}$ …… 通行不能

ここに　q_{cr}：推定コーン指数（$=I_r \cdot q_c$，I_r：ねり返し指数，q_c：コーン指数）
　　　　q_{cv}：車両コーン指数

（b）に関しては，数回は走行しうる機種と q_c の関係を示す。
また捨土の限度として，$q_c < 3 \sim 5$ が採用されている例がある。

10.8　物理地下探査法

　弾性波動，定常電流や放射能などの物理現象を人工的に地盤に与えるか，あるいは自然に発生している引力・磁気・熱および放射能などの物理現象を地表で観測し，観測された物理量を地質的に解釈し，また解析を行って地下の物質を推定したり，地質構造を知る方法を総称して物理地下探査法といっている。

　従来この方法は，金属鉱床・石炭あるいは石油など地下資源を探査することを目的として発達してきたものであるが，各種物理地下探査法の一部が，基礎地盤調査にも利用されるようになってきている。

　基礎地盤調査によく用いられるものは，地盤の電気抵抗の測定による電気抵抗式探査法と弾性波の伝播速度による弾性波式探査法とである。

　またこの方法によって（i）地盤の成層状態の判定，（ii）自由水面の深度（地下水面）の判定，（iii）岩質の判断，などの調査が行われている。

　とくに（i）に関する利用では，広い敷地内の土層分布を知るためにボーリングによる調査と併用することによって経済的な調査が進められる。

　測定の原理や測定方法は1.4.1および1.4.2に述べられている。

10.9　土 質 試 験

　土質試験は工事の目的に適合した試験項目を選び，JIS規格あるいは土質工学会で提案されている試験方法に従い，正しい手順で行う必要がある。

　土の性質を測定するための試験には各種の方法があるが，試験結果の利用目的によって次のように大別できる。

（a）　土を分類・判別するための試験
（b）　土の状態を表わす量あるいは定数を求めるための試験

（c） 土の力学的な性質を求めるための試験
（d） 施工管理のための試験

（a）に属する試験のおもなものは(1)粒度試験，(2)液性限界および塑性限界試験など一連のコンシステンシー試験結果から土を分類し，土のもっている性質を全般的につかむことを目的として行われる。これらの試験はたとえば（c）および（d）に関する試験の結果が妥当であったかどうかを判断したり，土全般の性質を推定したりする場合にも役立つことが多いので，設計や施工の資料として直接関係がないと思われる場合にも実施するとよい。

（b）に属する試験は，（a），（c）および（d）すべてに関係のあるもので，（a）に関しては水分の含有量が問題となり，（c）に関しては密度，飽和度，間隙量が設計に直接関係する。また（d）に関しては，含水の状態と密度，飽和度が関係してくる。すなわち，どの工事目的にもこれに属する試験は実施されると考えてよい。

（b）に属する試験項目としては(1)含水量試験，(2)密度試験，(3)土粒子の比重試験結果から間隙量，飽和度など一連の状態定数が計算される。

（c）に属する試験は，各種工事の設計や施工を計画する際に必要な土の強さ，圧縮変形に関する土の力学定数を求めるものである。

強さ定数を求める試験として(1)一軸圧縮試験，(2)一面せん断試験，(3)三軸圧縮試験，(4)ベーンせん断試験などが行われる。

また圧密性状を測定する試験として，圧密試験が行われる。

力学的性質を測定する試験は，とくに試料の状態および試験時の条件を対象となる工事の種類や施工過程によって検討し，実施されなければならない。

以上の力学的性質を求める試験のほかに，掘削工における排水対策を考えるとか，ダム・堤防基礎の浸透の問題を考える場合には，土の透水性を知る必要があり，(1)透水試験や(2)圧密透水試験が行われる。

（d）に関する試験は，施工前の管理基準を決めるための試験と施工中における管理試験とに分けられる。ここでは，仮に道路盛土などの施工管理の場合を一例にとると，施工前の基準を決める試験として，(1)締固めの試験によって密度と含水の基準を定める。(2)ＣＢＲ試験を行って，その土に対するＣＢＲの基準値が定められたりする。

施工中の管理としては，その都度の含水量や締め固めた土の密度およびＣＢＲが実測され，それらの値が許される管理限界内にあるかどうかを検討するなどの

表10.11 各種土質試験（室内）とその結果の利用

土の性質あるいは試験	供 試 体		状態	結果を表わす記号	結 果 の 利 用	備 考
	状態	土の種類				
(1) 土の基本的性質を求める試験						
1. 密度試験	乱さない（原位置（土塊）置換による）	粘性土 すべての土		$\rho_t(\text{g/cm}^3)$ ρ_d	a. 状態の判定と分類 ｛堆積土による土の密度の判定 ｛密度による土の分類 b. 支持力，斜面安定・土圧などの設計定数として（あたり，鉛直土圧あるいはサーチャージとして） c. 沈下解析における鉛直土圧の数値として	JIS A 1203
	締固め	粗粒土		$\rho_{d\max}$ と $\rho_{d\min}$		
2. 土の含水比試験	乱した	すべての土		$w(\%)$	a. 土の状態量を算出 b. 土の乾燥量, 飽和度の計算 c. 締固めにおける水分の影響 d. 土のコンシステンシーの状態の判定	JIS A 1201
3. 土粒子の密度試験	乱した	すべての土		G_s	a. 土粒子体積の算出 b. 種々の飽和条件での密度の算出 c. 粒度試験（沈降分析）の計算 d. 飽和度, 空気間隙率の算出	JIS A 1204
4. 間隙量	乱さない 締め固めた（乱した土）			e n	a. 土の締まりの程度として b. 透水性に関連して c. 土の状態量を算出 d. 沈下の解析（圧密）	計算値
(2) 土の判別・分類のための試験						
1. 粒度試験 ふるい分け 沈降分析を含む	乱した	粗粒土 細粒土		粒径加積曲線 粗・細粒土の混合率	a. 粒度による土の分類（工学的分類を含む） b. 透水性の推定 c. フィルターの選定 d. 粒度による土の改良 e. 凍上性の判定	JIS A 1204
2. コンシステンシー試験						
a) 液性限界試験 (LL)	乱した	細粒土		$w_L(\%)$	a. 土の工学的分類 (LL, PL, PI)	JIS A 1205
b) 塑性限界試験 (PL)	乱した	細粒土		$w_P(\%)$	b. 含水比による土の安定性の判定 (LL, PL, w)	
c) 塑性指数 (PI)				$w_L - w_P = I_P$	c. 他の力学定数の推定	
d) 収縮定数試験 (SL)	乱した	細粒土		$w_L(\%)$	｛圧密に伴う粘土の強度増加の推定 ｛圧縮指数の推定 ｛締固めにおける OMC の推定	JIS A 1209
e) 液性指数				I_L		
f) タフネス指数				I_t		

10 土質調査と土質試験

(つづき)

土の性質あるいは試験	供試体 状態	供試体 土の種類	結果を表わす記号	結果の利用	備考
(3) 土の力学定数を求める試験					
1. せん断強さを求める試験					
(a) 一軸圧縮試験	乱さない 締め固めた 安定処理土	細・粗粒土 細粒土に適 すべての土 (とくに飽和した細粒土)	q_u (kN/m²)	a. 地盤の支持力・土圧、斜面安定など、土のせん断破壊に対する安定性を検討する場合に用いる b. 安定処理した土の強さを求める	JIS A 1216 直接せん断試験および三軸圧縮試験は土質工学会、土質試験法1979(第2回改訂版)
(b) 直接せん断試験	乱さない	細・粗粒土	c_u, c_{cu} (kN/m²) ϕ_u, ϕ_{cu}	d. 材料土としての適性の判定 e. 液上性の判定 (SL) f. 路盤厚さの推定 (GIによる) g. 粘土の分類 (活性度による) h. 応力履歴の判定 (I_r)	
(c) 三軸圧縮試験	乱さない	細・粗粒土	c_u, c_{cu}, C_d $\phi_u, \phi_{cu}, \phi_d$	b. 土層の条件、施工の条件を考慮して現状にそくした排水条件を与えて試験が行われる	
(d) ベーンせん断試験	乱さない	細粒土	τ (kN/m²)		
2. 圧密試験	乱さない	細粒土	C_c m_v (m²/kN) c_v (cm²/s)	a. 圧密沈下量の算出 b. 圧密時間の推定 c. 圧密排水による地盤改良の計画	JIS A 1217
3. 透水試験	乱さない 締め固めた土	細・粗粒土	k (cm/s)	a. 地盤下水量の計画 b. 地下水流動の解析 c. 排水工法の選択	JIS A 1218
(4) 土工における施工管理のための試験					
1. 締固めの試験	乱した	細・粗粒土	w-ρ_d 曲線 w_{opt} (%) $\rho_{d\,max}$ (g/cm³)	a. 盛土および路床の締固めの管理 b. 締固めの基準の設定	JIS A 1210
2. 相対密度	乱した	粗粒土	D_r	a. 粗粒土でつくられた盛土の密度管理 b. 推積土の締まり度の判定	
3. CBR試験	乱した	細・粗粒土	CBR	a. 締め固めた土の強さの判定 b. 盛土施工における締め固め後の管理と基準 c. 路床支持力の判定と設計値	JIS A 1211

ことが行われる。

上で述べたのは室内試験だけを考え，利用目的に応じた試験内容を概説したものであるが，室内試験結果だけでは設計上の問題が解決されない場合には，各種の原位置試験が実施される。

また砂質土のように非粘土性にあっては，自然の堆積状態のままサンプリングすることがむずかしいので，原位置試験だけによって土性を調べることが行われている。

9.7節で述べた各種サウンディングも，探査のほかに原位置試験法として用いられることが多い。原位置試験だけの目的で行われるものに，平板載荷試験，杭の載荷試験など基礎の支持力を求める試験や現場透水試験などがある。

各種の工事目的に対してどんな試験を実施すべきか，またその試験試料として必要な試料の状態などを表10.2に掲げてあるので，再びそれを参照してみるとよい。

表10.11は土質試験項目と求められる結果，およびその結果の利用を一括して示したものである。

参 考 文 献

1) 土質工学会：土質調査法
2) 土質工学会：土のサンプリング指針
3) 土質工学会：土質工学ハンドブック（技報堂），第14章 土質調査と計測 pp. 459〜509
4) 土質工学会：軟弱地盤の調査・設計・施工法（ライブラリー-1），第2章 pp. 32〜80
5) 渡辺　隆：土質調査および土質試験法（技報堂）
6) 藤下　利男：軟弱地盤におけるボーリング（山海堂）
7) 三木五三郎：地盤調査の実務（オーム社）
8) 土質工学会：土質試験法（1979，第2回改訂版）

索　引

<ア　行>

アイソバール …………………………265
浅い基礎 ……………………………251,253
アースアンカー ………………………297
アースオーガー ………………………324
アースダム …………………240,241,280
アーチアクション ……………………202
アーチ作用 …………………………27,179
圧縮係数 ………………………………107
圧縮指数 …………………………57,110
圧縮性 ……………………………26,67
圧縮変形量 ……………………………28
圧縮率 …………………………………100
アッターベルグ ………………………55
圧密 ……………………………310,311
圧密圧力一体積比曲線 ………………125
圧密荷重 ……………………………309,313
圧密係数 ……………………………111,122
圧密降伏応力 ………107,121,125,157,158
圧密時間 ……………………111,116,311,313
圧密時間係数 …………………………314
圧密試験 ………………………………309
圧密沈下 …………………………31,261
圧密沈下量 …………………110,114,115,269
圧密度 ………………111,116,312,314,315
圧密排水 ……………………………309,311,316
圧密比 …………………………………111
圧密非排水せん断 ……………………158
圧密非排水せん断強度 ………………211
圧密非排水せん断試験 ………………141
圧密理論 ………………………………108
圧力一間隙比曲線 ……………………272
圧力球根 ………………………………266
アンカー ………………………………298
安全率 …………………………………312

安息角 …………………………………140
アンダーピニング ……………………300
安定解析 ………………………………237
安定解析に用いるせん断強度 ………211
安定係数 ……………………………214,216
安定処理 ………………………………304
イスキメーター ………………………335
一次圧密 ………………………………239
一軸圧縮試験 …………………………343
一軸圧縮強さ ………………143,161,275
一次元圧密 ……………………………101
一時的構造物 …………………………312
e-p 曲線 …………………………107
異方圧密 ………………………………156
e-$\log t$ 曲線 ……………………118
e-$\log p$ 曲線 …………………107,126
ウェスターガード指数 ………………265
ウェルポイント工法 …………………317
浮石型落石 ……………………………247
埋込み杭 ………………………………282
裏込め材料 ……………………………193
永久構造物 ……………………………312
影響円図表 ……………………………266
影響値 …………………………………267
影響範囲 ………………………………312
鋭敏な土 ………………………………179
鋭敏粘土 ……………………………121,159
鋭敏比 …………………………………161
鋭敏比の低い粘土 ……………………159
液状化 …………………………………279
液性指数 ………………………………162
A 係数 ………………………………159
S-$\log t$ 法 ……………………289
N 値 ………………272,273,275,294,337
円形基礎 ………………………………257
鉛直震度 ………………………………199

鉛直方向排水 …………………………314
応力径路 ………………………155, 156, 157
応力制御 …………………………………140
応力—ひずみ曲線 …………………150, 156
応力履歴 ……………………………151, 157
応力連鎖 …………………………………165
オーガーボーリング ……………………329
押え盛土 ……………………………76, 304
押し出し工法 ……………………………304
オープンカット …………………………242
オープンケーソン ………………………297
オープンサンプラー型 …………………331

<カ　行>

過圧密土 ……………………………120, 159
過圧密粘土 …………………………159, 162
火山灰土 …………………………………244
荷重—時間曲線 …………………………276
荷重—沈下曲線 ……………253, 276, 288
過剰間隙水圧 ………………………307, 311
過剰水圧 ………103, 104, 105, 113, 118, 153
火成岩 ………………………………………14
片持ばり式擁壁 …………………………187
壁と土との摩擦角 ………………………180
壁の水平移動 ……………………………178
間隙圧 ……………………………………153
間隙圧係数 ………………………………158
間隙水圧 …155, 160, 211, 231, 239, 241, 317
間隙水圧測定装置 ………………………145
間隙水圧の分布 …………………………111
間隙比 ……………………………………107
含水量 ……………………………………343
観測井 ………………………………………71
関東ローム …………………………………17
貫入抵抗 …………………………………287
岩盤力学 ……………………………………11
管理限界 …………………………………343
基準線長 …………………………………267
基礎地盤 …………………………………321
逆T型擁壁 ………………………………187

吸着水 …………………………………66, 95
吸着水膜 ……………………………157, 161
強度増加率 ………………………………235
強度定数 …………………………………138
極 …………………………………………134
極限荷重 ……………………………254, 288
極限荷重の推定法 ………………………290
曲線定規 …………………………………122
曲線定規法 ………………………………122
局部せん断破壊 ……………253, 257, 259
許容最大沈下量 …………………………274
許容支持力表 ……………………………275
許容相対沈下量 …………………………274
許容地耐力 ………………………………255
許容沈下量 ………………………………273
切ばり ……………………………………195
杭 …………………………………………188
杭打ち公式 ………………………………287
杭間隔の限界 ……………………………281
杭基礎 ……………………………………279
クイックサンド ……………………74, 75
掘削置換工法 ……………………………304
屈折波 ………………………………………20
クラック ……………………175, 209, 218
繰返し載荷 ………………………………154
クリープ ……………………………164, 178
クリープ現象 ……………………………245
クリープ沈下量 …………………………269
クルマン …………………………………182
クルマン線 ………………………………183
クーロン ……………………………138, 180
群杭 ………………………………………283
形状係数 …………………………………259
ケーソン …………………………………297
ケルビン模型 ……………………………166
原位置試験 …………………………69, 149
原位置試験法 ……………………………346
限界円 ……………………………………222
限界間隙比 …………………………151, 154
限界動水勾配 ………………………………75

索　引　349

建築基準法施行令式 …………287	時間－圧密量曲線 …………122
建築鋼杭基礎設計施工指針式 …287	時間係数 ……………112
現場透水試験 …………346	時間－沈下曲線 …………276
コア ……………241	敷砂 ……………316
硬岩 ……………14	支持力 ……………255
鋼杭 ……………282	止水壁 ……………242
剛性基礎 ……………271, 272	止水矢板 ……………242
洪積層 ……………12	地すべり …………209, 321
降伏荷重 …………278, 288	事前圧密工法 …………310
降伏荷重の決定法 …………289	CD試験 ……………141
固定ピストンサンプラー …………325	地盤改良 …………304, 311
コンクリート杭 …………282	地盤改良工法 …………304, 308
コンシステンシー …………313	地盤支持力 ……………312
コーンペネトロメーター …………339	地盤調査 ……………321
	地盤沈下 ……………13, 321
＜サ 行＞	CBR試験 ……………343
再圧縮曲線 …………120	支保工 ……………195
再圧密曲線 …………310	締固め ……………308
載荷時間 …………136	斜面の安定 ……………312
載荷試験 …………276	斜面先破壊 ……………214
載荷装置 …………145	斜面内の応力 ……………212
載荷板 …………273, 278	斜面内破壊 ……………214
最大主応力 …………131	自由水 ……………66, 95
最大沈下量 …………274	自由地下水 ……………72
最適含水比 …………235	集中荷重 ……………264
最終貫入量 …………288	重力式擁壁 ……………186
最小主応力 …………131	主応力 ……………130
サウンディング …………324, 334	主応力差 ……………146, 150
支え壁式擁壁 …………187	主応力差－軸ひずみ曲線 …………146
砂質土 …………130, 303, 306	主応力面 ……………131
砂層地盤の液状化 …………154	CU試験 ……………141
砂柱 …………311, 313, 314	$\overline{CU}$試験 ……………141
三軸圧縮試験 …………343	主働土圧 ……………173, 230
三軸圧縮室 …………145	受働土圧 ……………175, 230
三次元圧密 …………101	主働土圧係数 ……………173
サンドコンパクション工法 …………308	受働土圧係数 ……………175
サンドドレーン …………238, 313	準線 ……………180
サンドドレーン工法 …………308, 309	上載荷重 ……………311, 316
サンドパイル …………313, 317	初期圧密 ……………119
サンプナン物質 …………165	初期接線係数 ……………137

しらす……17
人工砂……311
浸潤線……87
深礎地業……296
浸透水圧……73,77,81,87,102,103,242
浸透水量……66,77,81,85,87,90
浸透力……74,82
水成岩……14
垂直応力……131
水平圧密時間係数……314
水平震度……199
水和反応……317
スウェーデン式サウンディング……336,339
スクリューポイント……335
スケンプトン……139
スプリットバレルサンプラー……336
すべり破壊……304
すべり面……181
正規圧密曲線……120
正規圧密地盤……262
正規圧密土……120
正規圧密粘土……238
静止土圧……171
静止土圧係数……171
成層土の平均透水係数……83
静的貫入試験……336
正方形基礎……270
静力学的支持力公式……282
セメンテーション剤……306
全応力解析……163
全応力法……233
先行圧密……120
先端支持杭……325
せん断強さ……138,233
せん断抵抗角……139
せん断破壊……303,312
せん断破壊状態……150,175,178
全般せん断破壊……257,259
層化……162,217
早期沈下……101

相対沈下量……274
相対密度……152
側圧係数……196
即時沈下……137,261
即時沈下量……269
塑性指数……139,157,313
塑性平衡……173,178,205
塑性平衡状態……170,198,203,213
塑性変形……100

＜タ　行＞

第三紀層……12
体積圧縮係数……110,122
堆積岩……17
体積比……125
体積変化測定装置……145
ダイレイタンシー……153
打撃効率……288
多層地盤……114
ダッシュポット……165
ダッチコーンペネトロメーター……335
立て坑基礎……296
棚式擁壁……187
ダルシー……66
たわみ性基礎……272
単位体積重量……173
短期許容応力度……259
短期許容支持力……278
単杭……283
弾性係数……136,151,270
単粒構造……100
チェボタリオフ……196
地下水……321
地下水位……317
地下水降下工法……317
地下埋設物……202
置換工法……304
地耐力……255
チャン……290
中間主応力……131

索　引　351

中硬岩……………………………14
柱状図……………………………337
ちゅう積層………………………12
ちゅう積層地盤…………………303
注入工法…………………………309
中立力……………………………225
長期許容支持力………………278,288
長期許容支持力度………………258
頂部流線…………………………87
長方形基礎……………………266,271
直接波……………………………20
沈下係数…………………………270
沈下量……………………………310
土の圧密…………………………309
土の安定性………………………306
土の構造…………………………305
土のpF……………………………96
定圧装置…………………………145
底部破壊………………………213,312
テストピット……………………328
デニソンサンプラー……………325
$\dfrac{\varDelta S}{\varDelta \log t}-Q$法……………………289
テルツァギ………68,108,166,196,284,294
電荷反発…………………………101
電気化学的固結法………………309
電気浸透圧………………………307
電気探査法………………………19
テンションクラック……………234
転石型落石………………………247
土圧三角形……………………181,184
等応力線図………………………265
凍害………………………………93
凍結作用………………………193,194
凍結深度…………………………195
凍結量……………………………94
等時曲線…………………………113
凍上………………………………93
凍上性……………………………325
透水係数………………………67,112

動水勾配…………………………66
透水性…………………………307,316
透水性地盤………………………324
等沈下面…………………………204
動的貫入試験……………………336
等方圧密…………………………156
等ポテンシャル線……………77,79
土被り圧………………………114,120,159
土質試験………………………321,342
土質調査…………………………321
トラフィカビリティ……………324
土粒子の比重試験………………343
ドレーン………………………76,241,316
ドレーン用砂……………………316

＜ナ　行＞

内部摩擦角……………………153,173,193
軟岩………………………………14
軟弱地盤………………………13,321
軟弱地盤対策工法……………303,304
軟弱土層………………………304,311,317
二次圧密…………………………239
二次圧密係数……………………119
二重管式コーンペネトロメーター……339
ニュートン物質…………………165
ニューマーク……………………266
ニューマチックケーソン………297
根入れ幅比………………………253
ネガチブフリクション…………282
熱処理工法………………………309
粘性土…………………………130,303,306
粘性土地盤………………………306
粘着力…………………………138,173
粘土………………………………313

＜ハ　行＞

排水きょ…………………………194
排水距離…………………………311
排水設備…………………………193
排水せん断……………………153,155

排水せん断強度	157, 211
排水せん断試験	141
排水ブランケット	194
排水面勾配	89
パイピング	242
バイブロフローテーション工法	308
ハイリーの式	287
破壊荷重	278
破壊規準	138, 157, 173
破壊包絡線	138
破砕帯	246
場所打ち杭	282
はちの巣構造	100
バックプレッシャー	164
腹起こし	197
半重力式擁壁	187
被圧地下水	71
B 係数	159
ビショップ法	220
ピストンサンプラー型	332
ひずみ制御	140
引張りの働く深さ	218
比抵抗	21
非排水強度	160
非排水載荷状態	171
非排水せん断	153, 159
非排水せん断強度	211
非排水せん断試験	141, 220, 313
ひび割れ	162, 163
ヒービング	198
ピヤ基礎	279, 296
標準貫入試験	275, 337
フィルター	194, 241
フェレニウス法	220
深い基礎	251, 325
深さ係数	215
複合すべり面	239
ブーシネスク指数	264
フック物質	165
不同沈下	310
負の中立応力	154
ブルガー模型	166
噴砂現象	74
分散構造	161
分布荷重	265
壁体の安定	188
ペック	196, 197
ペーパードレーン工法	308
変形係数	137
ベーンせん断試験	335, 343
ポアソン比	136, 137, 152, 170, 270
ボイリング	73, 74, 199
方向性	162
膨潤	243
膨潤水	66
膨張圧力	317
補助溝	206
ポータブルコーンペネトロメーター	335
ボーリング	188, 324
ポンスレ	180

＜マ　行＞

摩擦力	138
まさ土	18
マックスウェル模型	166
回り込み	198
見掛けの粘着力	139
水抜き孔	194
乱さない試料	330
乱した試料	330
密度試験	343
密な砂	151, 253
綿毛構造	100, 161
毛管現象	92
毛管上昇高	92
毛管張力	153, 154, 155, 211
毛管不飽和領域	93
毛管不連続領域	93
毛管飽和領域	93
盛土	316, 321

盛土工法	304
モール	132
モール・クーロンの破壊規準	139
モールの応力円	133

＜ヤ　行＞

薬液注入	195
山くずれ	209
山止め板	179, 195
やわらかい粘性土	305
有限要素法	179
有効応力	153, 233
有効径	68, 92
有効垂直応力	114, 262
有効静止土圧係数	171
有効せん断抵抗角	139
有効粘着力	139
UU試験	141
ゆるい砂	151, 253, 257, 305
揚水井	71
横方向地盤反力係数	291, 294
横方向弾性係数	290

＜ラ　行＞

落石覆	248
落石防止壁	248
落石防止柵	248
ランキン	170
リップラップ	241
リバウンド量	288
流線網	77, 79, 85, 225
粒度	315
臨界円	312
レオロジー	165
レス	244
連続基礎	255
$\log Q$-$\log S$ 法	289
ロックフィルダム	240
ロータリー方式	329

＜ワ　行＞

枠式擁壁	187

著者略歴

箭内　寛治　生年　1925年
　　　　　　　　　山梨大学名誉教授
　　　　　　　　　2013年歿
　　　　　　　　　工学博士

浅利　美利　生年　1929年
　　　　　　　　　元　日本大学教授
　　　　　　　　　1982年歿

わかり易い土木講座　6　　新訂第三版・土質工学

1968年 8月10日　第 1版　発　行	2022年11月10日　新訂第 3版　第 5刷
1981年12月20日　新訂第 1版　発　行	
1991年 3月20日　新訂第 2版　発　行	
2001年 9月10日　新訂第 3版　発　行	

著作権者と
の協定によ
り検印省略

自然科学書協会会員
工学書協会会員

Printed in Japan

Ⓒ 箭内寛治・浅利美利 2001年
ISBN 4-395-41046-4　C 3351

著　者　　箭内寛治・浅川美利
編　者　　土　木　学　会
発行者　　下　出　雅　徳
発行所　　株式会社　彰　国　社

162-0067　東京都新宿区富久町8-21
電　話　03-3359-3231（大代表）
振替口座　00160-2-173401

装丁：神田昭夫　　印刷：康印刷　製本：中尾製本

https://www.shokokusha.co.jp

本書の内容の一部あるいは全部を，無断で複写（コピー），複製，および磁気または光記録媒体等
への入力を禁止します。許諾については小社あてご照会ください。